数学物理方程

主　编　乔宝明　刘　杰　肖　阳

U0196008

西北工業大學出版社
西　安

【内容简介】 本书通过对三类基本方程(位势方程、热传导方程、波动方程)的讨论,不仅介绍了数学物理方程的古典理论,而且在内容、概念与方法等方面注意与现代数学的内在联系,内容丰富,方法多样,技巧性强,并配有大量的习题,难易兼顾。

本书可作为理工科大学非数学专业研究生的教材,也可以作为信息与计算科学、数学与应用数学专业本科生选修课的教材,也可供一般的数学工作者、物理工作者和工程技术人员阅读、参考。

图书在版编目(CIP)数据

数学物理方程/乔宝明,刘杰,肖阳主编. —西安:西北工业大学出版社,2019.4(2020.7 重印)
ISBN 978-7-5612-6463-8

Ⅰ.①数… Ⅱ.①乔… ②刘… ③肖… Ⅲ.①数学物理方程—高等学校—教材 Ⅳ.①O411.1

中国版本图书馆 CIP 数据核字(2019)第 039991 号

SHUXUE WULI FANGCHENG
数 学 物 理 方 程

责任编辑:万灵芝 **策划编辑**:郭 斌
责任校对:王 静 **装帧设计**:李 飞
出版发行:西北工业大学出版社
通信地址:西安市友谊西路 127 号 邮编:710072
电　　话:(029)88491757,88493844
网　　址:www.nwpup.com
印 刷 者:兴平市博闻印务有限公司
开　　本:787 mm×1 092 mm 1/16
印　　张:15.625
字　　数:420 千字
版　　次:2019 年 4 月第 1 版 2020 年 7 月第 2 次印刷
定　　价:42.00 元

如有印装问题请与出版社联系调换

前 言

数学物理方程的兴起已经有二百多年的历史了,所讨论的问题不但根植于力学、物理、生物、几何、化学等学科的古典问题,而且在解决这些问题时应用了现代数学的许多工具.这门课程的内容是从实际问题出发,建立相应的数学模型(主要是以偏微分方程描述的模型),并对模型进行数学处理、求解和理论分析,然后解释实际现象.通过对一些典型问题的研究,揭示偏微分方程的一些带普遍性的思想方法和结论.

传统上,数学物理方程课程大都是讲授在20世纪已基本形成的关于三个典型偏微分方程的经典解法和理论.然而近几十年来,由于数学的基础理论,特别是拓扑学和泛函分析的迅速发展,以及计算机有效地被利用来解决数字分析中的各类科学计算,因而涉及处理偏微分方程的一些新理论和新方法已逐步形成.特别是广义函数、Sobolev空间概念的引入,使偏微分方程的理论发生了巨大的变化.

为了更新教学内容,使理工科研究生在掌握经典内容的同时,适当接触本学科的某些近现代内容,以便使他们能较快地适应现代科学技术的飞速发展,我们多年来与全国的同行一样,一直在自己的教学实践中进行探索.这本教材就是以西安科技大学数学物理方程的讲义为基础,吸取了大家在探索中的点滴体会与经验编写而成的.

考虑到本课程的授课时数比较少,要想不加取舍地把经典理论和现代方法都教给学生是不现实的.照顾到非数学专业研究生的基础和需求,笔者参考了多本经典教材,进行了多次教学实践,用更简明的形式不失时机地引入一些偏微分方程的近代新概念,并用这些新观点来处理经典的数学物理问题,从而获得包括经典结论在内的结果,在此基础上编写了这本教材.

本书分为8章.第1章介绍数学物理方程的术语和一些准备知识.第2章通过求解一些典型问题阐述各种经典的求解方法,使读者对数学物理问题的解及适定性有些感性认识.第3章主要介绍位势方程的基本理论,由于调和函数在现代分析中的重要性,重点讨论了n维Euclid空间上的调和函数及其性质,以及基本解的构造和先验估计方法.第4章主要介绍了热传导方程的基本理论,重点介绍了基于Fourier变换法,由此导出热传导方程的基本解,以及各种极值原理和最大模估计.第5章主要介绍了波动方程的基本理论,包括特征线法、球平均法和降维法等,以及其最基本的先验估计-能量不等式.第6章和第7章则介绍了数学物理方程两种有代表性的数值解法——有限差分法和变分法，这也为工科学生解决实际问题提供了更多的方法. 第 8 章则对两类重要的特殊函数——Legendre 多项式和 Bessel 函数作了简要的介绍. 为了便于读者理解，书中配置了较为丰富的习题.

本书是按照 54 个学时编写的，前五章是本书的核心内容，其余内容在实际使用时可根据具体情况作适当的取舍，但不宜整章舍去.

本书第 1 章和附录由肖阳执笔，第 2,3,5,6,7,8 章由刘杰执笔，第 4 章由乔宝明执笔，最后由乔宝明统稿.

在撰写本书的过程中，得到了西安科技大学研究生院和西北工业大学出版社的正确指导和大力支持，梁飞博士和宋雪丽博士仔细审阅了本书的初稿，提出了许多宝贵的意见，在此一并深表谢意. 另外，写作本书时曾参阅了相关文献资料，在此谨向其作者一并致谢.

由于笔者水平有限，不足之处在所难免，恳请各位读者批评指正.

编　者

2018 年 10 月

目　录

第1章 绪　论

1.1 引　言

描述许多自然现象的数学形式(即数学模型)都可以是偏微分方程,特别是很多重要的物理、力学及工程过程的基本规律的数学描述都是偏微分方程,例如流体力学、电磁学的基本定律都是如此.这些反映物理及工程过程规律的偏微分方程就是所谓的数学物理方程.

偏微分方程作为数学的一个分支出现于18世纪.最早得到系统研究的是三种基本的数学物理方程——波动方程、热传导方程和位势(调和)方程,所采用的主要工具是经典分析.经过两个世纪的研究和探索,人们在偏微分方程的理论和应用两个方面都取得了许多重要的成果,对于以上述三种方程为代表的数学物理方程及一些更一般的偏微分方程的性质有了相当多的了解,并建立了多种求解定解问题的方法.到19世纪中叶,进一步从个别方程的深入研究逐渐形成了偏微分方程的一般理论,如方程的分类、特征理论等,这便是经典的偏微分方程理论的范畴.

然而,当人们对偏微分方程做更广泛深入的研究时,感受到了原有理论的局限性.到了20世纪,随着现代科学技术和其他各数学分支的发展,偏微分方程理论的研究冲破经典理论的局限,而在更一般的框架中讨论问题已成为十分必要和可能的了.20世纪40年代末,L. Schwartz建立了广义函数论的严格基础,为在更广的"函数类"中研究偏微分方程做了奠基性的工作.20世纪60年代以后,偏微分方程理论在思想与方法上又有了迅猛的发展,出现了许多新的结果与新的方法,并形成了系统的理论.它与经典理论的主要区别是,大量地使用泛函分析以及其他数学分支(如几何、代数、拓扑等)的思想、方法以及术语,并且往往从更高的视角来讨论和解决问题.习惯上,将建立于广义函数论与泛函分析基础上的偏微分方程理论称为近代理论(或现代理论).因此,20世纪关于数学物理方程的研究有了前所未有的发展,这些发展呈现以下特点和趋势.

(1)在许多自然科学及工程技术中提出的问题的数学描述大多是非线性偏微分方程,即使一些原先用线性偏微分方程作近似处理的问题,由于研究的深入,也必须重新考虑非线性效应.对非线性偏微分方程的研究,难度大得多,然而对线性偏微分方程的已有结果,将提供很多有益的启示.

(2)科学实践中的问题是由很多因素联合作用和相互影响的,所以其数学模型多是非线性偏微分方程组,如反应扩散方程组、流体力学方程组、电磁流体力学方程组、辐射流体方程组等,在数学上称双曲-抛物方程组.

(3)数学物理方程不再只是描述物理学、力学等工程过程的数学形式,而出现在化学、生物学、医学、农业、环保领域，甚至在经济等社会科学领域都不断提出一些非常重要的数学物理方程.

(4)一个实际模型的数学描述，除了描述过程的方程(或方程组)外，还应有定解条件(如初始条件及边界条件). 传统的描述，这些条件是线性的，逐点表示的. 而现在提出的很多定解条件是非线性的，特别是非局部的. 对非局部边值问题的研究是一个新的非常有意义的领域.

(5)与数学其他分支的关系. 例如几何学中提出了很多重要的非线性偏微分方程，如极小曲面方程、调和映照方程、Monge - Ampère 方程等. 泛函分析、拓扑学及群论等现代数学工具在偏微分方程的理论研究中被广泛应用，例如 Sobolev 空间为研究线性及非线性偏微分方程提供了强有力的框架和工具. 广义函数的应用使得经典的线性偏微分方程理论更系统完善. 再就是计算机的广泛应用，计算方法的快速发展，特别是有限元方法的应用，使得对偏微分方程的研究成果得以在实践中实现和检验.

本章主要对数学物理方程的一些基本概念进行介绍，它们是学好数学物理方程的必备基础知识.

1.2 基本概念与实例

1.2.1 基本概念

在数学分析的课程中，我们已经学习过一元函数的导数和多元函数的偏导数的概念，并了解许多与导数和偏导数有关的定理、结论. 在本书中我们将研究一些非常简单且具有很强实际背景的偏微分方程.

什么是偏微分方程呢？粗略地说，与导数有关的方程称为常微分方程，而与偏导数有关的方程称为偏微分方程；精确地说，我们给出下述定义.

定义 1.1 一个偏微分方程是与一个未知的多元函数及它的偏导数有关的方程；一个偏微分方程组是与多个未知的多元函数及它们的偏导数有关的方程组.

现在介绍关于偏微分方程的一些术语和基本概念.

设 Ω 是 $\mathbb{R}^n$ 中的一个开区域，$x=(x_1,x_2,\cdots,x_n)$ 表示 Ω 上的点，用 $\overline{\Omega}$ 表示它的闭包，$\partial\Omega$ 表示它的边界. 用 $\mathbb{R}^n_+=\{x=(x_1,x_2,\cdots,x_n)\in\mathbb{R}^n \mid x_n>0\}$ 表示 n 维 Euclid 空间 $\mathbb{R}^n$ 中的上半空间，上半空间 $\mathbb{R}^n$ 的边界 $\partial\mathbb{R}^n_+=\{x=(x_1,x_2,\cdots,x_n)\in\mathbb{R}^n \mid x_n=0\}$ 是 $n-1$ 维 Euclid 空间，记 $\partial\mathbb{R}^n_+=\mathbb{R}^{n-1}$. 当 $n=1$ 时，将 $\mathbb{R}^1_+$ 简记为 $\mathbb{R}_+$，因而 $\mathbb{R}^{n+1}_+=\mathbb{R}^n\times\mathbb{R}_+$. 有时也记 $\mathbb{R}^{n+1}_+=\{(x,t);x\in\mathbb{R}^n,t>0\}$.

假设 $u=u(x):\Omega\to\mathbb{R}$ 是一个函数. 对固定正整数 k，用符号 $\mathrm{D}^k u$ 表示 u 的所有 k 阶偏导数

$$\mathrm{D}^k u=\frac{\partial^k u}{\partial x_{i_1}\partial x_{i_2}\cdots\partial x_{i_k}}$$

其中，$i_1,i_2,\cdots,i_k$ 是集合 $\{1,2,\cdots,n\}$ 中 k 个可重复的任意数. 因此，可以把 $\mathrm{D}^k u$ 看成是 n^k 维 Euclid 空间 $\mathbb{R}^{n^k}$ 上的向量，并记它的长度为

$$|\mathrm{D}^k u|=\left(\sum_{i_1=1}^{n}\sum_{i_2=1}^{n}\cdots\sum_{i_k=1}^{n}\left|\frac{\partial^k u}{\partial x_{i_1}\partial x_{i_2}\cdots\partial x_{i_k}}\right|^2\right)^{\frac{1}{2}}$$

特别地,当 $k=1$ 时,称 n 维向量

$$\mathrm{D}u=\left(\frac{\partial u}{\partial x_1},\frac{\partial u}{\partial x_2},\cdots,\frac{\partial u}{\partial x_n}\right)$$

为 u 的梯度;当 $k=2$ 时,称 $n\times n$ 矩阵

$$\mathrm{D}^2u=\begin{pmatrix}\dfrac{\partial^2 u}{\partial x_1^2} & \dfrac{\partial^2 u}{\partial x_1\partial x_2} & \cdots & \dfrac{\partial^2 u}{\partial x_1\partial x_n}\\ \dfrac{\partial^2 u}{\partial x_2\partial x_1} & \dfrac{\partial^2 u}{\partial x_2^2} & \cdots & \dfrac{\partial^2 u}{\partial x_2\partial x_n}\\ \vdots & \vdots & & \vdots\\ \dfrac{\partial^2 u}{\partial x_n\partial x_1} & \dfrac{\partial^2 u}{\partial x_n\partial x_2} & \cdots & \dfrac{\partial^2 u}{\partial x_n^2}\end{pmatrix}$$

为 u 的 Hessian 矩阵. 称微分算子

$$\Delta=\sum_{i=1}^{n}\frac{\partial^2}{\partial x_i^2}$$

为 Laplace 算子. 可以说,它是偏微分方程中最重要的算子,这个算子在刚性运动下保持不变,即在坐标的平移和旋转变换下不变. 从而有

$$\Delta u=\mathrm{tr}(\mathrm{D}^2u)=\sum_{i=1}^{n}\frac{\partial^2 u}{\partial x_i^2}$$

也就是 u 的 Hessian 矩阵的迹,即 u 的 Hessian 矩阵的对角线的元素之和.

设 $\boldsymbol{F}=(F_1,F_2,\cdots,F_n):\Omega\to\mathbb{R}^n$ 是一个向量函数,记 $\boldsymbol{F}$ 的散度为

$$\mathrm{div}\boldsymbol{F}=\sum_{i=1}^{n}\frac{\partial F_i}{\partial x_i}$$

于是 Δu 是 u 的梯度的散度,即

$$\Delta u=\mathrm{div}(\mathrm{D}u)$$

为简单起见,通常也使用以下符号:

$$u_{x_i}=\frac{\partial u}{\partial x_i},\quad u_{x_ix_j}=\frac{\partial^2 u}{\partial x_i\partial x_j}$$

现在定义偏微分方程的阶.

定义 1.2 如下形式的方程

$$F[\mathrm{D}^ku(x),\mathrm{D}^{k-1}u(x),\cdots,\mathrm{D}u(x),u(x),x]=0,\quad x\in\Omega \tag{1.2.1}$$

称为一个 k 阶偏微分方程,其中

$$F:\mathbb{R}^{n^k}\times\mathbb{R}^{n^{k-1}}\times\cdots\times\mathbb{R}^n\times\mathbb{R}\times\Omega\to\mathbb{R}$$

是一个给定函数,$u:\Omega\to\mathbb{R}$ 是一个未知函数. 一个偏微分方程的阶就是此偏微分方程中出现的未知函数的偏导数的最高次数.

将满足方程(1.2.1)的所有函数称为方程(1.2.1)的解. 如果方程(1.2.1)的解是实解析的或无穷次可微的,那将是最理想的事. 然而在大多数情况下这不可能成立. 也许对 k 阶偏微分方程(1.2.1)来说,希望它的解 k 次连续可微更现实. 这样,在方程(1.2.1)中出现的函数 $u(x)$ 的所有偏导数都连续,于是方程(1.2.1)在 Ω 上有意义.

也用 $C(\Omega)$ 表示在 Ω 上的连续函数构成的线性空间. 对于它的元素 $u\in C(\Omega)$,其模定义为

$$\| u \|_{C(\Omega)} = \sup_{x\in\Omega} | u(x) |$$

用 $C^k(\Omega)$ 表示 Ω 上所有 k 阶偏导数都存在和连续的函数构成的线性空间，也就是在 Ω 上 k 次连续可微的函数构成的线性空间. 对于它的元素 $u \in C^k(\Omega)$，其模定义为

$$\| u \|_{C^k(\Omega)} = \sup_{x\in\Omega} | u(x) | + \sum_{|\alpha|=1}^{k} \sup_{x\in\Omega} | D^\alpha u(x) |$$

其中 $\alpha = (\alpha_1, \alpha_2, \cdots, \alpha_n)$ 表示多重指标，$\alpha_i (i = 1, 2, \cdots, n)$ 是非负整数，并且规定

$$| \alpha | = \alpha_1 + \alpha_2 + \cdots + \alpha_n \text{ , } D^\alpha u = \frac{\partial^{|\alpha|} u}{\partial x_1^{\alpha_1} \partial x_2^{\alpha_2} \cdots \partial x_n^{\alpha_n}} \text{ , } x^\alpha = (x_1)^{\alpha_1} (x_2)^{\alpha_2} \cdots (x_n)^{\alpha_n}$$

对于函数 $u \in C(\Omega)$，定义 u 的支集为所有满足 $u(x) \neq 0$ 的点集在 Ω 上的闭包，记为

$$\mathrm{spt} u = \overline{\{x \in \Omega \mid u(x) \neq 0\}}$$

用 $C_0^k(\Omega)$ 表示 $C^k(\Omega)$ 中具有紧支集的函数类，同时用 $C^\infty(\Omega)$ 表示在 Ω 上任意阶导数都存在和连续的函数类，即

$$C^\infty(\Omega) = \bigcap_{k=1}^{\infty} C^k(\Omega)$$

定义 1.3　如果 $u \in C^k(\Omega)$ 满足方程(1.2.1)，则称它是方程(1.2.1)的古典解.

方程(1.2.1)是形式最一般的偏微分方程，在这里我们列出一些形式较简单的偏微分方程和偏微分方程组，并介绍一些在偏微分方程中广泛使用的术语.

定义 1.4　(1)如果方程(1.2.1)可表示成

$$\sum_{|\alpha| \leqslant k} a_\alpha(x) D^\alpha u = f(x)$$

其中 $a_\alpha(|\alpha| \leqslant k)$ 和 f 是给定的函数，则称方程(1.2.1)为线性偏微分方程.

(2)如果方程(1.2.1)可表示成

$$\sum_{|\alpha| = k} a_\alpha(x) D^\alpha u = f[D^{k-1} u(x), \cdots, Du(x), u(x), x]$$

其中 $a_\alpha(|\alpha| = k)$ 和 f 是给定的函数，则称方程(1.2.1)为半线性偏微分方程.

(3)如果方程(1.2.1)可表示成

$$\sum_{|\alpha| = k} a_\alpha(x)[D^{k-1} u(x), \cdots, Du(x), u(x), x] D^\alpha u = f[D^{k-1} u(x), \cdots, Du(x), u(x), x]$$

其中 $a_\alpha(|\alpha| = k)$ 和 f 是给定的函数，则称方程(1.2.1)为拟线性偏微分方程.

(4)如果方程(1.2.1)非线性地依赖于 $u(x)$ 的最高阶偏导数 $D^k u$，则称方程(1.2.1)为完全非线性偏微分方程.

1.2.2　叠加原理

在物理、力学和化学等学科中，许多现象具有叠加效应，即几种不同因素同时出现时所产生的效果等于各个因素分别单独出现时所产生的效果的叠加(即总和). 这种具有叠加效应的现象在方程中的表示就是线性微分方程. 在“常微分方程”中有线性方程的叠加原理，利用叠加原理我们建立起线性齐次方程(组)和线性非齐次方程(组)的通解定理，从而比较完美地解决了常系数线性方程(组)的求解问题. 对于线性的偏微分方程有完全类似的结果.

在 $\mathbb{R}^m$ 中，二阶线性偏微分方程的一般形式为

$$\sum_{i,j=1}^{m} a_{ij}(x) u_{x_i x_j} + \sum_{i=1}^{m} b_i(x) u_{x_i} + c(x) u(x) = f(x) \tag{1.2.2}$$

其中 $a_{ij}=a_{ji}(i,j=1,2,\cdots,m)$，且 a_{ij},b_i,c,f 均为已知连续函数.

引入算子

$$\mathrm{L}=\sum_{i,j=1}^{m}a_{ij}\frac{\partial^2}{\partial x_i\partial x_j}+\sum_{i=1}^{m}b_{ij}\frac{\partial}{\partial x_i}+c$$

则方程(1.2.2)可改写为

$$\mathrm{L}u=f \tag{1.2.3}$$

若 $f=0$，有

$$\mathrm{L}u=0 \tag{1.2.4}$$

若算子 M 满足 $\mathrm{M}(c_1u_1+c_2u_2)=c_1\mathrm{M}(u_1)+c_2\mathrm{M}(u_2)$，其中 c_1,c_2 是任意常数，则称 M 为线性算子. 由于

$$\frac{\partial^2}{\partial x_i\partial x_j}(c_1u_1+c_2u_2)=c_1\frac{\partial^2u_1}{\partial x_i\partial x_j}+c_2\frac{\partial^2u_2}{\partial x_i\partial x_j}$$

$$\frac{\partial}{\partial x_i}(c_1u_1+c_2u_2)=c_1\frac{\partial u_1}{\partial x_i}+c_2\frac{\partial u_2}{\partial x_i}$$

从而

$$\mathrm{L}(c_1u_1+c_2u_2)=c_1\mathrm{L}(u_1)+c_2\mathrm{L}(u_2)$$

所以，L 是线性(微分)算子. 方程(1.2.3)是线性非齐次方程，方程(1.2.4)是相应的线性齐次方程.

从而有

(1)若 $u_i(i=1,2,\cdots,m)$ 是方程(1.2.4)的解，$c_i(i=1,2,\cdots m)$ 为任意常数，则

$$u=\sum_{i=1}^{m}c_iu_i$$

也是方程(1.2.4)的解.

(2)若 $u_i(i=1,2,\cdots,m)$ 是方程(1.2.4)的解，$\tilde{u}$ 是非齐次方程(1.2.3)的一个解，则

$$u=\sum_{i=1}^{m}c_iu_i+\tilde{u}$$

满足方程(1.2.3).

(3) 设 $\mathrm{L}(u_1)=f_1,\mathrm{L}(u_2)=f_2$，则

$$\mathrm{L}(c_1u_1+c_2u_2)=c_1f_1+c_2f_2$$

(4) 设 $\mathrm{L}(u_i)=0(i=1,2,\cdots)$ 且 $\sum\limits_{i=1}^{\infty}c_iu_i$ 在区域 Ω 中一致收敛，对自变量 $x_1,\cdots,x_m$ 逐项微分两次后的级数在区域 Ω 中仍一致收敛，则

$$u=\sum_{i=1}^{\infty}c_iu_i$$

是方程(1.2.4)的解.

(5) 设 $u(M,M_0)$ 满足线性方程(或线性定解条件)

$$\mathrm{L}u=f(M,M_0)$$

其中 M_0 为参数. 又假设 $U(M)=\int f(M,M_0)\mathrm{d}M_0$ 满足一定的条件，那么 $U(M)$ 满足方程(或定解条件)：

$$LU = \int f(M, M_0) \mathrm{d}M_0$$

特别地，当 u 满足齐次方程(或齐次定解条件)时，U 也满足此齐次方程(或齐次定解条件).

注 1.1 这里所指的一定条件是指可以保证微分和求和(或积分)运算能交换的条件.

以上 5 个命题统称为线性方程的叠加原理. 对于线性齐次边界条件有类似的性质，如

$$u_i|_S = 0, \quad i = 1, 2, \cdots$$

只要级数 $\sum_{i=1}^{\infty} c_i u_i$ 在区域 G 边界 S 上一致收敛，则 $u = \sum_{i=1}^{\infty} c_i u_i$ 满足同样的边值 $u|_S = 0$. 对于第二、三类边界条件，只要是线性齐次的，结论仍然成立，这里不再一一列出.

线性方程的叠加原理有明显的物理背景. 在物理学中应用叠加原理的一个典型例子就是声学中把弦振动所发出的复杂声音分解成各种单音的叠加. 早在 18 世纪，Bernoulli 及以后的 Fourier 就曾利用这种原理来研究弦振动方程的问题. 不光是声波具有这种性质，相当广泛的一类物理现象，都具有这样的性质：几个物理量同时存在时产生的总效果等于各个物理量单独存在时各自产生的效果的代数和.

上述的几个命题正是物理现象的叠加原理在数学上的反映.

本书主要讨论线性方程带有线性边界条件的各种定解问题，对于它们叠加原理都是成立的. 利用叠加原理可以将较复杂的线性定解问题分解为较简单的定解问题，逐一求解，然后加以叠加，得到原定解问题的解.

必须指出：对于非线性方程或非线性边界条件，叠加原理不再成立. 即使求出了非线性方程的一批特解，将它们叠加起来也得不到原方程的解. 所以非线性问题的解决要比线性问题困难得多.

我们用下面的例子说明叠加原理的应用.

例 1.1 求方程 $\Delta u = x^2 + 3xy + y^2$ 的通解.

解 先求出方程的一个特解 $u_1(x, y)$，使其满足

$$\Delta u_1 = x^2 + 3xy + y^2$$

由于方程的右端是一个二元二次齐次多项式，可设 u_1 具有形式

$$u_1 = ax^4 + bx^3y + cy^4$$

其中，a, b, c 是待定常数. 把它代入方程，得

$$\Delta u_1 = 12ax^2 + 6bxy + 12cy^2 = x^2 + 3xy + y^2$$

比较两边的系数，得

$$a = \frac{1}{12}, \ b = \frac{1}{2}, \ c = \frac{1}{12}$$

于是

$$u_1 = \frac{1}{12}(x^4 + 6x^3y + y^4)$$

接下来求函数 $v(x, y)$，使满足 $\Delta v = 0$. 作变换 $\xi = x, \eta = \mathrm{i}y (\mathrm{i} = \sqrt{-1})$，得

$$v_{\xi\xi} - v_{\eta\eta} = 0$$

再作变换 $s = \xi + \eta$，$t = \xi - \eta$，方程进而化为

$$v_{st} = 0$$

解得

$$v = f(s) + g(t) = f(\xi + \eta) + g(\xi - \eta) = f(x + \mathrm{i}y) + g(x - \mathrm{i}y)$$

其中，f,g 是任意的二次连续可微函数.

根据叠加原理,所求方程的通解为

$$u(x,y) = v + u_1 = f(x + \mathrm{i}y) + g(x - \mathrm{i}y) + \frac{1}{12}(x^4 + 6x^3y + y^4)$$

1.2.3　实例

现在介绍一些著名的偏微分方程.

较著名的线性偏微分方程有以下几种.

(1)Laplace 方程:

$$\Delta u = 0$$

(2)特征值方程:

$$\Delta u + \lambda u = 0 \quad (\lambda \text{ 为常数})$$

(3)热传导方程:

$$u_t - a^2 \Delta u = 0$$

(4)Schrödinger 方程:

$$u_t - \mathrm{i}\Delta u = 0$$

(5)Kolmogorov 方程:

$$u_t - \sum_{i,j=1}^{n} a_{ij} u_{x_i x_j} + \sum_{i=1}^{n} b_i u_{x_i} = 0$$

其中 $a_{ij}, b_i (i,j = 1,2,\cdots,n)$ 为常数.

(6)Fokker - Planck 方程:

$$u_t - \sum_{i,j=1}^{n} (a_{ij} u)_{x_i x_j} + \sum_{i=1}^{n} (b_i u)_{x_i} = 0$$

其中 $a_{ij}, b_i (i,j = 1,2,\cdots,n)$ 为已知函数.

(7)输运方程:

$$u_t + \sum_{i=1}^{n} b_i u_{x_i} = 0$$

其中 $b_i (i = 1,2,\cdots,n)$ 为常数.

(8)波动方程:

$$u_{tt} - a^2 \Delta u = 0 \ (a > 0 \text{ 且为常数})$$

(9)电报方程:

$$u_{tt} - a^2 \Delta u + b u_t = 0$$

其中 a 为正常数,b 为常数.

(10)横梁方程:

$$u_t + u_{xxxx} = 0$$

较著名的非线性偏微分方程有以下几种.

(1)非线性 Poisson 方程:

$$\Delta u = u^3 - u$$

(2)极小曲面方程:

$$\mathrm{div}\left(\frac{\mathrm{D}u}{(1+|\mathrm{D}u|^2)^{\frac{1}{2}}}\right)=0$$

(3)Monge - Ampère 方程：

$$\det(\mathrm{D}^2 u)=f(x)$$

(4)Hamilton - Jacobi 方程：

$$u_t+H(\mathrm{D}u)=0$$

其中 $H:\mathbb{R}^n\to\mathbb{R}$ 为已知函数.

(5)Burgers 方程：

$$u_t+uu_x=0$$

(6)守恒律方程：

$$u_t+\mathrm{div}\boldsymbol{F}(u)=0$$

(7)多孔介质方程：

$$u_t-\Delta u^\gamma=0\ (\gamma>1 \text{ 且为常数})$$

(8)Korteweg - deVries (KdV 方程)：

$$u_t+uu_x+u_{xxx}=0$$

(9)p - Laplace 方程：

$$\mathrm{div}(|\mathrm{D}u|^{p-2}\mathrm{D}u)=0\ (p>1 \text{ 且为常数})$$

(10)非线性波动方程：

$$u_{tt}-a^2\Delta u=f(u)\ (a>0 \text{ 且为常数})$$

(11)Boltzmann 方程：

$$f_t+\boldsymbol{v}\cdot\mathrm{D}_x f=Q(f,f)$$

其中 $f=f(x,\boldsymbol{v},t)$，$Q(f,f)=Q(f(x,\boldsymbol{v},t),f(x,\boldsymbol{v},t))$ 为碰撞项，这里 $Q(\varphi,\varphi)=\int_{\mathbb{R}^n}\mathrm{d}\boldsymbol{v}_*\int_{S^{n-1}}\mathrm{d}\omega[\varphi(\boldsymbol{v}')\varphi(\boldsymbol{v}'_*)-\varphi(\boldsymbol{v})\varphi(\boldsymbol{v}_*)]B(\boldsymbol{v}-\boldsymbol{v}_*)$，$S^{n-1}$ 为 $n-1$ 维单位球面，$\boldsymbol{v}',\boldsymbol{v}'_*$ 由等式 $\boldsymbol{v}'=\boldsymbol{v}-[(\boldsymbol{v}-\boldsymbol{v}_*)\cdot\omega]\omega$ 及 $\boldsymbol{v}'_*=\boldsymbol{v}+[(\boldsymbol{v}-\boldsymbol{v}_*)\cdot\omega]\omega$ 给定，B 为碰撞核，$\mathrm{D}_x f$ 表示 f 对 x 的偏导数.

再介绍一些线性偏微分方程组.

(1)线性弹性平衡方程组：

$$\mu\Delta\boldsymbol{u}+(\lambda+\mu)\mathrm{D}(\mathrm{div}\boldsymbol{u})=\boldsymbol{0}\quad(\mu,\lambda>0 \text{ 且为常数})$$

(2)线性弹性发展方程组：

$$u_{tt}-\mu\Delta\boldsymbol{u}-(\lambda+\mu)\mathrm{D}(\mathrm{div}\boldsymbol{u})=\boldsymbol{0}\quad(\mu,\lambda>0 \text{ 且为常数})$$

(3)Maxwell 方程组：

$$\begin{cases}\dfrac{1}{c}\dfrac{\partial\boldsymbol{E}}{\partial t}=\mathrm{curl}\boldsymbol{B}\\[2mm]\dfrac{1}{c}\dfrac{\partial\boldsymbol{B}}{\partial t}=-\mathrm{curl}\boldsymbol{E}\\[2mm]\mathrm{div}\boldsymbol{E}=\mathrm{div}\boldsymbol{B}=0\end{cases}$$

这里 $\boldsymbol{E},\boldsymbol{B}$ 分别为电场强度和磁场强度，c 为光速.

较著名的一些非线性偏微分方程组有以下几种.

(1)守恒律方程组：

$$\boldsymbol{u}_t + [\boldsymbol{F}(\boldsymbol{u})]_x = \boldsymbol{0}$$

(2)反应扩散方程组：

$$\boldsymbol{u}_t - a^2 \Delta \boldsymbol{u} = \boldsymbol{f}(\boldsymbol{u}) \quad (a > 0 \text{ 且为常数})$$

(3)Euler 方程组(不可压无黏性流)：

$$\begin{cases} \boldsymbol{u}_t + \boldsymbol{u} \cdot \mathrm{D}\boldsymbol{u} = -\mathrm{D}p \\ \mathrm{div}\boldsymbol{u} = 0 \end{cases}$$

其中，$\boldsymbol{u}, p$ 分别为流体的速度和压力.

(4)Navier - Stokes 方程组(不可压黏性流)：

$$\begin{cases} \boldsymbol{u}_t + \boldsymbol{u} \cdot \mathrm{D}\boldsymbol{u} - \mu \Delta \boldsymbol{u} = -\mathrm{D}p \\ \mathrm{div}\boldsymbol{u} = 0 \end{cases}$$

其中，μ 为黏性系数，$\boldsymbol{u}, p$ 分别为流体的速度和压力.

本书主要讨论以下三个典型的二阶线性偏微分方程，这三个方程是最简单且又最重要的二阶线性偏微分方程.

(1)位势方程：

$$-\Delta u = f(x) \tag{1.2.5}$$

(2)热传导方程：

$$u_t - a^2 \Delta u = f(x,t) \ (a > 0 \text{ 且为常数}) \tag{1.2.6}$$

(3)波动方程：

$$u_{tt} - a^2 \Delta u = f(x,t) \ (a > 0 \text{ 且为常数}) \tag{1.2.7}$$

其中 $\Delta = \sum_{i=1}^{n} \frac{\partial^2}{\partial x_i^2}$ 是 Laplace 算子.

以下通过几个例子，对偏微分方程有一个初步的认识.

例 1.2 当 a, b 满足怎样的条件时，二维 Laplace 方程 $\Delta u = u_{xx} + u_{yy} = 0$ 有指数解 $u = \mathrm{e}^{ax+by}$？并把解求出.

解 把 $u = \mathrm{e}^{ax+by}$ 代入所给方程，得

$$(a^2 + b^2)\mathrm{e}^{ax+by} = 0$$

因 $\mathrm{e}^{ax+by} \neq 0$，所以 $a^2 + b^2 = 0$，即当 $a = \pm \mathrm{i}b (\mathrm{i} = \sqrt{-1})$ 或 $b = \pm \mathrm{i}a$ 时，二维 Laplace 方程有指数解. 它的形式为

$$u = \mathrm{e}^{\pm \mathrm{i}bx+by} = \mathrm{e}^{by}(\cos bx \pm \mathrm{i}\sin bx)$$

及

$$u = \mathrm{e}^{ax \pm \mathrm{i}ay} = \mathrm{e}^{ax}(\cos ay \pm \mathrm{i}\sin ay)$$

这里 a, b 是任意实数，如取实形式，则 $\mathrm{e}^{ax}\cos ay, \mathrm{e}^{ax}\sin ay, \mathrm{e}^{by}\cos bx, \mathrm{e}^{by}\cos by$ 都是 $\Delta u = u_{xx} + u_{yy} = 0$ 的解.

例 1.3 设 $u = u(x,y)$，求二阶线性方程 $\frac{\partial^2 u}{\partial x \partial y} = 0$ 的通解.

解 把所给方程改写为

$$\frac{\partial}{\partial x}\left(\frac{\partial u}{\partial y}\right) = 0$$

两边对 x 积分，得

$$\frac{\partial u}{\partial y} = \int \frac{\partial}{\partial x}\left(\frac{\partial u}{\partial y}\right)\mathrm{d}x = \int 0 \mathrm{d}x + \varphi(y) = \varphi(y)$$

其中 $\varphi(y)$ 是任意函数,再两边对 y 积分,得方程的通解为

$$\int \frac{\partial u}{\partial y}\mathrm{d}y = \int \varphi(y)\mathrm{d}y + f(x) = f(x) + g(y)$$

其中 $f(x)$,$g(y)$ 是两个任意一次可微函数.

例 1.4 求方程 $t\frac{\partial^2 u}{\partial x \partial t} + 2\frac{\partial u}{\partial x} = 2xt$ 的通解.

解 令 $\frac{\partial u}{\partial x} = v$,则原方程成为

$$t\frac{\partial v}{\partial t} + 2v = 2xt$$

把 x 看作是参数,这是一个一阶线性常微分方程,则

$$\begin{aligned} v &= \exp\left\{-\int \frac{2}{t}\mathrm{d}t\right\}\left[G(x) + \int 2x\exp\left\{\int \frac{2}{t}\mathrm{d}t\right\}\mathrm{d}t\right] \\ &= t^{-2}\left[G(x) + \frac{2}{3}xt^3\right] \end{aligned}$$

其中 $G(x)$ 是任意函数.再对 x 积分,得

$$u(x,t) = \frac{1}{3}x^2 t + t^{-2}F(x) + H(t)$$

其中 $F(x)$ 和 $H(t)$ 是两个任意一次可微函数.

1.3 定解问题

1.3.1 定解条件与定解问题

由上节的例题可知,一个偏微分方程通常有无穷多个解.正如前文所说,这些方程都有实际的物理背景,是从实际问题中抽象出来的.偏微分方程所描述的自然现象可以分为两大类,一类所描述的物理过程是随时间演变的,如波动方程和热传导方程等,我们称这类方程为发展方程;另一类所描述的自然现象是稳恒的、定常的,亦即与时间无关的,如静电场、引力场等,我们常称其为位势方程.

我们把方程的解必须要满足的现实给定的条件叫做定解条件,一个方程配备上定解条件就构成一个定解问题.一般来说,常见的定解条件有初始条件(也叫 Cauchy 条件)和边界条件两大类,相应的定解问题叫初值问题(或 Cauchy 问题)和边值问题.对发展方程,需要给出初始条件,即初始时刻的状态,例如对热传导方程给一个初始条件,波动方程给两个初始条件.如果研究一个有界区域 Ω 中的物理过程,例如,当 $n=2$ 时,方程(1.2.7)可以表示在一平面区域上张紧的薄膜的横振动,而薄膜的边界振动状态是已知的.也就是说,按照薄膜具体的物理状态,位移函数 $u(x,y,t)$ 在边界上的值或外法向微商的值或二者的线性组合的值是已知的.这就要求求出的解满足这个条件.有时,对方程同时附加上初始条件和边界条件,这就构成一个混合问题.

例 1.5 考虑在区间$[0,l]$上张紧的均匀弦的微小横振动:

$$\begin{cases}u_{tt}-a^2u_{xx}=0, x\in(0,l), t\in\mathbb{R}_+\\ u\big|_{x=0}=0, u\big|_{x=l}=0\\ u\big|_{t=0}=\varphi(x), u_t\big|_{x=l}=\psi(x)\end{cases}$$

其中，$u(x,t)$ 表示在时刻 t 质点 x 在垂直于线段 $\overline{Ol}$（位于 x 轴上）方向上的位移. 弦的两端固定，即 $u\big|_{x=0}=u\big|_{x=l}=0$，弦的初始位移为 $\varphi(x)$，初始速度为 $\psi(x)$，弦不受外力. 其中，$a>0$ 是波的传播速度.

在上例中，如果考虑弦中间一小段的振动状态，该小段的位置相对于弦的边界如此之远（或考察的时间如此之短），以至于边界条件的影响尚未传到此处考察就结束了. 所以，边界条件的影响可以不计. 理论上可以把弦看作无限长，于是就得到下面的初值问题（或 Cauchy 问题）：

例 1.6 $\begin{cases}u_{tt}-a^2u_{xx}=0, x\in\mathbb{R}, t\in\mathbb{R}_+\\ u\big|_{t=0}=\varphi(x), u_t\big|_{x=l}=\psi(x)\end{cases}$.

设定义在三维空间某区域 Ω 上的电位函数为 $u(x,y,z)$，电荷分布密度为 $\rho(x,y,z)$. 由静电学的理论知，$u(x,y,z)$ 满足 Possion 方程 $\Delta u=-4\pi\rho(x,y,z)$. 若测得在 Ω 的边界上的电位为 $\varphi(x,y,z)$，则得到 Poisson 方程的边值问题：

例 1.7 $\begin{cases}\Delta u=-4\pi\rho(x,y,z), (x,y,z)\in\Omega\\ u\big|_{\partial\Omega}=\varphi(x,y,z)\end{cases}$.

在上例中，若区域内部无电荷分布，则得 Laplace 方程的边值问题：

例 1.8 $\begin{cases}\Delta u=0, (x,y,z)\in\Omega\\ u\big|_{\partial\Omega}=\varphi(x,y,z)\end{cases}$.

上述边值问题是第一类边值问题，也叫 Dirichlet 问题，即给出未知函数在边界上的值（称为第一类边界条件）. 另外，还有第二类边值问题，也叫 Neumann 问题，即给出未知函数在边界上的外法向微商的值（称为第二类边界条件）；还有第三类边值问题，也叫 Robin 问题，即给出未知函数在边界上的外法向微商和本身的线性组合的值（称为第三类边界条件）. 如果以上三种边界条件的右端恒等于零，则称为齐次边界条件；否则称为非齐次边界条件. 在本书后文中，读者会多次见到这些定解问题.

1.3.2　定解问题的适定性

从上节定解问题的建立可以看出，对于不同方程定解问题的提法是不同的：对于发展方程应该提混合问题和初值问题，而对于位势方程应该提边值问题. 这样提定解问题从物理上讲是合理的. 人们自然要问：这样提定解问题在数学上是否也是正确的呢？这里就牵涉到所谓"提法正确"在数学上的涵义应该是什么？对于这个问题的回答是：为了使一个偏微分方程的定解问题正确反映客观实际，它必须有解存在，且只有一个解以及解对定解数据（即出现在定解条件和方程中的已知函数）是连续依赖的. 最后一点，我们也称之为是稳定的. 为此，引入下面的一些术语.

定义 1.5　如果一个偏微分方程定解问题满足以下条件：

(1)它的解存在；

(2)它的解唯一；

(3)它的解连续地依赖定解条件和定解问题中的已知函数，

则称这个定解问题是适定的;否则称这个定解问题是不适定的.

以下我们分别解释一下存在、唯一、稳定这三个概念.

定义 1.6 设 u 是一个定义在区域 $\overline{\Omega}$ 上的函数,它在 Ω 内二次连续可微且适合方程.又设它本身以及出现在定解条件中的微商连续直到 Ω 的给定定解条件的边界,并适合已给的定解条件,我们称 u 是这个定解问题的解.

因此在这个意义上说,所谓解存在,就是在 $\overline{\Omega}$ 上存在这样一个具有上述光滑性的函数,它适合方程和定解条件.当然,解的概念还将随着问题性质的变化和需要作必要的扩充,因此解的存在性问题依赖于按照什么意义来定义解.

解的唯一性的讨论同样也必须与一定的函数类相联系.确切地说,所谓唯一性问题就是研究定解问题在给定函数类内如果有解,解是否只有一个?对于线性定解问题(即出现在方程和定解条件中的未知函数本身及其各阶微商都是一次的),唯一性问题将归结为相应的齐次定解问题在给定的函数类内是否只有零解(所谓定解问题是齐次的是指方程是齐次的,定解条件也是齐次的).

因为定解数据(如初值、边值和方程的非齐次项等)一般都是通过实际测量得到的,它不可能绝对正确,所以人们自然关心对于定解数据的微小差异是否会引起解的完全失真.这就是解的稳定性问题,即解是否连续依赖于定解数据?当然讲大小就要先引入度量.

定义 1.7 设 G 是一个函数集合,如果对于任意两个函数 $f_1, f_2 \in G$,必有 $\alpha_1 f_1 + \alpha_2 f_2 \in G(\alpha_1, \alpha_2 \in \mathbb{R})$,那么称 G 是线性空间.如果对于任意 $f \in G$,都有一个非负的实数 $\| f \|$ 与它对应,且适合

(1)若 $f_1, f_2 \in G$,则 $\| f_1 + f_2 \| \leqslant \| f_1 \| + \| f_2 \|$;

(2)若 $f \in G, \alpha \in \mathbb{R}$,则 $\| \alpha f \| = | \alpha | \, \| f \|$;

(3) $\| f \| \geqslant 0$,其中等号当且仅当 $f = 0$ 时成立,

那么称 G 为线性赋范空间,$\| f \|$ 称为 f 的范数或模.

对于一个函数集合,如果按照某种方式引入了"范数",也就是规定了度量,$\| f_1 - f_2 \|$ 的大小就表示在这个度量意义下 f_1 与 f_2 的接近程度.

有了线性赋范空间的概念,我们可以确切地给出解的稳定性的定义.

为了叙述明确起见,我们不妨以例 1.5 的一维波动方程混合问题为例.我们说混合问题的解对初值是连续依赖的,这意味着如果把初值 $\{\varphi, \psi\}$(φ 是初位移,ψ 是初速度)看作是线性赋范空间 Φ 中的元素,而把相应的混合问题的解 u 看作是线性赋范空间 U 中的元素,则对于任意 $\{\varphi_i, \psi_i\} \in \Phi (i = 1, 2)$ 以及相应于它们的解 $u_i (i = 1, 2)$,有

$\forall \varepsilon > 0, \exists \delta > 0$,当 $\| \{\varphi_1, \psi_1\} - \{\varphi_2, \psi_2\} \|_\Phi < \delta$ 时,有

$$\| u_1 - u_2 \|_U < \varepsilon$$

我们可以完全类似地定义混合问题的解对边值和对方程的非齐次项的连续依赖性.

在本书后面的章节中,当求解位势方程、热传导方程和波动方程的定解问题时,我们总是先假设定解问题的解具有非常好的性质(如光滑性),接着求出定解问题的解的表达式.这样的解称为定解问题的形式解.然后再严格证明在定解条件满足一定的要求时,所得到的形式解的确是定解问题的古典解,从而获得解的存在性.在研究位势方程、热传导方程和波动方程的定解问题的解的唯一性和稳定性时,先导出一些关于解的先验估计,然后再利用这些估计推导出定解问题的解的唯一性和稳定性.这样,就基本上回答了关于位势方程、热传导方程和波动方

程的一些定解问题的适定性问题.

必须指出:有一些实际部门(例如地质勘探、最优控制等)提出的定解问题在通常的意义下并不适定,读者在后面的章节中就会看到这样不适定问题的例子. 由于生产实际的推动,不适定问题的研究已成为偏微分方程的一个重要方向.

1.3.3　分类

由上述介绍可以看出,方程(1.2.5)~方程(1.2.7)只是方程(1.2.2)的特例. 以 $\boldsymbol{A}$ 表示矩阵 $(a_{ij})_{m\times m}$,对于位势方程(1.2.5),取 $m=n$,则

$$\boldsymbol{A}=\begin{pmatrix}-1 & 0 & \cdots & 0\\ 0 & -1 & \cdots & 0\\ \vdots & \vdots & & \vdots\\ 0 & 0 & \cdots & -1\end{pmatrix}$$

且 $b_i(x)\equiv 0(i=1,2,\cdots,n),c(x)\equiv 0$;对于热传导方程(1.2.6),取 $m=n+1,t=x_{n+1}$,则

$$\boldsymbol{A}=\begin{pmatrix}-a^2 & \cdots & 0 & 0\\ \vdots & & 0 & \vdots\\ 0 & \cdots & -a^2 & 0\\ 0 & \cdots & 0 & 0\end{pmatrix}$$

且 $b_i(x)\equiv 0(i=1,2,\cdots,n),b_{n+1}(x)\equiv 1,c(x)\equiv 0$;对于波动方程(1.2.7),取 $m=n+1,t=x_{n+1}$,则

$$\boldsymbol{A}=\begin{pmatrix}-a^2 & \cdots & 0 & 0\\ \vdots & & 0 & \vdots\\ 0 & \cdots & -a^2 & 0\\ 0 & \cdots & 0 & 1\end{pmatrix}$$

且 $b_i(x)\equiv 0(i=1,2,\cdots,n+1),c(x)\equiv 0$.

大家知道,如果 $\boldsymbol{A}$ 是一个常数矩阵,由于它是对称阵,因此一定存在一个正交矩阵 $\boldsymbol{P}$,使得 $\boldsymbol{P}^{\mathrm{T}}\boldsymbol{AP}$($\boldsymbol{P}^{\mathrm{T}}$ 表示 $\boldsymbol{P}$ 的转置)是对角阵,此时对角线上的元素就是 $\boldsymbol{A}$ 的特征值.

从矩阵 $\boldsymbol{A}$ 的特征值的性质来考察方程(1.2.5)~方程(1.2.7),那么它们的差别在于:对于位势方程(1.2.5),系数矩阵 $\boldsymbol{A}$ 的全部特征值全是正(或负)的,即 $\boldsymbol{A}$ 是正定(或负定)的;对于热传导方程(1.2.6),系数矩阵 $\boldsymbol{A}$ 除了有一个特征值为 0 以外,其他全是正(或负)的,即 $\boldsymbol{A}$ 是非负(或非正)的;对于波动方程(1.2.7),系数矩阵 $\boldsymbol{A}$ 除了有一个特征值是正(负)的以外,其他全是负(正)的,即 $\boldsymbol{A}$ 是不定的.

现在对一般二阶方程(1.2.2)进行分类.

设 $x_0\in\mathbb{R}^m$, $\boldsymbol{A}(x_0)$ 表示系数矩阵 $\boldsymbol{A}$ 在点 x_0 的值. 由于系数矩阵 $\boldsymbol{A}(x_0)$ 是对称矩阵,从线性代数的结论我们知道它总是可以对角化. 基于此,对一般二阶线性偏微分方程进行分类.

定义 1.8　若矩阵 $\boldsymbol{A}(x_0)$ 的 m 个特征值都是负数,则称方程(1.2.2)在点 x_0 属于椭圆型;若矩阵 $\boldsymbol{A}(x_0)$ 的 m 个特征值除了一个特征值为 0 外,其他 $m-1$ 个特征值都是负数,则称方程(1.2.2)在点 x_0 属于抛物型;若矩阵 $\boldsymbol{A}(x_0)$ 的 m 个特征值除了一个特征值为正数外,其他 $m-1$个特征值都是负数,则称方程(1.2.2)在点 x_0 属于双曲型. 若对于区域 Ω 上的每一个点,方程(1.2.2)属于椭圆型,则称方程(1.2.2)在 Ω 上是椭圆型的;若对于区域 Ω 上的每一个点,

方程(1.2.2)属于抛物型,则称方程(1.2.2)在 Ω 上是抛物型的;若对于区域 Ω 上的每一个点,方程(1.2.2)属于双曲型,则称方程(1.2.2)在 Ω 上是双曲型的.

当然,从矩阵 $\boldsymbol{A}(x_0)$ 的性质分析还有其他的情形.由于这些方程的实际背景至今仍不清楚,远没有像上述三类方程引起人们的广泛兴趣.由上面的分类可知,位势方程(1.2.5)是椭圆型方程,热传导方程(1.2.6)是抛物型方程,波动方程(1.2.7)是双曲型方程.方程(1.2.5)、方程(1.2.6)和方程(1.2.7)分别称为椭圆型、抛物型和双曲型方程的标准型.

定理 1.1　若方程(1.2.2)的二阶项的系数矩阵 $\boldsymbol{A}$ 是常数矩阵,且它属于椭圆型(或双曲型)方程,则存在一个非奇异的自变量替换把方程(1.2.2)的二阶项化为形如方程(1.2.5)(或(1.2.7))的标准型.

证明　我们只证明方程(1.2.2)是椭圆型的情形,其他情形类似.

将方程(1.2.2)写成

$$\sum_{i,j=1}^{m} a_{ij} u_{x_i x_j} = f(x, u, \mathrm{D}_x u)$$

其中 $\mathrm{D}_x u$ 表示 u 关于 x 的所有一阶偏导数.由于方程(1.2.2)属于椭圆型,因而一定存在一个非奇异矩阵 $\boldsymbol{B} = (b_{kl})_{m\times m}$,使得系数矩阵 $\boldsymbol{A}$ 可以对角化,且 $\boldsymbol{BAB}^{\mathrm{T}} = -\boldsymbol{I}$(单位阵),即

$$\sum_{i,j=1}^{m} b_{ki} a_{ij} b_{lj} = -\delta_{kl}, \quad k, l = 1, 2, \cdots, m$$

其中 δ_{kl} 是 Kronecker 符号.由于矩阵 $\boldsymbol{B}$ 非奇异,作自变量替换,有

$$y_k = \sum_{i=1}^{m} b_{ki} x_i, \quad k = 1, 2, \cdots, m$$

将方程(1.2.2)的二阶项化为

$$\sum_{i,j=1}^{m} a_{ij} u_{x_i x_j} = \sum_{i,j,k,l=1}^{m} a_{ij} b_{ki} b_{lj} u_{y_k y_l} = -\sum_{k,l=1}^{m} \delta_{kl} u_{y_k y_l} = -\Delta_y u$$

从而方程(1.2.2)对于新变量 $y_1, \cdots, y_m$ 具有以下形式:

$$-\Delta_y u = \bar{f}(y, u, \mathrm{D}_y u)$$

这里 $\mathrm{D}_y u$ 表示 u 关于 y 的所有一阶偏导数.定理至此获证.

第 2 章　一些经典解法

2.1　特征方法

一阶偏微分方程具有形式

$$F(x,u,Du)=0$$

其中 $x\in\mathbb{R}^n$，Du 是 u 的梯度.在变分法、质点力学和几何光学中都出现了这类方程.它的特点是:其通解可以通过解一个常微分方程组而得到,称这种求解方法为特征线法.而高阶偏微分方程和一阶偏微分方程组没有这个特点.本节仅讨论两个自变量的拟线性方程,所有理论和方法可以完全类似地推广到多个自变量的情况.

2.1.1　特征曲线与特征曲面

一阶拟线性方程具有形式

$$a(x,y,u)u_x+b(x,y,u)u_y=c(x,y,u) \tag{2.1.1}$$

其中,$u=u(x,y)$.称方向 $(a(x,y,z),b(x,y,z),c(x,y,z))$ 是方程(2.1.1)的特征方向,它在 $\mathbb{R}^3$ 或 $\mathbb{R}^3$ 中的区域 Ω 上定义了一个向量场.我们称处处与方向 (a,b,c) 相切的曲线是方程(2.1.1)的特征曲线.设特征曲线的参数式为

$$x=x(t),\quad y=y(t),\quad z=z(t),\quad t\in\mathbb{R}\text{ 或 }\mathbb{R}\text{ 中某区间}$$

则沿特征曲线显然下式成立:

$$\frac{dx}{a(x,y,z)}=\frac{dy}{b(x,y,z)}=\frac{dz}{c(x,y,z)}$$

即

$$\frac{dx}{dt}=a(x,y,z),\quad \frac{dy}{dt}=b(x,y,z),\quad \frac{dz}{dt}=c(x,y,z) \tag{2.1.2}$$

称方程组(2.1.2)是方程(2.1.1)的特征方程.由方程组(2.1.1)可知,积分曲面 $z=u(x,y)$(即方程组(2.1.1)的解)就是处处与特征方向相切的曲面.特征曲线与积分曲面有下述关系。

定理 2.1　若特征曲线 γ 上一点 $P(x_0,y_0,z_0)$ 位于积分曲面 $S:z=u(x,y)$ 上,则 γ 整个位于 S 上.

证明　如图 2.1.1 所示,设 γ 的方程为

$$x=x(t),\quad y=y(t),\quad z=z(t)$$

由特征曲线的定义知,它是方程组(2.1.2)的解,并且对某参数值 $t=t_0$ 满足 $x_0=x(t_0)$,$y_0=y(t_0)$,$z_0=z(t_0)=u(x_0,y_0)$.由所设条件知,$P=(x(t_0),y(t_0),z(t_0))\in S$.记

$$U = U(t) \equiv z(t) - u(x(t), y(t))$$

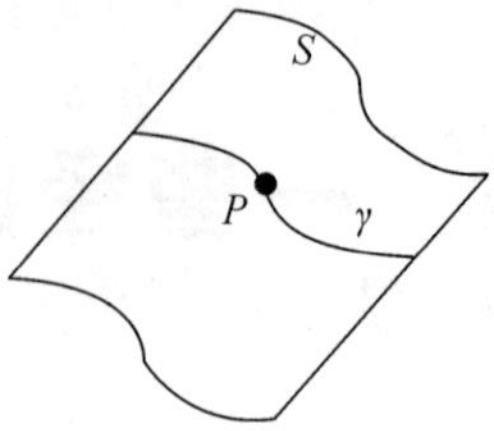

图 2.1.1

因 $P \in S$，所以 $U(t_0) = 0$．由方程组(2.1.2)得

$$\frac{\mathrm{d}U}{\mathrm{d}t} = \frac{\mathrm{d}z}{\mathrm{d}t} - u_x \frac{\mathrm{d}x}{\mathrm{d}t} - u_y \frac{\mathrm{d}y}{\mathrm{d}t} = c(x,y,z) - u_x a(x,y,z) - u_y b(x,y,z)$$

于是

$$\frac{\mathrm{d}U}{\mathrm{d}t} = c(x,y,U+u(x,y)) - u_x a(x,y,U+u(x,y)) - u_y b(x,y,U+u(x,y)) \tag{2.1.3}$$

其中 $x = x(t), y = y(t)$．

因 $z = u(x,y)$ 是方程(2.1.1)的解，所以 $U \equiv 0$ 是方程(2.1.3)的解．根据常微分方程初值问题解的唯一性定理，由 $U(t_0) = 0$ 知 $U(t) \equiv 0$，即 $z(t) \equiv u(x(t), y(t))$，所以 $\gamma \in S$.

由积分曲面的定义知，过积分曲面上每一点有一条特征曲线．于是，根据此定理，该特征曲线完全位于积分曲面内，所以积分曲面 S 是特征曲线的并，即过 S 上每一点都有一条包含在 S 中的特征曲线．反之，如果曲面 $S{:}z = u(x,y)$ 是特征曲线的并，则它必是积分曲面.

另外，由此定理还可推出，两个有公共点 P 的积分曲面必沿着一条过点 P 的特征曲线 γ 相交．反之，如果积分曲面 S_1 和 S_2 沿着曲线 γ 相交而不相切，则 γ 必是特征曲线．事实上，若在 γ 上 P 点分别做 S_1 和 S_2 的切平面 π_1 和 π_2，则每一个平面都包含点 P 处的特征方向(a,b,c)．因 $\pi_1 \neq \pi_2$，所以 π_1 和 π_2 的交线必具有方向(a,b,c)．又因为 γ 在 P 处的切线 T 也属于 π_1 和 π_2，所以 T 有方向(a,b,c)，因此 γ 是特征曲线.

2.1.2 初值问题

以上讨论使我们对拟线性一阶方程(2.1.1)的通解有一个形象的认识，即积分曲面是特征曲线的并．以此为基点，讨论方程(2.1.1)的初值问题(也叫 Cauchy 问题)．同常微分方程一样，它是一阶方程的基本问题.

设有空间曲线

$$\gamma{:}(x,y,z) = (f(s), g(s), h(s))$$

s 是参数，则方程(2.1.1)的初值问题的提法是：求方程(2.1.1)的解 $z = u(x,y)$，使满足 $h(s) \equiv u(f(s), g(s))$，即积分曲面过已知曲线 γ．在许多情形，y 表示时间变量，而 x 是空间变量．于是提出 $y = 0$ 时刻的初值 $u|_{y=0} = h(x)$，而寻求满足此初始条件的方程(2.1.1)的解是一个常见且自然的初值问题．这时，空间曲线 γ 的参数式是 $x = s, y = 0, z = h(x)$，即曲线在 xOz 平面上，且以 x 为参数.

要证明：在 γ 的邻域中，方程(2.1.1)的初值问题的解存在唯一．因为 γ 可以被位于其上的多个有限长开弧所覆盖,若在每个开弧附近得到解的存在唯一性,则所证必然成立.故只需证明下述定理成立.

定理 2.2　设曲线 γ:$(x,y,z)=(f(s),g(s),h(s))$ 光滑,且 $f'^2+g'^2\neq 0$,在点 $P_0=(x_0,y_0,z_0)=(f(s_0),g(s_0),h(s_0))$ 处行列式

$$J=\begin{vmatrix} f'(s_0) & g'(s_0) \\ a(x_0,y_0,z_0) & b(x_0,y_0,z_0)\end{vmatrix}\neq 0 \tag{2.1.4}$$

又设 $a(x,y,z),b(x,y,z),c(x,y,z)$ 在 γ 附近光滑.则初值问题

$$\left.\begin{aligned} &a(x,y,u)u_x+b(x,y,u)u_y=c(x,y,u)\\ &u(f(s),g(s))=h(s)\end{aligned}\right\} \tag{2.1.5}$$

在参数 $s=s_0$ 的一邻域内存在唯一解.称这样的解为局部解.

证明　在 s_0 附近,即对某 $\delta>0$,在 $|s-s_0|<\delta$ 中,先求方程组(2.1.2)的解

$$x=X(s,t),\quad y=Y(s,t),\quad z=Z(s,t) \tag{2.1.6}$$

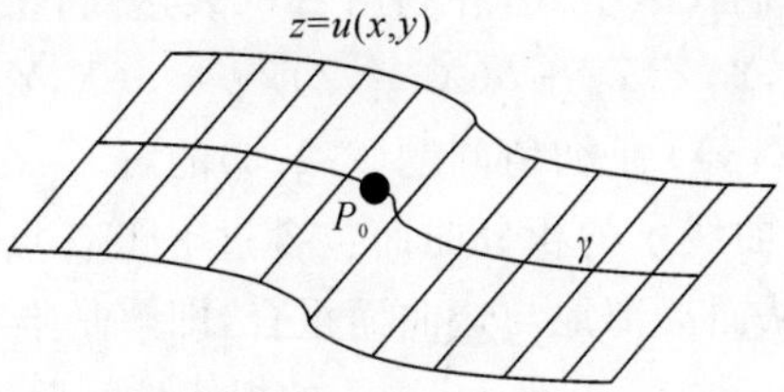

图 2.1.2

使当 $t=0$ 时等式 $(x,y,z)=(f(s),g(s),h(s))$ 成立,其中,$|s-s_0|<\delta$,$0\leqslant t<T$.这就是过 γ 上各点 $(s,0)$($|s-s_0|<\delta$)所有特征曲线的并.由 $J\neq 0$,便可从式(2.1.6)的前两式解出 s,t,将其代入第三式就得到这个并的显式表示 $z=u(x,y)$,它就是要求的积分曲面(见图 2.1.2).现在从式(2.1.6)出发,用数学分析的方法给出严格的证明.

由常微分方程组的初值问题解的存在唯一性定理知,从式(2.1.2)可唯一地解出式(2.1.6),且它们具有连续的一阶偏导数.于是,它们关于 s,t 恒等地满足

$$X_t=a(X,Y,Z),\quad Y_t=b(X,Y,Z),\quad Z_t=c(X,Y,Z)$$

及初始条件

$$X(s,0)=f(s),\quad Y(s,0)=g(s),\quad Z(s,0)=h(s)$$

由所设 $J\neq 0$,则由隐函数定理,可从式(2.1.6)中前两式解出光滑函数为

$$s=S(x,y),\quad t=T(x,y)$$

当 $|s-s_0|<\delta_1$,$0\leqslant t\leqslant T_1$ 时,它们满足

$$S(x_0,y_0)=s_0,\quad T(x_0,y_0)=0$$

则

$$z=Z(S(x,y),\quad T(x,y))\overset{\text{def}}{=}u(x,y) \tag{2.1.7}$$

就是问题(2.1.5)的局部解.事实上,令 $\delta^*=\min\{\delta,\delta_1\}$,$T^*=\min\{T,T_1\}$,则当 $|s-s_0|<\delta^*$,$0\leqslant t<T^*$ 时,有

$$Z(S(x,y),T(x,y))|_{t=0}=Z(s,0)=h(s)$$

即 $u(f(s),g(s))=h(s)$.所以函数(2.1.7)满足问题(2.1.5)的初始条件.下证它满足式(2.1.5)中方程.

式(2.1.7)分别对 x,y 求偏导数,得

$$Z_x = Z_s S_x + Z_t T_x \text{ , } Z_y = Z_s S_y + Z_t T_y \tag{2.1.8}$$

式(2.1.6)前两式分别对 x 求偏导数,可解得

$$S_x = \frac{1}{\Delta} Y_t \text{ , } T_x = -\frac{1}{\Delta} Y_s \tag{2.1.9}$$

其中,$\Delta = X_s Y_t - X_t Y_s \neq 0$(因 $J \neq 0$).

类似地,由式(2.1.6)的前两式对 y 求偏导数,可解出

$$S_y = -\frac{1}{\Delta} X_t \text{ , } T_y = \frac{1}{\Delta} X_s$$

将此二式和式(2.1.9)代入式(2.1.8),而后式(2.1.8)第一式乘 $a(X,Y,Z)$ 加第二式乘 $b(X,Y,Z)$,得

$$[a(X,Y,Z)Z_x + b(X,Y,Z)Z_y]\Delta = (Z_s Y_t - Z_t Y_s)a + (-Z_s X_t + Z_t X_s)b$$

注意到 $a = X_t, b = Y_t$,把它们代入上式,并利用 Δ 的表达式,化简得

$$a(X,Y,Z)Z_x + b(X,Y,Z)Z_y = c(X,Y,Z)$$

即 $u(x,y) = Z(S(x,y),T(x,y))$ 是初值问题(2.1.5)的解.存在性证毕.

由定理 2.1 知,任何通过曲线 γ 的积分曲面包含过 γ 上各点的特征曲线,因此,必定包含由参数表示的曲面(2.1.6),从而局部地与这曲面重合,即解是唯一的.

注 2.1　关于 n 元函数 $u = u(x_1,x_2,\cdots,x_n)$ 的拟线性一阶方程具有形式

$$\sum_{i=1}^{n} a_i(x_1,x_2,\cdots,x_n,u)u_{x_i} = c(x_1,x_2,\cdots,x_n,u) \tag{2.1.10}$$

相应于式(2.1.2)的常微分方程组为

$$\left.\begin{aligned} &\frac{\mathrm{d}x_i}{\mathrm{d}t} = a_i(x_1,x_2,\cdots,x_n,z), \quad i = 1,2,\cdots,n \\ &\frac{\mathrm{d}z}{\mathrm{d}t} = c(x_1,x_2,\cdots,x_n,z) \end{aligned}\right\} \tag{2.1.11}$$

而初值问题是要在空间 $\mathbb{R}^{n+1}$ 中求满足(2.1.10)的积分曲面 $z = u(x_1,x_2,\cdots,x_n)$,使之通过以下用参数表示的 $n-1$ 维超曲面 γ:

$$\begin{cases} x_i = f_i(s_1,s_2,\cdots,s_{n-1}), \quad i = 1,2,\cdots,n \\ z = h(s_1,s_2,\cdots,s_{n-1}) \end{cases}$$

过 γ 上每一个具有参数$(s_1,s_2,\cdots,s_{n-1})$的点作特征曲线,即求出式(2.1.11)的当 $t=0$ 时等于 $(f_1,f_2,\cdots,f_n,h)$ 的解

$$\left.\begin{aligned} &x_i = X_i(s_1,s_2,\cdots,s_{n-1},t), \quad i = 1,2,\cdots,n \\ &z = Z(s_1,s_2,\cdots,s_{n-1},t) \end{aligned}\right\} \tag{2.1.12}$$

在条件

$$J = \begin{vmatrix} \dfrac{\partial f_1}{\partial s_1} & \cdots & \dfrac{\partial f_n}{\partial s_1} \\ \vdots & & \vdots \\ \dfrac{\partial f_1}{\partial s_{n-1}} & \cdots & \dfrac{\partial f_n}{\partial s_{n-1}} \\ a_1 & \cdots & a_n \end{vmatrix} \neq 0$$

之下，就能够由式(2.1.12)前 n 个式子解出 $s_1,s_2,\cdots,s_{n-1},t$，将它们代入式(2.1.12)的第 $n+1$ 个式子，就得到积分曲面 $z=u(x_1,x_2,\cdots,x_n)$，它就是初值问题的解.

例 2.1　已知曲线 $\gamma: x=s, y=s, z=\dfrac{s}{2}, 0<s<1$. 求解初值问题：

$$\begin{cases} uu_x+u_y=1 \\ u|_\gamma=\dfrac{s}{2} \end{cases}$$

解　首先条件(2.1.4)成立，因为在 γ 上，有

$$J=\begin{vmatrix} x' & y' \\ a & b \end{vmatrix}=\begin{vmatrix} 1 & 1 \\ \dfrac{s}{2} & 1 \end{vmatrix}=1-\frac{s}{2}\neq 0,\quad 0<s<1$$

解常微分方程组的初值问题：

$$\begin{cases} \dfrac{\mathrm{d}x}{\mathrm{d}t}=z,\quad \dfrac{\mathrm{d}y}{\mathrm{d}t}=1,\quad \dfrac{\mathrm{d}z}{\mathrm{d}t}=1 \\ (x,y,z)|_{t=0}=\left(s,s,\dfrac{s}{2}\right) \end{cases}$$

得

$$z=t+\frac{s}{2},\quad y=t+s,\quad x=\frac{t^2}{2}+\frac{st}{2}+s$$

由后两式解出 s,t，并将其带入第一个式子，得解

$$z=u(x,y)=\frac{4y-2x-y^2}{2(2-y)}$$

若将此例方程的右端项改为零，初始曲线改为

$$\gamma: x=s,\quad y=0,\quad z=h(s)$$

即为著名数学家 R. Courant 和 K. O. Friedrichs 在 1948 年发表的研究超音速流和激波的论文中提到的方程. 它的解 $u=u(x,y)$ 可以解释为 x 轴上随时间 y 变化的速度场，而方程表示每一个质点均有零加速度，从而有常速度.

例 2.2　设 ρ, c, N, n 是常数，求解初值问题：

$$\begin{cases} (\rho-y-Nu)\dfrac{\partial u}{\partial x}=cNn\dfrac{\partial u}{\partial y}+c,\quad y<\rho \\ u|_{x=0}=0 \end{cases}$$

解　初始曲线 γ 的参数方程为

$$x=0,\quad y=s,\quad z=0$$

在 γ 上

$$J=\begin{vmatrix} 0 & 1 \\ \rho-s & -cNn \end{vmatrix}=s-\rho\neq 0\ (\text{因 } s<\rho)$$

解初值问题

$$\begin{cases} \dfrac{\mathrm{d}x}{\mathrm{d}t}=\rho-y-Nz,\quad \dfrac{\mathrm{d}y}{\mathrm{d}t}=-cNn,\quad \dfrac{\mathrm{d}z}{\mathrm{d}t}=c \\ (x,y,z)|_{t=0}=(0,s,0) \end{cases}$$

得

$$\left.\begin{aligned} x &= (\rho - s)t + cN(n-1)\frac{t^2}{2} \\ y &= -cNnt + s \\ z &= ct \end{aligned}\right\} \tag{2.1.13}$$

由式(2.1.13)前两式得

$$t = \frac{1}{cN(n+1)}\left[(\rho - y) - \sqrt{(y-\rho)^2 - 2cN(n+1)x}\right]$$

将它代入式(2.1.13)的第三个式子,得解为

$$z = u(x,y) = \frac{1}{N(n+1)}\left[(\rho - y) - \sqrt{(y-\rho)^2 - 2cN(n+1)x}\right]$$

例 2.3 设 $u = u(x_1, x_2, x_3)$,求解初值问题:

$$\begin{cases} x_1 \dfrac{\partial u}{\partial x_1} + 2x_2 \dfrac{\partial u}{\partial x_2} + \dfrac{\partial u}{\partial x_3} = 3u \\ u|_{x_3=0} = \varphi(x_1, x_2) \end{cases}$$

解 初始曲面

$$\gamma: x_1 = s_1, \quad x_2 = s_2, \quad x_3 = 0, \quad z = \varphi(s_1, s_2)$$

在 γ 上,有

$$J = \begin{vmatrix} \dfrac{\partial x_1}{\partial s_1} & \dfrac{\partial x_2}{\partial s_1} & \dfrac{\partial x_3}{\partial s_1} \\ \dfrac{\partial x_1}{\partial s_2} & \dfrac{\partial x_2}{\partial s_2} & \dfrac{\partial x_3}{\partial s_2} \\ x_1 & 2x_2 & 1 \end{vmatrix} = \begin{vmatrix} 1 & 0 & 0 \\ 0 & 1 & 0 \\ s_1 & 2s_2 & 1 \end{vmatrix} = 1 \neq 0$$

解方程组的初值问题

$$\begin{cases} \dfrac{dx_1}{dt} = x_1, \quad \dfrac{dx_2}{dt} = 2x_2, \quad \dfrac{dx_3}{dt} = 1, \quad \dfrac{dz}{dt} = 3z \\ (x_1, x_2, x_3, z)|_{t=0} = (s_1, s_2, 0, \varphi(s_1, s_2)) \end{cases}$$

得

$$x_1 = s_1 e^t, \quad x_2 = s_2 e^{2t}, \quad x_3 = t, \quad z = \varphi(s_1, s_2) e^{3t}$$

从前三个方程解出 t, s_1 和 s_2,将它们代入 z 的表达式,得

$$z = u(x_1, x_2, x_3) = \varphi(x_1 e^{-x_3}, x_2 e^{-2x_3}) e^{3x_3}$$

例 2.4 设 $u = u(x,t), x \in \mathbb{R}^n, t \in \mathbb{R}_+$,考察守恒律方程

$$u_t + \boldsymbol{F}'(u) \cdot Du = 0, \quad x \in \mathbb{R}^n, t \in (0, +\infty)$$

其中

$$\boldsymbol{F}: \mathbb{R} \to \mathbb{R}^n, \boldsymbol{F} = (F_1, F_2, \cdots, F_n)$$

$$Du = (u_{x_1}, u_{x_2}, \cdots, u_{x_n})$$

初始条件 $u|_{t=0} = g(x)$.

解 记方程中的 t 变量为 x_{n+1},而以下的 t 按上文习惯仍表示参数,则当 $t=0$ 时的初始超曲面是

$$\Gamma: x_i = s_i, i = 1, 2, \cdots, n, \ x_{n+1} = 0, z = g(s_1, s_2, \cdots, s_n)$$

我们讨论解 $u(x,t)$ 的取值规律. 特征方程组为

$$\begin{cases} \dfrac{\mathrm{d}x_i}{\mathrm{d}t} = F_i'(z), \quad i = 1,2,\cdots,n \\ \dfrac{\mathrm{d}x_{n+1}}{\mathrm{d}t} = 1 \\ \dfrac{\mathrm{d}z}{\mathrm{d}t} = 0 \end{cases}$$

由最后两个方程,利用初始曲面解得

$$x_{n+1} = t, z = \text{常数} = z|_{t=0} = g(s_1, s_2, \cdots, s_n)$$

取定超曲面 $x_{n+1} = 0$(初始曲面 Γ 在 $\mathbb{R}^n$ 上的投影)上一点 $x^0 = (x_1^0, x_2^0, \cdots, x_n^0)$,它对应于参数值 $(s_1^0, s_2^0, \cdots, s_n^0)$. 则以该点为出发点的特征曲线的参数式可通过解

$$\frac{\mathrm{d}x_i}{\mathrm{d}t} = F_i'(g(x^0)), \quad i = 1,2,\cdots,n$$

得到

$$x_i = F_i'(g(x^0))t + x_i^0, \quad i = 1,2,\cdots,n, \quad x_{n+1} = t, \quad z = g(x^0)$$

它在 $\mathbb{R}^n$ 上的特征投影为

$$\gamma: x_i = F_i'(g(x^0))t + x_i^0, \quad i = 1,2,\cdots,n$$

这是空间 $\mathbb{R}^n$ 中直线 $y(t) = (x(t), t) = (\boldsymbol{F}'(g(x^0))t + x^0, t), t \geqslant 0$. 由以上分析知,所求函数 u 沿此直线取常数值,即

$$z = u(x, x_{n+1}) = g(x^0)$$

按以上结论,所求函数 u 沿以 $y^0 \in \mathbb{R}^n$ 为出发点的特征曲线的投影直线必取常数值 $g(y^0)$. 设 $g(x^0) \neq g(y^0)$,两条投影直线可能在某时刻 $t > 0$ 相交,在交点处得到 $g(x^0) = g(y^0)$,与所设矛盾,除非 $g(x) \equiv$ 常数. 这说明整体解(即在所论 t 的范围内都有定义的解)一般不存在. 这个例子正好给定理 2.2 所论一般仅存在局部解提供了一个例证.

2.1.3　传输方程

在一阶线性方程中,有一种最简单的形如

$$u_t + b \cdot \mathrm{D}u = 0, \quad x \in \mathbb{R}^n, t \in \mathbb{R}_+ \tag{2.1.14}$$

的方程,称为传输方程,其中,$b = (b_1, b_2, \cdots, b_n)$ 是已知 n 维常向量,$u = u(x,t)$,$\mathrm{D}u = (u_{x_1}, u_{x_2}, \cdots, u_{x_n})$. 它和位势方程(1.2.2)、热传导方程(1.2.3)及波动方程(1.2.4)是偏微分方程中四个最基本的方程. 当 $n=1$ 时,方程(2.1.14)表示波沿着一个方向的传播规律,此时,$u = u(x,t)$ 表示在时刻 t 的波形. 可以用前述的特征线求解方法(2.1.14)的初值问题. 接下来我们介绍一种更直接、更直观的求解方法,它实际上是特征线法的一种特殊情况.

设方程(2.1.14)有光滑解 $u = u(x,t)$. 由方程的形式可以看出,$u = u(x,t)$ 沿一个具体的方向的方向导数等于零. 事实上,固定一点 $(x,t) \in \mathbb{R}^{n+1}$,令

$$z(s) = u(x + bs, t + s), s \in \mathbb{R}$$

于是

$$\frac{\mathrm{d}z}{\mathrm{d}s} = \mathrm{D}u(x + sb, t + s) \cdot b + u_t(x + sb, t + s) = 0$$

最后一步等于零是因为 u 满足(2.1.14). 因此,函数 $z(s)$ 在过点 (x,t) 且具有方向 $(b,1) \in \mathbb{R}^{n+1}$ 的直线上取常数值. 所以,如果知道解 u 在这条直线上一点的值,则就得到它沿此直线上的

值.这就引出下面求解初值问题的方法.

首先我们讨论齐次方程的初值问题.设 $a \in \mathbb{R}^n$ 是已知常向量，$f:\mathbb{R}^n \to \mathbb{R}$ 是给定函数.考察传输方程的初值问题：

$$\left.\begin{aligned} &u_t + b \cdot Du = 0, \quad x \in \mathbb{R}^n, t \in \mathbb{R}_+ \\ &u|_{t=0} = f(x) \end{aligned}\right\} \tag{2.1.15}$$

如上取定 (x,t)，过点 (x,t) 且具有方向 $(a,1)$ 的直线的参数式为 $(x+as,t+s)$，$s \in \mathbb{R}$.当 $s=-t$ 时，此直线与平面 $\Gamma:\mathbb{R}^n \times \{t=0\}$ 相交于点 $(x-at,0)$.由上文分析知，u 沿此直线取常数值，而由初始条件 $u(x-at,0)=f(x-at)$，可得

$$u(x,t) = f(x-at), x \in \mathbb{R}^n, t \in \mathbb{R}_+ \tag{2.1.16}$$

所以，如果式(2.1.15)有解，必由式(2.1.16)表示，因此解是唯一的；反之，若 f 是一阶连续可微，则可直接验证由式(2.1.16)表示的函数 $u(x,t)$ 是问题(2.1.15)的解.

注 2.2　设 $x \in \mathbb{R}^1$，不妨令 $a>0$.我们分析解(2.1.16)的物理意义.在波动现象中，$u(x,t)$ 表示质点 x 在时刻 t 的位移.若将 x 轴视为一根张紧的弦，从全局看，$u(x,t)=f(x-at)$ 就表示它在 t 时刻的形状(即波形).点 x_0 在时刻 $t=0$ 的位移为 $u(x_0,0)=f(x_0)$，到时刻 $t>0$，点 $x=x_0+at$ 的位移为 $f(x-at)=f(x_0+at-at)=f(x_0)$（见图 2.1.3).所以，对固定的 $t>0$，$f(x-at)$ 的图形是由 $f(x)$ 的图形向右平移距离 at 而得到的.特别地，若 $t=1$，则平移距离是 a，可见 $f(x)$ 保持波形不变而以速度 a 向右传播，故称 $f(x-at)$ 为右行波.仿此，称 $f(x+at)$ 为左行波.无论是右行波还是左行波，都是沿着单一方向传播的波.基于此，我们称解(2.1.16)是行波解.当研究声波在静止的均匀气体中传播时，就会遇到行波解.

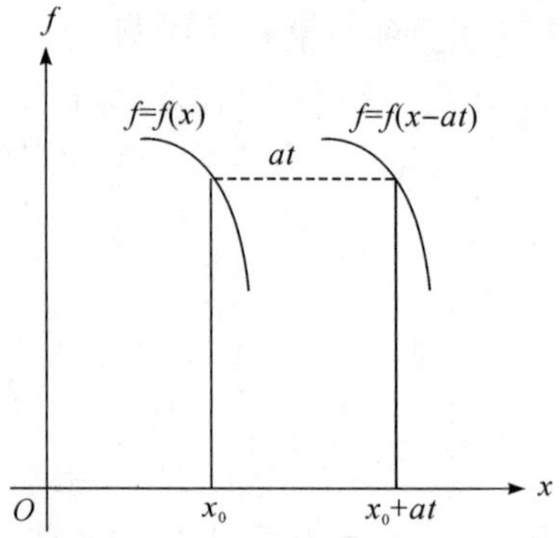

图 2.1.3

注 2.3　注意到当函数 f 不光滑时，问题(2.1.15)的光滑解显然不存在.即使如此，甚至 f 不连续，式(2.1.16)为寻找某种意义下的解(即弱解)提供了一个很强的信息.此时，我们可以把满足某个积分恒等式的函数 u 称为问题(2.1.15)的解.在当代研究能量守恒律(非线性方程)现象中的激波时，就用了这个思想.

接下来，我们考察非齐次传输方程的初值问题：

$$\left.\begin{aligned} &u_t + b \cdot \mathrm{D}u = f, x \in \mathbb{R}^n, t \in \mathbb{R}_+ \\ &u|_{t=0} = g \end{aligned}\right\} \tag{2.1.17}$$

受齐次问题解法的启示，仍然先取定 $(x,t) \in \mathbb{R}^{n+1}$，对 $s \in \mathbb{R}$，令 $z(s)=u(x+as,t+s)$，$s \in \mathbb{R}$.则

$$\frac{dz}{ds} = Du(x+as,t+s) \cdot a + u_t(x+as,t+s) = f(x+as,t+s)$$

因此

$$\begin{aligned} u(x,t) - g(x-at) &= z(0) - z(-t) \\ &= \int_{-t}^{0} \frac{dz}{ds} ds \\ &= \int_{-t}^{0} f(x+as,t+s) ds \\ &= \int_{0}^{t} f(x+a(s-t),s) ds \end{aligned}$$

于是，得到问题(2.1.17)在 $x \in \mathbb{R}^n$，$t \in \mathbb{R}_+$ 上的解：

$$u(x,t) = g(x-at) + \int_0^t f(x+a(s-t),s) ds \tag{2.1.18}$$

2.2　分离变量法

2.2.1　分离变量法的引入

本节从最简单的齐次方程、齐次边界条件的一维波动方程的混合问题开始，以它为典型例子简要介绍分离变量法的基本步骤和应注意的事项. 两端固定(有界)弦的自由振动，归结为下述定解问题：

$$\left.\begin{aligned} & u_{tt} = a^2 u_{xx}, x \in (0,l), t \in \mathbb{R}_+ \\ & u\big|_{x=0} = 0, u\big|_{x=l} = 0 \\ & u\big|_{t=0} = \varphi(x), u_t\big|_{t=0} = \psi(x) \end{aligned}\right\} \tag{2.2.1}$$

我们知道，在求解线性齐次常微分方程的初值问题时，是先求出足够多的线性无关的特解，再利用叠加原理，作这些特解的线性组合，使其满足初始条件. 这就启示我们要解上述定解问题，现寻求式(2.2.1)中方程满足齐次边界条件的足够多的特解，再利用它们作线性组合，使其满足式(2.2.1)中的初始条件. 另一方面，在力学的简谐振动或电学的简单振荡线路中，振动具有 $X(x)\sin(\omega t+\varphi)$ 的形式. 从数学方面看这种函数的特点是：它们是只含变量 x 的函数 $X(x)$ 与只含变量 t 的函数 $\sin(\omega t+\varphi)$ 的乘积，即具有变量分离的形式. 较为复杂的一些振动，还可以写成各种不同频率波的叠加. 这就启示我们，首先求出变量 x 与 t 分离形式的特解 $u(x,t) = X(x)T(t)$，由于分成两个单变量函数的形式，这样可以将原来求解偏微分方程的问题转化为求解常微分方程的问题.

现在分几个步骤求解上述定解问题.

(1)设方程有形如

$$u(x,t) = X(x)T(t)$$

的试探解. 代入方程得 $X(x)T''(t) = a^2T(t)X''(x)$，两边除以 $a^2T(t)X(x)$ 得

$$\frac{T''(t)}{a^2T(t)} = \frac{X''(x)}{X(x)}$$

(注意：若方程为非齐次，就得不出上面变量分离形式的式子.)

上式左边是 t 的函数,与 x 无关,右边是 x 的函数,与 t 无关.两个变量互不相干的函数要相等,只能是常数.记这一常数为 $-\lambda$,于是得

$$\frac{T''(t)}{a^2T(t)}=\frac{X''(x)}{X(x)}=-\lambda$$

故 $X(x)$ 与 $T(t)$ 分别满足常微分方程

$$X''(x)+\lambda X(x)=0$$
$$T''(t)+\lambda a^2T(t)=0$$

(2)解特征值问题.在以上两个简单的常微分方程中,λ 是一个待定的常数.

问题要求 $u(x,t)$ 还必须满足边界条件,将 $u(x,t)=X(x)T(t)$ 代入边界条件:

$$u\big|_{x=0}=X(0)T(t)=0$$
$$u\big|_{x=l}=X(l)T(t)=0$$

而 $T(t)$ 不恒等于零(若 $T(t)\equiv 0$,则 $u(x,t)\equiv 0$,得零解,这是我们不需要的,即所谓平凡解),则有

$$X(0)=0\ ,\ X(l)=0$$

(注意:若边界条件为非齐次,就得不出 $X(0)=0,X(l)=0$.)

因此,要求(2.2.1)中方程满足边界条件的分离变量形式的解,就先要从常微分方程边值问题

$$\left.\begin{aligned}X''(x)+\lambda X(x)=0\\X(0)=0,X(l)=0\end{aligned}\right\}\tag{2.2.2}$$

中解出 $X(x)$.

这里既要确定 λ,使得边值问题(2.2.2)有非零解,又要求出这个非零解,这种常微分方程的边值问题,称为特征值问题,λ 称为特征值,$X(x)$ 称为特征函数.下面我们来解特征值问题.

由常微分方程理论可知,对于不同的 λ,式(2.2.2)中的常微分方程通解的形式不同.现分别就 $\lambda<0$,$\lambda=0$ 及 $\lambda>0$ 三种情况进行讨论.

Ⅰ.当 $\lambda<0$ 时,特征值问题(2.2.2)中方程的通解为

$$X(x)=A\mathrm{e}^{\sqrt{-\lambda}x}+B\mathrm{e}^{-\sqrt{-\lambda}x}$$

由条件得

$$\begin{cases}A+B=0\\A\mathrm{e}^{\sqrt{-\lambda}l}+B\mathrm{e}^{-\sqrt{-\lambda}l}=0\end{cases}$$

此代数方程组的系数行列式

$$\begin{vmatrix}1 & 1\\ \mathrm{e}^{\sqrt{-\lambda}l} & \mathrm{e}^{-\sqrt{-\lambda}l}\end{vmatrix}=\mathrm{e}^{-\sqrt{-\lambda}l}-\mathrm{e}^{\sqrt{-\lambda}l}\neq 0$$

所以该方程组有唯一的零解,$A=B=0$,从而得 $X(x)\equiv 0$.

Ⅱ.当 $\lambda=0$ 时,特征值问题(2.2.2)中方程的通解为

$$X(x)=Ax+B$$

由条件得

$$\begin{cases}B=0\\Al+B=0\end{cases}$$

于是 $A=B=0$,从而 $X(x)\equiv 0$.

Ⅲ. 当 $\lambda>0$ 时,特征值问题(2.2.2)中方程的通解为 $X(x)=A\cos\sqrt{\lambda}x+B\sin\sqrt{\lambda}x$,由条件得

$$\begin{cases}A=0\\ A\cos\sqrt{\lambda}l+B\sin\sqrt{\lambda}l=0\end{cases}$$

于是 $B\sin\sqrt{\lambda}l=0$.

我们要求非零解 $X(x)$ 不恒等于零,必须有 $B\neq 0$,故 $\sin\sqrt{\lambda}l=0$,即

$$\sqrt{\lambda}l=n\pi,\quad n=1,2,\cdots \tag{2.2.3}$$

所以仅当 $\lambda_n=\dfrac{n^2\pi^2}{l^2}$ $(n=1,2,\cdots)$ 时,特征值问题(2.2.2)才有非零解

$$X_n(x)=B_n\sin\frac{n\pi}{l}x,\quad n=1,2,\cdots$$

其中 B_n 是任意常数,特征值为 $\lambda_n=\dfrac{n^2\pi^2}{l^2}$ $(n=1,2,\cdots)$. 特征函数为

$$X_n(x)=B_n\sin\frac{n\pi}{l}x,\quad n=1,2,\cdots$$

注意:式(2.2.3)中,n 只取正整数. 因为 $\lambda\neq 0$,故 $n\neq 0$;对于 n 为负整数,可以不必考虑. 如: $n=-m$, m 为正整数,则

$$B_n\sin\sqrt{\lambda_n}x=B_n\sin\frac{n\pi}{l}x=B_n\sin\frac{-m\pi}{l}x=B_n'\sin\frac{m\pi}{l}x$$

B_n' 是任意常数,仍为正整数时的形式.

将 $\lambda_n=\dfrac{n^2\pi^2}{l^2}$ $(n=1,2,\cdots)$ 代入关于 T 的常微分方程可得

$$T_n''(t)+\frac{n^2\pi^2a^2}{l^2}T_n(t)=0$$

其通解为

$$T_n(t)=C_n'\cos\frac{n\pi a}{l}t+D_n'\sin\frac{n\pi a}{l}t,\quad n=1,2,\cdots$$

其中 C_n',D_n' 是任意常数,于是得到定解问题(2.2.1)中满足方程及边界条件的无穷多个特解

$$u_n(x,t)=X_n(x)T_n(t)=\left(C_n\cos\frac{n\pi a}{l}t+D_n\sin\frac{n\pi a}{l}t\right)\sin\frac{n\pi}{l}x,\quad n=1,2,\cdots \tag{2.2.4}$$

其中 $C_n=C_n'B_n$, $D_n=D_n'B_n$ 是任意常数. 为了求原定解问题的解,还需要求满足定解问题(2.2.1)中的初始条件. 我们一般把式(2.2.4)称为定解问题的本征解.

(3) $u_n(x,t)$ 的叠加. 一般来说,式(2.2.4)中任一个特解不一定满足问题(2.2.1)中的初始条件,因为当 $t=0$ 时,有

$$u_n\big|_{t=0}=C_n\sin\frac{n\pi}{l}x,\ \frac{\partial u_n}{\partial t}\bigg|_{t=0}=D_n\frac{n\pi a}{l}\sin\frac{n\pi}{l}x$$

它们不一定分别等于给定的 $\varphi(x)$ 和 $\psi(x)$,但由 Fourier 级数知道, $\varphi(x)$ 和 $\psi(x)$ 只要满足 Dirichlet 条件,就能在 $[0,l]$ 上展开成正弦级数,即能用 $C_n\sin\dfrac{n\pi}{l}x$ 的叠加来表示. 所以我们

想到，要满足初始条件，可将 u_n 叠加，即

$$u(x,t)=\sum_{n=1}^{\infty}u_n(x,t)=\sum_{n=1}^{\infty}\left(C_n\cos\frac{n\pi a}{l}t+D_n\sin\frac{n\pi a}{l}t\right)\sin\frac{n\pi}{l}x \tag{2.2.5}$$

另一方面，因为定解问题(2.2.1)中方程是线性的，满足线性齐次边界条件的任何两个特解的叠加，仍是满足方程的解，而对于形式解(2.2.5)，只要右边的级数一致收敛，且关于两次逐项微分后仍一致收敛，则可以证明它仍满足定解问题(2.2.1)中的方程及边界条件.

(4)系数 C_n,D_n 的确定. 现在剩下的工作，只是确定系数 C_n,D_n 使式(2.2.5)满足问题(2.2.1)中的初始条件，即

$$u\big|_{t=0}=\sum_{n=1}^{\infty}C_n\sin\frac{n\pi}{l}x=\varphi(x)$$

$$\frac{\partial u}{\partial t}\bigg|_{t=0}=\sum_{n=1}^{\infty}\frac{n\pi a}{l}D_n\sin\frac{n\pi}{l}x=\psi(x)$$

这就是说，C_n 及 $\frac{n\pi a}{l}D_n$ 分别是 $\varphi(x)$ 与 $\psi(x)$ 在 $[0,l]$ 正弦展开式的 Fourier 系数. 于是得

$$C_n=\frac{2}{l}\int_0^l\varphi(x)\sin\frac{n\pi}{l}x\,\mathrm{d}x$$

$$D_n=\frac{2}{n\pi a}\int_0^l\psi(x)\sin\frac{n\pi}{l}x\,\mathrm{d}x$$

将 C_n,D_n 代入式(2.2.5)就得到一个形式完全确定的级数解. 但这个解只是定解问题(2.2.1)的形式解. 那么，在什么条件下形式解确实是解呢？我们有下列的解的存在性定理.

定理 2.3　若 $\varphi\in C^3(I),\psi\in C^2(I),I=[0,l]$，且满足相容条件 $\varphi(0)=\varphi(l)=\varphi''(0)=\varphi''(l)=\psi(0)=\psi(l)=0$，则由式(2.2.5)所给出的 $u(x,t)\in C^2(I\times\{t\geqslant 0\})$ 为两端固定弦振动问题(2.2.1)的解.

在得到形式解后，从数学上严格论证形式解确是原定解问题的解称为综合工作. 实际问题中给出的 $\varphi(x)$，$\psi(x)$ 不一定都能满足定理中的条件，得到的级数就可能不一致收敛，不能进行逐项微分，古典意义下的解是否存在就有了问题. 我们知道，定解问题是具体物理模型的抽象，若这种抽象是正确的话，从问题的实际意义考虑，解应该存在. 因此，必须扩充解的概念，引进广义解，使得在更广泛的条件下解仍然存在. 在后面的章节中，我们将会进一步讨论广义解的概念. 虽然我们得到的是形式级数解，但从这个表达式出发，分析 $u(x,t)$ 随 x,t 的变化情况，对照有界弦自由振动的实际情况(见下面讨论的解的物理意义)，我们就会发现：这个形式解仍能很好地、近似地描述实际的物理系统. 也就是说，从物理上看这个形式解是可以接受的.

为了加深理解，下面我们扼要地分析一下级数形式解(2.2.5)的物理意义. 先分析一下级数中的每一项：

$$u_n(x,t)=\left(C_n\cos\frac{n\pi a}{l}t+D_n\sin\frac{n\pi a}{l}t\right)\sin\frac{n\pi}{l}x$$

的物理意义. 分析的方法是：先固定时间 t，看看在任意指定时刻波形是什么形状；再固定弦上一点，看看该点的振动规律.

把括号内的式子改变一下形式，可得

$$u_n(x,t)=A_n\cos(\omega_n t-\theta_n)\sin\frac{n\pi}{l}x$$

其中 $A_n = \sqrt{C_n^2 + D_n^2}$，$\omega_n = \dfrac{n\pi a}{l}$，$\theta_n = \arctan \dfrac{D_n}{C_n}$

当时间 t 取定值 t_0 时，得

$$u_n(x, t_0) = A_n' \sin \frac{n\pi}{l} x$$

其中 $A_n' = \cos(\omega_n t_0 - \theta_n)$ 是一个定值. 这表示在任何时刻，波形 $u_n(x, t_0)$ 的形状都是一些正弦曲线，只是它的振幅随着时间的改变而改变.

当弦上点的横坐标 x 取定值 x_0 时，得

$$u_n(x_0, t) = B_n \cos(\omega_n t - \theta_n)$$

其中 $B_n = A_n \sin \dfrac{n\pi}{l} x_0$ 是一个定值. 这说明弦上以 x_0 为横坐标的点作简谐振动，其振幅为 B_n，角频率为 ω_n，初位相为 θ_n. 若 x 取另外一个定值，情况也一样，只是振幅 B_n 不同罢了. 所以 $u_n(x, t)$ 表示这样一个振动波：在考察的弦上各点以同样的角频率 ω_n 作简谐振动，各点处的初位相也相同，而各点的振幅则随点的位置改变而改变；此振动波在任意时刻的外形是一正弦曲线.

这种振动波还有一个特点，即在 $[0, l]$ 范围内还有 $n+1$ 个点（包括两个端点）永远保持不动，这是因为在 $x_m = \dfrac{ml}{n}(m = 0, 1, 2, \cdots, n)$ 那些点上，$\sin \dfrac{n\pi}{l} x_m = \sin m\pi = 0$ 的缘故. 这些点在物理上称为节点. 这就说明 $u_n(x, t)$ 的振动是在 $[0, l]$ 上的分段振动，其中有 $n+1$ 个节点，人们把这种包含节点的振动波叫做驻波. 另外，驻波还在 n 个点 x_k 处振幅达到最大值，即使 $\sin \dfrac{n\pi}{l} x_k = \pm 1$ 的点，从而得 $x_k = \dfrac{2k+1}{2n} l$ $(k = 0, 1, 2, \cdots, n)$，这种使振幅达到最大值的点叫做腹点. 由于 λ_n 与初始条件无关，所以驻波的频率 $\omega_n = \dfrac{n\pi a}{l} = \sqrt{\lambda_n} a$ 与初始条件无关，但与弦本来的性质有关，这是因为 $a^2 = \dfrac{T}{\rho}$（ρ 是密度，T 是张力大小）. 故称 ω_n 为弦的本征频率. 图 2.2.1 所示为在某一时刻 $n = 1, 2, 3$ 的驻波形状.

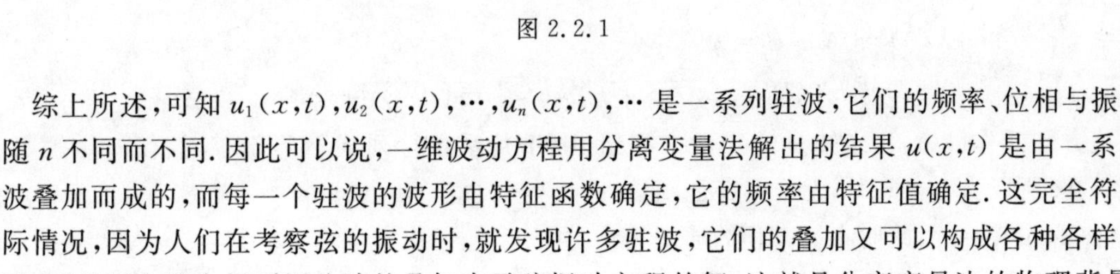

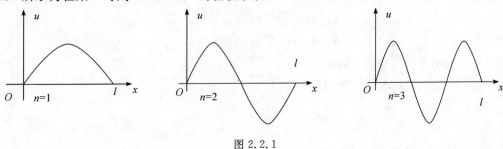

图 2.2.1

综上所述，可知 $u_1(x, t), u_2(x, t), \cdots, u_n(x, t), \cdots$ 是一系列驻波，它们的频率、位相与振幅都随 n 不同而不同. 因此可以说，一维波动方程用分离变量法解出的结果 $u(x, t)$ 是由一系列驻波叠加而成的，而每一个驻波的波形由特征函数确定，它的频率由特征值确定. 这完全符合实际情况，因为人们在考察弦的振动时，就发现许多驻波，它们的叠加又可以构成各种各样的波形，因此很自然会想到用驻波的叠加表示弦振动方程的解. 这就是分离变量法的物理背景. 所以分离变量法也称为驻波法.

从上面的分析中可以看出，特征值问题(2.2.2)的讨论求解对分离变量法起着关键作用.那么对于其他定解问题的特征值问题是否一定有解、特征函数系是否完备及特征函数是否一定具有正交性，能否给出肯定的回答，对于分离变量法能否普遍地应用于求解偏微分方程定解问题有着重要的影响.这需要进行深入的讨论，由于所用到的数学知识部分超出了本书的范围，这里不再赘述，将其放在附录当中供有兴趣的读者阅读.

2.2.2 分离变量法的应用

现在通过一些例题再对分离变量法的应用做一些深入的讨论.

例 2.5 设有一根均匀细杆长为 l，侧面是绝热的，在端点 $x=0$ 处温度是零度，而在另一端 $x=l$ 处杆的热量自由散发到周围温度是零度的介质中去，已知初始温度分布为 $\varphi(x)$，求杆上温度变化的规律.

解 设杆上坐标为 x 的点在时刻 t 的温度为 $u(x,t)$，则上述问题就是求解下列定解问题：

$$\left.\begin{array}{l} u_t = a^2 u_{xx}, x\in(0,l), t\in\mathbb{R}_+ \\ u|_{x=0}=0, (u_x+hu)|_{x=l}=0 \\ u|_{t=0}=\varphi(x) \end{array}\right\} \tag{2.2.6}$$

令 $u(x,t)=X(x)T(t)$，代入方程(2.2.6)并引进分离常数，得

$$\frac{X''(x)}{X(x)} = \frac{T'(t)}{a^2T(t)} = -\lambda$$

从而得到两个带参数 λ 的常微分方程

$$\begin{cases} X''(x)+\lambda X(x)=0 \\ T'(t)+\lambda a^2 T(t)=0 \end{cases}$$

由边界条件进行分离变量可得

$$X(0)=0,\ X'(l)+hX(l)=0$$

从而定解问题(2.2.6)的特征值问题如下：

$$\begin{cases} X''(x)+\lambda X(x)=0 \\ X(0)=0, X'(l)+hX(l)=0 \end{cases}$$

接下来对特征值 λ 分三种情况讨论.

(1)设 $\lambda<0$，此时本征方程的通解为

$$X(x)=A\mathrm{e}^{\sqrt{-\lambda}x}+B\mathrm{e}^{-\sqrt{-\lambda}x}$$

由条件得

$$\begin{cases} X(0)=A+B=0 \\ X'(l)+hX(l)=(\sqrt{-\lambda}+h)A\mathrm{e}^{\sqrt{-\lambda}l}-(\sqrt{-\lambda}-h)B\mathrm{e}^{-\sqrt{-\lambda}l}=0 \end{cases}$$

上述方程看作以 A,B 未知量的线性方程组，由于其系数行列式不等于零，故仅有零解 $A=B=0$.所以当 $\lambda<0$ 时，无非零特征函数.

(2)设 $\lambda=0$，此时本征方程的通解为

$$X(x)=Ax+B$$

由条件得

$$\begin{cases} X(0) = 0 = B = 0 \\ X'(l) + hX(l) = A(1+hl) + hB = 0 \end{cases}$$

得 $A = 0$. 于是 $X(x) \equiv 0$, 故 $\lambda = 0$ 也不是特征值.

(3) 设 $\lambda > 0$, 此时本征方程的通解为

$$X(x) = A\cos\sqrt{\lambda}x + B\sin\sqrt{\lambda}x$$

由条件得

$$\begin{cases} X(0) = A = 0 \\ X'(l) + hX(l) = B(\sqrt{\lambda}\cos\sqrt{\lambda}l + h\sin\sqrt{\lambda}l) = 0 \end{cases}$$

由于 B 不能为零,否则 $X(x) \equiv 0$, 则

$$\sqrt{\lambda}\cos\sqrt{\lambda}l + h\sin\sqrt{\lambda}l = 0$$

记 $\sqrt{\lambda}l = \nu$, 故

$$\frac{\nu}{hl} + \tan\nu = 0$$

利用图解法,由图 2.2.2 可看出此超越方程有无穷多个根,且这些根是关于原点对称的.

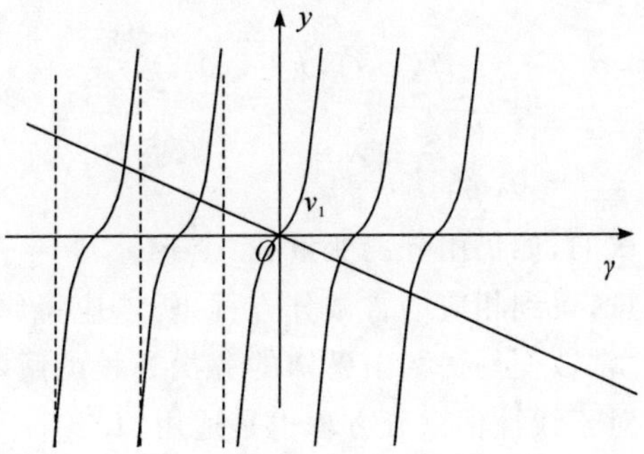

图 2.2.2

设其无穷多个正根为 $\gamma_1, \gamma_2, \gamma_3, \cdots, \gamma_n, \cdots$. 所以,特征值问题存在无穷多个特征值:

$$\lambda_n = \frac{\gamma_n^2}{l^2}, \quad n = 1,2,\cdots$$

相应的特征函数为

$$X_n(x) = B_n \sin\frac{\gamma_n}{l}x, \quad n = 1,2,\cdots$$

把解出的特征值 λ_n 代入关于 T 的常微分方程

$$T'(t) + \left(\frac{a\gamma_n}{l}\right)^2 T(t) = 0, \quad n = 1,2,\cdots$$

解得

$$T_n(t) = A_n e^{-\left(\frac{a\gamma_n}{l}\right)^2 t}, \quad n = 1,2,\cdots$$

从而可以得到定解问题(2.2.6)的本征解为

$$u_n(x,t) = X_n(x)T_n(t) = C_n e^{-\left(\frac{a\gamma_n}{l}\right)^2 t}\sin\frac{\gamma_n}{l}x, \quad n = 1,2,\cdots$$

其中, C_n 是任意常数.

根据叠加原理知，所有本征解叠加而成的级数

$$u(x,t)=\sum_{n=1}^{+\infty}u_n(x,t)=\sum_{n=1}^{+\infty}C_n\mathrm{e}^{-\left(\frac{a\gamma_n}{l}\right)^2t}\sin\frac{\gamma_n}{l}x$$

仍满足定解问题(2.2.6)中的方程和边界条件．为使函数 $u(x,t)$ 也满足初始条件，必须有

$$u(x,0)=\sum_{n=1}^{+\infty}C_n\sin\frac{\gamma_n}{l}x=\varphi(x)$$

由特征函数系 $\left\{\sin\frac{\gamma_n}{l}x\right\}$ 的正交性就可得

$$C_k=\frac{1}{L_k}\int_0^l\varphi(x)\sin\frac{\gamma_k}{l}x\,\mathrm{d}x$$

从而可得定解问题(2.2.6)的解为

$$u(x,t)=\sum_{n=1}^{+\infty}\frac{1}{L_n}\left[\int_0^l\varphi(x)\sin\frac{\gamma_n}{l}x\,\mathrm{d}x\right]\mathrm{e}^{-\left(\frac{a\gamma_n}{l}\right)^2t}\sin\frac{\gamma_n}{l}x$$

其中，$L_n=\frac{l}{2}\left(1-\frac{1}{2\nu_n}\sin2\nu_n\right)$．

例 2.6　求解定解问题：

$$\left.\begin{array}{l}u_{tt}=a^2u_{xx}+f(x,t),x\in(0,l),t\in\mathbb{R}_+\\ u\big|_{x=0}=0,u\big|_{x=l}=0\\ u\big|_{t=0}=0,u_t\big|_{t=0}=0\end{array}\right\}\tag{2.2.7}$$

分析：由于方程是非齐次的，如仍用分离变量法．令 $u(x,t)=X(x)T(t)$，代入方程，由于有非齐次项，就不能分离变量，得到相应的常微分方程，所以应将原来的说法作适当的修正或者说发展．常微分方程中有“常数变易法”，由已知的齐次方程的解，通过“变易”常数得到非齐次方程的解．这种思想方法对于线性偏微分方程也是适用的．

解　定解问题(2.2.7)里初始位移和初始速度均为零，因此，弦振动 $u(x,t)$ 纯粹是由强迫力(外力)所引起的．定解问题(2.2.7)里非齐次方程相应的齐次方程为

$$u_{tt}=a^2u_{xx}$$

由例 2.4 的讨论可知，同时满足上述齐次方程和定解问题(2.2.7)中齐次边界条件的解可表示为

$$u(x,t)=\sum_{n=1}^{+\infty}\left(C_n\cos\frac{n\pi a}{l}t+D_n\sin\frac{n\pi a}{l}t\right)\sin\frac{n\pi}{l}x=\sum_{n=1}^{+\infty}T_n(t)\sin\frac{n\pi}{l}x$$

其中，C_n,D_n 为任意常数．考虑到式(2.2.7)中方程的右端有 $f(x,t)$，再取

$$T_n(t)=C_n\cos\frac{n\pi a}{l}t+D_n\sin\frac{n\pi a}{l}t$$

就不能满足非齐次方程，应将 $T_n(t)$“变易”为 t 的某种待定函数 $v_n(t)$，即令

$$u(x,t)=\sum_{n=1}^{+\infty}u_n(t)\sin\frac{n\pi}{l}x$$

由于含有因子 $\sin\frac{n\pi}{l}x$，这样的 u 当然满足定解问题(2.2.7)中的齐次边界条件，再根据 $u(x,t)$ 必须满足定解问题(2.2.7)中的非齐次方程和初始条件来确定 $u_n(t)$．分别代入非齐次方程和初始条件，可得

$$\sum_{n=1}^{+\infty} u_n''(t)\sin\frac{n\pi}{l}x = -a^2\sum_{n=1}^{+\infty}\frac{n^2\pi^2}{l^2}u_n(t)\sin\frac{n\pi}{l}x + f(x,t)$$

$$u\big|_{t=0} = \sum_{n=1}^{+\infty} u_n(0)\sin\frac{n\pi}{l}x = 0, u_t\big|_{t=0} = \sum_{n=1}^{+\infty} u_n'(0)\sin\frac{n\pi}{l}x = 0$$

即

$$\begin{cases} u_n''(t) + \dfrac{n^2\pi^2a^2}{l^2}u_n(t) = f_n(t), \quad n = 1,2,\cdots \\ u_n(0) = 0, u_n'(0) = 0 \end{cases}$$

其中，$f_n(t) = \dfrac{2}{l}\displaystyle\int_0^l f(x,t)\sin\frac{n\pi}{l}x\,\mathrm{d}x$.

利用 Laplace 变换，解得

$$u_n(t) = \frac{l}{n\pi a}\int_0^t f_n(\tau)\sin\frac{n\pi a(t-\tau)}{l}\mathrm{d}\tau$$

从而定解问题(2.2.7)的解为

$$u(x,t) = \sum_{n=1}^{+\infty}\left[\frac{l}{n\pi a}\int_0^t f_n(\tau)\sin\frac{n\pi a(t-\tau)}{l}\mathrm{d}\tau\right]\sin\frac{n\pi}{l}x$$

注 2.4　上述定解问题(2.2.7))的求解方法，其实质是将方程的自由项及解都按齐次方程所对应的一族特征函数展开. 随着方程与边界条件的不同，特征函数族也就不同，但总是把非齐次方程的解按相应的特征函数展开. 所以这种方法也叫特征函数法.

注 2.5　一般初值不为零，又有强迫力作用的有界弦的强迫振动，其定解问题为

$$(\mathrm{III})\begin{cases} \dfrac{\partial^2 u}{\partial t^2} = a^2\dfrac{\partial^2 u}{\partial x^2} + f(x,t), x\in(0,l), t\in\mathbb{R}_+ \\ u\big|_{x=0} = 0, u\big|_{x=l} = 0 \\ u\big|_{t=0} = \varphi(x), \dfrac{\partial u}{\partial t}\Big|_{t=0} = \psi(x) \end{cases}$$

注意到方程是线性的，边界条件是线性齐次的，利用叠加原理，我们可将定解问题分解为以下两个定解问题：

$$(\mathrm{I})\begin{cases} \dfrac{\partial^2 w}{\partial t^2} = a^2\dfrac{\partial^2 w}{\partial x^2}, x\in(0,l), t\in\mathbb{R}_+ \\ w\big|_{x=0} = 0, w\big|_{x=l} = 0 \\ w\big|_{t=0} = \varphi(x), \dfrac{\partial w}{\partial t}\Big|_{t=0} = \psi(x) \end{cases}$$

和

$$(\mathrm{II})\begin{cases} \dfrac{\partial^2 v}{\partial t^2} = a^2\dfrac{\partial^2 v}{\partial x^2} + f(x,t), x\in(0,l), t\in\mathbb{R}_+ \\ v\big|_{x=0} = 0, v\big|_{x=l} = 0 \\ v\big|_{t=0} = 0, \dfrac{\partial v}{\partial t}\Big|_{t=0} = 0 \end{cases}$$

容易验证：若 w 是(Ⅰ)的解，v 是(Ⅱ)的解，则 $u = v + w$ 是(Ⅲ)的解.(Ⅰ)可直接用分离变量法，(Ⅱ)可用特征函数法，将所得到的 $w(x,t)$ 和 $v(x,t)$ 相加，即得到定解问题(Ⅲ)的解.

例 2.7　一个半径为 ρ_0 的薄圆盘，上下两面绝热，内部无热源，圆周边缘温度分布已知为 $F(x,y)$. 求达到稳恒状态时圆盘内的温度分布.

分析：圆形区域内的定解问题. 在使用分离变量法时，圆形区域不能像矩形区域那样在直角坐标系中把边界表达成仅用一个变量表示的曲线. 为此，可以采用极坐标变换，即作自变量变换：

$$\begin{cases} x = \rho\cos\theta \\ y = \rho\sin\theta \end{cases}$$

就可把 xOy 平面上的圆形区域 $x^2 + y^2 \leqslant \rho_0^2$ 化为 $\rho O\theta$ 平面上的矩形区域 $0 \leqslant \rho \leqslant \rho_0, 0 \leqslant \theta \leqslant 2\pi$，如图 2.2.3 所示.

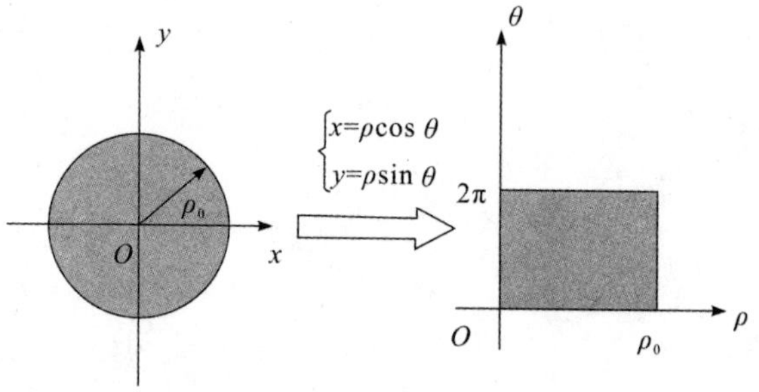

图 2.2.3

解 设圆盘上坐标为 (x,y) 的点处的温度为 $u(x,y)$，则上述问题归结为下述定解问题：

$$\left.\begin{aligned} &\Delta u = u_{xx} + u_{yy} = 0, x^2 + y^2 < \rho_0^2 \\ &u\big|_{x^2+y=\rho_0^2} = F(x,y) \end{aligned}\right\} \tag{2.2.8}$$

作自变量变换

$$x = \rho\cos\theta, y = \rho\sin\theta$$

此时定解问题(2.2.8)化为

$$\begin{cases} u_{\rho\rho} + \dfrac{1}{\rho}u_\rho + \dfrac{1}{\rho^2}u_{\theta\theta} = 0, 0 < \rho < \rho_0, 0 < \theta < 2\pi \\ u\big|_{\rho=\rho_0} = F(\rho_0\cos\theta, \rho_0\sin\theta) = f(\theta) \end{cases}$$

此外，由于 (ρ,θ) 与 $(\rho,\theta+2\pi)$ 实际上表示同一点，故应有“周期条件”

$$u(\rho,\theta) = u(\rho,\theta+2\pi)$$

又因自变量的取值范围是 $[0,\rho_0]$，圆盘中心点的温度绝不可能是无穷的，所以还应有“有界条件”

$$\left|\lim_{\rho\to0} u(\rho,\theta)\right| < \infty$$

周期条件和有界条件通常也称为自然边界条件，因为它们是由问题的实际意义自然决定的.

这样，定解问题(2.2.8)最后就转化为定解问题

$$\left.\begin{aligned} &u_{\rho\rho} + \frac{1}{\rho}u_\rho + \frac{1}{\rho^2}u_{\theta\theta} = 0, \rho \in (0,\rho_0), \theta \in (0,2\pi) \\ &u(\rho,\theta) = u(\rho,\theta+2\pi), \left|\lim_{\rho\to0} u(\rho,\theta)\right| < +\infty \\ &u\big|_{\rho=\rho_0} = F(\rho_0\cos\theta, \rho_0\sin\theta) = f(\theta) \end{aligned}\right\} \tag{2.2.9}$$

用分离变量法求解问题(2.2.9). 令

$$u(\rho,\theta) = R(\rho)\varphi(\theta)$$

代入定解问题(2.2.9)中的方程得两个带参数的常微分方程：

$$\rho^2 R''(\rho) + \rho R'(\rho) - \lambda R(\rho) = 0$$
$$\varphi''(\theta) + \lambda\varphi(\theta) = 0$$

再代入自然边界条件可得

$$\varphi(\theta) = \varphi(\theta + 2\pi)$$

和

$$\lim_{\rho\to 0} R(\rho) < \infty$$

这样,我们得到了特征值问题

$$\begin{cases} \varphi''(\theta) + \lambda\varphi(\theta) = 0 \\ \varphi(\theta) = \varphi(\theta + 2\pi) \end{cases}$$

与

$$\begin{cases} \rho^2 R''(\rho) + \rho R'(\rho) - \lambda R(\rho) = 0 \\ \left|\lim_{\rho\to 0} R(\rho)\right| < +\infty \end{cases}$$

现在讨论求解特征值问题.

(1) 当 $\lambda < 0$ 时,本征方程的通解为

$$\varphi(\theta) = A\mathrm{e}^{\sqrt{-\lambda}\theta} + B\mathrm{e}^{-\sqrt{-\lambda}\theta}$$

由周期条件,唯有 $A = B = 0$,即只有零解 $\varphi(\theta) = 0$. 所以,当 $\lambda < 0$ 时无特征值.

(2) 当 $\lambda = 0$ 时,本征方程的通解为

$$\varphi(\theta) = A\theta + B$$

由周期条件得

$$A\theta + B = A(\theta + 2\pi) + B$$

由此可见 $A = 0$, B 可取任意值. 所以

$$\lambda = 0$$

是特征值,相应的特征函数为

$$\varphi_0(\theta) = B_0 \text{（常数）}$$

(3) 当 $\lambda > 0$ 时,本征方程的通解为

$$\varphi(\theta) = A\cos\sqrt{\lambda}\theta + B\sin\sqrt{\lambda}\theta$$

由周期条件得 $\sqrt{\lambda}$ 必须是整数 n ,故特征值为

$$\lambda_n = n^2, \quad n = 1, 2, \cdots$$

相应的特征函数为

$$\varphi_n(\theta) = A_n\cos n\theta + B_n\sin n\theta, \quad n = 1, 2, \cdots$$

当 $\lambda = 0$ 时,关于 ρ 的常微分方程化为

$$\rho^2 R''(\rho) + \rho R'(\rho) = 0$$

它的通解为

$$R_0(\rho) = C_0 + D_0\ln\rho$$

当 $\lambda_n = n^2$ 时,关于 ρ 的常微分方程化为

$$\rho^2 R''(\rho) + \rho R'(\rho) - n^2 R(\rho) = 0$$

这是一个欧拉(Euler)方程,其通解为

$$R_n(\rho) = C_n\rho^n + D_n\rho^{-n}, \quad n = 1, 2, \cdots$$

由有界条件推得必须有

$$D_n = 0, \quad n = 0,1,2,\cdots$$

故有

$$R_n = C_n\rho^n, \quad n = 0,1,2,\cdots$$

从而得到定解问题(2.2.9)中满足方程和自然边界条件的变量分离形式的特解：

$$\begin{cases} u_0(\rho,\theta) = R_0(\rho)\varphi_0(\theta) = \dfrac{a_0}{2} \\ u_n(\rho,\theta) = R_n(\rho)\varphi_n(\theta) = \rho^n(a_n\cos n\theta + b_n\sin n\theta), \quad n = 1,2,\cdots \end{cases}$$

其中 $a_0 = 2B_0C_0, a_n = A_nC_n, b_n = B_nC_n$ 都是任意常数.

由叠加原理,定解问题(2.2.9)的解可设为

$$u(\rho,\theta) = \frac{a_0}{2} + \sum_{n=1}^{+\infty}\rho^n(a_n\cos n\theta + b_n\sin n\theta)$$

最后,利用定解问题(2.2.9)中的边界条件来确定系数 a_n 和 b_n . 有

$$u\big|_{\rho=\rho_0} = \frac{a_0}{2} + \sum_{n=1}^{+\infty}\rho_0{}^n(a_n\cos n\theta + b_n\sin n\theta) = f(\theta)$$

由此可见 a_0 ，$\rho_0{}^n a_n$ 和 $\rho_0{}^n b_n$ 就是函数 $f(\theta)$ 在 $[0,2\pi]$ 上展开为 Fourier 级数时的系数,即

$$\begin{cases} a_0 = \dfrac{1}{\pi}\displaystyle\int_0^{2\pi} f(\theta)\mathrm{d}\theta \\ a_n = \dfrac{1}{\rho_0^n\pi}\displaystyle\int_0^{2\pi} f(\theta)\cos n\theta\mathrm{d}\theta, \ n = 1,2,\cdots \\ b_n = \dfrac{1}{\rho_0^n\pi}\displaystyle\int_0^{2\pi} f(\theta)\sin n\theta\mathrm{d}\theta, \ n = 1,2,\cdots \end{cases}$$

可得定解问题(2.2.9)的解为

$$u(\rho,\theta) = \frac{a_0}{2} + \sum_{n=1}^{+\infty}\rho^n(a_n\cos n\theta + b_n\sin n\theta)$$

其中

$$a_n = \frac{1}{\rho_0^n\pi}\int_0^{2\pi} f(\theta)\cos n\theta\mathrm{d}\theta, \quad n = 0,1,2,\cdots$$

$$b_n = \frac{1}{\rho_0^n\pi}\int_0^{2\pi} f(\theta)\sin n\theta\mathrm{d}\theta, \quad n = 1,2,\cdots$$

注 2.6　在实际应用中,往往会遇到柱域、球域等,具体做法与圆域的分离变量法完全类似. 高维问题中由于未知函数的自变量个数较多,分离变量要进行几次,特征值不止一个. 周期性、有界性等条件从物理上看必须满足,也只有利用这些条件才能得到有物理意义的解,尽管这些条件在定解问题中不一定明确写出,我们在求解过程中不能随意忽略. 另外,在前面的讨论中,分离变量后得到的是常系数常微分方程. 高维问题中常会得到变系数的常微分方程,为了求解特征值问题. 我们必须求解这些常微分方程,从而引出工程应用上重要的特殊函数——Bessel 函数和 Legendre 多项式.

注 2.7　我们还可将上题中级数形式的解改写成另一种形式. 为此将所确定的系数代入级数形式的解中,经过简化后可得

$$u(\rho,\theta) = \frac{1}{\pi}\int_0^{2\pi} f(\tau)\left[\frac{1}{2} + \sum_{n=1}^{+\infty}\left(\frac{\rho}{\rho_0}\right)^n\cos n(\theta-\tau)\right]\mathrm{d}\tau$$

利用下面已知的恒等式

$$\frac{1}{2}+\sum_{n=1}^{+\infty}k^n\cos n(\theta-t)=\frac{1}{2}\frac{1-k^2}{1-2k\cos(\theta-t)+k^2},\ |k|<1$$

可将解 $u(\rho,\theta)$ 的表达式写为

$$u(\rho,\theta)=\frac{1}{2\pi}\int_0^{2\pi}f(\tau)\frac{\rho_0^2-\rho^2}{\rho_0^2+\rho^2-2\rho_0\rho\cos(\theta-\tau)}\mathrm{d}\tau$$

上式称为圆域内的泊松公式.它的作用在于把解写成了积分形式,这种形式便于做理论上的研究.

2.3　D'Alembert 公式

波动方程(1.2.7)刻画了对不同的物理过程中许多最简单模型在弹性介质中振动的传播.例如,在一维情形($n=1$)这个方程刻画了弦振动或杆的弹性纵向振动;在二维情形($n=2$)刻画了薄膜的振动;在三维情形($n=3$)时,刻画声波或电磁波的传播.在这些物理原型中,$u(x,t)$ 表示质点 x 在时刻 $t\geqslant 0$ 时沿某固定方向的位移.方程(1.2.7)中的函数 $f(x,t)$ 体现了所考察的物理系统受到了外力作用.

在本节中我们将考虑实际问题的理想模型:一根无端点的无限长的弦,一张无限大无边界的薄膜,一个充满整个空间的弹性体.由于这些区域没有边界,因此只需要对波动方程(1.2.7)提初始条件,而不需要提边界条件,从而可以极大地简化波动方程定解问题的求解.这样的定解问题通常称为 Cauchy 初值问题.

2.3.1　问题简化

考虑初值问题:

$$\left.\begin{aligned}&\mathrm{L}u=u_{tt}-a^2\Delta u=f(x,t),\quad x\in\mathbb{R}^n,t\in\mathbb{R}_+\\&u\big|_{t=0}=\varphi(x),\quad u_t\big|_{t=0}=\psi(x)\end{aligned}\right\}\tag{2.3.1}$$

初值问题(2.3.1)是线性的,我们可以将它一分为三,以简化问题的求解.

$$\left.\begin{aligned}&\mathrm{L}u_1=\frac{\partial^2}{\partial t^2}u_1-a^2\Delta u_1=0,\quad x\in\mathbb{R}^n,t\in\mathbb{R}_+\\&u_1\big|_{t=0}=\varphi(x),\quad \left.\frac{\partial u_1}{\partial t}\right|_{t=0}=0\end{aligned}\right\}\tag{2.3.2}$$

$$\left.\begin{aligned}&\mathrm{L}u_2=\frac{\partial^2}{\partial t^2}u_2-a^2\Delta u_2=0,\quad x\in\mathbb{R}^n,t\in\mathbb{R}_+\\&u_2\big|_{t=0}=0,\quad \left.\frac{\partial u_2}{\partial t}\right|_{t=0}=\psi(x)\end{aligned}\right\}\tag{2.3.3}$$

$$\left.\begin{aligned}&\mathrm{L}u_3=\frac{\partial^2}{\partial t^2}u_3-a^2\Delta u_3=f(x,t),\quad x\in\mathbb{R}^n,t\in\mathbb{R}_+\\&u_3\big|_{t=0}=0,\quad \left.\frac{\partial u_3}{\partial t}\right|_{t=0}=0\end{aligned}\right\}\tag{2.3.4}$$

由叠加原理知道 $u=u_1+u_2+u_3$ 是初值问题(2.3.1)的解.

为求解初值问题(2.3.1),我们指出求解初值问题(2.3.3)是基本的.事实上,其他两个初

值问题(2.3.2)和(2.3.4)的解可以通过初值问题(2.3.3)的解表示出来.

定理 2.4 设 $u_2 = M_\psi(x,t)$ 是初值问题(2.3.3)的解(这里 M_ψ 表示以 ψ 为初速度的初值问题(2.3.3)的解),则初值问题(2.3.2),(2.3.4)的解 u_1,u_3 可分别表示为

$$u_1 = \frac{\partial}{\partial t} M_\psi(x,t) \tag{2.3.5}$$

$$u_3 = \int_0^t M_{f_\tau}(x,t-\tau)\mathrm{d}\tau \tag{2.3.6}$$

这里 $f_\tau = f(x,\tau)$,并且假定 $M_\varphi(x,t)$ 和 $M_{f\tau}(x,t-\tau)$ 分别在区域 $\mathbb{R}^n \times [0,+\infty)$ 和 $\mathbb{R}^n \times [\tau, +\infty)$ 上对变量 x,t 和 τ 充分光滑.

证明 首先证明公式(2.3.5).

由于 $M_\varphi(x,t)$ 满足初值问题

$$\begin{cases} \mathrm{L}M_\varphi = 0, & x \in \mathbb{R}^n, t \in \mathbb{R}_+ \\ M_\varphi \big|_{t=0} = 0, & \left.\dfrac{\partial M_\varphi}{\partial t}\right|_{t=0} = \varphi(x) \end{cases}$$

因此可得

$$\mathrm{L}u_1 = \mathrm{L}\frac{\partial M_\varphi}{\partial t} = \frac{\partial}{\partial t}\mathrm{L}M_\varphi = 0$$

从而证明了 u_1 满足定解问题(2.3.2)的方程.显然

$$u_1 \big|_{t=0} = \left.\frac{\partial M_\varphi}{\partial t}\right|_{t=0} = \varphi(x)$$

又由于 $M_\varphi(x,t)$ 在区域 $\mathbb{R}^n \times [0,+\infty)$ 上对变量 x,t 充分光滑,因而在初始时刻 $t=0$ 也满足方程 $\mathrm{L}M_\varphi = 0$,因此

$$\left.\frac{\partial u_1}{\partial t}\right|_{t=0} = \left.\frac{\partial^2 M_\varphi}{\partial t^2}\right|_{t=0} = a^2 \Delta M_\varphi \big|_{t=0} = 0$$

这样就证明了 u_1 满足初值问题(2.3.2)的初始条件.

接着证明公式(2.3.6).

由于 $M_{f_\tau}(x,t)$ 满足初值问题

$$\begin{cases} \mathrm{L}M_{f_\tau} = 0, & x \in \mathbb{R}^n, t \in \mathbb{R}_+ \\ M_{f_\tau} \big|_{t=0} = 0, & \left.\dfrac{\partial M_{f_\tau}}{\partial t}\right|_{t=0} = f(x,\tau) \end{cases}$$

由算子 L 的平移不变性可知,$\omega = M_{f_\tau}(x,t-\tau)$ 是定解问题

$$\begin{cases} \mathrm{L}\omega = 0, & x \in \mathbb{R}^n, t \in \mathbb{R}_+ \\ \omega \big|_{t=\tau} = 0, & \omega_t \big|_{t=\tau} = f(x,\tau) \end{cases}$$

的解.由 u_3 的表达式进一步可得

$$u_3 \big|_{t=0} = 0$$

和

$$\frac{\partial u_3}{\partial t} = M_{f_\tau}(x,t-\tau)\big|_{\tau=t} + \int_0^t \frac{\partial M_{f_\tau}(x,t-\tau)}{\partial t}\mathrm{d}\tau = \int_0^t \frac{\partial M_{f_\tau}(x,t-\tau)}{\partial t}\mathrm{d}\tau$$

因而

$$\left.\frac{\partial u_3}{\partial t}\right|_{t=0} = 0$$

这样就证明了 u_3 满足初值问题(2.3.4)的初始条件.

又由于

$$\frac{\partial^2 u_3}{\partial t^2} = \left.\frac{\partial M_{f_\tau}(x,t-\tau)}{\partial t}\right|_{\tau=t} + \int_0^t \frac{\partial^2 M_{f_\tau}(x,t-\tau)}{\partial t^2}\mathrm{d}\tau = f(x,t) + a^2\int_0^t \Delta M_{f_\tau}(x,t-\tau)\mathrm{d}\tau$$

$$= f(x,t) + a^2\Delta\int_0^t M_{f_\tau}(x,t-\tau)\mathrm{d}\tau = f(x,t) + a^2\Delta u_3$$

这样就证明了 u_3 满足初值问题(2.3.4)的方程. 于是就完成了定理的证明.

注 2.8　表达式(2.3.6)可以写成和的极限,即

$$u_3(x,t) = \lim_{\lambda\to 0}\sum_{i=0}^{n-1} M_{f_{t_i}}(x,t-t_i)\Delta t_i = \lim_{\lambda\to 0}\sum_{i=0}^{n-1} M_{f_{t_i}\Delta t_i}(x,t-t_i)$$

其中 $0 = t_0 < t_1 < \cdots < t_n = t$, $\Delta t_i = t_{i+1} - t_i$, $\lambda = \max\limits_{0\leqslant i\leqslant n-1}\Delta t_i$, $f_{t_i} = f(x,t_i)$. 实际上,和式中的每一项表示在时间段 $[t_i,t_{i+1}]$ 内,外力 f_{t_i} 作用于弹性体的冲量 $f_{t_i}\Delta t_i$ 转化为瞬时初速度 $f_{t_i}\Delta t_i$ 而引起的弹性体的位移. 将非齐次方程的初值问题(2.3.4)的解表示为一系列具有初速度的齐次方程的初值问题(2.3.2)的解的叠加,这种求解过程通常称为 Duhamel 原理.

2.3.2　一维无界初值问题

首先考虑空间维数 $n=1$ 时的波动方程初值问题

$$\left.\begin{aligned} &\mathrm{L}u = u_{tt} - a^2 u_{xx} = f(x,t), \quad x\in\mathbb{R}, t\in\mathbb{R}_+ \\ &u|_{t=0} = \varphi(x), u_t|_{t=0} = \psi(x) \end{aligned}\right\} \tag{2.3.7}$$

我们将利用特征线法给出其解的表达式. 为了求出初值问题(2.3.7)的解的表达式,由定理2.4的结论,只需求解下列初值问题:

$$\left.\begin{aligned} &\mathrm{L}u = u_{tt} - a^2 u_{xx} = 0, \quad x\in\mathbb{R}, t\in\mathbb{R}_+ \\ &u|_{t=0} = 0, \quad u_t|_{t=0} = \psi(x) \end{aligned}\right\} \tag{2.3.8}$$

由于微分算子 L 可以分解为两个一阶算子的乘积,即

$$\mathrm{L} = \left(\frac{\partial}{\partial t} + a\frac{\partial}{\partial x}\right)\left(\frac{\partial}{\partial t} - a\frac{\partial}{\partial x}\right)$$

因而可以把初值问题(2.3.8)的方程分解成两个如下的一阶方程:

$$\frac{\partial u}{\partial t} - a\frac{\partial u}{\partial x} = v \tag{2.3.9}$$

$$\frac{\partial v}{\partial t} + a\frac{\partial v}{\partial x} = 0 \tag{2.3.10}$$

由初值问题(2.3.8)的初始条件,得到 u,v 在 $t=0$ 时的初始条件:

$$u|_{t=0} = 0$$

和

$$v|_{t=0} = (u_t - au_x)|_{t=0} = \psi(x)$$

于是把初值问题(2.3.8)分解为两个一阶方程的初值问题

$$\left.\begin{aligned} &u_t - au_x = v \\ &u|_{t=0} = 0 \end{aligned}\right\} \tag{2.3.11}$$

和

$$\left.\begin{aligned} &v_t + av_x = 0 \\ &v|_{t=0} = \psi(x) \end{aligned}\right\} \tag{2.3.12}$$

(1)求解初值问题(2.3.12). 方程的特征线为

$$x = x_1(t) = c + at$$

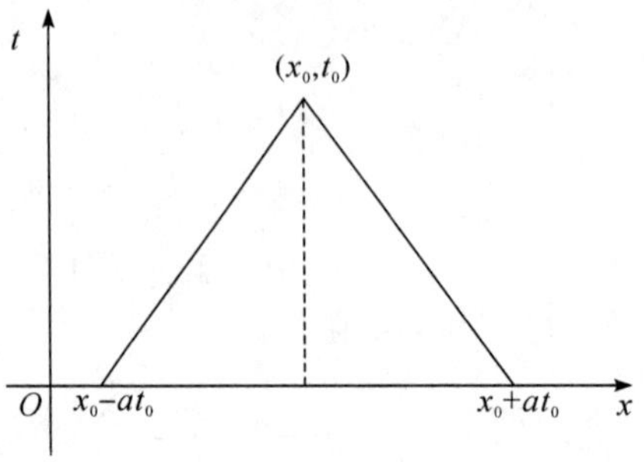

图 2.3.1

这里 c 为任意常数(见图 2.3.1). 对于任意一点 $(x_0,t_0)\in\mathbb{R}\times\mathbb{R}_+$，过 (x_0,t_0) 的特征线为

$$x_1(t) = x_0 - at_0 + at$$

在此特征线上，方程具有形式

$$\frac{\mathrm{d}v(x_1(t),t)}{\mathrm{d}t} = 0$$

因此，函数 $v(x,t)$ 在此特征线上为常数. 特别地，由初值条件可得

$$v(x_0,t_0) = v[x_1(t_0),t_0] = v(x_0 - at_0, 0) = \psi(x_0 - at_0)$$

于是对于任意 $(x,t)\in\mathbb{R}\times\mathbb{R}_+$，有

$$v(x,t) = \psi(x - at)$$

(2)求解初值问题(2.3.11). 对于方程(2.3.9)，它的特征线为

$$x = x_2(t) = c - at$$

这里 c 为任意常数. 特别地，过 (x_0,t_0) 的特征线为

$$x_2(t) = x_0 + at_0 + at$$

在此特征线上，注意到 $v(x,t)$ 的表达式，则方程(2.3.9)具有形式：

$$\frac{\mathrm{d}u(x_2(t),t)}{\mathrm{d}t} = v[x_2(t),t] = \psi[x_2(t) - at] = \psi(x_0 + at_0 - 2at)$$

因此，利用初值条件得到

$$u(x_0,t_0) = u[x_2(t_0),t_0] = \int_0^{t_0}\psi(x_0 + at_0 - 2a\tau)\mathrm{d}\tau = \frac{1}{2a}\int_{x-at}^{x+at}\psi(\xi)\mathrm{d}\xi$$

于是获得初值问题(2.3.8)的解的表达式为

$$u(x,t) = \frac{1}{2a}\int_{x-at}^{x+at}\psi(\xi)\mathrm{d}\xi$$

利用定理 2.4 中的表达式(2.3.5)和(2.3.6)，得到初值问题(2.3.7)有如下形式的解：

$$u(x,t) = \frac{\partial}{\partial t}\left[\frac{1}{2a}\int_{x-at}^{x+at}\psi(\xi)\mathrm{d}\xi\right] + \frac{1}{2a}\int_{x-at}^{x+at}\psi(\xi)\mathrm{d}\xi + \int_0^t\left[\frac{1}{2a}\int_{x-a(t-\tau)}^{x+a(t+\tau)}f(\xi,\tau)\mathrm{d}\xi\right]\mathrm{d}\tau$$

简化可得

$$u(x,t) = \frac{1}{2}[\varphi(x + at) + \varphi(x - at)] + \frac{1}{2a}\int_{x-at}^{x+at}\psi(\xi)\mathrm{d}\xi + \frac{1}{2a}\int_0^t\mathrm{d}\tau\int_{x-a(t-\tau)}^{x+a(t-\tau)}f(\xi,\tau)\mathrm{d}\xi \tag{2.3.13}$$

特别地，当 $f \equiv 0$ 时，上述表达式称为一维波动方程的 D'Alembert 公式.

当然也可以不用定理 2.4 而直接用前述的特征线法来求解初值问题(2.3.7)，具体过程不再赘述，留给读者作为练习.

直到现在，表达式(2.3.13)只是给出了初值问题(2.3.7)的形式解. 为了使表达式(2.3.13)确实是初值问题(2.3.7)的古典解，需要对初值问题(2.3.7)中方程的非齐次项 f 和初值 φ, ψ 提适当的光滑性条件.

定理 2.5　若 $\varphi \in C^2(\Omega), \psi \in C^1(\Omega)$ 及 $f \in C^1(\mathbb{R} \times \overline{\mathbb{R}_+})$，则由表达式(2.3.13)给出的函数 $u \in C^2(\mathbb{R} \times \overline{\mathbb{R}^+})$，且是初值问题(2.3.7)的解.

推论 2.1　若 φ, ψ 及 f 是 x 的偶(或奇，或周期为 l 的)函数，则由表达式(2.3.13)给出的解 u 必是 x 的偶(或奇，或周期为 l 的)函数.

注 2.9　我们不妨把求解式(2.3.8)的过程简单地回顾一下. 首先通过对微分算子的因式分解，把二阶方程式化成包含两个未知函数的一阶方程组，并写出相应的定解条件. 然后用特征线法逐次求解每个一阶偏微分方程. 这里所谓的特征线法，它的主要思想在于：沿着特征线，一阶偏微分方程具有常微分方程的形式，从而可以通过求解常微分方程去得到原来的一阶偏微分方程的解. 这个方法无论从理论研究来说还是从具体解题来说都是非常基本的.

注 2.10　从 D'Alembert 公式我们知道，自由振动情况的波动方程的解可以表示成形如 $F(x+at)$ 和 $G(x-at)$ 的两个函数之和. 我们可以选取

$$F(s) = \frac{1}{2}\varphi(s) + \frac{1}{2a}\int_0^s \psi(\xi)\mathrm{d}\xi$$

$$G(s) = \frac{1}{2}\varphi(s) - \frac{1}{2a}\int_0^s \psi(\xi)\mathrm{d}\xi$$

我们简要讨论解的物理意义，对

$$u_1(x,t) = F(x-at),\ a > 0$$

显然它是齐次波动方程的解. 给 t 以不同的值，就可以看出作一维自由振动的物体在各时刻的相应振动状态. 在 $t=0$ 时，$u_1(x,0) = F(x)$，它对应于初始的振动状态(相当于弦在初始时刻各点位移状态)，假设如图 2.3.2 实线所示. 经过时刻 t_0 后，$u_1(x,t_0) = F(x-at_0)$，在 (x,u) 平面上，它相当于原来的图形向右平移了一段距离 at_0，如图 2.3.2 虚线所示. 随着时间的推移，图形还要不断向右移动. 这说明自由振动的波形以常速度 a 向右传播. 因此，齐次波动方程的这种形如 $F(x-at)$ 的解所描述的活动规律，称为右行波. 同样，形如 $G(x+at)$ 的解，称为左行波，其所描述的振动的波形以常速 a 向左传播. 由此可以知道，(2.3.7)中出现的常数 a 表示波动的传播速度.

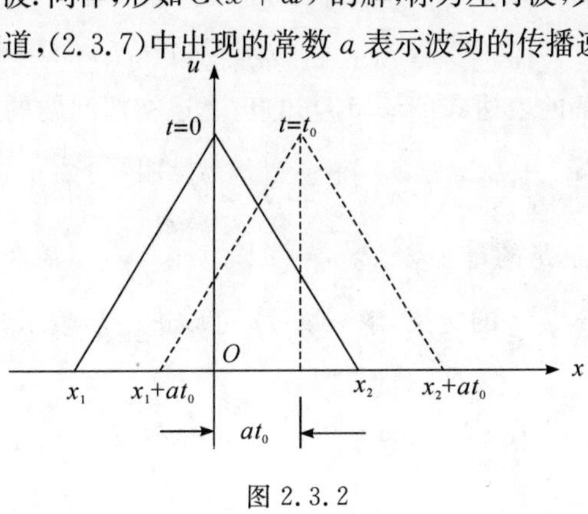

图 2.3.2

2.3.3 一维半无界初值问题

现在讨论一维半无界波动方程定解问题：

$$\left.\begin{aligned}&\mathrm{L}u = u_{tt} - a^2 u_{xx} = f(x,t), \quad x \in \mathbb{R}_+, t \in \mathbb{R}_+\\&u|_{x=0} = g(t)\\&u|_{t=0} = \varphi(x), \quad u_t|_{t=0} = \psi(x)\end{aligned}\right\} \tag{2.3.14}$$

分别考虑齐次边值情形和非齐次边值情形.

(1)齐次边值情形 $g(t) \equiv 0$. 求解半无界问题的基本思想方法是把定解问题的初值 $\varphi(x)$, $\psi(x)$ 和非齐次项 $f(x,t)$ 延拓到整个实数轴上，将问题化为一个 Cauchy 初值问题，利用上一小节已知的结论得到在整个实数轴上 Cauchy 初值问题的解，同时使得这样构造出来的解 u 在 $x=0$ 上自然地满足齐次边值条件

$$u|_{x=0} = 0$$

将这样的解限制在区域 $\overline{\mathbb{R}}_+ \times \overline{\mathbb{R}}_+$ 上就得到半无界问题(2.3.14)的解.

注 2.11 一个定义在整个实数轴上的函数 $w(x)$ ，如果它是连续的奇函数，即 $w(-x) = -w(x)$ ，则必有 $w(0)=0$ ；如果它是一次连续可微的偶函数，即 $w(-x) = w(x)$ ，则必有 $w'(0) = 0$.

由推论 2.1 可知，假如初值和非齐次项在整个实数轴上是 x 的奇函数，则相应的 Cauchy 初值问题的解必是 x 的奇函数. 因此将半无界问题(2.3.14)的初值 $\varphi(x)$, $\psi(x)$ 和非齐次项 $f(x,t)$ 奇延拓到整个实数轴上，使得延拓后的初值 $\bar{\varphi}(x)$, $\bar{\psi}(x)$ 和非齐次项 $\bar{f}(x,t)$ 是 x 的奇函数. 为此，定义

$$\bar{\varphi}(x) = \begin{cases}\varphi(x), & x \geqslant 0\\ -\varphi(-x), & x < 0\end{cases}$$

$$\bar{\psi}(x) = \begin{cases}\psi(x), & x \geqslant 0\\ -\psi(-x), & x < 0\end{cases}$$

$$\bar{f}(x,t) = \begin{cases}f(x,t), & x \geqslant 0, t \geqslant 0\\ -f(-x,t), & x < 0, t \geqslant 0\end{cases}$$

显然初值 $\bar{\varphi}(x)$, $\bar{\psi}(x)$ 和非齐次项 $\bar{f}(x,t)$ 是 x 的奇函数.

首先求解 Cauchy 初值问题：

$$\begin{cases}\mathrm{L}\bar{u} = \bar{f}(x,t), & x \in \mathbb{R}, t \in \mathbb{R}_+\\ \bar{u}|_{t=0} = \bar{\varphi}(x), & \bar{u}_t|_{t=0} = \bar{\psi}(x)\end{cases}$$

从 Cauchy 初值问题解的表达式(2.3.13)知道，上述初值问题的解可以表示为

$$\bar{u}(x,t) = \frac{1}{2}[\bar{\varphi}(x+at) + \bar{\varphi}(x-at)] + \frac{1}{2a}\int_{x-at}^{x+at}\bar{\psi}(\xi)\mathrm{d}\xi + \frac{1}{2a}\int_0^t \mathrm{d}\tau\int_{x-a(t-\tau)}^{x+a(t-\tau)}\bar{f}(\xi,\tau)\mathrm{d}\xi$$

由推论 2.1 可知，$\bar{u}(x,t)$ 是 x 的奇函数. 令 $u = \bar{u}|_{(x,t)\in\overline{\mathbb{R}}^+\times\overline{\mathbb{R}}^+}$ ，显然它是半无界问题(2.3.14)的解. 在 $\overline{\mathbb{R}}_+ \times \overline{\mathbb{R}}_+$ 上，从 $\bar{\varphi}, \bar{\psi}, \bar{f}$ 的定义，解 $u(x,t)$ 可以进一步表示为以下形式：

当 $x \geqslant at$ 时，

$$u(x,t) = \frac{1}{2}[\varphi(x+at) + \varphi(x-at)] + \frac{1}{2a}\int_{x-at}^{x+at}\psi(\xi)\mathrm{d}\xi + \frac{1}{2a}\int_0^t \mathrm{d}\tau\int_{x-a(t-\tau)}^{x+a(t-\tau)} f(\xi,\tau)\mathrm{d}\xi \tag{2.3.15}$$

当 $x < at$ 时，由图 2.3.3 容易得到

$$u(x,t) = \frac{1}{2}[\varphi(x+at) - \varphi(at-x)] + \frac{1}{2a}\int_{at-x}^{x+at}\psi(\xi)\mathrm{d}\xi + \\ \frac{1}{2a}\left[\int_{t-\frac{x}{a}}^{t}\mathrm{d}\tau\int_{x-a(t-\tau)}^{x+a(t-\tau)}f(\xi,\tau)\mathrm{d}\xi + \int_{0}^{t-\frac{x}{a}}\mathrm{d}\tau\int_{a(t-\tau)-x}^{x+a(t-\tau)}f(\xi,\tau)\mathrm{d}\xi\right] \tag{2.3.16}$$

上述求解半无界问题(2.3.14)($g(t) \equiv 0$ 时)的方法通常称为对称开拓法.

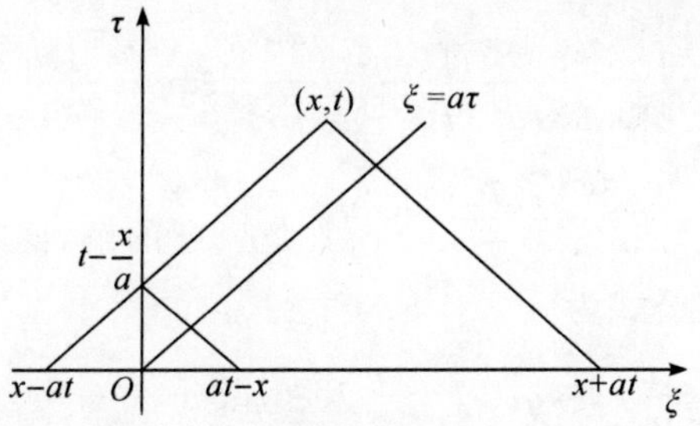

图 2.3.3

(2) 非齐次边值情形 $g(t) \equiv 0$.

作函数替换

$$u(x,t) = v(x,t) + g(t) \tag{2.3.17}$$

从半无界问题(2.3.14)得到 $v(x,t)$ 在区域 $\overline{\mathbb{R}}_+ \times \overline{\mathbb{R}}_+$ 上适合以下齐次边值问题：

$$\begin{cases} \mathrm{L}v = \mathrm{L}u - \mathrm{L}g(t) = f(x,t) - g''(t), \quad x \in \mathbb{R}_+, t \in \mathbb{R}_+ \\ v\big|_{x=0} = 0 \\ v\big|_{t=0} = \varphi(x) - g(0), \quad v_t\big|_{t=0} = \psi(x) - g'(0) \end{cases}$$

因此 $v(x,t)$ 可以通过表达式(2.3.15)和(2.3.16)给出. 回到函数替换式(2.3.17)，同样可以给出半无界问题(2.3.14)的解的表达式.

注 2.12　在半无界问题(2.3.14)中，若在边界 $x = 0$ 上给定第二类边值条件：

$$u_x\big|_{x=0} = g(t)$$

则可以作函数变换

$$u(x,t) = xg(t) + v(x,t)$$

把 $x = 0$ 上的边值条件化为齐次边值条件：

$$v_x\big|_{x=0} = 0$$

然后利用对称开拓法，把相应的初值 φ, ψ 和非齐次项 f 关于 x 进行偶开拓，就可求得解 $v(x,t)$ 的表达式，从而得到 $u(x,t)$ 的表达式.

最后，对二维、三维波动方程的无界初值问题的解做一简要介绍.

当 $n = 2$ 时，定解问题(2.3.3)的解可表示为

$$u = \frac{1}{2\pi a}\iint_{\Sigma_{at}^P}\frac{\psi(\xi,\eta)}{\sqrt{(at)^2 - r^2}}\mathrm{d}\xi\mathrm{d}\eta \tag{2.3.18}$$

其中 P 点坐标为 (x,y) , $r^2 = (x-\xi)^2 + (y-\eta)^2$, Σ_{at}^P 是以 P 为圆心、at 为半径的圆域，即 $\Sigma_{at}^P = \{(\xi,\eta) \mid r \leqslant at\}$.

当 $n = 3$ 时，定解问题(2.3.3)的解可表示为

$$u = \frac{1}{4\pi a^2 t}\oiint_{S_{at}^P}\psi(\xi,\eta,t)\mathrm{d}S_{\xi,\eta,\zeta} \tag{2.3.19}$$

其中 P 点坐标为 (x,y,z) ，$r^2=(x-\xi)^2+(y-\eta)^2+(z-\zeta)^2$ ，S_{at}^P 是以 P 为球心、at 为半径的球面,即 $S_{at}^P=\{(\xi,\eta,\zeta)\mid r=at\}$ ，$\mathrm{d}S_{\xi,\eta,\zeta}$ 表示面积元素.

表达式(2.3.18)和式(2.3.19)的推导请读者参阅其他数学物理方程教材.

利用表达式(2.3.18)和式(2.3.19),由上一节的定理的结论式(2.3.5)和式(2.3.6)可以得到波动方程初值问题(2.3.1)在 $n=2,3$ 时的表达式:

当 $n=2$ 时,Poisson 公式为

$$u(x,y,t)=\frac{1}{2\pi a}\int_0^t\mathrm{d}\tau\int_{\Sigma_{a(t-\tau)}^P}\frac{f(\xi,\eta,\tau)}{\sqrt{a^2\ (t-\tau)^2-r^2}}\mathrm{d}\xi\mathrm{d}\eta+\frac{1}{2\pi a}\int_{\Sigma_{at}^P}\frac{\psi(\xi,\eta)}{\sqrt{(at)^2-r^2}}\mathrm{d}\xi\mathrm{d}\eta+$$

$$\frac{1}{2\pi a}\frac{\partial}{\partial t}\int_{\Sigma_{at}^P}\frac{\varphi(\xi,\eta)}{\sqrt{(at)^2-r^2}}\mathrm{d}\xi\mathrm{d}\eta$$

当 $n=3$ 时,Kirchhoff 公式为

$$u(x,y,z,t)=\frac{1}{4\pi a^2}\int_{\Sigma_{at}^P}\frac{1}{r}f(\xi,\eta,\zeta,t-\frac{r}{a})\mathrm{d}\xi\mathrm{d}\eta\mathrm{d}\zeta+\frac{1}{4\pi a^2 t}\int_{S_{at}^P}\psi(\xi,\eta,\zeta)\mathrm{d}S+$$

$$\frac{1}{4\pi a^2}\frac{\partial}{\partial t}\left[\frac{1}{t}\int_{S_{at}^P}\psi(\xi,\eta,\zeta)\mathrm{d}S\right]$$

2.4 积分变换法

我们曾经用 Laplace 变换方法求解常微分方程.经过变换,常微分方程变成了代数方程,解出代数方程,再进行反演就得到了原来常微分方程的解.

积分变换在数学物理方程(也包括积分方程、差分方程等)中亦具有广泛的用途,经过变换以后,方程变得简单了,例如偏微分方程变成了常微分方程,解出常微分方程,再进行反演,就得到了原来偏微分方程的解.利用积分变换,有时还能得到有限形式的解,而这往往是用分离变量法不能得到的.

本节主要介绍 Fourier 变换、Laplace 变换在求解偏微分方程中的应用.有关 Fourier 变换、Laplace 变换的定义及性质详见附录.

2.4.1 Fourier 变换法

用分离变量法求解有界域的定解问题时,所得到的特征值谱是离散的,所求的解可表示为对离散特征值求和的 Fourier 级数.对于无界域,用分离变量法求解定解问题时,所得到的特征值谱一般是连续的,所求的解可表示为对连续特征值求积分的 Fourier 积分.因此对于无界域的定解问题,Fourier 变换是一种很适用的求解方法.我们通过几个例子说明运用 Fourier 变换求解无界域的定解问题的基本方法.

以下我们一般用 $\tilde{u}(\omega,t)$ 表示函数 $u(x,t)$ 关于自变量 x 进行 Fourier 变换,即

$$\tilde{u}(\omega,t)=\int_{-\infty}^{+\infty}u(x,t)\mathrm{e}^{-\mathrm{i}\omega x}\mathrm{d}x$$

其中 t 看作参数,其他函数的 Fourier 变换以此类推.

例 2.8 求解无限长弦的自由振动:

$$\begin{cases}u_{tt}-a^2u_{xx}=f(x,t), & x\in\mathbb{R},t\in\mathbb{R}_+\\ u|_{t=0}=\varphi(x), & u_t|_{t=0}=\psi(x)\end{cases}$$

解　用记号 $\tilde{u}(\omega,t),\tilde{f}(\omega,t),\tilde{\varphi}(\omega),\tilde{\psi}(\omega)$ 分别表示函数 $u(x,t),f(x,t),\varphi(x),\psi(x)$ 关于变量 x 的 Fourier 变换. 对方程和初值条件两端分别取关于 x 的 Fourier 变换,注意到

$$\mathscr{F}[u_t]=\frac{1}{\sqrt{2\pi}}\int_{-\infty}^{+\infty}\frac{\partial u(x,t)}{\partial t}\mathrm{e}^{-\mathrm{i}\omega x}\,\mathrm{d}x=\frac{\partial}{\partial t}\left(\frac{1}{\sqrt{2\pi}}\int_{-\infty}^{+\infty}u(x,t)\mathrm{e}^{-\mathrm{i}\omega x}\,\mathrm{d}x\right)=\tilde{u}_t(\omega,t)$$

$$\mathscr{F}[a^2u_{xx}+f(x,t)]=a^2\mathscr{F}[u_{xx}]+\mathscr{F}[f(x,t)]=a^2(\mathrm{i}\omega)^2\tilde{u}(\omega,t)+\tilde{f}(\omega,t)$$

则原来的定解问题变换成

$$\begin{cases}\tilde{u}_{tt}+a^2\omega^2\tilde{u}=\tilde{f}\\ \tilde{u}\big|_{t=0}=\tilde{\varphi}(\omega),\quad \tilde{u}_t\big|_{t=0}=\tilde{\psi}(\omega)\end{cases}$$

解上述关于自变量 t 的常微分方程的定解问题,得

$$\tilde{u}(\omega,t)=\tilde{\varphi}(\omega)\cos(a\omega t)+\frac{1}{a\omega}\tilde{\psi}(\omega)\sin(a\omega t)+\frac{1}{a\omega}\int_0^t\tilde{f}(\omega,\tau)\sin[a\omega(t-\tau)]\mathrm{d}\tau$$

把 t 看成参数,对上式两边关于自变量 ω 进行 Fourier 逆变换,得

$$u(x,t)=\mathscr{F}^{-1}[\tilde{\varphi}(\omega)\cos(a\omega t)]+\mathscr{F}^{-1}\left[\frac{1}{a\omega}\tilde{\psi}(\omega)\sin(a\omega t)\right]+\int_0^t\mathscr{F}^{-1}\left[\frac{1}{a\omega}\tilde{f}(\omega,\tau)\sin[a\omega(t-\tau)]\right]\mathrm{d}\tau$$

注意到

$$\begin{aligned}\mathscr{F}^{-1}[\tilde{\varphi}(\omega)\cos(a\omega t)]&=\mathscr{F}^{-1}\left[\tilde{\varphi}(\omega)\frac{\mathrm{e}^{\mathrm{i}a\omega t}+\mathrm{e}^{-\mathrm{i}a\omega t}}{2}\right]\\&=\frac{1}{2}\{\mathscr{F}^{-1}[\tilde{\varphi}(\omega)\mathrm{e}^{\mathrm{i}a\omega t}]+\mathscr{F}^{-1}[\tilde{\varphi}(\omega)\mathrm{e}^{-\mathrm{i}a\omega t}]\}\\&=\frac{1}{2}[\varphi(x+at)+\varphi(x-at)]\end{aligned}$$

上式的最后一步利用了 Fourier 变换的平移性质.

另外,记

$$\Psi(x)=\int_{-\infty}^{x}\psi(\xi)\mathrm{d}\xi,\quad G(x,\tau)=\int_{-\infty}^{x}f(\xi,\tau)\mathrm{d}\xi$$

则由变上限积分的 Fourier 变换性质可得

$$\tilde{\Psi}(\omega)=\mathscr{F}[\Psi(x)]=\frac{1}{\mathrm{i}\omega}\tilde{\psi}(\omega),\quad \tilde{G}(\omega,\tau)=\mathscr{F}[G(x,\tau)]=\frac{1}{\mathrm{i}\omega}\tilde{f}(\omega,\tau)$$

因此

$$\begin{aligned}\mathscr{F}^{-1}\left[\frac{1}{a\omega}\tilde{\psi}(\omega)\sin(a\omega t)\right]&=\frac{1}{a}\mathscr{F}^{-1}\left[\frac{1}{\omega}\tilde{\psi}(\omega)\frac{\mathrm{e}^{\mathrm{i}a\omega t}-\mathrm{e}^{-\mathrm{i}a\omega t}}{2\mathrm{i}}\right]\\&=\frac{1}{2a}\mathscr{F}^{-1}\left[\frac{1}{\mathrm{i}\omega}\tilde{\psi}(\omega)(\mathrm{e}^{\mathrm{i}a\omega t}-\mathrm{e}^{-\mathrm{i}a\omega t})\right]\\&=\frac{1}{2a}\{\mathscr{F}^{-1}[\tilde{\Psi}(\omega)\mathrm{e}^{\mathrm{i}a\omega t}]-\mathscr{F}^{-1}[\tilde{\Psi}(\omega)\mathrm{e}^{-\mathrm{i}a\omega t}]\}\\&=\frac{1}{2a}[\Psi(x+at)-\Psi(x-at)]\\&=\frac{1}{2a}\left[\int_{-\infty}^{x+at}\psi(\xi)\mathrm{d}\xi-\int_{-\infty}^{x-at}\psi(\xi)\mathrm{d}\xi\right]\\&=\frac{1}{2a}\int_{x-at}^{x+at}\psi(\xi)\mathrm{d}\xi\end{aligned}$$

类似地,有

$$\mathscr{F}^{-1}\left[\frac{1}{a\omega}\tilde{f}(\omega,\tau)\sin(a\omega(t-\tau))\right]=\frac{1}{2a}[G(x+a(t-\tau))-G(x-a(t-\tau))]$$
$$=\frac{1}{2a}\int_{x-a(t-\tau)}^{x+a(t-\tau)}f(\xi,\tau)\mathrm{d}\xi$$

故

$$u(x,t)=\frac{1}{2}[\varphi(x+at)+\varphi(x-at)]+\frac{1}{2a}\int_{x-at}^{x+at}\psi(\xi)\mathrm{d}\xi+\frac{1}{2a}\int_0^t\mathrm{d}\tau\int_{x-a(t-\tau)}^{x+a(t-\tau)}f(\xi,\tau)\mathrm{d}\xi$$

这与式(2.3.13)的结果是一致的.

例 2.9 求解定解问题:

$$\begin{cases}u_t-a^2u_{xx}=f(x,t), & x\in\mathbb{R},t\in\mathbb{R}_+\\ u|_{t=0}=\varphi(x)\end{cases}$$

解 用记号 $\tilde{u}(\omega,t),\tilde{f}(\omega,t),\tilde{\varphi}(\omega)$ 分别表示函数 $u(x,t),f(x,t),\varphi(x)$ 关于变量 x 的 Fourier 变换.

对定解问题作关于自变量 x 的 Fourier 变换,可得

$$\begin{cases}\tilde{u}_t+a^2\tilde{u}(\omega,t)=\tilde{f}(\omega,t)\\ \tilde{u}|_{t=0}=\tilde{\varphi}(\omega)\end{cases}$$

把 t 看作参数,求解这个常微分方程定解问题可得

$$\tilde{u}(\omega,t)=\tilde{\varphi}(\omega)\mathrm{e}^{-a^2\omega^2t}+\int_0^t\tilde{f}(\omega,\tau)\mathrm{e}^{-a^2\omega^2(t-\tau)}\mathrm{d}\tau$$

由 Fourier 变换表知 $\mathscr{F}^{-1}[\mathrm{e}^{-\alpha\omega^2}]=\frac{1}{\sqrt{2\alpha}}\mathrm{e}^{-\frac{x^2}{4\alpha}}$,则

$$\mathscr{F}^{-1}[\mathrm{e}^{-a^2\omega^2t}]=\frac{1}{\sqrt{2a^2t}}\mathrm{e}^{-\frac{x^2}{4a^2t}},\mathscr{F}^{-1}[\mathrm{e}^{-a^2\omega^2(t-\tau)}]=\frac{1}{\sqrt{2a^2(t-\tau)}}\mathrm{e}^{-\frac{x^2}{4a^2(t-\tau)}}$$

对 $\tilde{u}(\omega,t)$ 进行 Fourier 逆变换,可得

$$u(x,t)=\mathscr{F}^{-1}[\tilde{u}(\omega,t)]=\mathscr{F}^{-1}[\tilde{\varphi}(\omega)\mathrm{e}^{-a^2\omega^2t}]+\mathscr{F}^{-1}\left[\int_0^t\tilde{f}(\omega,\tau)\mathrm{e}^{-a^2\omega^2(t-\tau)}\mathrm{d}\tau\right]$$

注意在上式右端第二项中,$[0,t]$ 上的积分变量是 τ,而 Fourier 变换是关于自变量 ω 在 $(-\infty,+\infty)$ 上的积分.假设这两个积分可以交换次序,可得

$$\mathscr{F}^{-1}\left[\int_0^t\tilde{f}(\omega,\tau)\mathrm{e}^{-a^2\omega^2(t-\tau)}\mathrm{d}\tau\right]=\int_0^t\mathscr{F}^{-1}[\tilde{f}(\omega,\tau)\mathrm{e}^{-a^2\omega^2(t-\tau)}]\mathrm{d}\tau$$

利用 Fourier 变换的卷积公式进而可得

$$u(x,t)=\frac{1}{\sqrt{2\pi}}\mathscr{F}^{-1}[\tilde{\varphi}(\omega)]*\mathscr{F}^{-1}[\mathrm{e}^{-a^2\omega^2t}]+\int_0^t\frac{1}{\sqrt{2\pi}}\mathscr{F}^{-1}[\tilde{f}(\omega,\tau)]*\mathscr{F}^{-1}[\mathrm{e}^{-a^2\omega^2(t-\tau)}]\mathrm{d}\tau$$
$$=\frac{1}{\sqrt{2\pi}}\varphi(x)*\frac{1}{\sqrt{2a^2t}}\mathrm{e}^{-\frac{x^2}{4a^2t}}+\frac{1}{\sqrt{2\pi}}\int_0^t f(x,t)*\left(\frac{1}{\sqrt{2a^2(t-\tau)}}\mathrm{e}^{-\frac{x^2}{4a^2(t-\tau)}}\right)\mathrm{d}\tau$$
$$=\frac{1}{2a\sqrt{\pi t}}\int_{-\infty}^{+\infty}\varphi(\xi)\mathrm{e}^{-\frac{(x-\xi)^2}{4a^2t}}\mathrm{d}\xi+\int_0^t\frac{\mathrm{d}\tau}{2a\sqrt{\pi(t-\tau)}}\int_{-\infty}^{+\infty}f(\xi,\tau)\mathrm{e}^{-\frac{(x-\xi)^2}{4a^2(t-\tau)}}\mathrm{d}\xi$$

注 2.13 在求解过程中,我们假设积分和求导可以交换次序、两积分可以交换次序、$\mathscr{F}[u_{xx}]=(\mathrm{i}\omega)^2\mathscr{F}[u]$ 等.由于解尚未求出,事先只好作这些假设,否则寸步难行,故求出的只

是形式解,是否是所求定解问题的解,尚需验证.

例 2.10　求解上半平面中 Laplace 方程的 Dirichlet 问题:

$$\begin{cases} u_{xx}+u_{yy}=0, & x\in\mathbb{R}, y\in\mathbb{R}_+ \\ u|_{y=0}=\varphi(x), & |u|_{y=+\infty}|<+\infty \end{cases}$$

解　把 y 看成参数,对上式方程两端和边界条件关于自变量 x 进行 Fourier 变换,用记号 $\tilde{u}(\omega,y),\tilde{\varphi}(\omega)$ 分别表示函数 $u(x,y),\varphi(x)$ 关于变量 x 的 Fourier 变换. 可得

$$\begin{cases} \tilde{u}_{yy}-\omega^2\tilde{u}(\omega,y)=0 \\ \tilde{u}|_{y=0}=\tilde{\varphi}(\omega), \quad |\tilde{u}|_{y=+\infty}|<+\infty \end{cases}$$

把 ω 看成参数,上述问题是关于自变量 y 的一个常微分方程定解问题. 当 $\omega\neq 0$ 时,常微分方程的通解为

$$\tilde{u}(\omega,y)=c_1(\omega)\mathrm{e}^{\omega y}+c_2(\omega)\mathrm{e}^{-\omega y}$$

其中 $c_1(\omega),c_2(\omega)$ 是与 ω 有关的待定常数.

当 $\omega>0$ 时,由 $\tilde{u}|_{y=+\infty}$ 有界可得: $c_1(\omega)=0$,则有

$$\tilde{u}(\omega,y)=c_2(\omega)\mathrm{e}^{-\omega y}=c_2(\omega)\mathrm{e}^{-|\omega|y}$$

当 $\omega<0$ 时,由 $\tilde{u}|_{y=+\infty}$ 有界可得: $c_2(\omega)=0$,则有

$$\tilde{u}(\omega,y)=c_1(\omega)\mathrm{e}^{\omega y}=c_2(\omega)\mathrm{e}^{-|\omega|y}$$

当 $\omega=0$ 时,常微分方程的通解为

$$\tilde{u}(\omega,y)=c_1(\omega)+c_2(\omega)y$$

由 $\tilde{u}|_{y=+\infty}$ 有界可得 $c_2(\omega)=0$,则有

$$\tilde{u}(\omega,y)=c_1(\omega)$$

不管是哪一种情形,常微分方程满足 $y=+\infty$ 处边界条件的解可以写成统一的式子:

$$\tilde{u}(\omega,y)=c(\omega)\mathrm{e}^{-|\omega|y}$$

由 $\tilde{u}|_{y=0}=\tilde{\varphi}(\omega)$,则有 $c(\omega)=\tilde{\varphi}(\omega)$. 从而可得

$$\tilde{u}(\omega,y)=\tilde{\varphi}(\omega)\mathrm{e}^{-|\omega|y}$$

把 y 看成参数,上式两边关于自变量 ω 进行 Fourier 逆变换,并注意到

$$\mathscr{F}^{-1}[\mathrm{e}^{-|\omega|y}]=\sqrt{\frac{2}{\pi}}\frac{y}{x^2+y^2}$$

可得

$$u(x,y)=\mathscr{F}^{-1}[\tilde{u}(\omega,y)]=\mathscr{F}^{-1}[\tilde{\varphi}(\omega)\mathrm{e}^{-|\omega|y}]=\frac{1}{\sqrt{2\pi}}\varphi(x)*\sqrt{\frac{2}{\pi}}\frac{y}{x^2+y^2}$$

$$=\frac{y}{\pi}\int_{-\infty}^{+\infty}\frac{\varphi(\xi)}{(x-\xi)^2+y^2}\mathrm{d}\xi$$

例 2.11　求解定解问题:

$$\begin{cases} u_{tt}+a^2u_{xxxx}=0, & x\in\mathbb{R}, t\in\mathbb{R}_+ \\ u|_{t=0}=f(x), & u_t|_{t=0}=0 \end{cases}$$

解　作关于自变量 x 的 Fourier 变换，记 $\tilde{u}(\omega,t)$，$\tilde{f}(\omega)$ 分别表示函数 $u(x,t)$，$f(x)$ 关于变量 x 的 Fourier 变换. 对定解问题作 Fourier 变换得

$$\begin{cases}\tilde{u}_{tt}+a^2\omega^4\tilde{u}=0\\ \tilde{u}\big|_{t=0}=\tilde{f}(\omega),\tilde{u}_t\big|_{t=0}=0\end{cases}$$

把 ω 看成参数，解上述关于 t 的常微分方程初值问题可得

$$\tilde{u}(\omega,t)=A(\omega)\cos a\omega^2t+B(\omega)\sin a\omega^2t$$

由定解条件可得 $A(\omega)=\tilde{f}(\omega)$，$B(\omega)=0$. 则有

$$\tilde{u}(\omega,t)=\tilde{f}(\omega)\cos a\omega^2t$$

对上式作 Fourier 逆变换，注意到

$$\begin{aligned}\mathscr{F}^{-1}[\cos a\omega^2t]&=\frac{1}{2\pi}\int_{-\infty}^{+\infty}\cos a\omega^2t\cdot e^{i\omega x}d\omega\\&=\frac{1}{2\pi}\sqrt{\frac{\pi}{at}}\cos\left(\frac{\pi}{4}-\frac{x^2}{4at}\right)\\&=\frac{1}{2\sqrt{a\pi t}}\cos\left(\frac{\pi}{4}-\frac{x^2}{4at}\right)\end{aligned}$$

从而可得

$$\begin{aligned}u(x,t)&=\mathscr{F}^{-1}[\tilde{f}(\omega)\cos a\omega^2t]\\&=\mathscr{F}^{-1}[\tilde{f}(\omega)]*\mathscr{F}^{-1}[\cos a\omega^2t]\\&=f(x)*\frac{1}{2\sqrt{a\pi t}}\cos\left(\frac{\pi}{4}-\frac{x^2}{4at}\right)\\&=\frac{1}{2\sqrt{a\pi t}}\int_{-\infty}^{+\infty}f(x-\xi)\cos\left(\frac{\pi}{4}-\frac{\xi^2}{4at}\right)d\xi\end{aligned}$$

例 2.12　求解定解问题：

$$\begin{cases}u_t=a^2(u_{xx}+u_{yy}+u_{zz})+f(x,y,z),x,y,z\in\mathbb{R},t\in\mathbb{R}_+\\ u\big|_{t=0}=\varphi(x,y,z)\end{cases}$$

解　作关于自变量 x,y,z 的 Fourier 变换，记 $\tilde{u}(\omega_1,\omega_2,\omega_3,t)$，$\tilde{f}(\omega_1,\omega_2,\omega_3,t)$，$\tilde{\varphi}(\omega_1,\omega_2,\omega_3)$ 分别表示函数 $u(x,y,z,t)$，$f(x,y,z,t)$，$\varphi(x,y,z)$ 关于变量 x 的 Fourier 变换.

注意到

$$\mathscr{F}[u_{xx}]=(i\omega_1)^2\mathscr{F}[u]=-\omega_1^2\tilde{u},\quad \mathscr{F}[u_{yy}]=-\omega_2^2\tilde{u},\quad \mathscr{F}[u_{zz}]=-\omega_3^2\tilde{u}$$

可得

$$\begin{cases}\tilde{u}_t=-a^2(\omega_1^2+\omega_2^2+\omega_3^2)\tilde{u}(\omega_1,\omega_2,\omega_3,t)+\tilde{f}(\omega_1,\omega_2,\omega_3,t)\\ \tilde{u}\big|_{t=0}=\tilde{\varphi}(\omega_1,\omega_2,\omega_3)\end{cases}$$

把 $\omega_1,\omega_2,\omega_3$ 看成参数，求解上面关于自变量 t 的常微分方程的定解问题，得

$$\tilde{u}(\omega_1,\omega_2,\omega_3,t)=\tilde{\varphi}(\omega_1,\omega_2,\omega_3)e^{-a^2(\omega_1^2+\omega_2^2+\omega_3^2)t}+\int_0^t\tilde{f}(\omega_1,\omega_2,\omega_3,\tau)e^{-a^2(\omega_1^2+\omega_2^2+\omega_3^2)(t-\tau)}d\tau$$

把 t 看成参数，对上式两边关于 $\omega_1,\omega_2,\omega_3$ 进行 Fourier 变换，并注意到

$$\mathscr{F}^{-1}[e^{-a^2(\omega_1^2+\omega_2^2+\omega_3^2)t}] = \left(\frac{1}{\sqrt{2\pi}}\right)^3 \int_{-\infty}^{+\infty}\int_{-\infty}^{+\infty}\int_{-\infty}^{+\infty} e^{-a^2(\omega_1^2+\omega_2^2+\omega_3^2)t} e^{i(\omega_1 x+\omega_2 x+\omega_3 x)} d\omega_1 d\omega_2 d\omega_3$$

$$= \left(\frac{1}{\sqrt{2\pi}}\int_{-\infty}^{+\infty} e^{-a^2\omega_1^2 t} e^{i\omega_1 x} d\omega_1\right)\left(\frac{1}{\sqrt{2\pi}}\int_{-\infty}^{+\infty} e^{-a^2\omega_2^2 t} e^{i\omega_2 x} d\omega_2\right)\left(\frac{1}{\sqrt{2\pi}}\int_{-\infty}^{+\infty} e^{-a^2\omega_3^2 t} e^{i\omega_3 x} d\omega_3\right)$$

$$= \left(\frac{1}{a\sqrt{2t}} e^{-\frac{x^2}{4a^2 t}}\right)\left(\frac{1}{a\sqrt{2t}} e^{-\frac{y^2}{4a^2 t}}\right)\left(\frac{1}{a\sqrt{2t}} e^{-\frac{z^2}{4a^2 t}}\right)$$

$$= \left(\frac{1}{a\sqrt{2t}}\right)^3 e^{-\frac{x^2+y^2+z^2}{4a^2 t}} \overset{\text{def}}{=\!=} g(x,y,z,t)$$

$$\mathscr{F}^{-1}[e^{-a^2(\omega_1^2+\omega_2^2+\omega_3^2)(t-\tau)}] = \left(\frac{1}{a\sqrt{2(t-\tau)}}\right)^3 e^{-\frac{x^2+y^2+z^2}{4a^2(t-\tau)}} \overset{\text{def}}{=\!=} g(x,y,z,t-\tau)$$

可得原问题的解为

$$u(x,y,z,t) = \mathscr{F}^{-1}[\tilde{\varphi}(\omega_1,\omega_2,\omega_3)e^{-a^2(\omega_1^2+\omega_2^2+\omega_3^2)t}] + \int_0^t \mathscr{F}^{-1}[\tilde{f}(\omega_1,\omega_2,\omega_3,\tau)e^{-a^2(\omega_1^2+\omega_2^2+\omega_3^2)(t-\tau)}]d\tau$$

$$= \left(\frac{1}{\sqrt{2\pi}}\right)^3 \mathscr{F}^{-1}[\tilde{\varphi}(\omega_1,\omega_2,\omega_3)] * \mathscr{F}^{-1}[e^{-a^2(\omega_1^2+\omega_2^2+\omega_3^2)t}] +$$

$$\int_0^t \left(\frac{1}{\sqrt{2\pi}}\right)^3 \mathscr{F}^{-1}[\tilde{f}(\omega_1,\omega_2,\omega_3,\tau)] * \mathscr{F}^{-1}[e^{-a^2(\omega_1^2+\omega_2^2+\omega_3^2)(t-\tau)}]d\tau$$

$$= \left(\frac{1}{a\sqrt{2\pi}}\right)^3 \varphi(x,y,z) * g(x,y,z,t) +$$

$$\left(\frac{1}{a\sqrt{2\pi}}\right)^3 \int_0^t f(x,y,z,t) * g(x,y,z,t-\tau)d\tau$$

$$= \left(\frac{1}{2a\sqrt{\pi t}}\right)^3 \int_{-\infty}^{+\infty}\int_{-\infty}^{+\infty}\int_{-\infty}^{+\infty} \varphi(\xi,\eta,\zeta) e^{-\frac{(x-\xi)^2+(x-\eta)^2+(x-\zeta)^2}{4a^2 t}} d\xi d\eta d\zeta +$$

$$\int_0^t \left(\frac{1}{2a\sqrt{\pi(t-\tau)}}\right)^3 \int_{-\infty}^{+\infty}\int_{-\infty}^{+\infty}\int_{-\infty}^{+\infty} f(\xi,\eta,\zeta) e^{-\frac{(x-\xi)^2+(x-\eta)^2+(x-\zeta)^2}{4a^2(t-\tau)}} d\xi d\eta d\zeta$$

例 2.13　求解定解问题：

$$\begin{cases} u_t - a^2 u_{xx} = 0, & x \in \mathbb{R}_+, t \in \mathbb{R}_+ \\ u_x|_{x=0} = Q, \quad \lim\limits_{x\to+\infty} u = 0, & \lim\limits_{x\to+\infty} u_x = 0 \\ u|_{t=0} = 0 \end{cases}$$

其中 Q 为常数.

解　作关于自变量 x 的 Fourier 余弦变换，令

$$\tilde{u}(\omega,t) = \int_0^{+\infty} u(x,t)\cos\omega x\, dx$$

注意到

$$\mathscr{F}[u_{xx}] = \int_0^{+\infty} u_{xx}(x,t)\cos\omega x\, dx = u_x(x,t)\cos\omega x\,\Big|_0^{+\infty} + \omega\int_0^{+\infty} u_x(x,t)\sin\omega x\, dx$$

$$= -Q + \omega u\sin\omega x\,\Big|_0^{+\infty} - w^2\int_0^{+\infty} u(x,t)\cos\omega x\, dx$$

$$= -Q - w^2\tilde{u}$$

对定解问题取 Fourier 余弦变换，可得

$$\begin{cases}\tilde{u}_t + a^2\omega^2\tilde{u} = -a^2 Q \\ \tilde{u}|_{t=0} = 0\end{cases}$$

把 ω 看成参数，解上述关于 t 的常微分方程初值问题，可得

$$\tilde{u}(\omega,t) = \frac{Q}{\omega^2}[e^{-a^2\omega^2 t} - 1] = -a^2 Q\int_0^t e^{-a^2\omega^2\tau}d\tau$$

作逆变换得

$$\begin{aligned}u(x,t) &= \frac{2}{\pi}\int_0^{+\infty}\tilde{u}(\omega,t)\cos\omega x\,d\omega \\ &= -\frac{2a^2Q}{\pi}\int_0^t d\tau\int_0^{+\infty}e^{-a^2\omega^2\tau}\cos\omega x\,d\omega \\ &= -\frac{2a^2Q}{\pi}\int_0^t\frac{1}{2a}\sqrt{\frac{\pi}{\tau}}e^{-\frac{x^2}{4a^2\tau}}d\tau \\ &= -\frac{aQ}{\sqrt{\pi}}\int_0^t\frac{1}{\sqrt{\tau}}e^{-\frac{x^2}{4a^2\tau}}d\tau\end{aligned}$$

令

$$y = \frac{x}{2a\sqrt{\tau}}$$

则

$$\tau = \frac{x^2}{4a^2y^2},\quad d\tau = -\frac{x^2}{2a^2y^3}dy$$

故

$$u(x,t) = -\frac{aQ}{\sqrt{\pi}}\int_{+\infty}^{\frac{x}{2a\sqrt{t}}}\left(-\frac{x}{ay^2}e^{-y^2}\right)dy = -\frac{Qx}{\sqrt{\pi}}\int_{\frac{x}{2a\sqrt{t}}}^{+\infty}\left(\frac{1}{y^2}e^{-y^2}\right)dy$$

2.4.2 Laplace 变换法

例 2.14 求解下述有外力作用的半无限长弦振动的定解问题：

$$\begin{cases}u_{tt} - a^2u_{xx} = f_0, & x\in\mathbb{R}_+, t\in\mathbb{R}_+ \\ u|_{x=0} = 0, & \lim\limits_{x\to+\infty}u_x(x,t) = 0 \\ u|_{t=0} = 0, & u_t|_{t=0} = 0\end{cases}$$

其中 f_0 是参数.

解 用记号 $\tilde{u}(x,p)$ 表示函数 $u(x,t)$ 关于变量 t 的 Laplace 变换. 对方程两端作自变量 t 的 Laplace 变换，注意到

$$\mathscr{L}[u_{tt}] = p^2\mathscr{L}[u] - pu|_{t=0} - u_t|_{t=0} = p^2\tilde{u}(x,p)$$

$$\mathscr{L}[a^2u_{xx} + f_0] = a^2\mathscr{L}[u_{xx}] + \mathscr{L}[f_0] = a^2\tilde{u}_{xx} + \frac{f_0}{p}\quad(\mathrm{Re}(p) > 0)$$

即

$$\tilde{u}_{xx} - \frac{p^2}{a^2}\tilde{u} = -\frac{f_0}{a^2p}$$

把 p 看作参数，解上述关于 x 的常微分方程，有

$$\tilde{u}(x,p) = Ae^{\frac{p}{a}x} + Be^{-\frac{p}{a}x} + \frac{f_0}{p^3}$$

对边界条件作关于 t 的 Laplace 变换，则

$$\tilde{u}\big|_{x=0}=0,\quad \lim_{x\to+\infty}\tilde{u}_x(x,p)=0$$

由此可得 $A=0$, $B=-\dfrac{f_0}{p^3}$.

故得

$$\tilde{u}(x,p)=\frac{f_0}{p^3}(1-\mathrm{e}^{-\frac{p}{a}x})$$

对 $\tilde{u}(x,p)$ 作关于 p 的 Laplace 逆变换,即

$$u(x,p)=\mathscr{L}^{-1}\left[\frac{f_0}{p^3}(1-\mathrm{e}^{-\frac{p}{a}x})\right]=f_0\mathscr{L}^{-1}\left[\frac{1}{p^3}\right]-f_0\mathscr{L}^{-1}\left[\frac{1}{p^3}\mathrm{e}^{-\frac{p}{a}x}\right]$$

由 Laplace 变换表可得 $\mathscr{L}^{-1}\left[\dfrac{1}{p^3}\right]=\dfrac{t^2}{2}$,而由延迟性质知

$$\mathscr{L}^{-1}\left[\frac{1}{p^3}\mathrm{e}^{-\frac{p}{a}x}\right]=\begin{cases}\dfrac{1}{2}\left(t-\dfrac{x}{a}\right)^2, & t\geqslant\dfrac{x}{a}\\ 0, & t<\dfrac{x}{a}\end{cases}$$

故定解问题的解为

$$u(x,t)=\begin{cases}\dfrac{f_0}{2}\left[t^2-\left(t-\dfrac{x}{a}\right)^2\right], & t\geqslant\dfrac{x}{a}\\ \dfrac{f_0}{2}t^2, & t<\dfrac{x}{a}\end{cases}$$

注 2.14　计算 $\mathscr{L}[u_{tt}]$ 时要用到原来函数 $u(x,t)$ 的初始条件 $u\big|_{t=0}=0$ 和 $u_t\big|_{t=0}=0$,因此只对定解问题的方程和边界条件进行 Laplace 变换,这一点与 Fourier 变换是不同的.

例 2.15　求解半无限长杆的热传导问题:

$$\begin{cases}u_t-a^2u_{xx}=0, & x\in\mathbb{R}_+,t\in\mathbb{R}_+\\ u\big|_{x=0}=f(t), & \big|u\big|_{x\to+\infty}\big|<+\infty\\ u\big|_{t=0}=0\end{cases}$$

解　用记号 $\tilde{u}(x,p)$,$\tilde{f}(p)$ 表示函数 $u(x,t)$,$f(t)$ 关于变量 t 的 Laplace 变换. 对方程两端作自变量 t 的 Laplace 变换,注意到

$$\mathscr{L}[u_t]=p\mathscr{L}[u]-u\big|_{t=0}=p\tilde{u}(x,p)$$

$$\mathscr{L}[a^2u_{xx}]=a^2\mathscr{L}[u_{xx}]=a^2\tilde{u}_{xx}$$

则

$$\tilde{u}_{xx}-\frac{p}{a^2}\tilde{u}=0$$

对边界条件关于 t 取 Laplace 变换后,得

$$\tilde{u}\big|_{x=0}=\tilde{f}(p),\quad \lim_{x\to+\infty}\tilde{u}(x,p)\ 有界$$

把 p 看作参数,求解关于 x 的常微分方程定解问题,可得

$$\tilde{u}(x,p)=\tilde{f}(p)\mathrm{e}^{-\frac{\sqrt{p}}{a}x}$$

对上式两端作关于 p 的 Laplace 逆变换并利用卷积定理,得

$$u(x,t)=\mathscr{L}^{-1}[\tilde{f}(p)\mathrm{e}^{-\frac{\sqrt{p}}{a}x}]=\mathscr{L}^{-1}[\tilde{f}(p)]*\mathscr{L}^{-1}[\mathrm{e}^{-\frac{\sqrt{p}}{a}x}]=f(t)*\mathscr{L}^{-1}[\mathrm{e}^{-\frac{\sqrt{p}}{a}x}]$$

下面我们来求 $\mathscr{L}^{-1}[e^{-\frac{\sqrt{p}}{a}x}]$，由 Laplace 变换表中可查得

$$\mathscr{L}^{-1}\left[\frac{1}{p}e^{-\frac{x}{a}\sqrt{p}}\right]=\mathrm{erfc}\left(\frac{x}{2a\sqrt{t}}\right)=\frac{2}{\sqrt{\pi}}\int_{\frac{x}{2a\sqrt{t}}}^{+\infty}e^{-y^2}\mathrm{d}y$$

令 $g(t)=\mathrm{erfc}\left(\frac{x}{2a\sqrt{t}}\right)$，则 $g(0)=\frac{2}{\sqrt{\pi}}\int_{+\infty}^{+\infty}e^{-y^2}\mathrm{d}y=0$.

从而有

$$\mathscr{L}^{-1}[e^{-\frac{\sqrt{p}}{a}x}]=\mathscr{L}^{-1}\left[p\cdot\frac{1}{p}e^{-\frac{x}{a}\sqrt{p}}\right]=\frac{\mathrm{d}}{\mathrm{d}t}\left[\frac{2}{\sqrt{\pi}}\int_{\frac{x}{2a\sqrt{t}}}^{+\infty}e^{-y^2}\mathrm{d}y\right]=\frac{x}{2a\sqrt{\pi}t^{\frac{3}{2}}}e^{-\frac{x^2}{4a^2t}}$$

故原问题的解为

$$u(x,t)=f(t)*\frac{x}{2a\sqrt{\pi}t^{\frac{3}{2}}}e^{-\frac{x^2}{4a^2t}}=\frac{x}{2a\sqrt{\pi}}\int_0^t f(\tau)\frac{1}{(t-\tau)^{\frac{3}{2}}}e^{-\frac{x^2}{4a^2(t-\tau)}}\mathrm{d}\tau$$

例 2.16　设有一长为 l 的均匀杆，其一端固定，另一端由静止状态开始受力 $F=A\sin\omega t$ 的作用，力 F 的方向和杆的轴线一致，求杆作纵振动的规律.

解　本例可以归结为下述定解问题：

$$\begin{cases}u_{tt}-a^2u_{xx}=0,x\in(0,l),t\in\mathbb{R}_+\\ u|_{x=0}=0,u_x|_{x=l}=\dfrac{A}{SE}\sin\omega t\\ u|_{t=0}=0,u_t|_{t=0}=0\end{cases}$$

其中 $a^2=\frac{E}{\rho}$，E 为弹性模量，ρ 为体密度，S 为杆的横截面积.

用记号 $\tilde{u}(x,p)$，$\tilde{f}(p)$ 表示函数 $u(x,t)$，$f(t)$ 关于变量 t 的 Laplace 变换. 对方程两端作自变量 t 的 Laplace 变换，可得

$$\tilde{u}_{xx}-\frac{p^2}{a^2}\tilde{u}=0$$

对边界条件取相应的 Laplace 变换，得

$$\tilde{u}|_{x=0}=0,\tilde{u}_x|_{x=l}=\frac{A}{SE}\frac{\omega}{p^2+\omega^2}$$

把 p 看作参数，求关于 x 的常微分方程边值问题的解为

$$\tilde{u}(x,p)=\frac{Aa\omega\sinh\frac{p}{a}x}{SEp(p^2+\omega^2)\cosh\frac{p}{a}l}$$

对上式取 Laplace 逆变换，可得

$$u(x,t)=\mathscr{L}^{-1}\left[\frac{Aa\omega\sinh\frac{p}{a}x}{SEp(p^2+\omega^2)\cosh\frac{p}{a}l}\right]=\sum_k\mathrm{Res}\left[\frac{Aa\omega\sinh\frac{p}{a}x}{SEp(p^2+\omega^2)\cosh\frac{p}{a}l}e^{pt},p_k\right]$$

其中 p_k 是 $\tilde{u}(x,p)$ 的奇点，也即是使 $p(p^2+\omega^2)\cosh\frac{p}{a}l=0$ 的点，即

$$p=0,\pm\mathrm{i}\omega,\pm\mathrm{i}\frac{a}{l}\left(k-\frac{1}{2}\right)\pi,\quad k=1,2,\cdots$$

其中 $p=0$ 是可去奇点，其余都是一级极点，通过计算函数 $\tilde{u}e^{pt}$ 在这些奇点处的留数，可得

$$\operatorname{Res}[\tilde{u}(x,p)\mathrm{e}^{pt},0]=0$$

$$\operatorname{Res}[\tilde{u}(x,p)\mathrm{e}^{pt},\mathrm{i}\omega]=-\frac{Aa\sinh\frac{\mathrm{i}\omega x}{a}\mathrm{e}^{\mathrm{i}\omega t}}{2SE\omega\cosh\frac{\mathrm{i}\omega l}{a}}=-\frac{\mathrm{i}Aa\sin\frac{\omega x}{a}\mathrm{e}^{\mathrm{i}\omega t}}{2SE\omega\cos\frac{\omega l}{a}}$$

$$\operatorname{Res}[\tilde{u}(x,p)\mathrm{e}^{pt},-\mathrm{i}\omega]=\frac{\mathrm{i}Aa\sin\frac{\omega x}{a}\mathrm{e}^{-\mathrm{i}\omega t}}{2SE\omega\cos\frac{\omega l}{a}}$$

$$\operatorname{Res}\left[\tilde{u}(x,p)\mathrm{e}^{pt},\mathrm{i}\,\frac{(2k-1)a\pi}{2l}\right]=(-1)^{k-1}\,\frac{8Aa\omega l^2\sin\frac{(2k-1)\pi}{2l}x\,\mathrm{e}^{\mathrm{i}\frac{(2k-1)a\pi}{2l}t}}{\mathrm{i}SE\pi(2k-1)[4l^2\omega^2-a^2\pi^2\,(2k-1)^2]}$$

$$\operatorname{Res}\left[\tilde{u}(x,p)\mathrm{e}^{pt},-\mathrm{i}\,\frac{(2k-1)a\pi}{2l}\right]=-(-1)^{k-1}\,\frac{8Aa\omega l^2\sin\frac{(2k-1)\pi}{2l}x\,\mathrm{e}^{-\mathrm{i}\frac{(2k-1)a\pi}{2l}t}}{\mathrm{i}SE\pi(2k-1)[4l^2\omega^2-a^2\pi^2\,(2k-1)^2]}$$

故原定解问题的解为

$$u(x,t)=\frac{Aa}{SE\omega}\,\frac{1}{\cos\frac{\omega}{a}l}\sin\omega t\sin\frac{\omega}{a}x+\sum_{k=1}^{+\infty}(-1)^{k-1}\,\frac{16Aa\omega l^2}{SE\pi}\times$$

$$\frac{\sin\frac{(2k-1)\pi}{2l}x\sin\frac{(2k-1)a\pi}{2l}t}{(2k-1)[4l^2\omega^2-a^2\pi^2\,(2k-1)^2]}$$

2.4.3　关于积分变换法的一般讨论

以上介绍了两类积分变换(Laplace 变换和 Fourier 变换,包括 Fourier 变换的另外两种特殊形式——正弦变换和余弦变换)在求解偏微分方程定解问题中的应用.我们可以把这些变换统一写成

$$F(\omega)=\int_a^b K(\omega,x)f(x)\mathrm{d}x$$

它把自变量 $x\in[a,b]$(这里的 x 也可以代表时间)的函数变换为复变量 ω 的函数 $F(\omega)$,其中 $K(\omega,x)$ 是积分变换的核.

Laplace 变换:$K(\omega,x)=\mathrm{e}^{-\omega x},0\leqslant x<+\infty$

Fourier 变换:$K(\omega,x)=\mathrm{e}^{-\mathrm{i}\omega x},-\infty<x<+\infty$

正弦变换:$K(\omega,x)=\sin\omega x,0\leqslant x<+\infty$

余弦变换:$K(\omega,x)=\cos\omega x,0\leqslant x<+\infty$

其他还有

Hankel 变换:$K(\omega,x)=xJ_n(\omega x),0\leqslant x<+\infty$

Mellin 变换:$K(\omega,x)=x^{\omega-1},0\leqslant x<+\infty$

就一个具体的偏微分方程(为了叙述的方便,不妨仍限于二阶偏微分方程)定解问题而言,到底应当选用哪一种积分变换,不外乎要考虑以下几项原则.

原则 1　所涉及的自变量的变化区间和该变换的要求是否一致.具体说来,如果自变量的变化区间是 $(-\infty,+\infty)$,那么,在上述这几种变换中,就只可能考虑用 Fourier 变换;如果自

变量的变化区间是$[0,+\infty)$,则其他几种积分变换都可以考虑.

原则 2 根据对于未知函数性质的了解,特别是函数在无穷远点的行为,判断该种积分变换是否存在.这里需要提到,对于 Laplace 变换,变换的核是 $e^{-\omega x}$,因此对 $f(x)$的要求较低,甚至可以允许 $x\to\infty$时 $f(x)$是发散的;Hankel 变换的核是衰减振荡函数,对 $f(x)$的要求也不高;Fourier 变换、正弦变换和余弦变换的核是周期等幅振荡函数,因此要求 $x\to(\pm)\infty$ 时 $f(x)\to 0$;Mellin 变换对函数 $f(x)$的要求最高,因为它的变换核是幂函数 $x^{\omega-1}$.

原则 3 要求函数 $f(x)$及其导数 $f^{(n)}(x)$在该变换下有简单的代数关系.例如,Laplace 变换和 Fourier 变换都满足这个要求.对于正弦变换和余弦变换,只有函数的偶数阶导数的变换式才能表示成 $F(\omega)$ 的线性函数,函数的奇数阶导数却不能如此.这样,只有定解问题只涉及未知函数及其对该自变量的偶数阶偏导数时,才可以选用正弦或余弦变换.更具体地说,对于热传导方程,尽管时间 t 的变化范围是$[0,+\infty)$,与正弦或余弦变换的要求一致,但由于方程中只出现未知函数对 t 的一阶偏导数,所以就无法应用这两种变换.对于波动方程,只要方程中不出现对 t 的一阶偏导数(相当于在物理上要求无阻尼),那么,在原则上,至少从这一条要求看,还是许可对时间变量 t 作正弦或余弦变换的.

原则 4 在满足原则 3 的基础上,函数及其导数在该变换下存在简单的代数关系,那么,在这种代数关系中,不可避免地会出现函数及其低阶导数的特殊值.当然,要能成功地实现该变换,必须要求这些特殊值一致,更明确地说,就要求这些特殊值正好由定解问题中的定解条件给出.具体来说,对于 Laplace 变换,要求初始条件型的定解条件,即如果要求给出函数导数的特殊值的话,一定是函数及其导数在同一点的数值.而对于其他各种积分变换,要求边界条件型的定解条件.

应该说,上面的原则 3 还只是适用于常系数的微分方程.如果我们讨论的变系数的偏微分方程定解问题,那么,这一条还需要修改.例如,对于偏微分方程

$$[L_1(x)+L_2(y)]u(x,y)=f(x,y)$$

其中 $L_1(x)$ 和 $L_2(y)$ 分别是 x 和 y 的(二阶)微分算符,假定算符 $L_1(x)$ 中的系数都是 x 的实函数,再设 $u(x,y)$ 也是实函数,则积分变换

$$\int_a^b K(\omega,x)u(x,y)\mathrm{d}x=U(\omega,y)$$

之下,方程变为

$$\int_a^b K(\omega,x)f(x,y)\mathrm{d}x=\int_a^b K(\omega,x)[L_1(x)]u(x,y)\mathrm{d}x+L_2(y)\int_a^b K(\omega,x)u(x,y)\mathrm{d}x$$

即

$$\int_a^b[M_1(x)K(\omega,x)]u(x,y)\mathrm{d}x+L_2(y)U(\omega,y)=F(\omega,y)$$

其中 $M_1(x)$ 是算符 $L_1(x)$ 的自伴算符.为了保证上述方程是关于 $U(\omega,y)$ 的微分方程,$M_1(x)K(\omega,x)$ 必须与 $K(\omega,x)$ 成正比,

$$M_1(x)K(\omega,x)=\lambda K(\omega,x)$$

这样,就限定了我们所能选择的变换核 $K(\omega,x)$.例如,在柱坐标系求解 Laplace 方程或 Poisson 方程时,对于径向变量 r,就只能选用 Hankel 变换.

作为 Fourier 变换的发展和改进的小波变换从 20 世纪八九十年代以来蓬勃发展,现在已

成为一种新的数学理论和分析方法，在应用数学、信号处理、图像处理、物理学、地球科学等诸多领域被广泛应用.将小波变换用于求解数学物理方程，是近些年来正在兴起的一个研究方向，已有一些有应用前途的成果，可参见有关专著.

习　题

1. 在下列方程或方程组中，指明哪些是线性的、半线性的、拟线性的和全非线性的，并说明它们的阶.

(1) $u_{tt}-\Delta u=0$；

(2) $u_t+u_{xxxx}=0$；

(3) $\mathrm{div}(|\mathrm{D}u|^{p-2}\mathrm{D}u)=0$；

(4) $\mathrm{div}\left(\dfrac{\mathrm{D}u}{(1+|\mathrm{D}u|^2)^{\frac{1}{2}}}\right)=0$；

(5) $u_t+\mathrm{div}\boldsymbol{F}(u)=0,\boldsymbol{F}:\mathbb{R}\to\mathbb{R}^n$；

(6) $u_t-\Delta(u^r)=0$；

(7) $u_t-\Delta u=f(u)$；

(8) $\begin{cases}\boldsymbol{u}_t+\boldsymbol{u}\cdot\mathrm{D}\boldsymbol{u}-\Delta\boldsymbol{u}=-\mathrm{D}p\\ \mathrm{div}\boldsymbol{u}=0,\boldsymbol{x}\in\mathbb{R}^n,\boldsymbol{u}\in\mathbb{R}^n,\mathrm{D}\boldsymbol{u}\in\mathbb{R}^{n\times n}\end{cases}$

(9) $\boldsymbol{u}_t+\mathrm{div}\boldsymbol{F}(\boldsymbol{u})=0,\boldsymbol{F}:\mathbb{R}^m\to\mathbb{R}^{m\times n},\boldsymbol{x}\in\mathbb{R}^n,\boldsymbol{u}\in\mathbb{R}^m$.

2. 考虑在正方形区域 $\Omega=\{(x,y)\,|\,0<x<1,0<y<1\}$ 上的波动方程的边值问题：

$$\begin{cases}u_{xx}-u_{yy}=0,(x,y)\in\Omega\\ u(x,0)=f_1(x),u(x,1)=f_2(x)\\ u(0,y)=g_1(y),u(1,y)=g_2(y)\end{cases}$$

其中，f_1,f_2,g_1,g_2 都是已知函数.试问：此问题是否是适定的？

3. 设方程(1.2.2)的主要系数在点 x_0 的矩阵 $\boldsymbol{A}(x_0)=(a_{ij}(x_0))$，其特征值是 $\lambda_1,\lambda_2,\cdots,\lambda_n$.对方程(1.2.2)在点 x_0 按下述标准分类：若所有特征值非零且同号，则称它是椭圆型；若所有特征值非零且有 $n-1$ 个同号，则称它是双曲型，若正特征值和负特征值的个数都大于 1，则称它是超双曲型；若至少有一个特征值是零，则称它是抛物型.试证明：此分类法与 1.3.3 节中的分类法是一致的.

4. 通过求方程 $3u_{xx}-2u_{xy}+2u_{yy}-2u_{yz}+3u_{zz}+5u_y-u_z+10u=0$ 的主部系数矩阵的特征值证明方程是椭圆型的，并把它化为标准型.

5. 判断下列方程的类型.

(1) $xu_{xx}+2yu_{xy}+yu_{yy}=0$；

(2) $u_{xx}+(x-y)^3u_{yy}=0$；

(3) $u_{xx}+xu_{yy}=0$；

(4) $yu_{xx}+(x+y)u_{xy}+xu_{yy}=0$；

(5) $\sin x u_{xx}-2\cos x u_{xy}-(1+\sin x)u_{yy}=0$；

(6) $u_{xx}+2u_{yy}+3u_{zz}+u_{xy}+u_{yz}+u_{zx}-u_x=0$；

(7) $7u_{xx} - 10u_{xy} - 22u_{yz} + 7u_{yy} - 16u_{xz} - 5u_{zz} = 0$；

(8) $e^{x}u_{xy} - u_{xx} = \lg[x^2 + y^2 + z^2 + 1]$.

6. 化下列方程为标准型.

(1) $x^2 u_{xx} + 2xyu_{xy} + y^2 u_{yy} = 0$；

(2) $u_{xx} + xyu_{yy} = 0$；

(3) $u_{xx} - 2\cos x u_{xy} - (3 + \sin^2 x)u_{yy} - yu_{y} = 0$；

(4) $y^2 u_{xx} - e^{\sqrt{2x}} xu_{yy} + u_{x} = 0, x > 0$.

7. 确定 Tricomi 方程

$$u_{xx} + xu_{yy} = 0$$

的类型，将它在椭圆型和双曲型的区域内化为标准型.

8. 将下列方程化为标准型.

(1) $\sum_{i=1}^{n} \frac{\partial^2 u}{\partial x_i^2} + \sum_{i<k} \frac{\partial^2 u}{\partial x_i \partial x_k} = 0$;

(2) $\sum_{j>k\geqslant i}^{n} \frac{\partial^2 u}{\partial x_i \partial x_k} = 0$.

9. 设 λ 是参数，试求出方程

$$(\lambda + x)u_{xx} + 2xyu_{yy} - y^2 u_{yy} = 0$$

的双曲型、抛物型与椭圆型的区域，并且研究它们对 λ 的依赖性.

10. 将方程

$$u_{xx} + yu_{yy} + \frac{1}{2}u_{y} = 0,\quad y < 0$$

化为标准型 $u_{\xi\eta} = 0$. 由此证明方程的通解具有形式

$$u = f(x + 2\sqrt{-y}) + g(x - 2\sqrt{-y})$$

其中，f 和 g 是定义在双曲型区域上的任意二次连续可微的函数.

11. 证明两个变量的二阶线性方程 $a_{11}u_{xx} + 2a_{12}u_{xy} + a_{22}u_{yy} + F(x,y,u,u_x,u_y) = 0$ 经过可逆变换后的类型不会改变，即判别式 $d = a_{12}^2 - a_{11}a_{22}$ 的符号不变.

12. 证明两个自变量的二阶常系数双曲型方程或椭圆型方程一定可以经过自变量的变换 $\xi = \xi(x,y), \eta = \eta(x,y), \frac{\partial(\xi,\eta)}{\partial(x,y)} \neq 0$ 和未知函数的变换

$$u = ve^{\lambda\xi + \mu\eta}$$

将它们化为

$$v_{\xi\xi} \pm v_{\eta\eta} + cv = f$$

的形式.

13. 作未知函数的线性变换，把常系数方程

$$\Delta u + au_{x} + bu_{y} + cu_{z} + du = f$$

中所有一阶微商项消去.

14. 将下列方程分类，并化为不含一阶偏微分项的标准形式.

(1) $u_{xx}+4u_{xy}+3u_{yy}+3u_x-u_y+2u=0$；

(2) $u_{xx}+2u_{xy}+u_{yy}+5u_x+3u_y+u=0$；

(3) $u_{xx}-6u_{xy}+12u_{yy}+4u_x-u=\sin(xy)$.

15. 将下列方程中作函数代换 $u=v+w$，其中，v 是新未知函数，把边界条件化为齐次的：

(1) $\begin{cases} u_{tt}-a^2u_{xx}=0,\ x\in\mathbb{R}_+,t\in\mathbb{R}_+ \\ u_x(0,t)=g(t) \\ u(x,0)=\varphi(x),\ u_t(x,0)=\psi(x) \end{cases}$

(2) $\begin{cases} u_{tt}-a^2u_{xx}=0,\ x\in(0,l),t\in\mathbb{R}_+ \\ u(0,t)=\mu(t),\ u(l,t)=v(t) \\ u(x,0)=\varphi(x),\ u_t(x,0)=\psi(x) \end{cases}$

(3) $\begin{cases} u_{tt}-a^2u_{xx}=0,\ x\in(0,l),t\in\mathbb{R}_+ \\ -u_x(0,t)=\mu(t),\ u_x(l,t)+u(l,t)=v(t) \\ u(x,0)=\varphi(x),\ u_t(x,0)=\psi(x) \end{cases}$

16. 作未知函数的变换 $u=v+w$，其中，v 是新未知函数，试确定 w，把热传导方程的初边值问题：

$$\begin{cases} u_t=u_{xx}+f(x),\ x\in(0,l),t\in\mathbb{R}_+ \\ u(0,t)=0,\ u(l,t)=0 \\ u(x,0)=\varphi(x) \end{cases}$$

中的方程化为齐次的，且保持齐次边界条件.

17. 作未知函数的变换 $u=vw$，其中 v 是新未知函数，试确定 w，把方程

$$u_t-u_{xx}+au_x+bu=f(x,t)$$

化为 $v_t-v_{xx}=\tilde{f}(x,t)$ 的形式.

18. 作自变量的代换 $\xi=x-at,\eta=t$，把方程 $u_t+au_x=a^2u_{xx}$ 化为 $u_\eta=a^2u_{\xi\xi}$.

19. 设 $u(x)$ 是 Laplace 方程 $\Delta u=0$ 的解，如果 u 只是向径 $r=|x|$ 的函数，即 $u(x)=\tilde{u}(r)$，试导出 $\tilde{u}(r)$ 满足的常微分方程.

20. 设 u 是热传导方程 $u_t-a^2u_{xx}=0$ 的解，如果 u 只是复合变量 $\xi=x/\sqrt{t}$ 的函数，即 $u(x,t)=\tilde{u}(\xi)$，试写出 $\tilde{u}(\xi)$ 满足的常微分方程，由此解半有界杆的热传导问题：

$$\begin{cases} u_t-a^2u_{xx}=0,\ x\in\mathbb{R}_+,t\in\mathbb{R}_+ \\ u(0,t)=0,\ u(x,0)=u_0 \end{cases}$$

其中，u_0 是常数.

21. 求下列初值问题的解(方程中自变量 $x,y\in\mathbb{R}$)：

(1) $u_y+uu_x=0,\ u(x,y)|_{y=0}=h(x)$；

(2) $u_x+u_y=u,\ u(x,y)|_{y=0}=\cos x$；

(3) $xu_y-yu_x=u,\ u(x,y)|_{y=0}=h(x)$；

(4) $x^2u_x+y^2u_y=u^2,\ u(x,y)|_{y=2x}=1$；

(5) $xu_x+yu_y+u_z=u,\ u(x,y,0)=h(x,y)$；

(6) $\sum_{k=1}^{n} x_k \frac{\partial u}{\partial x_k} = 3u,\ u(x_1,\cdots,x_{n-1},1) = h(x_1,\cdots,x_{n-1})$.

22. 第 21(1)题中，求在 xOy 平面上，过 $(s,0)$ 点的特征投影. 由此出发，证明：

(1)当 $h(s)$ 不恒等于常数时，问题 21(1)在 $y \in \mathbb{R}^1$ 上没有整体光滑解.

(2)沿着特征投影计算微商 $u_x(x,y)$. 由此确定微商 $u_x(x,y)$ 变为无穷大的时刻 y 的值(设 $h'(s) < 0$). 这时，称解 $u(x,y)$ 在该时刻发生了一次“梯度突变”或“爆破”.

23. 设 u 是方程

$$a(x,y)u_x + b(x,y)u_y = -u$$

在 xOy 平面的闭单位圆域 Ω 上属于 C^1 类的解. 又设在 Ω 的边界上 $a(x,y)x+b(x,y)y > 0$. 证明 $u \equiv 0$.

24. 求解初值问题：

$$\begin{cases} u_t + b \cdot \mathrm{D}u + cu = 0,\ (x,t) \in \mathbb{R}^n \times \mathbb{R}_+ \\ u(x,0) = g \end{cases}$$

其中，$c \in \mathbb{R}, b \in \mathbb{R}^n$ 都是常数.

25. 解弦的自由振动方程，其初始条件和边界条件为

$$u\big|_{t=0} = 0,\ \frac{\partial u}{\partial t}\bigg|_{t=0} = x(l-x),\ u\big|_{x=0} = 0,\ u\big|_{x=l} = 0$$

26. 试求适合下列初始条件和边界条件的一维齐次热传导方程的解：

$$u\big|_{t=0} = x(l-x),\ u\big|_{x=0} = 0,\ u\big|_{x=l} = 0$$

27. 求解下述定解问题：

$$\begin{cases} \nabla^2 u = \frac{\partial^2 u}{\partial x^2} + \frac{\partial^2 u}{\partial y^2} = 0,\ x \in (0,a), y \in (0,b) \\ u\big|_{x=0} = f(y),\ u\big|_{x=a} = 0 \\ u\big|_{y=0} = g(x),\ u\big|_{y=b} = 0 \end{cases}$$

且 $f(0) = g(0)$.

28. 求解定解问题：

$$\begin{cases} \frac{\partial^2 u}{\partial t^2} = a^2 \frac{\partial^2 u}{\partial x^2},\ x \in (0,l), t \in \mathbb{R}_+ \\ u\big|_{x=0} = 0,\ \frac{\partial u}{\partial x}\bigg|_{x=l} = 0 \\ u\big|_{t=0} = \frac{\mathrm{e}}{l}x,\ \frac{\partial u}{\partial t}\bigg|_{t=0} = 0 \end{cases}$$

29. 求解定解问题：

$$\begin{cases} \frac{\partial^2 u}{\partial t^2} = a^2 \frac{\partial^2 u}{\partial x^2},\ x \in (0,l), t \in \mathbb{R}_+ \\ \frac{\partial u}{\partial x}\bigg|_{x=0} = 0,\ u\big|_{x=l} = 0 \\ u\big|_{t=0} = x^3,\ \frac{\partial u}{\partial t}\bigg|_{t=0} = 0 \end{cases}$$

30. 解一维齐次热传导方程，其初始条件和边界条件为

$$u\big|_{t=0} = x,\quad \left.\frac{\partial u}{\partial x}\right|_{x=0} = 0,\quad \left.\frac{\partial u}{\partial x}\right|_{x=l} = 0$$

31. 求解定解问题：

$$\begin{cases} \dfrac{\partial^2 u}{\partial t^2} = a^2 \dfrac{\partial^2 u}{\partial x^2},\ x \in (0,\pi), t \in \mathbb{R}_+ \\ \left.\dfrac{\partial u}{\partial x}\right|_{x=0} = 0,\ \left.\dfrac{\partial u}{\partial x}\right|_{x=\pi} = 0 \\ u\big|_{t=0} = \sin x,\ \left.\dfrac{\partial u}{\partial t}\right|_{t=0} = 0 \end{cases}$$

32. 在矩形域 $0 \leqslant x \leqslant a, 0 \leqslant y \leqslant b$ 内求 Laplace 方程的解，使满足边界条件：

$$u\big|_{x=0} = 0,\ u\big|_{x=a} = Ay$$
$$\left.\frac{\partial u}{\partial y}\right|_{y=0} = 0,\ \left.\frac{\partial u}{\partial y}\right|_{y=b} = 0$$

33. 求解定解问题：

$$\begin{cases} \dfrac{\partial^2 u}{\partial t^2} = a^2 \dfrac{\partial^2 u}{\partial x^2} + \sin\dfrac{2\pi}{l}x\sin\dfrac{2\pi a}{l}t,\ x \in (0,l), t \in \mathbb{R}_+ \\ u\big|_{x=0} = 0,\ u\big|_{x=l} = 0 \\ u\big|_{t=0} = 0,\ \left.\dfrac{\partial u}{\partial t}\right|_{t=0} = 0 \end{cases}$$

34. 求解定解问题：

$$\begin{cases} \dfrac{\partial u}{\partial t} = a^2 \dfrac{\partial^2 u}{\partial x^2} + \mathrm{A},\ x \in (0,l), t \in \mathbb{R}_+ \\ u\big|_{x=0} = 0,\ u\big|_{x=l} = 0 \\ u\big|_{t=0} = 0 \end{cases}$$

35. 求解定解问题：

$$\begin{cases} \dfrac{\partial^2 u}{\partial t^2} = a^2 \dfrac{\partial^2 u}{\partial x^2} + x(l-x),\ x \in (0,l), t \in \mathbb{R}_+ \\ u\big|_{x=0} = 0,\ u\big|_{x=l} = 0 \\ u\big|_{t=0} = 0,\ \left.\dfrac{\partial u}{\partial t}\right|_{t=0} = 0 \end{cases}$$

36. 求解定解问题：

$$\begin{cases} \dfrac{\partial^2 u}{\partial t^2} = a^2 \dfrac{\partial^2 u}{\partial x^2} + \sin\omega t,\ x \in (0,l), t \in \mathbb{R}_+ \\ u\big|_{x=0} = 0,\ u\big|_{x=l} = 0 \\ u\big|_{t=0} = 0,\ \left.\dfrac{\partial u}{\partial t}\right|_{t=0} = 0 \end{cases}$$

37. 试解放射性衰变问题：

$$\begin{cases} \dfrac{\partial^2 u}{\partial x^2} - a^2 \dfrac{\partial u}{\partial t} + \mathrm{A}\mathrm{e}^{-\alpha x} = 0,\ x \in (0,l), t \in \mathbb{R}_+ \\ u\big|_{x=0} = 0,\ u\big|_{x=l} = 0 \\ u\big|_{t=0} = T \end{cases}$$

其中 T, A,α 都是常数.

38. 解二维 Poission 方程的齐次边值问题：

$$\begin{cases}\nabla^2 u = \dfrac{\partial^2 u}{\partial x^2} + \dfrac{\partial^2 u}{\partial y^2} = f(x,y), \quad x \in (0,a), y \in (0,b) \\ u\big|_{x=0} = 0,\ u\big|_{x=a} = 0 \\ u\big|_{y=0} = 0,\ u\big|_{y=b} = 0\end{cases}$$

39. 证明：方程 $\nabla^2 u = \dfrac{\partial^2 u}{\partial x^2} + \dfrac{\partial^2 u}{\partial y^2} = 0$ 通过自变量变换

$$x = \rho\cos\theta, \quad y = \rho\sin\theta$$

可化为

$$\nabla^2 u = \frac{\partial^2 u}{\partial \rho^2} + \frac{1}{\rho}\frac{\partial u}{\partial \rho} + \frac{1}{\rho^2}\frac{\partial^2 u}{\partial \theta^2} = 0$$

40. 求解单位圆内 Poission 方程的 Dirichlet 问题：

$$\begin{cases}\nabla^2 u = \dfrac{\partial^2 u}{\partial x^2} + \dfrac{\partial^2 u}{\partial y^2} = 0, \quad x^2 + y^2 < 1 \\ u\big|_{x^2+y^2=1} = 0\end{cases}$$

41. 一半径为 a 的半圆形平盘，其圆周边界上的温度保持 $u(a,\theta) = T\theta(\pi - \theta)$，其中 T 为常数，而直径边界上的温度保持为 $0^\circ C$，板的侧面绝缘. 试求稳恒状态下的温度分布规律 $u(\rho,\theta)$.

42. 一圆环形平板，内半径为 r_1，外半径为 r_2，侧面绝缘. 若内圆温度保持 $0^\circ C$，外圆温度保持为 $1^\circ C$，试求稳恒状态下的温度分布规律 $u(r,\theta)$.

43. 在扇形区域 $0 \leqslant \rho \leqslant \rho_0, 0 \leqslant \theta \leqslant \theta_0$ 内求下列定解问题：

$$\begin{cases}\nabla^2 u = 0 \\ u\big|_{\theta=0} = 0,\ u\big|_{\theta=\theta_0} = 0 \\ u\big|_{\rho=\rho_0} = f(\theta)\end{cases}$$

44. 求解圆环域内 Laplace 方程的 Neumann 问题：

$$\begin{cases}\nabla^2 u = 0,\ r \in (1,2), \theta \in (0,2\pi) \\ \dfrac{\partial u}{\partial r}\bigg|_{r=1} = \sin\theta, \quad \dfrac{\partial u}{\partial r}\bigg|_{r=2} = 0\end{cases}$$

45. 有一根长为 l 而初始温度为60℃ 的均匀细杆，杆内无热源，在它的一端 $x = l$ 处的温度为 0℃，而在另一端 $x = 0$ 处温度随时间直线增加，即$u\big|_{x=0} = At$（A 为常数），试求杆的温度分布规律 $u(x,t)$.

46. 解下列定解问题：

$$\begin{cases}\dfrac{\partial^2 u}{\partial t^2} = a^2 \dfrac{\partial^2 u}{\partial x^2},\ x \in (0,l), t \in \mathbb{R}_+ \\ u\big|_{x=0} = 0,\ u\big|_{x=l} = \sin\omega t \\ u\big|_{t=0} = 0,\ \dfrac{\partial u}{\partial t}\bigg|_{t=0} = 0\end{cases}$$

47. 解下列定解问题：

$$\begin{cases}\dfrac{\partial^2 u}{\partial t^2} = a^2 \dfrac{\partial^2 u}{\partial x^2},\ x \in (0,l), t \in \mathbb{R}_+ \\ u\big|_{x=0} = A,\ u\big|_{x=l} = B \\ u\big|_{t=0} = \varphi(x),\ \dfrac{\partial u}{\partial t}\Big|_{t=0} = \psi(x)\end{cases}$$

其中 A, B 是常数.

48. 求下述定解问题的解：

$$\begin{cases}\dfrac{\partial u}{\partial t} = a^2 \dfrac{\partial^2 u}{\partial x^2},\ x \in (0,l), t \in \mathbb{R}_+ \\ u\big|_{x=0} = u_0,\ \dfrac{\partial u}{\partial x}\Big|_{x=l} = 0 \\ u\big|_{t=0} = 0\end{cases}$$

其中 u_0 是常数.

49. 试确定下述定解问题的解：

$$\begin{cases}\dfrac{\partial u}{\partial t} = a^2 \dfrac{\partial^2 u}{\partial x^2} + f(x),\ x \in (0,l), t \in \mathbb{R}_+ \\ u\big|_{x=0} = A,\ \dfrac{\partial u}{\partial x}\Big|_{x=l} = B \\ u\big|_{t=0} = g(x)\end{cases}$$

其中 A, B 是常数.

50. 用 Fourier 变换解下列定解问题：

(1) $\begin{cases}\dfrac{\partial u}{\partial t} + a\dfrac{\partial u}{\partial x} = f(x,t), x \in \mathbb{R}, t \in \mathbb{R}_+ \\ u\big|_{t=0} = \varphi(x)\end{cases}$

(2) $\begin{cases}\dfrac{\partial^2 u}{\partial t^2} + 2\dfrac{\partial u}{\partial t} = \dfrac{\partial^2 u}{\partial x^2} - u, x \in \mathbb{R}, t \in \mathbb{R}_+ \\ u\big|_{t=0} = 0, u_t\big|_{t=0} = x\end{cases}$

51. 用 Laplace 变换解下列定解问题：

(1) $\begin{cases}\dfrac{\partial^2 u}{\partial t^2} = a^2 \dfrac{\partial^2 u}{\partial x^2}, x \in \mathbb{R}_+, t \in \mathbb{R}_+ \\ u\big|_{x=0} = 0 \\ u\big|_{t=0} = 0, u_t\big|_{t=0} = b\end{cases}$

(2) $\begin{cases}\dfrac{\partial u}{\partial t} = a^2 \dfrac{\partial^2 u}{\partial x^2}, x \in (0,l), t \in \mathbb{R}_+ \\ u_x\big|_{x=0} = 0, u\big|_{x=l} = u_0 \\ u\big|_{t=0} = u_1\end{cases}$

其中 u_0, u_1 为常数.

第3章 位势方程

3.1 位势方程的引入

本章讨论位势方程(Poisson 方程)

$$-\Delta u = f(x) \tag{3.1.1}$$

其中，$u = u(x), x = (x_1, x_2, \cdots, x_n) \in \Omega \subset \mathbb{R}^n$，$f(x)$ 是一个已知函数. 当非齐次项 $f \equiv 0$ 时,Poisson 方程(3.1.1)简化为 Laplace 方程

$$\Delta u = 0 \tag{3.1.2}$$

Laplace 方程是偏微分方程中最重要的方程,它可从多种模型中导出. 我们首先从一类变分问题——极小曲面问题简略地推导一下.

极小曲面问题通常可以表述如下:对于平面区域 Ω，在边界 $\partial\Omega$ 上给定一条空间曲线 L，求一张定义在区域 Ω 上的曲面 S，使得 S 是所有以 L 为边界的曲面中面积最小的曲面. 换句话说,在给定函数集合 $M_g = \{v \in C^1(\overline{\Omega}), v|_{\partial\Omega} = g\}$ 中,求 $u \in M_g$，使得

$$J(u) = \min_{v \in M_g} J(v)$$

其中

$$J(v) = \iint_\Omega \sqrt{1 + |Dv|^2}\, dx dy$$

当只考虑很小的形变时,即梯度 Dv 很小时,有

$$\sqrt{1 + |Dv|^2} \approx 1 + \frac{1}{2}|Dv|^2$$

因此上述极小曲面问题近似为:求 $u \in M_g$，使得

$$F(u) = \min_{v \in M_g} F(v) \tag{3.1.3}$$

其中

$$F(v) = \frac{1}{2}\iint_\Omega |Dv|^2 dx dy$$

现在我们来推导函数 $u \in M_g$ 满足的必要条件. 对于任意 $\varphi \in C_0^1(\Omega), \varepsilon \in \mathbb{R}$，显然 $u + \varepsilon\varphi \in M_g$. 记 $f(\varepsilon) = F(u + \varepsilon\varphi)$，则 $f(\varepsilon)$ 是关于 ε 的二次多项式. 由定义知,对于 $\varepsilon \in \mathbb{R}, f(\varepsilon) \geqslant f(0)$，从而有 $f'(0) = 0$，即

$$\iint_\Omega Du \cdot D\varphi\, dx dy = 0$$

如果 $u \in C^2(\Omega)$,由 Green 公式可得

$$\iint_{\Omega}(-\Delta u)\varphi \mathrm{d}x\mathrm{d}y = 0$$

由 φ 的任意性，可得

$$-\Delta u = 0,\quad x \in \Omega$$

且 $u|_{\partial\Omega} = g$．通常上述方程称为变分问题(3.1.3)的 Euler－Lagrange 方程.

Laplace 方程也可以从许多具有物理意义的数学模型中得到．通常让 u 表示在平衡态下某一物理量在区域 Ω 内的密度分布(如温度、浓度、静电位势等)，令 V 为 Ω 内的任何光滑区域，$\boldsymbol{F}$ 表示 u 的流速．由于 u 处于平衡态，那么通过 V 的边界流入和流出 V 的总流量相等，则有

$$\int_{\partial V}\boldsymbol{F}\cdot\boldsymbol{n}\mathrm{d}S = 0$$

其中 $\boldsymbol{n}$ 为 $\partial\Omega$ 的单位外法向量．利用 Gauss－Green 公式可得

$$\int_{V}\mathrm{div}\boldsymbol{F}\mathrm{d}x = \int_{\partial V}\boldsymbol{F}\cdot\boldsymbol{n}\mathrm{d}S = 0$$

由于区域 V 的任意性，则有

$$\mathrm{div}\boldsymbol{F} = 0$$

假设 $\boldsymbol{F}$ 正比于 u 的梯度 $\mathrm{D}u$，在许多情况下这是非常合理的．又因为流量总是从高密度处流向低密度处，因此 $\boldsymbol{F}$ 与梯度 $\mathrm{D}u$ 的方向相反．于是

$$\boldsymbol{F} = -a\mathrm{D}u \tag{3.1.4}$$

其中 $a > 0$ 是一正常数．把等式(3.1.4)带入上述方程得到 Laplace 方程(3.1.2).

注 3.1　如果 u 分别表示温度、浓度和静电位势，则等式(3.1.4)分别就是 Fourier 热传导定律、Fick 扩散定律、Ohm 传导定律.

另外，还可以从下列概率统计模型中推导出 Laplace 方程.

设有一个由围墙包围的巨型体育场，四周都有门以供出入．现在有一人站在体育场中，他通过掷硬币的方式来决定他行走的方向，他掷两次硬币，如果两次国徽都朝上，他就向正北方向迈一步；如果第一次国徽朝上而第二次麦穗朝上，他就向正东方向迈一步；如果两次麦穗都朝上，他就向正南方向迈一步；如果第一次麦穗朝上而第二次国徽朝上，他就向正西方向迈一步．试问在碰到围墙之前，他通过门走出体育场的概率.

先取一平面坐标系，使得体育场中心位置为原点，并不妨设体育场所在区域为 Ω．令 D 表示所有的门，则 $\partial\Omega\backslash D$ 表示围墙．以正东方向为 x 轴，正北方向为 y 轴．设此人每一步的步长为 h；掷硬币时，国徽朝上和麦穗朝上出现的概率相等；此人现在的位置为点 (x,y)，在碰到围墙之前，他通过门走出体育场的概率为 $P(x,y)$．由于向四个方向行走的概率相等，于是

$$P(x,y) = \frac{1}{4}[P(x,y+h) + P(x+h,y) + P(x,y-h) + P(x-h,y)]$$

即

$$\frac{P(x+h,y)+P(x-h,y)-2P(x,y)}{h^2} + \frac{P(x,y+h)+P(x,y-h)-2P(x,y)}{h^2} = 0$$

设 $P \in C^2(\Omega)$．由于 h 比 Ω 小得多，可以令 $h \to 0$，利用 Taylor 展开式容易得到

$$\Delta P = \frac{\partial^2 P}{\partial x^2} + \frac{\partial^2 P}{\partial y^2} = 0$$

记 χ_D 为 D 上的特征函数，即在门 D 上为 1，在墙 $\partial\Omega\backslash D$ 上为 0. 于是上述问题转化为求解边值问题

$$\begin{cases}\Delta P = 0,\ x \in \Omega \\ P = \chi_D,\ x \in \partial\Omega\end{cases}$$

为了求解 Poisson 方程(3.1.1)，通常还要提适当的边值条件，对于 Poisson 方程(3.1.1)来说，这样的边值条件通常分为以下三类：

(1)第一边值条件. 已知函数 u 在区域边界 $\partial\Omega$ 上的值，即

$$u(x) = g(x), \quad x \in \partial\Omega$$

这一类边值条件亦称为 Dirichlet 边值条件，相应的边值问题也称为第一边值问题或 Dirichlet 边值问题.

(2)第二边值条件. 已知函数 u 在区域边界 $\partial\Omega$ 上的法向导数，即

$$\frac{\partial u}{\partial \boldsymbol{n}} = g(x), \quad x \in \partial\Omega$$

其中 $\boldsymbol{n}$ 是 $\partial\Omega$ 的单位外法向量. 这一类边值条件亦称为 Neumann 边值条件，相应的边值问题也称为第二边值问题或 Neumann 边值问题.

(3)第三边值条件. 已知函数 u 和其在区域边界 $\partial\Omega$ 上的法向导数的一个线性组合，即

$$\frac{\partial u}{\partial \boldsymbol{n}} + \alpha(x)u(x) = g(x), \quad x \in \partial\Omega$$

其中 $\boldsymbol{n}$ 是 $\partial\Omega$ 的单位外法向量，$\alpha(x) > 0$. 相应的边值问题也称为第三边值问题.

在 3.3 节中，我们先介绍位势方程的基本解和 Green 函数，然后构造出一些特殊区域上位势方程的第一边值问题的解的表达式，特别是上半空间和球上位势方程 Dirichlet 问题的解的 Poisson 公式，从而解决在这些特殊区域上位势方程边值问题的解的存在性问题. 在 3.4 节中我们推导关于位势方程的极值原理和最大模估计，从而得到位势方程边值问题的解的唯一性和稳定性. 在 3.5 节中我们粗略介绍一下位势方程的能量模估计. 最后在 3.6 节中介绍 Hopf 极值原理.

最大模估计和能量模估计是研究位势方程边值问题的两种重要的先验估计. 最大模估计是关于位势方程边值问题的解在区域每一个点上的估计，而能量模估计是关于位势方程极值问题的解或解的梯度在整个区域上的积分估计. 从其中的任何一个估计我们都能得到位势方程边值问题的解的唯一性，不过我们要特别指出的是，最大模估计通常要比能量模估计强很多. 但是，当我们在更大的函数空间类(如 Sobolev 空间)考虑位势方程边值问题的解的存在性时，能量模估计又比最大模估计要优越和自然.

3.2 调和函数

本节主要介绍 Laplace 方程(3.1.2)的解——调和函数，推导出调和函数的平均值公式，并利用平均值公式来得到调和函数的一些重要性质，如强极值原理、Harnack 不等式、Liouville 定理、调和函数的解析性等. 调和函数是数学物理方程中一类极为重要的函数，在数学物理方程中占有极为重要的地位.

3.2.1　实例

定义 3.1　如果函数 $u:\Omega\to\mathbb{R}$ 具有二阶连续偏导数且满足 Laplace 方程(3.1.2),称之为调和函数;如果一个多项式满足 Laplace 方程(3.1.2),称之为调和多项式.

显然,$1,x_1,x_2,\cdots,x_n,x_i^2-x_j^2(i,j=1,2,\cdots,n),x_ix_j(i,j=1,2,\cdots,n;i\neq j)$ 和 $(3x_i^2-x_j^2)x_j(i,j=1,2,\cdots,n;i\neq j)$ 是 Laplace 方程(3.1.2)的解. 特别地,线性函数是它的解. 实际上,我们能通过复分析中的 Cauchy - Riemann 方程来构造出许多更高次的调和多项式. 具体来说,设 $\Omega\subset\mathbb{R}^2$ 是开集,可以把它看成是复平面 $\mathbb{C}$ 的开区域. 设 $f:\Omega\to\mathbb{C}$ 一个解析函数且记函数 $f(x+\mathrm{i}y)$ 的实部和虚部分别为 $u(x,y)=\mathrm{Re}f(x+\mathrm{i}y),v(x,y)=\mathrm{Im}f(x+\mathrm{i}y)$. 由 Cauchy - Riemann 方程

$$\frac{\partial u}{\partial x}=\frac{\partial v}{\partial y},\quad \frac{\partial u}{\partial y}=-\frac{\partial v}{\partial x}$$

可知, $u(x,y),v(x,y)$ 满足

$$\frac{\partial^2 u}{\partial x^2}+\frac{\partial^2 u}{\partial y^2}=0,\ \frac{\partial^2 v}{\partial x^2}+\frac{\partial^2 v}{\partial y^2}=0$$

因此是 $u(x,y),v(x,y)$ 调和函数. 对任意非负整数 $k\geqslant 0$,记 $z^k=(x+\mathrm{i}y)^k=P_k(x,y)+\mathrm{i}Q_k(x,y)$. 由上面的讨论可知, $P_k(x,y)$ 和 $Q_k(x,y)$ 是 k 次调和多项式. 由于 $z^{k+1}=z^k\cdot z$,易证 $P_{k+1}(x,y)=xP_k(x,y)-yQ_k(x,y)$ 和 $Q_{k+1}(x,y)=xQ_k(x,y)+yP_k(x,y)$ 是 $k+1$ 次调和多项式. 由此递推关系不难构造出一些任意次的调和多项式.

又注意到 $\mathrm{e}^z=\mathrm{e}^{x+\mathrm{i}y}=\mathrm{e}^x\cos y+\mathrm{i}\mathrm{e}^x\sin y$,于是我们知道 $\mathrm{e}^x\cos y$ 和 $\mathrm{e}^x\sin y$ 是调和函数. 因此,可利用复平面上的解析函数来构造更复杂的调和函数.

另外,我们注意到如下有趣的事实.

定理 3.1　假设 $u(x)$ 是一个 $\mathbb{R}^n$ 上的调和函数,则

(1) $u(\lambda x)$ 是一个调和函数,其中 λ 是任一实数;

(2) $u(x+x_0)$ 是一个调和函数,其中 $x_0\in\mathbb{R}^n$ 固定;

(3) $u(Ox)$ 是一个调和函数,其中 $O:\mathbb{R}^n\to\mathbb{R}^n$ 是一个正交变换.

此定理说明在伸缩变换、平移变换和正交变换下调和函数仍变为调和函数.

3.2.2　平均值公式

我们用 $B(x,r)$ 表示 n 维 Euclid 空间 $\mathbb{R}^n$ 中以 x 为中心、以 r 为半径的闭球,其体积为

$$\alpha(n)r^n=\frac{2\pi^{\frac{n}{2}}}{n\Gamma\left(\frac{n}{2}\right)}r^n$$

其中 $\alpha(n)$ 表示 $\mathbb{R}^n$ 上单位球的体积,函数 $\Gamma:\mathbb{R}_+\to\mathbb{R}_+$ 定义为

$$\Gamma(s)=\int_0^{+\infty}x^{s-1}\mathrm{e}^{-x}\mathrm{d}x,\ s>0$$

用 $S^{n-1}(x,r)=\partial B(x,r)$ 表示球 $B(x,r)$ 的边界,即 $n-1$ 维球面,其面积为

$$\omega(n)r^{n-1}=n\alpha(n)r^{n-1}$$

我们将推导一个极为重要的平均值公式,它说明函数 u 在点 $x\in\Omega$ 上的取值 $u(x)$ 等于 u 在球面 $\partial B(x,r)$ 上的平均值,也等于它在球 $B(x,r)$ 上的平均值. 由此公式可推导出关于调和

函数的许多重要结论.

定理 3.2 （平均值公式） 假设 $u \in C^2(\Omega)$ 是 Ω 上的调和函数,则对于任意闭球 $B(x,r) \subset \Omega$,有

$$u(x) = \mathrm{M}\{u(y)\}_{\partial B(x,r)} = \mathrm{M}\{u(y)\}_{B(x,r)} \tag{3.2.1}$$

其中符号 $\mathrm{M}\{\cdot\}$ 表示求平均值,即

$$\mathrm{M}\{u(y)\}_{\partial B(x,r)} = \frac{1}{n\alpha(n)r^{n-1}} \int\limits_{\partial B(x,r)} u(y)\mathrm{d}S(y)$$

$$\mathrm{M}\{u(y)\}_{B(x,r)} = \frac{1}{\alpha(n)r^n} \int\limits_{B(x,r)} u(y)\mathrm{d}y$$

证明 (1)令

$$\varphi(r) = \mathrm{M}\{u(y)\}_{\partial B(x,r)}$$

作平移和伸缩变换,则

$$\varphi(r) = \mathrm{M}\{u(x+rz)\}_{\partial B(0,1)}$$

对 r 求导,由 Gauss - Green 公式可得

$$\begin{aligned} \varphi'(r) &= \mathrm{M}\{\mathrm{D}u(x+rz)\cdot z\}_{\partial B(0,1)} \\ &= \mathrm{M}\left\{\mathrm{D}u(y)\cdot\frac{y-x}{r}\right\}_{\partial B(x,r)} \\ &= \mathrm{M}\left\{\frac{\partial u(y)}{\partial \boldsymbol{n}}\right\}_{\partial B(x,r)} \\ &= \frac{r}{n}\mathrm{M}\{\Delta u(y)\}_{B(x,r)} = 0 \end{aligned}$$

于是 $\varphi(r)$ 是一个常数. 由 $u(x)$ 的连续性,从而

$$u(x) = \lim_{t\to 0^+}\varphi(t) = \varphi(r)$$

即

$$u(x) = \mathrm{M}\{u(y)\}_{\partial B(0,r)} \tag{3.2.2}$$

(2)注意到

$$\int\limits_{B(x,r)} u(y)\mathrm{d}y = \int_0^r\int_{\partial B(x,t)} u(y)\mathrm{d}S(y)\mathrm{d}t$$

再利用等式(3.2.2),有

$$\begin{aligned} \int\limits_{B(x,r)} u(y)\mathrm{d}y &= u(x)\int_0^r n\alpha(n)t^{n-1}\mathrm{d}t \\ &= \alpha(n)r^n u(x) \end{aligned}$$

于是完成定理的证明.

关于平均值公式的逆命题也成立.

定理 3.3 假设 $u \in C^2(\Omega)$ 满足,对于任意 $B(x,r) \subset \Omega$,有

$$u(x) = \mathrm{M}\{u(y)\}_{\partial B(0,r)}$$

则 u 是调和函数.

证明 对于固定的 $x \in \Omega$,任意球 $B(x,r) \subset \Omega$,$\varphi(r)$ 如定理 3.2 的证明中定义. 由假设我们得到的是一个常数,因此

$$\varphi'(r) = 0$$

由定理 3.2 第一步的证明，有

$$\frac{r}{n}\mathrm{M}\{\Delta u(y)\}_{B(x,r)} = 0$$

于是

$$\mathrm{M}\{\Delta u(y)\}_{B(x,r)} = 0$$

令 $r \to 0$，由 $\Delta u(x)$ 的连续性，则

$$\Delta u(x) = 0$$

至此完成定理的证明.

实际上，定理 3.3 中光滑性条件 $u \in C^2(\Omega)$ 可减弱为 $u \in C(\Omega)$.

定理 3.4　假设 $u \in C(\Omega)$ 满足平均值公式，即对于任意 $B(x,r) \subset \Omega$，有

$$u(x) = \mathrm{M}\{u(y)\}_{\partial B(x,r)}$$

则 u 是调和函数且 $u \in C^\infty(\Omega)$.

证明　设 $\eta: \mathbb{R}^n \to \mathbb{R}$ 是一个光滑化子，即径向对称的非负函数 $\eta \in C_0^\infty(\mathbb{R}^n)$ 满足：

(1) $\eta(x) = \zeta(|x|)$，这里 $\zeta: [0,+\infty) \to [0,+\infty)$ 是一个非负函数；

(2) 其支集 $\mathrm{spt}\eta \subset B(0,1)$；

(3) $\int\limits_{\mathbb{R}^n}\eta(x)\mathrm{d}x = \int\limits_{B(0,1)}\eta(y)\mathrm{d}y = 1$.

对于 $\varepsilon > 0$，定义

$$\eta_\varepsilon(y) = \frac{1}{\varepsilon^n}\eta\left(\frac{y}{\varepsilon}\right)$$

于是 $\mathrm{spt}\eta \subset B(0,\varepsilon)$，且

$$\begin{aligned}\int\limits_{\mathbb{R}^n}\eta_\varepsilon(y)\mathrm{d}y &= \frac{1}{\varepsilon^n}\int\limits_{B(0,\varepsilon)}\eta\left(\frac{y}{\varepsilon}\right)\mathrm{d}y \\ &= \int\limits_{B(0,1)}\eta(y)\mathrm{d}y \\ &= 1\end{aligned}$$

利用球坐标变换可得

$$\frac{1}{\varepsilon^n}\int_0^\varepsilon\zeta\left(\frac{r}{\varepsilon}\right)\cdot n\alpha(n)r^{n-1}\mathrm{d}r = 1$$

对于充分小的 $\varepsilon > 0$，在区域 $\Omega_\varepsilon = \{x \in \Omega \mid \mathrm{dist}(x,\partial\Omega) > \varepsilon\}$ 上定义

$$u_\varepsilon(x) = \int\limits_\Omega \eta_\varepsilon(x-y)u(y)\mathrm{d}y$$

由于 η 无穷次可微且具有紧支集，容易证明 $u_\varepsilon \in C^\infty(\Omega_\varepsilon)$. 对于任意 $x \in \Omega_\varepsilon$，利用平均值公式计算，得

$$\begin{aligned}u_\varepsilon(x) &= \frac{1}{\varepsilon^n}\int_{B(x,\varepsilon)}\eta\left(\frac{x-y}{\varepsilon}\right)u(y)\mathrm{d}y \\ &= \frac{1}{\varepsilon^n}\int_0^\varepsilon\zeta\left(\frac{r}{\varepsilon}\right)\int_{\partial B(x,r)}u(y)\mathrm{d}S(y)\mathrm{d}r \\ &= \frac{1}{\varepsilon^n}\int_0^\varepsilon\zeta\left(\frac{r}{\varepsilon}\right)u(x)\cdot n\alpha(n)r^{n-1}\mathrm{d}r \\ &= u(x)\end{aligned}$$

因而 $u \in C^{\infty}(\Omega_{\varepsilon})$，令 $\varepsilon \to 0$，得到 $u \in C^{\infty}(\Omega)$. 至此定理 3.4 得证.

注 3.2　定理 3.4 中 $u \in C(\Omega)$ 的假设还可以降低，在这里就不展开讨论了.

定理 3.5　(Harnack 不等式)对于 Ω 上的任何连通紧子集 V，存在一个仅与距离函数

$$\mathrm{dist}(V,\partial\Omega) = \min_{x\in V,\, y\in\partial\Omega} |x-y|$$

和维数 n 有关的正常数 C，使得

$$\sup_{V} u \leqslant C \inf_{V} u$$

其中 u 是 Ω 上的任意非负调和函数. 特别地，对任意 $x,y \in V$，有

$$\frac{1}{C}u(y) \leqslant u(x) \leqslant Cu(y)$$

证明　取 $r = \frac{1}{4}\mathrm{dist}(V,\partial\Omega)$.

(1)首先考虑 $x,y \in V$，$|x-y| \leqslant r$. 于是 $B(y,r) \subset B(x,2r)$，从而

$$u(x) = \mathrm{M}\,\{u(z)\}_{B(x,2r)} \geqslant \frac{1}{2^n}\mathrm{M}\,\{u(z)\}_{B(y,r)} \geqslant \frac{1}{2^n}u(y)$$

(2)由于 V 是连通的紧集，我们可用一串有限多个半径为 r 的球 $\{B_i\}_{i=1}^{N}$ 覆盖它，而且满足 $B_i \cap B_{i-1} \neq \varphi(i = 2,\cdots,N)$. 于是，对任意 $x,y \in V$，有

$$u(x) \geqslant \frac{1}{2^{nN}}u(y)$$

至此完成定理的证明.

实际上，我们可以证明下面更精确的结论.

定理 3.6　(Harnack 不等式)假设 u 是半径为 R 的球 B_R 上的任意非负调和函数，则对任意 $r \in (0,R)$，不等式

$$\sup_{B_r} u \leqslant \left(\frac{R+r}{R-r}\right)^n \inf_{B_r} u$$

成立. 其中，B_r 是以 r 为半径、与 B_R 同心的球.

定理 3.7　(强极值原理) 假设 Ω 是 $\mathbb{R}^n$ 上的有界开集，$u \in C^2(\Omega) \cap C(\overline{\Omega})$ 是 Ω 上的调和函数，则

(1) $u(x)$ 在 $\overline{\Omega}$ 上的最大(小)值一定在边界 $\partial\Omega$ 上达到，即 $\max\limits_{\overline{\Omega}} u = \max\limits_{\partial\Omega} u$；

(2)如果 Ω 是连通的，且存在 $x_0 \in \Omega$ 使得调和函数 $u(x)$ 在点 x_0 达到 $u(x)$ 在 $\overline{\Omega}$ 上的最大(小)值，则 u 在 $\overline{\Omega}$ 上是常数.

证明　仅就最大值的情形证明.

(1)记

$$M = \max_{\overline{\Omega}} u(x)$$

如果 $u(x)$ 在边界 $\partial\Omega$ 上的某点达到 M，结论(1)自然成立. 如果 $u(x)$ 在 Ω 上的内点 $x_0 \in \Omega$ 达到 M，即 $u(x_0) = M$，我们证明在 Ω 的一个包含 x_0 的连通分支 Ω_1 上，调和函数 $u(x)$ 恒为常数 M.

固定 $x_1 \in \Omega_1$，则存在一条路径 $\gamma:[0,1] \to \Omega_1$ 连接 x_0 和 x_1 两点，也就是说，路径 $\gamma(t)$ 关于 t 连续且 $\gamma(0) = x_0$ 和 $\gamma(1) = x_1$. 定义

$$l = \sup\{t \in [0,1] \mid u[\gamma(t)] = M\}$$

我们将证明

$$l = 1$$

从而得到 $u(x_1) = u[\gamma(1)] = M$.

用反证法证明 $l = 1$. 假设 $l < 1$，记 $x_l = \gamma(l)$，由函数 $u[\gamma(t)]$ 的连续性，有 $u(x_l) = M$. 由于 x_l 是内点，因此存在 $B(x_l, r_l) \subset \Omega_1$，在 $B(x_l, r_l)$ 应用平均值公式并注意到 $u(x_l) = M$，得到在 $B(x_l, r_l)$ 上函数 $u(x) = M$. 注意到 $\gamma(t)$ 在 l 处的连续性，存在充分小的 $\varepsilon > 0$，使得 γ 在区间 $[l - \varepsilon, l + \varepsilon]$ 上的象集包含于 $B(x_l, r_l)$，于是 $u[\gamma(l + \varepsilon)] = M$. 这与 l 是上确界的定义矛盾. 因此假设 $l < 1$ 不成立，从而 $l = 1$.

这样证明了在 Ω 的包含 x_0 的连通分支 Ω_1 上，$u(x)$ 恒为常数 M. 由于函数 $u(x)$ 的连续性，$u(x)$ 在 Ω_1 的边界 $\partial\Omega_1$ 上也恒为常数 M. 而 Ω_1 的边界 $\partial\Omega_1$ 是 Ω 的边界 $\partial\Omega$ 的一部分，从而得到定理的结论(1)成立.

(2)当 Ω 连通时，Ω 只有一个连通分支，从而 $\Omega_1 = \Omega$，定理的结论(2)成立. 至此完成定理的证明.

注 3.3　如果只有定理 3.7 中结论(1)成立，通常称之为弱极值原理.

从以上极值原理容易证明 Dirichlet 问题：

$$\left.\begin{aligned} -\Delta u = f, &\quad x \in \Omega \\ u = g, &\quad x \in \partial\Omega \end{aligned}\right\} \tag{3.2.3}$$

的解的唯一性.

推论 3.1　假设 Ω 是 $\mathbb{R}^n$ 上的有界开集且 $g \in C(\partial\Omega)$ 和 $f \in C(\Omega)$，则 Dirichlet 问题(3.2.3)最多存在一个解 $u \in C^2(\Omega) \cap C(\overline{\Omega})$.

证明　假如存在两个解 u_1 和 u_2，并令 $w = u_1 - u_2$. 由于 Dirichlet 问题(3.2.3)是线性的，故 w 满足齐次边值问题：

$$\begin{cases} -\Delta w = 0, & x \in \Omega \\ w = 0, & x \in \partial\Omega \end{cases}$$

我们需要证 $w \equiv 0$. 利用极值原理得到，对于 $x \in \Omega, w(x) \leqslant 0$. 注意到 $-w$ 满足同样的齐次边值问题，于是对于 $x \in \Omega, w(x) \geqslant 0$. 因而 $w \equiv 0$. 至此完成推论 3.1 的证明.

现在利用平均值公式来推导出关于调和函数所有偏导数的估计，然后以此来证明调和函数是解析函数.

定理 3.8　假设 u 是 Ω 上的调和函数，则对于任意球 $B(x,r) \subset \Omega$，任意阶数为 k 的多重指标 α，估计

$$|D^\alpha u(x)| \leqslant \frac{C_k}{r^{n+k}} \int_{B(x,r)} |u(y)| \mathrm{d}y \tag{3.2.4}$$

成立，其中

$$C_0 = \frac{1}{\alpha(n)}, C_k = \frac{(n+k)^{n+k}\ (n+1)^k}{\alpha(n)\ (n+1)^{n+1}}, \quad k = 1,2,\cdots \tag{3.2.5}$$

证明　对 k 利用数学归纳法证明式(3.2.4)和式(3.2.5).

(1)当 $k = 0$ 时，式(3.2.4)和式(3.2.5)是平均值公式(3.2.1)的直接推论；

当 $k = 1$ 时，证明注意到 $u_{x_i}(i = 1,2,\cdots,n)$ 也是调和函数，于是在球 $B(x,s)(0 < s \leqslant r)$ 上利用平均值公式和 Gauss - Green 公式，得

$$|u_{x_i}(x)| = |\mathrm{M}\{u_{x_i}(y)\}_{B(x,s)}| = \left|\frac{1}{\alpha(n)s^n}\int_{\partial B(x,s)} u(y)\boldsymbol{n}_i(y)\mathrm{d}S(y)\right|$$

从而有

$$\alpha(n)s^n|u_{x_i}(x)| \leqslant \int_{\partial B(x,s)} |u(y)|\mathrm{d}S(y)$$

对上式两端在上 $(0,r)$ 积分可得

$$|u_{x_i}(x)|\int_0^r \alpha(n)s^n\mathrm{d}s \leqslant \int_0^r \mathrm{d}s\int_{\partial B(x,s)} |u(y)|\mathrm{d}S(y) = \int_{B(x,r)} |u(y)|\mathrm{d}y$$

因而

$$|u_{x_i}(x)| \leqslant \frac{n+1}{\alpha(n)r^{n+1}}\int_{B(x,r)} |u(y)|\mathrm{d}y \tag{3.2.6}$$

至此完成当 $k=1$ 时式(3.2.4)和式(3.2.5)的证明.

(2)现在假设 $k \geqslant 2$ 且对于 Ω 上的所有球和 $k-1$ 阶的多重指标,公式(3.2.4)和(3.2.5)成立. 固定 $B(x,r) \subset \Omega$. 令 α 为一个 k 阶多重指标,必然存在 $i \in \{1,2,\cdots,n\}$ 和一个 $k-1$ 阶的多重指标 β,使得 $\mathrm{D}^\alpha u = (\mathrm{D}^\beta u)_{x_i}$. 令 $v = \mathrm{D}^\beta u$. 由于 v 是调和函数,对于任意 $0<t<1$,在球 $B(x,tr)$ 上应用不等式(3.2.6)有

$$|\mathrm{D}^\alpha u(x)| \leqslant \frac{n+1}{\alpha(n)(tr)^{n+1}}\int_{B(x,tr)} |\mathrm{D}^\beta u(y)|\mathrm{d}y$$

注意到 $y \in B(x,tr)$ 蕴含着 $B(y,(1-t)r) \subset B(x,r) \subset \Omega$. 由我们的假设,式(3.2.4)和式(3.2.5)蕴含着:对任意 $0<t<1$,有

$$\begin{aligned}|\mathrm{D}^\beta u(y)| &\leqslant \frac{C_{k-1}}{[(1-t)r]^{n+k-1}}\int_{B(y,(1-t)r)} |u(z)|\mathrm{d}z \\ &\leqslant \frac{C_{k-1}}{[(1-t)r]^{n+k-1}}\int_{B(x,r)} |u(z)|\mathrm{d}z\end{aligned}$$

综上可得

$$\begin{aligned}|\mathrm{D}^\alpha u(x)| &\leqslant \frac{n+1}{\alpha(n)(tr)^{n+1}}\alpha(n)(tr)^n \max_{y\in B(x,tr)} |\mathrm{D}^\beta u(y)| \\ &\leqslant \frac{(n+1)C_{k-1}}{r^{n+k}t(1-t)^{n+k-1}}\int_{B(x,r)} |u(z)|\mathrm{d}z\end{aligned}$$

又易证函数 $f(t)=t(1-t)^{n+k-1}$ 在 $t=\dfrac{1}{n+k}$ 时达到在区间 $(0,1)$ 上的最大值,故在上式中取 $t=\dfrac{1}{n+k}$,可得

$$|\mathrm{D}^\alpha u(x)| \leqslant \frac{C_k}{r^{n+k}}\int_{B(x,r)} |u(y)|\mathrm{d}y$$

其中

$$C_k = (n+1)C_{k-1}\frac{(n+k)^{n+k}}{(n+k-1)^{n+k-1}}$$

记

$$B_k = \frac{C_k}{(n+k)^{n+k}},\quad k=1,2,\cdots$$

则有递推关系式

$$B_k = (n+1)B_{k-1}, \quad k = 2,3,\cdots$$

从而

$$B_k = (n+1)^{k-1}B_1, \quad k = 2,3,\cdots$$

注意到 $C_1 = \dfrac{n+1}{\alpha(n)}$ 和 $B_1 = \dfrac{C_1}{(n+1)^{n+1}}$，得到

$$C_k = B_k\,(n+k)^{n+k} = \frac{(n+k)^{n+k}\,(n+1)^k}{\alpha(n)\,(n+1)^{n+1}}, \quad k = 1,2,\cdots$$

这就完成当 $|\alpha| = k$ 时公式(3.2.4)和(3.2.5)的证明，从而完成定理的证明.

作为定理 3.8 的推论，我们证明下面的 Liouville 定理.

定理 3.9　(Liouville 定理)　假设 u 是 $\mathbb{R}^n$ 上的有界调和函数，则 u 是常数.

证明　设 $|u| \leqslant M$. 固定 $x \in \mathbb{R}^n$. 对任意 $r > 0$，在球 $B(x,r)$ 上利用定理 3.8 当 $k = 1$ 时的结论，则

$$|Du(x)| \leqslant \frac{nC_1}{r^{n+1}}\int_{B(x,r)} |u(y)|\,dy \leqslant \frac{nC_1\alpha(n)}{r}M$$

令 $r \to +\infty$，有

$$Du(x) \equiv 0, \quad x \in \mathbb{R}^n$$

因此 u 是常数. 至此完成定理的证明.

利用 Harnack 不等式(定理 3.6)，还可以证明更强的结论.

定理 3.10　假设 u 是 $\mathbb{R}^n$ 的上有界(或下有界)调和函数，则 u 是一个常数.（这里 u 上有界是指存在一个常数 M，使得对于任意 $x \in \mathbb{R}^n$，有 $u(x) \leqslant M$ 成立.）

证明留作习题.

作为定理 3.8 的推论，可进一步证明如下结论.

定理 3.11　假设 u 是 Ω 上的调和函数，则 u 是 Ω 上的解析函数.

证明　固定 $x_0 \in \Omega$. 我们要证 $u(x)$ 在 x_0 的某个邻域内可表示为一个收敛的幂级数. 取 $r = \dfrac{1}{4}\mathrm{dist}(x_0, \partial\Omega)$，并记

$$A = \frac{1}{\alpha(n)\,(n+1)^{n+1}\,r^n}\int_{B(x_0,2r)} |u(y)|\,dy$$

对任意 $x \in B(x_0,r)$，则 $B(x,r) \subset B(x_0,2r) \subset \Omega$. 由定理 3.8 得到

$$|D^\alpha u(x)| \leqslant \frac{A}{r^N}\,(n+N)^{n+N}\,(n+1)^N$$

其中 $|\alpha| = N$. 利用 Stirling 公式

$$\lim_{N\to\infty}\frac{N^{N+\frac{1}{2}}}{N!\,e^N} = \frac{1}{(2\pi)^{\frac{1}{2}}} < 1$$

我们得到，当 N 充分大时，有

$$\begin{aligned}(n+N)^{n+N} &= (1+\frac{n}{N})^N(N+n)^nN^N \\ &\leqslant e^n(2N)^nN^N \\ &\leqslant 2^ne^nN!\,e^NN^{n-\frac{1}{2}}\end{aligned}$$

我们将要证明，当

$$|x-x_0|\leqslant \frac{r}{2n(n+1)\mathrm{e}}$$

时，$u(x)$ 在 x_0 处的 Taylor 级数

$$\sum_{|\alpha|=0}^{+\infty}\frac{\mathrm{D}^\alpha u(x_0)}{\alpha!}(x-x_0)^\alpha$$

收敛到 $u(x)$.

实际上，对充分大的 N，存在 $t=t(x)\in(0,1)$，使得 $u(x)$ 在 x_0 处的 Taylor 级数的余项可以表示为

$$\begin{aligned}R_N(x)&=u(x)-\sum_{k=0}^{N-1}\sum_{|\alpha|=k}\frac{\mathrm{D}^\alpha u(x_0)}{\alpha!}(x-x_0)^\alpha\\&=\sum_{|\alpha|=N}\frac{\mathrm{D}^\alpha u[x_0+t(x-x_0)]}{\alpha!}(x-x_0)^\alpha\end{aligned}$$

利用组合公式

$$\sum_{|\alpha|=N}\frac{N!}{\alpha!}=n^N$$

可得，当 N 充分大时，有

$$\begin{aligned}|R_N(x)|&\leqslant A\sum_{|\alpha|=N}\frac{1}{\alpha!}(n+N)^{n+N}\left[\frac{(n+1)|x-x_0|}{r}\right]^N\\&=2^n\mathrm{e}^nA\left(\sum_{|\alpha|=N}\frac{N!}{\alpha!}\right)\mathrm{e}^NN^{n-\frac{1}{2}}\left[\frac{(n+1)|x-x_0|}{r}\right]^N\\&\leqslant 2^n\mathrm{e}^nA\left[\frac{n(n+1)\mathrm{e}|x-x_0|}{r}\right]^NN^{n-\frac{1}{2}}\\&\leqslant 2^n\mathrm{e}^nA\,\frac{N^{n-\frac{1}{2}}}{2^N}\end{aligned}$$

从而 $u(x)$ 在 x_0 处的 Taylor 级数的余项 $R_N(x)$ 在 x_0 的上述邻域内一致收敛到 0. 因此 $u(x)$ 在 x_0 的某个邻域内可表示为一个收敛的幂级数. 至此完成定理的证明.

定理 3.12 假设 u 是 $\mathbb{R}^n$ 的单位球 B_1 上的调和函数，则

$$H(r)=\mathrm{M}\{u^2\}_{\partial B_r},\quad D(r)=r^2\mathrm{M}\{|\nabla u|^2\}_{B_r}$$

是 r 的单调递增函数，其中 B_r 是与 B_1 同心、以 r 为半径的球.

证明 作伸缩变换，显然有

$$H(r)=\mathrm{M}\{u^2(rz)\}_{\partial B_1}$$

对 r 求导，得到

$$\begin{aligned}H'(r)&=\mathrm{M}\{\mathrm{D}u^2(rz)\cdot z\}_{\partial B_1}\\&=\mathrm{M}\left\{\frac{\partial u^2(y)}{\partial \boldsymbol{n}}\right\}_{\partial B_r}\\&=\frac{1}{n\alpha(n)r^{n-1}}\int_{B_r}\Delta u^2\,\mathrm{d}y\\&=\frac{2}{n\alpha(n)r^{n-1}}\int_{B_r}|\nabla u|^2\,\mathrm{d}y\\&=\frac{2}{nr}D(r)\geqslant 0\end{aligned}$$

其中 $\boldsymbol{n}$ 为球面 ∂B_r 的单位外法向量.

作伸缩变换,有

$$D(r)=r^2\mathrm{M}\{|\nabla u|^2(rz)\}_{B_1}$$

对 r 求导,则有

$$\begin{aligned}D'(r)&=2r\mathrm{M}\{|\nabla u|^2(rz)\}_{B_1}+r^2\mathrm{M}\{D(|\nabla u|^2(rz))\cdot z\}_{B_1}\\&=\frac{2}{r}D(r)+2r^2\mathrm{M}\Big\{\sum_{i,j=1}^n u_i(rz)u_{ij}(rz)z_j\Big\}_{B_1}\\&=\frac{2}{r}D(r)+2r\mathrm{M}\Big\{\sum_{i,j=1}^n u_i(y)u_{ji}(y)y_j\Big\}_{B_r}\\&=\frac{2}{r}D(r)+\frac{2}{\alpha(n)r^{n-1}}\int_{B_r}\sum_{i,j=1}^n[(u_iu_jy_j)_i-u_iu_j\delta_{ij}]\mathrm{d}y\\&=\frac{2}{\alpha(n)r^{n-1}}\int_{\partial B_r}\sum_{i,j=1}^n(u_iu_jy_j)\frac{y_i}{r}\mathrm{d}S(y)\\&=2nr\mathrm{M}\Big\{\sum_{i,j=1}^n\Big(u_i\frac{y_i}{r}\Big)\Big(u_j\frac{y_j}{r}\Big)\Big\}_{\partial B_r}\\&=2nr\mathrm{M}\Big\{\Big|\frac{\partial u}{\partial\boldsymbol{n}}\Big|^2\Big\}_{\partial B_r}\geqslant 0\end{aligned}$$

于是完成定理的证明.

定理 3.13　假设 u 是 $\mathbb{R}^n$ 的单位球 B_1 上的调和函数,则

$$f(r)=\frac{D(r)}{H(r)}$$

是 r 的单调递增函数.

证明　由于

$$D(r)=\frac{nr}{2}H'(r)$$

且

$$H'(r)=\mathrm{M}\Big\{\frac{\partial u^2}{\partial\boldsymbol{n}}\Big\}_{\partial B_r},\quad D'(r)=2nr\mathrm{M}\Big\{\Big|\frac{\partial u}{\partial\boldsymbol{n}}\Big|^2\Big\}_{\partial B_r}$$

求 $f(r)$ 对 r 的导数,则有

$$\begin{aligned}f'(r)&=H^{-2}(D'(r)H(r)-H'(r)D(r))\\&=H^{-2}\Big(2nr\mathrm{M}\Big\{\Big|\frac{\partial u}{\partial\boldsymbol{n}}\Big|^2\Big\}_{\partial B_r}\cdot\mathrm{M}\{u^2\}_{\partial B_r}-\frac{nr}{2}\Big[\mathrm{M}\Big\{\Big|\frac{\partial u}{\partial\boldsymbol{n}}\Big|^2\Big\}_{\partial B_r}\Big]^2\Big)\\&=2nrH^{-2}(\mathrm{M}\{|u_n|^2\}_{\partial B_r}\cdot\mathrm{M}\{u^2\}_{\partial B_r}-[\mathrm{M}\{uu_n\}_{\partial B_r}]^2)\\&\geqslant 0\end{aligned}$$

于是完成定理的证明.

本节讨论的内容都是调和函数的基本性质.我们在习题中还列举了一些关于调和函数的有趣的结论,这些结论可以利用这一节中讲述的方法加以证明.

3.3 基本解和 Green 函数

在这节中，将通过求解 Laplace 方程(3.1.2)的径向对称解来导出 Laplace 方程(3.1.2)的基本解，然后利用基本解来求出位势方程(3.1.1)在全空间上的解的具体形式，最后用基本解来导出 Green 函数，并求出一些特殊区域上 Green 函数的具体形式. 通过 Green 函数可以求出 Laplace 方程(3.1.2)的 Dirichlet 问题的解的表达式.

3.3.1 基本解

对 Laplace 方程(3.1.2)在 $\mathbb{R}^n$ 上试一试能否求得径向对称的解，即假设 $u(x)=v(r)$，其中 $r=|x|=(x_1^2+x_2^2+\cdots+x_n^2)^{\frac{1}{2}}$，$v:\mathbb{R}\to\mathbb{R}$ 是一个函数且满足 Laplace 方程. 注意到，对于 $i=1,2,\cdots,n$，有

$$\frac{\partial r}{\partial x_i}=\frac{x_i}{r}$$

可得

$$u_{x_i}=v'(r)\frac{x_i}{r}$$

$$u_{x_ix_i}=v''(r)\frac{x_i^2}{r^2}+v'(r)\left(\frac{1}{r}-\frac{x_i^2}{r^3}\right)$$

从而

$$\Delta u=\sum_{i=1}^{n}u_{x_ix_i}=v''(r)+\frac{n-1}{r}v'(r)$$

于是 $\Delta u=0$ 当且仅当

$$v''(r)+\frac{n-1}{r}v'(r)=0 \tag{3.3.1}$$

令 $w=v'(r)$，等式(3.3.1)化为一阶常微分方程

$$w'+\frac{n-1}{r}w=0$$

求解得

$$w(r)=\frac{a}{r^{n-1}}$$

其中 $a\in\mathbb{R}$ 为任意常数. 于是，当 $r\neq 0$ 时，有

$$v(r)=\begin{cases} b\ln r+c, & n=2\\ \dfrac{b}{r^{n-2}}+c, & n\geqslant 3\end{cases}$$

满足方程(3.3.1)，这里 b 和 c 是任意常数. 但当 $b\neq 0, r=0$ 时，$v(r)$ 没有意义，这说明 Laplace 方程在全空间没有径向对称的解. 显然任意常数是 Laplace 方程的解.

这证明了如下事实：如果一个在 $\mathbb{R}^n$ 上的调和函数是径向对称的，则它必为常数.

严格来说，$v(r)$ 不是 Laplace 方程的解. 尽管如此，由于 $v(r)$ 仅仅在 $r=0$ 时不满足 Laplace 方程而在 $r\neq 0$ 时满足 Laplace 方程，这类函数仍然有很大的用途. 特别地，取 $c=0$，引

入如下的概念.

定义 3.2　对 $x \in \mathbb{R}^n, x \neq 0$，称函数

$$\Gamma(x) = \begin{cases} -\dfrac{1}{2\pi}\ln|x|, & n=2 \\ \dfrac{1}{n(n-2)\alpha(n)\ |x|^{n-2}}, & n \geqslant 3 \end{cases}$$

为 Laplace 方程的基本解.

为何如此选取函数 $\Gamma(x)$ 的系数将很快自明. 特别地，注意到如下简单事实：对于 $x \neq 0$，有

$$|D\Gamma(x)| \leqslant \frac{C}{|x|^{n-1}}, \quad |D^2\Gamma(x)| \leqslant \frac{C}{|x|^n}$$

其中 C 是一个仅依赖于空间维数 n 的正常数.

方程的基本解具有很强的物理意义：当 $n=3$ 时，基本解 $\Gamma(x)$ 就是由放置在原点的单位正点电荷引起的在全空间 $\mathbb{R}^3$ 上的静电位势分布.

注 3.4　我们通常用 $L^1(\Omega)$ 表示 Ω 上的可积函数空间，用 $L^1_{\mathrm{loc}}(\Omega)$ 表示 Ω 上的局部可积函数空间. 实际上，基本解 $\Gamma(x) \in L^1_{\mathrm{loc}}(\mathbb{R}^n)$ 且在广义函数意义下满足方程：

$$-\Delta\Gamma(x) = \delta(x)$$

其中 $\delta(x)$ 是 Dirac 测度. 也就是说，对于任意 $f \in C_0^\infty(\mathbb{R}^n)$，有

$$\int_{\mathbb{R}^n} \Gamma(x)[-\Delta f(x)]\mathrm{d}x = f(0)$$

成立.

注意到当 $x \neq 0$ 时，$\Gamma(x)$ 满足 Laplace 方程(3.1.2). 作平移变换，我们知道，当 $x \neq y$ 时，$\Gamma(x-y)$ 满足 Laplace 方程(3.1.2). 由于方程(3.1.2)是线性的，我们尝试求下列形式的解：

$$u(x) = \int_{\mathbb{R}^n} \Gamma(x-y) f(y)\mathrm{d}y \tag{3.3.2}$$

然而，由于 $D^2\Gamma(x-y)$ 在 $x=y$ 附近不可积，故 $u(x)$ 并不满足 Laplace 方程(3.1.2). 不过经仔细计算我们得到如下结论.

定理 3.14　假设 $f(x) \in C_0^2(\mathbb{R}^n)$，$u(x)$ 由式(3.3.2)定义，则 $u \in C^2(\mathbb{R}^n)$ 且满足

$$-\Delta u = f$$

此定理说明可以利用基本解来构造位势方程(3.1.1)在全空间上的解. 在证明此定理之前，引述以下 Gauss - Green 公式的推论.

引理 3.1　如果 $u, v \in C^2(\Omega) \cap C^1(\overline{\Omega})$，则

$$\int_\Omega (u\Delta v - v\Delta u)\mathrm{d}x = \int_{\partial\Omega} \left(u\frac{\partial v}{\partial \boldsymbol{n}} - v\frac{\partial u}{\partial \boldsymbol{n}}\right)\mathrm{d}S(x)$$

其中 $\boldsymbol{n}$ 是 $\partial\Omega$ 的单位外法向量.

证明　固定 $x \in \mathbb{R}^n$.

(1)注意到

$$u(x) = \int_{\mathbb{R}^n} \Gamma(y) f(x-y)\mathrm{d}y$$

则有

$$\frac{u(x+he_i)-u(x)}{h}=\int_{\mathbb{R}^n}\Gamma(y)\left[\frac{f(x+he_i-y)-f(x-y)}{h}\right]dy$$

其中 $\boldsymbol{e}_i$ 表示 $\mathbb{R}^n$ 上的第 i 个方向向量. 由于 f 具有紧支集,则

$$\lim_{h\to 0}\frac{f(x+he_i-y)-f(x-y)}{h}=\frac{\partial}{\partial x_i}f(x-y)$$

且上述极限关于 y 一致收敛. 于是

$$\frac{\partial u}{\partial x_i}=\int_{\mathbb{R}^n}\Gamma(y)\frac{\partial}{\partial x_i}f(x-y)dy,\quad i=1,2,\cdots,n$$

同理得到

$$\frac{\partial^2 u}{\partial x_i\partial x_j}=\int_{\mathbb{R}^n}\Gamma(y)\frac{\partial^2}{\partial x_i\partial x_j}f(x-y)dy,\quad i,j=1,2,\cdots,n$$

由于上式右端项对变量 x 是连续的,因而 $u\in C^2(\mathbb{R}^n)$. 实际上,由于 f 具有紧支集,当 $n\geqslant 3$ 时,则存在 $M_0>0$,使得对所有 $x\in\mathbb{R}^n$,有

$$|f(x)|+|Df(x)|+|D^2f(x)|\leqslant M_0$$

由此容易证明 u,Du,D^2u 是有界的,即存在 $M_1>0$ 使得对所有 $x\in\mathbb{R}^n$,有

$$|u(x)|+|Du(x)|+|D^2u(x)|\leqslant M_1$$

(2)固定 $\varepsilon>0$,则

$$\begin{aligned}\Delta u(x)&=\int_{\mathbb{R}^n}\Gamma(y)\Delta_x f(x-y)dy\\&=\int_{B(0,\varepsilon)}\Gamma(y)\Delta_x f(x-y)dy+\int_{\mathbb{R}^n\setminus B(0,\varepsilon)}\Gamma(y)\Delta_x f(x-y)dy\end{aligned}$$

这里 Δ_x 是关于变量 x 的 Laplace 算子 Δ . 记

$$I_\varepsilon=\int_{B(0,\varepsilon)}\Gamma(y)\Delta_x f(x-y)dy$$

$$J_\varepsilon=\int_{\mathbb{R}^n\setminus B(0,\varepsilon)}\Gamma(y)\Delta_x f(x-y)dy$$

于是

$$\Delta u(x)=I_\varepsilon+J_\varepsilon$$

首先估计 I_ε . 利用函数 f 的有界性容易证明

$$\begin{aligned}|I_\varepsilon|&\leqslant M_0\int_{B(0,\varepsilon)}|\Gamma(y)|dy\\&\leqslant\begin{cases}C\varepsilon^2|\ln\varepsilon|, & n=2\\ C\varepsilon^2, & n\geqslant 3\end{cases}\end{aligned}\tag{3.3.3}$$

其中 C 是不依赖于 ε 的常数.

由于函数 $f(y)\in C_0^2(\mathbb{R}^n)$ 具有紧支集,因而函数 $f(x-y)$ 具有紧支集. 故存在一个正数 $R_x>0$,使得 $f(x-y)$ 的支集 $\mathrm{spt}f(x-y)\subset B(0,R_x)$. 由引理 3.1 可以将 J_ε 表示为

$$\begin{aligned}
J_\varepsilon &= \int_{\mathbb{R}^n\setminus B(0,\varepsilon)} \Gamma(y)\Delta_y f(x-y)\mathrm{d}y \\
&= \int_{B(0,R_x)\setminus B(0,\varepsilon)} \Gamma(y)\Delta_y f(x-y)\mathrm{d}y \\
&= \int_{B(0,R_x)\setminus B(0,\varepsilon)} \Delta\Gamma(y) f(x-y)\mathrm{d}y + \\
&\quad \int_{\partial B(0,R_x)\cup\partial B(0,\varepsilon)} \left[\Gamma(y)\frac{\partial}{\partial \boldsymbol{n}} f(x-y) - \frac{\partial\Gamma(y)}{\partial \boldsymbol{n}} f(x-y)\right]\mathrm{d}S(y) \\
&= \int_{\partial B(0,\varepsilon)} \left[\Gamma(y)\frac{\partial}{\partial \boldsymbol{n}} f(x-y) - \frac{\partial\Gamma(y)}{\partial \boldsymbol{n}} f(x-y)\right]\mathrm{d}S(y)
\end{aligned}$$

其中在球面 $\partial B(0,\varepsilon)$ 上 $\boldsymbol{n}$ 表示单位内法向量，在球面 $\partial B(0,R_x)$ 上 $\boldsymbol{n}$ 表示单位外法向量. 记

$$K_\varepsilon = \int_{\partial B(0,\varepsilon)} \Gamma(y)\frac{\partial}{\partial \boldsymbol{n}} f(x-y)\mathrm{d}S(y)$$

$$L_\varepsilon = -\int_{\partial B(0,\varepsilon)} \Gamma(y)\frac{\partial\Gamma(y)}{\partial \boldsymbol{n}} f(x-y)\mathrm{d}S(y)$$

于是

$$J_\varepsilon = K_\varepsilon + L_\varepsilon$$

首先估计 K_ε，然后再计算 L_ε. 利用函数 f 的梯度 $\mathrm{D}f$ 的有界性容易证明：

$$\begin{aligned}
|K_\varepsilon| &\leqslant M_0\int_{\partial B(0,\varepsilon)} |\Gamma(y)|\mathrm{d}S(y) \\
&\leqslant \begin{cases} C\varepsilon|\ln\varepsilon|, & n=2 \\ C\varepsilon, & n\geqslant 3 \end{cases}
\end{aligned} \tag{3.3.4}$$

其中 C 是不依赖于 ε 的常数.

注意到在 $\partial B(0,\varepsilon)$ 上，有

$$\mathrm{D}\Gamma(y) = \frac{-y}{n\alpha(n)|y|^n},\quad \boldsymbol{n} = -\frac{y}{|y|} = -\frac{y}{\varepsilon}$$

于是

$$\frac{\partial\Gamma(y)}{\partial \boldsymbol{n}} = \mathrm{D}\Gamma(y)\cdot\boldsymbol{n} = \frac{1}{n\alpha(n)\varepsilon^{n-1}}$$

由中值公式可得

$$\begin{aligned}
L_\varepsilon &= -\frac{1}{n\alpha(n)\varepsilon^{n-1}}\int_{\partial B(0,\varepsilon)} f(x-y)\mathrm{d}S(y) \\
&= -\frac{f(x-y_\varepsilon)}{n\alpha(n)\varepsilon^{n-1}}\int_{\partial B(0,\varepsilon)} \mathrm{d}S(y) \\
&= -f(x-y_\varepsilon)
\end{aligned} \tag{3.3.5}$$

其中 $y_\varepsilon\in\partial B(0,\varepsilon)$. 由函数 f 的连续性，当 $\varepsilon\to 0$ 时，$L_\varepsilon\to -f(x)$.

综上可知，对任意 $\varepsilon>0$，有

$$\Delta u(x) = I_\varepsilon + K_\varepsilon + L_\varepsilon$$

利用式(3.3.3)～式(3.3.5)，令 $\varepsilon\to 0$，则有

$$-\Delta u(x)=f(x)$$

至此完成定理的证明.

定理 3.15 假设 $f(x)\in C_0^2(\mathbb{R}^n)(n\geqslant 3)$，则

$$u(x)=\int_{\mathbb{R}^n}\Gamma(x-y)f(y)\mathrm{d}y+C$$

是位势方程(3.1.1)在全空间 $\mathbb{R}^n$ 上所有的有界解.

证明 利用定理 3.14 和定理 3.9(Liouville 定理)得证.

利用 Gauss - Green 公式的推论，还可以得到关于第二边值问题的一些结论.

定义 3.3 齐次边值问题

$$\left.\begin{aligned}&-\Delta u=\lambda u,\ x\in\Omega\\&\left.\frac{\partial u}{\partial \boldsymbol{n}}\right|_{\partial\Omega}=0\end{aligned}\right\}\tag{3.3.6}$$

称为特征值问题，使此问题有非零解的 $\lambda\in\mathbb{R}$ 称为此问题的特征值，相应的非零解称为对应于这个特征值的特征函数，记为 u_λ .

方程(3.3.6)的两端同乘 u 并在 Ω 上积分，不难证明特征值 $\lambda\geqslant 0$.

定理 3.16 第二边值问题

$$\left.\begin{aligned}&-\Delta u=\lambda u+f,\ x\in\Omega\\&\left.\frac{\partial u}{\partial \boldsymbol{n}}\right|_{\partial\Omega}=g\end{aligned}\right\}\tag{3.3.7}$$

有 $C^1(\overline{\Omega})\cap C^2(\Omega)$ 上的解的必要条件是对于相应的任意特征函数 $u_\lambda(x)$ ，有

$$\int_\Omega f(x)u_\lambda(x)\mathrm{d}x+\int_{\partial\Omega}g(x)u_\lambda(x)\mathrm{d}S(x)=0$$

成立.

证明 在引理 3.1 公式中，取 u 为第二边值问题(3.3.7)的解，$v=u_\lambda(x)$ ，立即得到要证的结论.

特别地，$\lambda=0$ 是特征值问题(3.3.6)的一个特征值，相应的特征函数 $u_\lambda=1$. 作为定理 3.16的推论，我们得到下面的结论.

推论 3.2 Possion 方程的 Neumann 边值问题

$$\left.\begin{aligned}&-\Delta u=f,\ x\in\Omega\\&\left.\frac{\partial u}{\partial \boldsymbol{n}}\right|_{\partial\Omega}=g\end{aligned}\right\}\tag{3.3.8}$$

有 $C^1(\overline{\Omega})\cap C^2(\Omega)$ 上的解的必要条件是

$$\int_\Omega f(x)\mathrm{d}x+\int_{\partial\Omega}g(x)\mathrm{d}S(x)=0$$

实际上，对于方程(3.3.8)两端在 Ω 上积分，利用 Gauss - Green 公式也可以得到上式.

3.3.2 Green 函数

在这一小节中我们旨在得到 Dirichlet 问题(3.2.3)的求解公式. 为此利用基本解来构造 Green 函数，并以此来获得解的表达式.

假设 $\Omega\in\mathbb{R}^n$ 是有界开集且 $\partial\Omega$ 光滑，且 $u\in C^2(\Omega)\cap C^1(\overline{\Omega})$ 是 Dirichlet 问题(3.2.3) 的

解. 固定 $x \in \Omega$. 取充分小 $\varepsilon > 0$, 使得 $B(x,\varepsilon) \subset \Omega$. 在区域 $\Omega \backslash B(x,\varepsilon)$ 上对 $u(y)$ 和基本解 $\Gamma(y-x)$ 应用引理 3.1 的公式, 得

$$\int_{\Omega \backslash B(x,\varepsilon)} [u(y)\Delta\Gamma(y-x) - \Gamma(y-x)\Delta u(y)]\mathrm{d}y$$

$$= \int_{\partial\Omega} \left[u(y)\frac{\partial}{\partial \boldsymbol{n}}\Gamma(y-x) - \Gamma(y-x)\frac{\partial}{\partial \boldsymbol{n}}u(y)\right]\mathrm{d}S(y) +$$

$$\int_{\partial B(x,\varepsilon)} \left[u(y)\frac{\partial}{\partial \boldsymbol{n}}\Gamma(y-x) - \Gamma(y-x)\frac{\partial}{\partial \boldsymbol{n}}u(y)\right]\mathrm{d}S(y)$$

其中在球面 $\partial B(0,\varepsilon)$ 上 $\boldsymbol{n}$ 表示单位内法向量, 在球面 $\partial B(0,R_x)$ 上 $\boldsymbol{n}$ 表示单位外法向量. 注意到, 当 $x \neq y$ 时, $\Delta\Gamma(x-y) = 0$, 且当 $\varepsilon \to 0$ 时, 有

$$\int_{\partial B(x,\varepsilon)} u(y)\frac{\partial}{\partial \boldsymbol{n}}\Gamma(y-x)\mathrm{d}S(y) = \mathrm{M}\,\{u(y)\}_{\partial B(x,\varepsilon)} \to u(x)$$

和

$$\int_{\partial B(x,\varepsilon)} \Gamma(y-x)\frac{\partial}{\partial \boldsymbol{n}}u(y)\mathrm{d}S(y) \leqslant C\varepsilon^{n-1}\max_{\partial B(0,\varepsilon)}|\Gamma| \to 0$$

从而可得

$$u(x) = \int_{\partial\Omega}\left[\Gamma(y-x)\frac{\partial}{\partial \boldsymbol{n}}u(y) - u(y)\frac{\partial}{\partial \boldsymbol{n}}\Gamma(y-x)\right]\mathrm{d}S(y) - \int_{\Omega}\Gamma(y-x)\Delta u(y)\mathrm{d}y \tag{3.3.9}$$

但是, 对于 Dirichlet 问题(3.2.3)来说, $\dfrac{\partial}{\partial \boldsymbol{n}}u(y)$ 仍然未知. 我们将通过引进一个调和函数 φ^x 来消掉这一项.

假定对给定 $x \in \Omega$, 函数 φ^x 满足方程

$$\left.\begin{aligned} -\Delta\varphi^x(y) = 0, y \in \Omega \\ \varphi^x\,|_{\partial\Omega} = \Gamma(y-x) \end{aligned}\right\} \tag{3.3.10}$$

在 Ω 上对 $u(y)$ 和解 $\varphi^x(y)$ 应用引理 3.1 的公式, 得

$$0 = \int_{\partial\Omega}\left[u(y)\frac{\partial\varphi^x}{\partial \boldsymbol{n}} - \Gamma(y-x)\frac{\partial u}{\partial \boldsymbol{n}}\right]\mathrm{d}S(y) + \int_{\Omega}\varphi^x(y)\Delta u(y)\mathrm{d}y \tag{3.3.11}$$

现在将式(3.3.9)和式(3.3.11)相加, 可得

$$u(x) = -\int_{\partial\Omega}u(y)\frac{\partial}{\partial \boldsymbol{n}}[\Gamma(y-x) - \varphi^x(y)]\mathrm{d}S(y) - \int_{\Omega}[\Gamma(y-x) - \varphi^x(y)]\Delta u(y)\mathrm{d}y$$

定义 3.4　对于任意 $x, y \in \Omega$, $x \neq y$, 函数

$$G(x,y) = \Gamma(y-x) - \varphi^x(y)$$

称为 Ω 上的 Green 函数.

注 3.5　显然, 当 $x \in \Omega, y \in \partial\Omega$ 时, $G(x,y) = 0$. 实际上, Green 函数就是基本解减去一个以基本解为边值的调和函数. 由于函数 $\Gamma(y-x)$ 在 $\partial\Omega$ 附近是一个 C^∞ 的光滑函数, 当 Ω 满足一定的条件时, $\varphi^x(y)$ 的存在性可以比较容易地得到.

据定义 3.4, 上述 $u(x)$ 可表示为

$$u(x) = -\int_{\partial\Omega}u(y)\frac{\partial}{\partial \boldsymbol{n}}G(x,y)\mathrm{d}S(y) - \int_{\Omega}G(x,y)\Delta u(y)\mathrm{d}y$$

于是得到下面的结论.

定理 3.17 (解的表达式) 假设 Ω 是 $\mathbb{R}^n$ 上的一个有界区域，$u \in C^2(\Omega) \cap C^1(\overline{\Omega})$ 是 Dirichlet 问题(3.2.3)的解，则

$$u(x) = -\int_{\partial\Omega} g(y) \frac{\partial}{\partial \boldsymbol{n}} G(x,y) \mathrm{d}S(y) + \int_{\Omega} G(x,y) f(y) \mathrm{d}y \tag{3.3.12}$$

注 3.6 Green 函数 $G(x,y)(n=2,3)$ 的物理意义如下：在物体内部 x 处放置一个单位点热源，与外界接触的表面保持零度，那么物体的稳定温度场就是 Green 函数；或者让某导体的表面接地，在其内部 x 处放置一个单位正电荷，那么在导体内部所产生的电势分布也是 Green 函数.

注 3.7 引入 Green 函数 $G(x,y)$ 的重要意义在于把求解具有任意非齐次项与任意边值的定界问题(3.2.3)归结为求解一个特定的边值问题(3.3.10). 对于一些特殊区域，这样的特定的边值问题可以得到解的具体表达式. 在一般情形，虽然不可能给出 Green 函数的表达式，但 Green 函数只依赖于区域，而与边值和非齐次项无关，这无论对理论研究还是对求解问题都带来很大的方便.

现在证明 Green 函数的一个性质.

定理 3.18 (Green 函数的对称性) 对所有 $x, y \in \Omega$，$x \neq y$，有

$$G(y,x) = G(x,y)$$

证明 固定 $x, y \in \Omega$，$x \neq y$. 取充分小 $\varepsilon > 0$，使得 $B(x,\varepsilon) \cup B(y,\varepsilon) \subset \Omega$ 和 $B(x,\varepsilon) \cap B(y,\varepsilon) = \varnothing$. 令

$$v(z) = G(x,z), \quad w(z) = G(y,z)$$

则

$$\Delta v(z) = 0 \quad (z \neq x)$$

$$\Delta w(z) = 0 \quad (z \neq y)$$

在区域 $\Omega \backslash [B(x,\varepsilon) \cup B(y,\varepsilon)]$ 上对 $v(z)$ 和 $w(z)$ 应用引理 3.1 的公式，得

$$\int_{\partial B(x,\varepsilon)} \left(\frac{\partial v}{\partial \boldsymbol{n}} w - \frac{\partial w}{\partial \boldsymbol{n}} v \right) \mathrm{d}S(z) = \int_{\partial B(y,\varepsilon)} \left(\frac{\partial w}{\partial \boldsymbol{n}} v - \frac{\partial v}{\partial \boldsymbol{n}} w \right) \mathrm{d}S(z) \tag{3.3.13}$$

其中 $\boldsymbol{n}$ 表示 $B(x,\varepsilon) \cup B(y,\varepsilon)$ 上单位内法向量.

首先考虑式(3.3.13)的左端项. 由于 $\varphi^x(z)$ 在 Ω 上是有界的调和函数且 w 在 x 附近光滑，故

$$\left| \int_{\partial B(x,\varepsilon)} \frac{\partial w}{\partial \boldsymbol{n}} v \mathrm{d}S(z) \right| \leqslant C\varepsilon^{n-1} \sup_{\partial B(x,\varepsilon)} |v|$$

其中 C 是不依赖于 ε 的常数. 因此

$$\lim_{\varepsilon \to 0} \int_{\partial B(x,\varepsilon)} \frac{\partial w}{\partial \boldsymbol{n}} v \mathrm{d}S(z) = 0$$

另外 $v(z) = \Gamma(z-x) - \varphi^x(z)$，从而

$$\lim_{\varepsilon\to 0}\int_{\partial B(x,\varepsilon)}\frac{\partial v(z)}{\partial \boldsymbol{n}}w(z)\mathrm{d}S(z)$$

$$=\lim_{\varepsilon\to 0}\int_{\partial B(x,\varepsilon)}\frac{\partial}{\partial \boldsymbol{n}}\Gamma(z-x)w(z)\mathrm{d}S(z)$$

$$=\lim_{\varepsilon\to 0}\mathrm{M}\{w(z)\}_{\partial B(x,\varepsilon)}$$

$$=w(x)$$

因此，当 $\varepsilon\to 0$ 时，式(3.3.13)的左端趋于 $w(x)$，而其右端趋于 $v(y)$. 于是

$$w(x)=v(y)$$

从而

$$G(y,x)=G(x,y)$$

至此完成定理的证明.

为了求出 Green 函数，需要求解初值问题(3.3.10). 对于一些具有对称性的特殊区域，可以利用区域的对称性来求解.

(1)半空间上的 Green 函数. 在以下篇幅中，我们将构造出半空间 $\mathbb{R}^n_+$ 上的 Green 函数，并推导出半空间 $\mathbb{R}^n_+$ 上 Dirichlet 问题(3.2.3)的解的 Poisson 公式.

对于 $x=(x_1,\cdots,x_{n-1},x_n)\in\mathbb{R}^n_+$，记它关于边界 $\partial\mathbb{R}^n_+=\mathbb{R}^{n-1}$ 的反射点为 $\tilde{x}=(x_1,\cdots,x_{n-1},-x_n)$. 取

$$\varphi^x(y)=\Gamma(y-\tilde{x})\quad(x,y\in\mathbb{R}^n_+)$$

注意到，当 $y\in\partial\mathbb{R}^n_+$ 时，$\varphi^x(y)=\Gamma(y-x)$，于是 $\varphi^x(y)$ 满足初值问题：

$$\begin{cases}-\Delta\varphi^x(y)=0, & y\in\mathbb{R}^n_+\\ \varphi^x=\Gamma(y-x), & y\in\partial\mathbb{R}^n_+\end{cases}$$

因此 $\mathbb{R}^n_+$ 上的 Green 函数为

$$G(x,y)=\Gamma(y-x)-\varphi^x(y)=\Gamma(y-x)-\Gamma(y-\tilde{x})$$

分别考虑以下两种情形：

1)当 $n\geqslant 3$ 时，由于

$$\frac{\partial}{\partial y_n}G(x,y)=\frac{\partial}{\partial y_n}\Gamma(y-x)-\frac{\partial}{\partial y_n}\Gamma(y-\tilde{x})$$

$$=-\frac{1}{n\alpha(n)}\left(\frac{y_n-x_n}{|y-x|^n}-\frac{y_n+x_n}{|y-\tilde{x}|^n}\right)$$

且边界 $\partial\mathbb{R}^n_+$ 的单位外法向量 $\boldsymbol{n}=(0,\cdots,0,-1)$. 因此，当 $x\in\partial\mathbb{R}^n_+$，$y\in\partial\mathbb{R}^n_+$ 时，有

$$\frac{\partial}{\partial \boldsymbol{n}}G(x,y)=-\frac{\partial}{\partial y_n}G(x,y)=-\frac{2x_n}{n\alpha(n)\,|y-x|^n}\tag{3.3.14}$$

其中

$$|y-x|^2=(y_1-x_1)^2+\cdots+(y_{n-1}-x_{n-1})^2+x_n^2$$

2)当 $n=2$ 时，由于

$$\frac{\partial}{\partial y_2}G(x,y)=\frac{\partial}{\partial y_2}\Gamma(y-x)-\frac{\partial}{\partial y_2}\Gamma(y-\tilde{x})$$

$$=-\frac{1}{2\pi}\left(\frac{y_2-x_2}{|y-x|^2}-\frac{y_2+x_2}{|y-\tilde{x}|^2}\right)$$

且 $\alpha(2)=\pi$，因此，当 $x\in\mathbb{R}_+^2$，$y\in\partial\mathbb{R}_+^2$ 时，有

$$\frac{\partial}{\partial \boldsymbol{n}}G(x,y)=-\frac{\partial}{\partial y_2}G(x,y)=-\frac{2x_2}{2\alpha(2)\,|y-x|^2}$$

其中

$$|y-x|^2=(y_1-x_1)^2+x_2^2$$

综上所述，当 $n\geqslant 2$ 时，式(3.3.14)成立.

假设 $u\in C^2(\mathbb{R}_+^n)\cap C(\overline{\mathbb{R}_+^n})$ $(n\geqslant 2)$ 是方程

$$\left.\begin{aligned}&-\Delta u=0,\quad x\in\mathbb{R}_+^n\\&u=g,\quad x\in\partial\mathbb{R}_+^n=\mathbb{R}^{n-1}\end{aligned}\right\}\tag{3.3.15}$$

的有界解. 由定理 3.16 的解的表达式我们期望

$$u(x)=\frac{2x_n}{n\alpha(n)}\int_{\mathbb{R}^{n-1}}\frac{g(y)}{|y-x|^n}\mathrm{d}y\tag{3.3.16}$$

是方程(3.3.15)的解. 通常称函数

$$K(x,y)=\frac{2x_n}{n\alpha(n)\,|y-x|^n},\quad x\in\mathbb{R}_+^n,y\in\partial\mathbb{R}_+^n=\mathbb{R}^{n-1}$$

为 $\mathbb{R}_+^n$ 的 Poisson 核，并称公式(3.3.16)为 Poisson 公式. 特别地，当 $n=2$ 时，记 $u=u(x,y)$，则 Poisson 公式(3.3.16)为

$$u(x,y)=\frac{y}{\pi}\int_{-\infty}^{+\infty}\frac{g(\xi)}{(x-\xi)^2+y^2}\mathrm{d}\xi$$

但是，上述 Poisson 公式(3.3.16)只给出边值问题(3.3.15)的形式解，因为此时区域 $\mathbb{R}_+^n$ 是无界的，公式(3.3.16)的推导并不严格. 为此需要验证式(3.3.16)的确给出边值问题(3.3.15)的解. 实际上，利用 Poisson 式(3.3.16)构造出在上半空间 $\mathbb{R}_+^n$ 的边界 $\partial\mathbb{R}_+^n$ 上指定取值的上半空间 $\mathbb{R}_+^n$ 上的调和函数. 注意 Poisson 公式(3.3.16)中在上半空间的边界 $\partial\mathbb{R}_+^n$ 上并没有定义，因而在 Dirichlet 问题(3.3.15)中，$u(x)$ 在边界 $\partial\mathbb{R}_+^n$ 上取边值 $g(x)$ 是在取极限的意义下成立的.

定理 3.19　假设 g 是 $\mathbb{R}^{n-1}(n\geqslant 2)$ 上有界连续函数. 对于任意 $x\in\mathbb{R}_+^n$，$u(x)$ 由 Poisson 公式(3.3.16)定义，即

$$u(x)=\int_{\mathbb{R}^{n-1}}K(x,y)g(y)\mathrm{d}y$$

则

1) $u(x)$ 是 $\mathbb{R}_+^n$ 上无穷次可微的有界函数；

2) $\Delta u(x)=0$，$x\in\mathbb{R}_+^n$；

3)对于任意 $x_0\in\partial\mathbb{R}_+^n$，当 $x\in\mathbb{R}_+^n$ 且 $x\to x_0$ 时，$u(x)\to g(x_0)$.

证明　1)对于任意 $x\in\mathbb{R}_+^n$，可以证明

$$\int_{\mathbb{R}^{n-1}}K(x,y)\mathrm{d}y=1\tag{3.3.17}$$

由定理的假设，存在 $M>0$，使得 $|g|\leqslant M$. 因此式(3.3.16)定义的 $u(x)$ 是有界的. 当 $x\neq y$ 时，$K(x,y)$ 是光滑的，易证 $u\in C^\infty(\mathbb{R}_+^n)$.

2)当 $x\neq y$ 时，$\Delta_x G(x,y)=0$，于是 $\Delta_x\dfrac{\partial}{\partial y_n}G(x,y)=0$. 所以，当 $x\in\mathbb{R}_+^n$，$y\in\partial\mathbb{R}_+^n$ 时，有 $\Delta_x K(x,y)=0$，且

$$\Delta u(x) = \int_{\mathbb{R}^{n-1}} \Delta_x K(x,y) g(y) \mathrm{d}y = 0$$

3)固定 $x_0 \in \partial \mathbb{R}_+^n = \mathbb{R}^{n-1}$，$\varepsilon > 0$．取 $\delta_1 > 0$ 足够小，使得当 $y \in \mathbb{R}^{n-1}$ 且 $|y - x_0| \leqslant \delta_1$ 时，有

$$|g(y) - g(x_0)| \leqslant \frac{\varepsilon}{2}$$

于是当 $x \in \mathbb{R}_+^n$ 且 $|x - x_0| \leqslant \frac{\delta_1}{2}$ 时，利用等式(3.3.17)计算得

$$\begin{aligned}
|u(x) - g(x_0)| &= \left| \int_{\mathbb{R}^{n-1}} K(x,y)[g(y) - g(x_0)] \mathrm{d}y \right| \\
&\leqslant \int_{\mathbb{R}^{n-1} \cap B(x_0,\delta_1)} K(x,y) |g(y) - g(x_0)| \mathrm{d}y + \\
&\quad \int_{\mathbb{R}^{n-1} \setminus B(x_0,\delta_1)} K(x,y) |g(y) - g(x_0)| \mathrm{d}y \\
&\leqslant \frac{\varepsilon}{2} + 2M \int_{\mathbb{R}^{n-1} \setminus B(x_0,\delta_1)} K(x,y) \mathrm{d}y
\end{aligned}$$

这里 $B(x_0,\delta_1)$ 是 $\mathbb{R}^{n-1}$ 上以 x_0 为心、δ_1 为半径的 $n-1$ 维球.

如果 $|x - x_0| \leqslant \frac{\delta_1}{2}$ 和 $|y - x_0| \geqslant \delta_1$，有

$$|x - x_0| \leqslant \frac{1}{2} |y - x_0|$$

从而

$$\begin{aligned}
|y - x_0| &\leqslant |y - x| + |x - x_0| \\
&\leqslant |y - x| + \frac{1}{2} |y - x_0|
\end{aligned}$$

因此

$$|y - x| \geqslant \frac{1}{2} |y - x_0|$$

当 $|x - x_0| \leqslant \frac{\delta_1}{2}$ 时，可得

$$\begin{aligned}
&\int_{\mathbb{R}^{n-1} \setminus B(x_0,\delta_1)} K(x,y) \mathrm{d}y \\
&\leqslant x_n \frac{2^{n-1}}{n\alpha(n)} \int_{\mathbb{R}^{n-1} \setminus B(x_0,\delta_1)} |y - x_0|^{-n} \mathrm{d}y \\
&\leqslant C(n,\delta_1) x_n
\end{aligned}$$

这里 $C(n,\delta_1)$ 是仅依赖于 n，δ_1 的常数. 取 $\delta_2 > 0$ 足够小，使当 $0 < x_n \leqslant \delta_2$ 时，有

$$2M \int_{\mathbb{R}^{n-1} \setminus B(x_0,\delta_1)} K(x,y) \mathrm{d}y \leqslant \frac{\varepsilon}{2}$$

因此,当 $|x-x_0|\leqslant\delta=\min\left\{\frac{\delta_1}{2},\delta_2\right\}$ 时,有

$$|u(x)-g(x_0)|\leqslant\varepsilon$$

至此完成定理的证明.

(2)球上的 Green 函数.在以下的篇幅中,我们将构造出球 $B(0,R)$ 上的 Green 函数,并推导出球 $B(0,R)$ 上的 Dirichlet 问题(3.2.3)的解的 Poisson 公式.

先构造出单位球 $B(0,1)$ 上的 Green 函数,然后通过伸缩变换获得一般球 $B(0,R)$ 上的 Green 函数.对于 $x\in\mathbb{R}^n\setminus\{0\}$,记它关于球面 $\partial B(0,1)$ 的对偶点为 $x^*=\frac{x}{|x|^2}$.显然 $|x^*|\cdot|x|=1$(见图 3.3.1).

我们将利用单位球的性质来构造其上的 Green 函数.首先需要求解以下问题:

$$\begin{cases}-\Delta\varphi^x(y)=0, & y\in B(0,1)\\ \varphi^x=\Gamma(y-x), & y\in\partial B(0,1)\end{cases}$$

分别考虑以下两种情形:

1)假设 $n\geqslant 3$.当 $y\neq x^*$ 时,$\Delta_y\Gamma(y-x^*)=0$,于是

$$\Delta_y\Gamma[|x|(y-x^*)]=0$$

由对偶点 x^* 与点 x 的关系,当 $y\in\partial B(0,1)$ 时,$|x|\cdot|y-x^*|=|y-x|$(见图 3.3.2),于是当 $y\in\partial B(0,1)$ 时,$\Gamma[|x|(y-x^*)]=\Gamma(y-x)$.定义 $\varphi^x(y)=\Gamma(|x|(y-x^*))$,则

$$\begin{cases}-\Delta\varphi^x(y)=0, & y\in B(0,1)\\ \varphi^x(y)=\Gamma(y-x), & y\in\partial B(0,1)\end{cases}$$

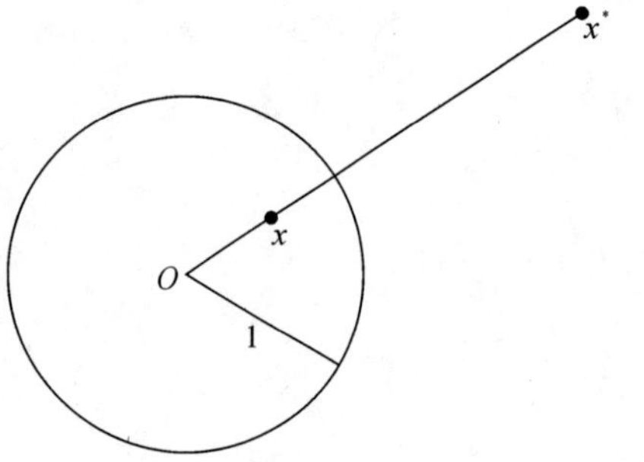

图 3.3.1

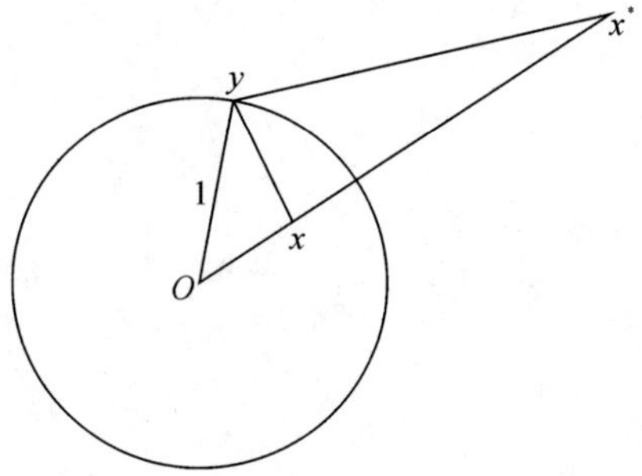

图 3.3.2

因此 $B(0,1)$ 上的 Green 函数为

$$\begin{aligned}G(x,y)&=\Gamma(y-x)-\varphi^x(y)\\&=\Gamma(y-x)-\Gamma[|x|(y-x^*)]\end{aligned}$$

当 $y\in\partial B(0,1)$ 时,有

$$\begin{aligned}\frac{\partial}{\partial y_i}G(x,y)&=\frac{\partial}{\partial y_i}\Gamma(y-x)-\frac{\partial}{\partial y_i}\Gamma[|x|(y-x^*)]\\&=\frac{1}{n\alpha(n)}\left[\frac{x_i-y_i}{|y-x|^n}+\frac{|x|^2(y_i-x_i^*)}{|x|^n|y-x^*|^n}\right]\\&=\frac{1}{n\alpha(n)}\left[\frac{x_i-y_i}{|y-x|^n}+\frac{y_i|x|^2-x_i}{|y-x|^n}\right]\\&=-\frac{y_i(1-|x|^2)}{n\alpha(n)|y-x|^n},i=1,2,\cdots,n\end{aligned}$$

由于单位球 $B(0,1)$ 上的单位外法向量 $\boldsymbol{n}=(y_1,y_2,\cdots,y_n)$ 且

$$\frac{\partial}{\partial \boldsymbol{n}}G(x,y)=\mathrm{D}G(x,y)\cdot\boldsymbol{n}=\sum_{i=1}^{n}y_i\frac{\partial}{\partial y_i}G(x,y)$$

故得

$$\frac{\partial}{\partial \boldsymbol{n}}G(x,y)=-\frac{1-|x|^2}{n\alpha(n)|x-y|^n} \tag{3.3.18}$$

2)假设 $n=2$，由基本解的表达式可知

$$G(x,y)=\Gamma(y-x)-\Gamma[|x|(y-x^*)]$$

仍然是 $B(0,1)$ 上的 Green 函数. 当 $y\in\partial B(0,1)$ 时，$|x|\cdot|y-x^*|=|y-x|$. 因此，当 $y\in\partial B(0,1)$ 时，有

$$\begin{aligned}\frac{\partial}{\partial y_i}G(x,y)&=\frac{\partial}{\partial y_i}\Gamma(y-x)-\frac{\partial}{\partial y_i}\Gamma[|x|(y-x^*)]\\&=\frac{x_i-y_i}{2\pi|y-x|^2}+\frac{|x|^2(y_i-x_i^*)}{2\pi|x|^2|y-x^*|^2}\\&=\frac{x_i-y_i}{2\pi|y-x|^2}+\frac{y_i|x|^2-x_i}{2\pi|y-x|^2}\\&=-\frac{y_i(1-|x|^2)}{2\alpha(2)|y-x|^2},i=1,2\end{aligned}$$

从而

$$\frac{\partial}{\partial \boldsymbol{n}}G(x,y)=\sum_{i=1}^{2}y_i\frac{\partial}{y_i}G(x,y)=\frac{1-|x|^2}{2\alpha(2)|x-y|^2}$$

综上所述，当 $n\geqslant 2$ 时，公式(3.3.18)成立.

假设 $u\in C^2(B(0,1))\cap C(\bar{B}(0,1))$ 为

$$\left.\begin{aligned}-\Delta u=0,\quad & x\in B(0,1)\\ u=g,\quad & x\in\partial B(0,1)\end{aligned}\right\} \tag{3.3.19}$$

的解，则由定理 3.16 的表达式得到

$$u(x)=-\int_{\partial B(0,1)}g(y)\frac{\partial}{\partial \boldsymbol{n}}G(x,y)\mathrm{d}S(y)$$

于是由公式(3.3.18)得到

$$u(x)=\frac{1-|x|^2}{n\alpha(n)}\int_{\partial B(0,1)}\frac{g(y)}{|x-y|^n}\mathrm{d}S(y)$$

假设 $u\in C^2(B(0,R))\cap C(\bar{B}(0,R))$ 为

$$\left.\begin{aligned}-\Delta u=0,\ & x\in B(0,R)\\ u=g,\quad & x\in\partial B(0,R)\end{aligned}\right\} \tag{3.3.20}$$

的解，则 $\bar{u}(x)=u(Rx)$ 满足 Dirichlet 问题(3.3.19)，其中用 $\bar{g}(x)=g(Rx)$ 代替 g . 作变量替换得到

$$u(x)=\frac{R^2-|x|^2}{n\alpha(n)R}\int_{\partial B(0,R)}\frac{g(y)}{|x-y|^n}\mathrm{d}S(y) \tag{3.3.21}$$

通常称函数

$$K(x,y)=\frac{R^2-|x|^2}{n\alpha(n)R|x-y|^n},\quad x\in B(0,R),\ y\in\partial B(0,R)$$

为 Poisson 核，并称式(3.3.21)为 Poisson 公式. 实际上，我们利用 Poisson 公式(3.3.21)构造出在球面 $\partial B(0,R)$ 上指定取值的球 $B(0,R)$ 上的调和函数.

以下验证式(3.3.21)的确给出 Dirichlet 问题(3.3.20)的解. 注意式(3.3.21)中 $u(x)$ 在球面 $\partial B(0,R)$ 上没有定义，因而在 Dirichlet 问题(3.3.20)中，$u(x)$ 在球面上取边值 $g(x)$ 是在取极限的意义下成立的.

定理 3.20 假设 $B(0,R)\subset\mathbb{R}^n$，$g:\partial B(0,R)\to\mathbb{R}$ 连续，对于任意 $x\in B(0,R)$，函数 $u(x)$ 由 Poisson 公式(3.3.21)定义，即

$$u(x)=\int_{\partial B(0,R)}K(x,y)g(y)\mathrm{d}S(y)$$

则

1) $u(x)$ 是 $B(0,R)$ 上无穷次可微的有界函数；

2) $\Delta u(x)=0$，$x\in B(0,R)$；

3)任给 $x_0\in\partial B(0,R)$，当 $x\in B(0,R)$ 且 $x\to x_0$ 时，$u(x)\to g(x_0)$.

证明 1)对任意 $x\in B(0,R)$，对特殊情形 $u=1$ 应用公式(3.3.10)得到

$$\int_{\partial B(0,R)}K(x,y)\mathrm{d}y=1$$

由定理的假设，存在 $M>0$，使得 $|g|\leqslant M$. 因此式(3.3.21) 定义的 $u(x)$ 是有界的. 当 $x\neq y$ 时，$K(x,y)$是光滑的，易证 $u\in C^\infty(B(0,R))$.

2)当 $x\neq y$ 时，$\Delta_x G(x,y)=0$，于是 $\Delta_x\dfrac{\partial}{\partial\boldsymbol{n}}G(x,y)=0$. 从而，当 $x\in B(0,R)$，$y\in\partial B(0,R)$ 时，$\Delta_x K(x,y)=0$ 且

$$\Delta u(x)=\int_{\partial B(0,R)}\Delta_x K(x,y)g(y)\mathrm{d}S(y)=0$$

3)固定 $x_0\in\partial B(0,R)$，$\varepsilon>0$. 取 $\delta_1>0$ 足够小，使得当 $y\in\partial B(0,R)$ 且 $|y-x_0|\leqslant\delta_1$ 时，有

$$|g(y)-g(x_0)|\leqslant\frac{\varepsilon}{2}$$

于是当 $x\in B(0,R)$ 且 $|x-x_0|\leqslant\dfrac{\delta_1}{2}$ 时，利用等式(3.3.17)计算，得

$$\begin{aligned}|u(x)-g(x_0)|&=\left|\int_{\partial B(0,R)}K(x,y)[g(y)-g(x_0)]\mathrm{d}S(y)\right|\\&\leqslant\int_{\partial B(0,R)\cap\{|y-x_0|\leqslant\delta_1\}}K(x,y)|g(y)-g(x_0)|\mathrm{d}S(y)+\\&\quad\int_{\partial B(0,R)\cap\{|y-x_0|>\delta_1\}}K(x,y)|g(y)-g(x_0)|\mathrm{d}S(y)\\&\leqslant\frac{\varepsilon}{2}+\frac{2M(R^2-|x|^2)R^{n-2}}{(\delta_1/2)^n}\end{aligned}$$

取 $\delta>0$ 足够小，当 $|x-x_0|<\delta$ 时，$R^2-|x^2|$ 足够小，于是可得

$$|u(x)-g(x_0)|\leqslant \varepsilon$$

至此完成定理的证明.

注 3.8　当 $n=2$ 时,在式(3.3.21)中用极坐标表示 $x=(\rho\cos\theta,\rho\sin\theta)$, $y=(R\cos\varphi,R\sin\varphi)$,记 $u(x)=u(\rho,\theta)$,则式(3.3.21)可以表示为

$$u(\rho,\theta)=\frac{1}{2\pi}\int_0^{2\pi}\frac{R^2-\rho^2}{R^2+\rho^2-2R\rho\cos(\varphi-\theta)}g(\varphi)\mathrm{d}\varphi$$

其中 $g(\varphi)=g(R\cos\varphi,R\sin\varphi)$. 这与第二章中分离变量法得到的结果是一致的.

3.4　极值原理和最大模估计

3.4.1　极值原理

在这一小节将讨论比位势方程更一般的方程

$$\mathrm{L}u=-\Delta u+c(x)u=f(x),x\in\Omega \tag{3.4.1}$$

在下面的讨论中 Ω 是 $\mathbb{R}^n$ 上的有界开集.

当考虑方程(3.4.1)的极值原理时,需要假定

$$c(x)\geqslant 0,\quad x\in\Omega$$

此条件在极值原理的证明非常重要. 首先证明以下一个较强的结论.

定理 3.21　假设 $c(x)\geqslant 0$, $f(x)<0$. 如果 $u\in C^2(\Omega)\cap C(\overline{\Omega})$ 满足方程(3.4.1),则 $u(x)$ 不能在 Ω 上达到它在 $\overline{\Omega}$ 上的非负最大值,即 $u(x)$ 只能在 $\partial\Omega$ 上达到它的非负最大值.

证明　用反证法. 如果 $u(x)$ 在点 $x_0\in\Omega$ 达到非负最大值,即

$$u(x_0)=\max_{x\in\overline{\Omega}}u(x)\geqslant 0$$

则由多元微积分的定理知, $u(x)$ 在 x_0 的梯度向量 $\mathrm{D}u(x_0)=0$ 和 Hessian 矩阵 $\mathrm{D}^2u(x_0)$ 是非正定的. 对 Hessian 矩阵 $\mathrm{D}^2u(x_0)$ 求迹得到

$$\Delta u(x_0)=\mathrm{tr}(\mathrm{D}^2u(x_0))\leqslant 0$$

因而

$$\mathrm{L}u(x_0)=-\Delta u(x_0)+c(x_0)u(x_0)=f(x_0)\geqslant 0$$

这与定理的假设 $f(x_0)<0$ 矛盾,因此 $u(x)$ 不能在 Ω 上达到它的非负最大值.

定理 3.21 的证明思想在位势方程和热传导方程的极值原理中非常重要. 从本质上来看,这种证明方法就是利用比较方程两端的符号来导出矛盾. 我们将在后面的内容多次使用此方法.

定理 3.22　假设 $c(x)\geqslant 0$, $f(x)\leqslant 0$. 如果 $u\in C^2(\Omega)\cap C(\overline{\Omega})$ 满足方程(3.4.1),且在 $\overline{\Omega}$ 上存在正的最大值,则 $u(x)$ 必在 $\partial\Omega$ 上达到它在 $\overline{\Omega}$ 上的非负最大值,且

$$\max_{x\in\overline{\Omega}}u(x)\leqslant\max_{x\in\partial\Omega}u^+(x)$$

其中 $u^+(x)=\max\{u,0\}$.

证明　不妨设原点 $0\in\Omega$. 记 d 为 Ω 的直径. 对于任意 $\varepsilon>0$,构造辅助函数

$$w(x)=u(x)-\varepsilon(d^2-|x|^2)$$

显然

$$w(x)\leqslant u(x)\leqslant w(x)+\varepsilon d^2$$

计算得到

$$
\begin{aligned}
Lw &= Lu - 2n\varepsilon - c(x)\varepsilon(d^2 - |x|^2) \\
&\leqslant f - 2n\varepsilon < 0
\end{aligned}
$$

由定理 3.21 知，w 的非负最大值只能在 $\partial\Omega$ 上达到，因此

$$\max_{x\in\overline{\Omega}} w(x) \leqslant \max_{x\in\partial\Omega} w^+(x)$$

于是，可得

$$\max_{x\in\overline{\Omega}} u(x) \leqslant \max_{x\in\Omega} w(x) + \varepsilon d^2 \leqslant \max_{x\in\partial\Omega} w^+(x) + \varepsilon d^2 \leqslant \max_{x\in\partial\Omega} u^+(x) + \varepsilon d^2$$

令 $\varepsilon \to 0$，则得到所要证明的结论. 至此完成定理的证明.

注 3.9　在定理 3.21 和定理 3.22 中，如果 $u(x)$ 在 $\overline{\Omega}$ 上的最大值是负数，定理 3.21 和定理 3.22 并没有告诉我们任何结论.

下面证明 Hopf 引理. 此引理非常深刻，在证明强极值原理中很有用.

定理 3.23　（Hopf 引理）　假设 B_R 是 $\mathbb{R}^n (n \geqslant 2)$ 上的一个以 R 为半径的球，在 B_R 上 $c(x) \geqslant 0$ 且有界. 如果 $u \in C^2(B_R) \cap C^1(\overline{B}_R)$ 满足

(1) $Lu = -\Delta u + c(x)u \leqslant 0$，$x \in B_R$；

(2)存在 $x_0 \in \partial B_R$ 使得 $u(x)$ 在 x_0 点达到在 $\overline{B}_R$ 上严格的非负最大值，即 $u(x_0) = \max\limits_{\overline{B}_R} u(x) \geqslant 0$，且当 $x \in B_R$ 时，$u(x) < u(x_0)$，则

$$\left.\frac{\partial u}{\partial \boldsymbol{\nu}}\right|_{x=x_0} > 0$$

其中 $\boldsymbol{\nu}$ 与 ∂B_R 在 x_0 点的单位外法向量 $\boldsymbol{n}$ 的夹角小于 $\frac{\pi}{2}$.

证明　根据引理的假设，$\frac{\partial u}{\partial \boldsymbol{\nu}}\big|_{x=x_0} \geqslant 0$ 是显然的，我们需要证明它严格大于 0. 不妨设 B_R 是以原点为球心、半径为 R 的球. 在球壳 $B_R^* = \left\{x \in B_R \mid \frac{R}{2} < |x| < R\right\}$ 上考虑辅助函数

$$w(x) = u(x) - u(x_0) + \varepsilon v(x)$$

其中 $\varepsilon > 0$ 和 $v(x)$ 待定. 不妨取 $v(x_0) = 0$，此时 $w(x_0) = 0$. 因而 $w(x)$ 在 $\overline{B}_R^* = \left\{x \in \mathbb{R}^n \mid \frac{R}{2} \leqslant |x| \leqslant R\right\}$ 上的非负最大值存在. 如果能取到 $\varepsilon > 0$ 和 $v(x)$ 使得 $w(x)$ 在 x_0 点达到非负最大值 $w(x_0)$，则

$$0 \leqslant \left.\frac{\partial w}{\partial \boldsymbol{\nu}}\right|_{x=x_0} = \left(\left.\frac{\partial u}{\partial \boldsymbol{\nu}}\right|_{x=x_0} + \varepsilon \left.\frac{\partial v}{\partial \boldsymbol{\nu}}\right|_{x=x_0}\right)$$

即

$$\left.\frac{\partial u}{\partial \boldsymbol{\nu}}\right|_{x=x_0} \geqslant -\varepsilon \left.\frac{\partial v}{\partial \boldsymbol{\nu}}\right|_{x=x_0}$$

为了使 $w(x)$ 在球壳 B_R^* 的边界上达到非负最大值，由定理 3.22 我们只需要在球壳 B_R^* 上提条件 $Lw \leqslant 0$. 因此，只需要构造出函数 ν，使它满足条件

$$Lv \leqslant 0, \quad x \in B_R^*$$

和

$$\left.\frac{\partial v}{\partial \boldsymbol{\nu}}\right|_{x=x_0} < 0$$

至此完成定理的证明.

由于球壳 B_R^* 的对称性考虑径向对称函数

$$v(x) = |x|^\alpha - R^\alpha$$

其中 $\alpha < 0$ 待定. 在球壳 B_R^* 上,计算得

$$\begin{aligned} \mathrm{L}v &= -\alpha(\alpha+n-2)\,|x|^{\alpha-2} + c(x)\,|x|^\alpha - c(x)R^\alpha \\ &\leqslant [-\alpha(\alpha+n-2) + CR^2]\,|x|^{\alpha-2} \end{aligned}$$

其中 $C = \sup\limits_{B_R^*} c(x)$. 取 $\alpha < 0$ 足够小,得到 $\mathrm{L}v \leqslant 0$,从而在球壳 B_R^* 上

$$\mathrm{L}w \leqslant 0$$

由定理 3.22 知, $w(x)$ 在球壳 B_R^* 的边界 ∂B_R^* 得到非负最大值. 在球壳的内球面 $\partial B_R^* \cap B_R = \partial B_{\frac{R}{2}}$ 上,有

$$\max_{|x|=\frac{R}{2}} (u(x) - u(x_0)) \overset{\text{def}}{=} \beta < 0$$

取 $\varepsilon > 0$ 足够小,使得

$$w\big|_{\partial B_{\frac{R}{2}}} \leqslant \beta + \varepsilon R^\alpha (2^{-\alpha} - 1) < 0$$

而在球壳的外球面上 $\partial B_R^* \cap \partial B_R = \partial B_R$, $v(x) = 0$,显然 $w(x) \leqslant 0$, $w(x_0) = 0$,所以 $w(x)$ 在点 x_0 达到非负最大值. 由于在 ∂B_R 上 $v(x) = 0$,于是

$$\begin{aligned} \left.\frac{\partial u}{\partial \boldsymbol{\nu}}\right|_{x=x_0} &\geqslant -\varepsilon \left.\frac{\partial v}{\partial \boldsymbol{\nu}}\right|_{x=x_0} = -\varepsilon \left.\frac{\partial v}{\partial \boldsymbol{n}}\right|_{x=x_0} \cos(\boldsymbol{\nu}, \boldsymbol{n}) \\ &= -\varepsilon\alpha R^{\alpha-1} \cos(\boldsymbol{\nu}, \boldsymbol{n}) \end{aligned}$$

由于 α 是负数, $\boldsymbol{\nu}$ 和 $\boldsymbol{n}$ 的夹角小于 $\frac{\pi}{2}$,得

$$\left.\frac{\partial u}{\partial v}\right|_{x=x_0} > 0$$

至此完成引理的证明.

注 3.10　如果 $c(x) \equiv 0$,则证明中的 $v(x)$ 可取为 Laplace 方程的基本解.

注 3.11　另外可取 $v(x) = \mathrm{e}^{-a|x|^2} - \mathrm{e}^{-aR^2}$,其中 $a > 0$ 足够大.

由定理 3.23(Hopf 引理)容易证明下面的强极值原理.

定理 3.24　(强极值原理)　假设 Ω 是 $\mathbb{R}^n$ 上的有界连通开集, $c(x) \geqslant 0$ 且有界. 如果 $u \in C^2(\Omega) \cap C(\overline{\Omega})$ 在 Ω 上满足 $\mathrm{L}u \leqslant 0$,且 $u(x)$ 在 Ω 内达到其在 $\overline{\Omega}$ 上的非负最大值,则 u 在 $\overline{\Omega}$ 上是常数.

证明　记

$$M = \max_{\overline{\Omega}} u(x)$$

考虑集合 $O = \{x \in \Omega \mid u(x) = M\}$. 只要证明 O 相对于 Ω 既开又闭,进而由 Ω 的连通性知, O 是空集或 Ω. 又由定理的假设知, O 非空,从而 $O = \Omega$. 这就是要证的结论.

由于函数 $u(x)$ 的连续性, O 相对于 Ω 显然是闭的. 现在证明 O 相对于 Ω 是开的. 设 x_0 是 O 上任意一点,则存在球 $B(x_0, 2r) \subset \Omega$. 如果 x_0 不是 O 的内点,则存在 $\tilde{x} \in (\Omega \backslash O) \cap B(x_0, r)$. 记

$$d = \mathrm{dist}\{\tilde{x}, \bar{O}\} = \min\{|x - \tilde{x}| : x \in \bar{O}\}$$

显然 $d \leqslant r$，则 $B(\tilde{x}, d) \subset B(x_0, 2r) \subset \Omega$，可得

$$u(x) < M,\ x \in B(\tilde{x}, d)$$

记 $y_0 \in \partial B(\tilde{x}, d) \cap O$，则 $u(y_0) = M$. 由于 y_0 是函数 $u(x)$ 的极值点，则有

$$\left.\frac{\partial u}{\partial x_i}\right|_{x=y_0} = 0,\quad i = 1, 2, \cdots, n$$

而在球 $B(\tilde{x}, d)$ 上应用定理 3.23，至少存在一个方向 ν，使得

$$\left.\frac{\partial u}{\partial \nu}\right|_{x=y_0} > 0$$

这就导致矛盾. 因而证明了 x_0 是 O 的内点. 从而 O 相对于 Ω 是开的. 定理证毕.

3.4.2 最大模估计

在这一小节中我们研究位势方程的第一边值问题和第三边值问题的最大模估计. 由于最大模估计蕴含着问题的解的唯一性和稳定性，因而证明这些问题是适定的.

首先考虑位势方程的 Dirichlet 问题

$$\left.\begin{aligned} -\Delta u &= f(x),\ x \in \Omega \\ u|_{\partial\Omega} &= g \end{aligned}\right\} \tag{3.4.2}$$

利用极值原理可以得到下面的最大模估计.

定理 3.25　假设 $u \in C^2(\Omega) \cap C(\bar{\Omega})$ 是 Dirichlet 问题(3.4.2)的解，则

$$\max_{\bar{\Omega}} |u(x)| \leqslant G + CF$$

其中 $G = \max\limits_{\partial\Omega} |g(x)|$，$F = \sup\limits_{\Omega} |f(x)|$，$C$ 是一个仅依赖于维数 n 以及 Ω 的直径 $d = \sup\limits_{x,y\in\Omega} |x - y|$ 的常数.

证明　不妨假设 Ω 包含原点 $x = 0$. 令 $w(x) = u(x) - z(x)$，其中

$$z(x) = G + \frac{F}{2n}(d^2 - |x|^2)$$

容易验证

$$-\Delta w = f(x) - F \leqslant 0,\ x \in \Omega$$
$$w|_{\partial\Omega} \leqslant g - G \leqslant 0$$

由极值原理，在 Ω 上 $w(x) \leqslant 0$. 从而

$$u(x) \leqslant z(x) \leqslant G + \frac{d^2}{2n}F,\ x \in \bar{\Omega}$$

同理，考虑 $-u(x)$ 满足的问题可得

$$u(x) \geqslant -z(x) \geqslant -G - \frac{d^2}{2n}F,\ x \in \bar{\Omega}$$

因此

$$|u(x)| \leqslant z(x) \leqslant G + \frac{d^2}{2n}F,\ x \in \bar{\Omega}$$

两边取上确界，定理即得证.

在 Ω 上考虑边值问题

$$\left.\begin{aligned} -\Delta u + c(x)u = f(x),\ x \in \Omega \\ \left[\frac{\partial u}{\partial \boldsymbol{n}} + \alpha(x)u\right]\bigg|_{\partial\Omega} = g(x) \end{aligned}\right\} \tag{3.4.3}$$

其中 $\boldsymbol{n}$ 是 $\partial\Omega$ 的单位外法向量. 如果 $\alpha(x)\equiv 0$,则问题(3.4.3)称为 Neumann 问题或第二边值问题;如果 $\alpha(x)>0$,则问题(3.4.3)称为第三边值问题. 注意到当 $\alpha(x)\equiv 0$, $c(x)\equiv 0$ 时,齐次 Neumann 问题(3.4.3) ($f(x)\equiv 0, g(x)\equiv 0$) 有非零解 $u(x)\equiv 1$,因此最大模估计在此情形不成立. 但对于第三边值问题,利用极值原理可以得到下面的最大模估计.

定理 3.26　假设 $c(x)\geqslant 0$, $\alpha(x)\geqslant \alpha_0>0$. 如果 $u\in C^2(\Omega)\cap C^1(\overline{\Omega})$ 是问题(3.4.3)的解,则

$$\max_{\overline{\Omega}}|u(x)|\leqslant C(G+F)$$

其中 $G=\max\limits_{\partial\Omega}|g(x)|$, $F=\sup\limits_{\Omega}|f(x)|$, C 是仅依赖于维数 n , α_0 和 Ω 的直径 d 的常数.

证明　不妨假设 Ω 包含原点 $x=0$. 令 $w(x)=u(x)-z(x)$,其中

$$z(x)=\frac{G}{\alpha_0}+\frac{F}{2n}\left(\frac{1+d^2}{\alpha_0}+d^2-|x|^2\right)$$

容易验证,在 Ω 上,有

$$-\Delta z+c(x)z\geqslant F$$

在 $\partial\Omega$ 上,有

$$\begin{aligned}\frac{\partial z}{\partial \boldsymbol{n}}+\alpha(x)z &= \alpha(x)\frac{G}{\alpha_0}+\frac{F}{2n}\left[-2x\cdot\boldsymbol{n}+\alpha(x)\left(\frac{1+d^2}{\alpha_0}+d^2-|x|^2\right)\right] \\ &\geqslant G+\frac{F}{2n}(-|x|^2-1+1+d^2)\geqslant G\end{aligned}$$

因此,当 $x\in\Omega$ 时,有

$$-\Delta w(x)+c(x)w(x)\leqslant f(x)-F\leqslant 0$$

当 $x\in\partial\Omega$ 时,有

$$\frac{\partial w}{\partial \boldsymbol{n}}+\alpha(x)w(x)\leqslant g(x)-G\leqslant 0$$

由极值原理可知, $w(x)$ 的正的最大值一定在边界 $\partial\Omega$ 上达到. 设在点 $x_0\in\partial\Omega$ 处达到最大值. 由于 $\boldsymbol{n}$ 是 $\partial\Omega$ 的单位外法向量,于是 $\left.\dfrac{\partial w}{\partial \boldsymbol{n}}\right|_{x=x_0}\geqslant 0$,从而

$$\left.\frac{\partial w}{\partial \boldsymbol{n}}\right|_{x=x_0}+\alpha(x_0)w(x_0)\geqslant \alpha(x_0)w(x_0)>0$$

这与上式矛盾. 这说明当 $x\in\overline{\Omega}$ 时, $w(x)\leqslant 0$. 可得

$$u(x)\leqslant z(x)\leqslant C(G+F),\ x\in\overline{\Omega}$$

其中

$$C=\max\left\{\frac{1}{\alpha_0},\frac{1}{2n}\left(\frac{1+d^2}{\alpha_0}+d^2\right)\right\}$$

考虑 $w(x)=u(x)+z(x)$ 得到另一方向的不等式. 因此

$$|u(x)|\leqslant z(x)\leqslant C(G+F),\ x\in\overline{\Omega}$$

两边取上确界,定理得证.

实际上，定理 3.25 和定理 3.26 的最大模估计蕴含着第一边值问题(3.4.2)和第三边值问题(3.4.3)的解的唯一性和稳定性. 仅考虑下列较为复杂的第三边值问题.

定理 3.27　假设 $u_i \in C^2(\Omega) \cap C^1(\overline{\Omega})(i=1,2)$ 满足第三边值问题：

$$\begin{cases} -\Delta u_i + c_i(x)u_i = f_i(x),\ x \in \Omega \\ \left[\dfrac{\partial u_i}{\partial \boldsymbol{n}} + \alpha_i(x)u_i\right]\Big|_{\partial\Omega} = g_i(x) \end{cases}$$

其中 $\boldsymbol{n}$ 是 $\partial\Omega$ 的单位外法向量. 如果 $c_i(x) \geqslant 0$ 且有界，$\alpha_i(x) \geqslant \alpha_0 > 0$，则估计

$$\begin{aligned} \max_{\overline{\Omega}} |u_1 - u_2| \leqslant C(&\max_{\partial\Omega}|g_1 - g_2| + \sup_{\Omega}|f_1 - f_2| + \\ &\max_{\partial\Omega}|\alpha_1 - \alpha_2| + \sup_{\Omega}|c_1 - c_2|) \end{aligned} \tag{3.4.4}$$

成立，其中 C 是仅依赖于维数 n，α_0，Ω 的直径 d 和 G_1, G_2, F_1, F_2 的常数，这里 $G_i = \max\limits_{x\in\partial\Omega}|g_i(x)|$，$F_i = \sup\limits_{\Omega}|f_i(x)|$，$i=1,2$.

证明　由定理 3.26 有

$$\max_{\overline{\Omega}}|u_i| \leqslant C_1(G_i + F_i),\quad i=1,2 \tag{3.4.5}$$

设 $w = u_1 - u_2$，则 w 满足边值问题：

$$\begin{cases} -\Delta w + c_1(x)w = f_1 - f_2 + (c_2 - c_1)u_2,\ x \in \Omega \\ \left[\dfrac{\partial w}{\partial \boldsymbol{n}} + \alpha_1(x)w\right]\Big|_{\partial\Omega} = g_1 - g_2 + (\alpha_2 - \alpha_1)u_2 \end{cases}$$

于是，由定理 3.26 有

$$\begin{aligned} \max_{\overline{\Omega}}|w| &\leqslant C_1(\max_{\partial\Omega}|g_1 - g_2| + \max_{\partial\Omega}|(\alpha_2 - \alpha_1)u_2| + \\ &\qquad \sup_{\Omega}|f_1 - f_2| + \sup_{\Omega}|(c_1 - c_2)u_2|) \\ &\leqslant C_1(\max_{\partial\Omega}|g_1 - g_2| + \max_{\partial\Omega}|\alpha_2 - \alpha_1|\max_{\overline{\Omega}}|u_2| + \\ &\qquad \sup_{\Omega}|f_1 - f_2| + \sup_{\Omega}|c_1 - c_2|\max_{\overline{\Omega}}|u_2|) \end{aligned}$$

由不等式(3.4.5)得到估计式(3.4.4).

3.5　能量模估计

首先考虑 n 维位势方程的 Dirichlet 问题

$$\left.\begin{aligned} -\Delta u + c(x)u = f(x), x \in \Omega \\ u|_{\partial\Omega} = 0 \end{aligned}\right\} \tag{3.5.1}$$

利用 Gauss - Green 公式可以得到下面的能量模估计.

定理 3.28　假设 $c(x) \geqslant c_0 > 0$，$u \in C^2(\Omega) \cap C^1(\overline{\Omega})$ 是 Dirichlet 问题(3.5.1)的解，则

$$\int_{\Omega} |Du(x)|^2 \mathrm{d}x + \frac{c_0}{2}\int_{\Omega} |u(x)|^2 \mathrm{d}x \leqslant M\int_{\Omega} |f(x)|^2 \mathrm{d}x$$

其中 M 是仅依赖于 c_0 的常数.

证明　在 Dirichlet 问题(3.5.1)的方程两端同乘 u，再在 Ω 上积分可得

$$-\int_{\Omega} u\Delta u \mathrm{d}x + \int_{\Omega} c(x)u^2 \mathrm{d}x = \int_{\Omega} fu \mathrm{d}x$$

对于上式左端第一项应用 Gauss - Green 公式，右端应用 Cauchy 不等式

$$2ab \leqslant \varepsilon a^2 + \frac{1}{\varepsilon}b^2, \quad \varepsilon > 0$$

则

$$\int_{\Omega} |\mathrm{D}u|^2 \mathrm{d}x + c_0 \int_{\Omega} u^2 \mathrm{d}x \leqslant \frac{c_0}{2}\int_{\Omega} u^2 \mathrm{d}x + \frac{1}{2c_0}\int_{\Omega} f^2 \mathrm{d}x$$

上式移项即得证.

引理 3.3　(Friedrichs 不等式)　假设 $u \in C_0^1(\Omega)$，则

$$\int_{\Omega} |u(x)|^2 \mathrm{d}x \leqslant 4d^2 \int_{\Omega} |\mathrm{D}u(x)|^2 \mathrm{d}x \tag{3.5.2}$$

其中 d 是 Ω 的直径.

证明　由于 Ω 的直径为 d，则可以做一个边长为 $2d$ 且平行于坐标轴的 n 维正方体将 Ω 包含于其中. 不妨设此正方体为

$$Q = \{x = (x_1, x_2, \cdots, x_n) \mid 0 \leqslant x_i \leqslant 2d, i = 1, 2, \cdots, n\}$$

令

$$\tilde{u} = \begin{cases} u, & x \in \Omega \\ 0, & x \in Q \backslash \Omega \end{cases}$$

则显然 $\tilde{u} \in C_0^1(Q)$ 且

$$\tilde{u}(x_1, x_2, \cdots, x_n) = \int_0^{x_1} \tilde{u}_{\xi}(\xi, x_2, \cdots, x_n) \mathrm{d}\xi$$

利用 Schwarz 不等式得

$$\begin{aligned} \tilde{u}^2(x) &\leqslant x_1 \int_0^{x_1} |\tilde{u}_{\xi}(\xi, x_2, \cdots, x_n)|^2 \mathrm{d}\xi \\ &\leqslant 2d \int_0^{2d} |\tilde{u}_{x_1}(x_1, x_2, \cdots, x_n)|^2 \mathrm{d}x_1 \end{aligned}$$

两端对 x 在 Q 上积分，则

$$\int_Q \tilde{u}^2(x) \mathrm{d}x \leqslant 4d^2 \int_Q |\tilde{u}_{x_1}|^2 \mathrm{d}x \leqslant 4d^2 \int_Q |\mathrm{D}\tilde{u}|^2 \mathrm{d}x$$

注意到 $\tilde{u}$ 的定义，得到不等式(3.5.2).

利用上述不等式，可以证明下面结论.

定理 3.29　假设 $c(x) \geqslant 0$. 如果 $u \in C^2(\Omega) \cap C^1(\overline{\Omega})$ 是问题(3.5.1)的解，则

$$\int_{\Omega} |\mathrm{D}u(x)|^2 \mathrm{d}x + \int_{\Omega} |u(x)|^2 \mathrm{d}x \leqslant M \int_{\Omega} |f(x)|^2 \mathrm{d}x$$

其中 M 是仅依赖于 Ω 的直径的常数.

下面考虑位势方程的第三边值问题：

$$\begin{cases} -\Delta u + c(x)u = f(x), \ x \in \Omega \\ \left[\dfrac{\partial u}{\partial \boldsymbol{n}} + \alpha(x)u\right]\Big|_{\partial\Omega} = 0 \end{cases}$$

同样利用 Gauss - Green 公式可以得到下面的能量模估计.

定理 3.30 假设 $c(x) \geqslant c_0 > 0, \alpha(x) \geqslant 0$. 如果 $u \in C^2(\Omega) \cap C^1(\overline{\Omega})$ 是第三边值问题(3.5.1)的解,则

$$\int_{\Omega} |Du(x)|^2 \mathrm{d}x + \frac{c_0}{2}\int_{\Omega} |u(x)|^2 \mathrm{d}x + \int_{\partial\Omega} \alpha(x)u(x)^2 \mathrm{d}S(x) \leqslant M\int_{\Omega} |f(x)|^2 \mathrm{d}x$$

其中 M 是仅依赖于 c_0 的常数.

3.6 Hopf 极值原理

基于 Hopf 引理(定理 3.23),可立刻获得下面的 Hopf 极值原理. 先给出一个概念:设 $x_0 \in \partial\Omega$,如果存在一个球 $B \subset \Omega$,使得 $\overline{B} \cap \overline{\Omega} = \{x_0\}$,则称区域 Ω 在 x_0 满足内部球条件. 这时,称 $\overline{\Omega}$ 的补集 $\mathbb{R}^n \backslash \overline{\Omega}$ 在 x_0 点满足外部球条件.

定理 3.31 (Hopf 极值原理)设在 Ω 中 $-\Delta u \leqslant 0$ $(-\Delta u \geqslant 0)$, $x_0 \in \partial\Omega$, 并且

(1) u 在 x_0 连续;

(2)对所有 $x \in \Omega$, 有 $u(x_0) > u(x)$ $(u(x_0) < u(x))$;

Ω 在 x_0 满足内部球条件,则 u 在 x_0 处的外法向微商 $\dfrac{\partial u(x_0)}{\partial \boldsymbol{n}}$ 如果存在,则必满足严格的不等式

$$\frac{\partial u(x_0)}{\partial \boldsymbol{n}} > 0 \left(\frac{\partial u(x_0)}{\partial \boldsymbol{n}} < 0\right)$$

证明 在 x_0 处的一个足够小的内部球上利用定理 3.23 与下调和函数 u(详细定义参见本章习题 5),易得 $\dfrac{\partial u(x_0)}{\partial \boldsymbol{n}} > 0$. 在 $\partial\Omega$ 上使上调和函数 u 取到严格最小值的那些点处,下调和函数 $-u$ 取到严格最大值,因此在这些点处,应有 $\dfrac{\partial(-u)}{\partial \boldsymbol{n}} > 0$, 即 $\dfrac{\partial(u)}{\partial \boldsymbol{n}} < 0$.

现在给出 Hopf 极值原理在证明第二边值(Neumann)问题解的唯一性时的应用.

考虑 Poisson 方程第二边值问题:

$$\left.\begin{aligned} -\Delta u = f(x),\ x \in \Omega \\ \left.\frac{\partial u}{\partial \boldsymbol{n}}\right|_{\partial\Omega} = \varphi(x) \end{aligned}\right\} \tag{3.6.1}$$

容易看出,Neumann 问题的解如果存在,必不唯一. 因为若 u 是它的一个解,那么 u 加上一个任意常数后仍是它的解. 但我们可以证明如下定理。

定理 3.32 (唯一性) 如果 Ω 的每一个边界点都满足内部球条件,那么 Neumann 问题(3.6.1)的解除去一个常数是唯一的.

证明 设 u_1, u_2 是 Neumann 问题(3.6.1)的两个解,则 $u = u_1 - u_2$ 满足问题

$$\begin{cases} -\Delta u = 0,\ x \in \Omega \\ \left.\dfrac{\partial u}{\partial \boldsymbol{n}}\right|_{\partial\Omega} = 0 \end{cases}$$

如果 u 不恒等于常数,则由定理 3.24 知,最大值必在 $\partial\Omega$ 上达到,再由 Hopf 极值原理,在 u 取最大值的点处有 $\dfrac{\partial u(x)}{\partial \boldsymbol{n}} > 0$, 从而矛盾. 故 u 为常数.

至此，关于位势方程，我们用极值原理证明了 Dirichlet 问题解的唯一性与稳定性，用 Hopf 极值原理证明了 Neumann 问题解的唯一性. 关于调和方程的 Dirichlet 问题，利用镜像法求得了某些特殊区域上的 Green 函数，从而解决了此种区域上 Dirichlet 问题对任意连续边值的可解性. 另外，也可以用能量法证明解的唯一性，由 Dirichlet 原理可以把位势方程的 Dirichlet 问题的求解等价于求一个相应泛函的极小函数.

然而，对于一般区域上 Dirichlet 问题解的存在性，须对区域边界加上相当一般的光滑性条件才能予以保证. 对于不满足这种光滑性的任意区域，有例子说明，这时古典解并不存在. 为了理论和应用上的需要，有必要引入弱解(也叫广义解)的概念. 由于需要用到较多的泛函分析知识，在此不再赘述.

习　题

1. 利用推导 Laplace 方程的思想推导极小曲面方程.

2. 构造 $\mathbb{R}^n$ 上所有二次调和多项式组成的线性空间.

3. 仿照平均值公式的推导证明：当 $n \geqslant 3$ 时，对于第一边值问题 $\begin{cases} -\Delta u = f, x \in B(0,r) \\ u = g, \quad x \in \partial B(0,r) \end{cases}$ 在 $C^2(B(0,r)) \cap C^1(\bar{B}(0,r))$ 上的解 $u(x)$，有下式成立：

$$u(0) = \frac{1}{n\alpha(n)r^{n-1}}\int_{\partial B(0,r)} g(x)\mathrm{d}S(x) + \frac{1}{n(n-2)\alpha(n)}\int_{B(0,r)} \left(\frac{1}{|x|^{n-2}} - \frac{1}{r^{n-2}}\right) f(x)\mathrm{d}S(x)$$

4. 仿照平均值公式的推导证明：当 $n = 2$ 时，对于第一边值问题 $\begin{cases} -\Delta u = f, x \in B(0,r) \\ u = g, x \in \partial B(0,r) = C(0,r) \end{cases}$ 在 $C^2(B(0,r)) \cap C^1(\bar{B}(0,r))$ 的解 $u(x)$，有下式成立：

$$u(0) = \frac{1}{2\pi r}\int_{C(0,r)} g(x)\mathrm{d}l + \frac{1}{2\pi}\int_{B(0,r)} (\ln r - \ln|x|) f(x)\mathrm{d}x$$

其中 $\mathrm{d}l$ 为弧长微分. 此时 $C(0,r)$ 是环绕圆盘 $B(0,r)$ 的圆周.

5. 若 $v \in C^2(\Omega)$ 满足

$$-\Delta v \leqslant 0, x \in \Omega$$

则称 v 在 Ω 上是下调和的.

(1) 证明：对于任意球 $B(x,r) \subset \Omega$，成立 $v(x) \leqslant \mathrm{M}\{v(y)\}_{B(x,r)}$.

(2) 证明：$\max\limits_{\bar{\Omega}} v(x) = \max\limits_{\partial\Omega} v(x)$.

(3) 设 $\varphi: \mathbb{R} \to \mathbb{R}$ 是光滑凸函数，且 u 是 Ω 上的调和函数. 证明：$v = \varphi(u)$ 是 Ω 上的下调和函数.

(4) 设 u 是 Ω 上的调和函数. 证明：$v = |Du|^2$ 是 Ω 上的下调和函数.

6. (Harnack 定理) 假设 $\{u_n\} \subset C(\bar{\Omega}) \cap C^2(\Omega)$ 是 Ω 上的调和函数列. 如果 $\{u_n\}$ 在 $\partial\Omega$ 上一致收敛，则 $\{u_n\}$ 在 $\bar{\Omega}$ 上一致收敛，且收敛于一个调和函数.

7. (Schwarz 反射定理) 记上半球 $B^+ = \{x = (x_1, x_2, \cdots, x_n) \in B(0,1) \mid x_n > 0\}$，假设 u 是上半球 B^+ 上的调和函数且在边界 $\{x \in \partial B^+ \mid x_n = 0\}$ 上满足 $u = 0$. 令

$$v(x) = \begin{cases} u(x_1, x_2, \cdots, x_n), & x_n \geqslant 0 \\ -u(x_1, x_2, \cdots, -x_n), & x_n < 0 \end{cases}$$

证明：v 是球 $B(0,1)$ 上的调和函数.

8. 设 Ω 是 $\mathbb{R}^n$ 的一个开集. 如果原点 $0 \notin \Omega$，我们记 $x^* = \dfrac{x}{|x|^2}$，$\Omega^* = \{x^* \mid x \in \Omega\}$. 假设 u 是在 Ω 上的一个函数，并定义 Ω^* 上的函数 $K[u](x) = |x|^{2-n}u(x^*)$，$x \in \Omega^*$ 为函数的 Kelvin 变换，证明：$u(x)$ 是 Ω 上的调和函数当且仅当 $K[u]$ 是 Ω^* 上的调和函数.

9. 设 $u(x)$ 是球 $B(0,R)$ 上的调和函数，且在 $\bar{B}(0,R)$ 上连续，又设 $M = \int_{B(0,R)} u^2(x)\mathrm{d}x$，试证：

(1) $|u(0)| \leqslant \left[\dfrac{M}{\alpha(n)R^n}\right]^{\frac{1}{2}}$；

(2) $|u(x)| \leqslant \left[\dfrac{M}{\alpha(n)(R-|x|)^n}\right]^{\frac{1}{2}}$.

10. 设 $u(x)$ 是单位球 $B = B(0,1)$ 上的有界调和函数. 证明：

$$\sup_{x\in B}(1-|x|)|Du(x)| < +\infty$$

11. 设 $u(x)$ 是球 $B(0,R_0)$ 上的调和函数，对于 $R \in (0,R_0]$. 记 $\omega(R) = \sup\limits_{B(0,R)} u - \inf\limits_{B(0,R)} u$.

(1)利用 Harnack 不等式证明：存在 $\eta \in (0,1)$，使得 $\omega\left(\dfrac{R}{2}\right) \leqslant \eta\omega(R)$；

(2)如果 $\sup\limits_{B(0,R_0)} |u(x)| \leqslant M_0$，则存在常数 $\alpha \in (0,1)$，$C > 0$，使得

$$\omega(R) \leqslant C(M_0+1)\left(\frac{R}{R_0}\right)^{\alpha},\ R \in (0,R_0]$$

12.(推广的 Liouville 定理)假设 u 是 $\mathbb{R}^n$ 上的调和函数，且

$$|u(x)| \leqslant C_1|x|^m + C_2,\ x \in \mathbb{R}^n$$

其中 m 是非负整数，C_1，C_2 是非负常数，则 u 必为一个次数至多为 m 的调和多项式.

13. 假设 $u \in C^2(\mathbb{R}^n)$，对于 $r > 0$，定义

$$u_r(x) = \frac{1}{N\omega_n r^{n-1}}\int_{\partial B_r(x)} u(y)\mathrm{d}S(y)$$

证明：$\Delta u_r = (\Delta u)_r$.

14. 假设 u 是 $B(0,R)$ 上的非负调和函数，

(1)利用 Poisson 公式(3.3.21)证明：

$$R^{n-2}\frac{R-|x|}{(R+|x|)^{n-1}}u(0) \leqslant u(x) \leqslant R^{n-2}\frac{R+|x|}{(R-|x|)^{n-1}}u(0)$$

(2)证明定理 3.6.

15. 利用上述不等式证明定理 3.10.

16. 证明：对于任意 $x = (x_1,x_2,\cdots,x_n) \in \mathbb{R}^n_+$，Poisson 核满足

$$\int_{\mathbb{R}^{n-1}} K(x,y)\mathrm{d}y = 1$$

其中

$$y = (y_1,y_2,\cdots,y_{n-1},0) \in \partial\mathbb{R}^n_+ = \mathbb{R}^{n-1}$$

$$\mathrm{d}y = \mathrm{d}y_1\mathrm{d}y_2\cdots\mathrm{d}y_{n-1},\ K(x,y) = \frac{2x_n}{n\alpha(n)|y-x|^n}$$

17. 求边值问题

$$\begin{cases}-\Delta u = f(x,y), (x,y) \in \Omega \\ u|_{\partial\Omega} = g(x,y)\end{cases}$$

的 Green 函数，其中

(1) Ω 是上半平面；

(2) Ω 是第一象限；

(3) Ω 是带形区域 $\{(x,y) \in \mathbb{R}^2 \mid x \in \mathbb{R}, 0 < y < l\}$，其中 l 为正常数.

18. 记 $B^+(R) = \{x = (x_1, x_2, \cdots, x_n) \in \mathbb{R}^n \mid x_n > 0, |x| < R\}(n \geqslant 2)$. 求边值问题

$$\begin{cases}-\Delta u = f(x),\ x \in B^+(R) \\ u|_{\partial B^+(R)} = g(x)\end{cases}$$

的 Green 函数.

19. 证明：第二边值问题

$$\begin{cases}u_{xx} + u_{yy} = 0,\ (x,y) \in B(0,R) \\ \left.\dfrac{\partial u}{\partial r}\right|_{r=R} = g(\theta),\ \theta \in [0, 2\pi]\end{cases}$$

的解在边值 $g(\theta)$ 满足条件 $\int_0^{2\pi} g(\theta)\mathrm{d}\theta = 0$ 时可以表示成

$$u(r,\theta) = -\frac{1}{2\pi}\int_0^{2\pi} g(\tau)\ln[R^2 + r^2 - 2Rr\cos(\tau - \theta)]\mathrm{d}\tau + C$$

其中 C 为任意常数. 这里 (r,θ) 是点 (x,y) 的极坐标.

20. 假设 $u(x) \in C(\overline{\Omega}) \cap C^2(\Omega)$ 是定解问题

$$\begin{cases}-\Delta u + c(x)u = f(x),\ x \in \Omega \\ u|_{\partial\Omega} = 0\end{cases}$$

的一个解.

(1) 如果 $c(x) \geqslant c_0 > 0$，则 $\max\limits_{\overline{\Omega}} |u(x)| \leqslant \dfrac{1}{c_0}\sup\limits_{\Omega} |f(x)|$；

(2) 如果 $c(x) \geqslant 0$，则 $\max\limits_{\overline{\Omega}} |u(x)| \leqslant M \sup\limits_{\Omega} |f(x)|$，其中 M 依赖于 Ω 的直径 d；

(3) 如果 $c(x) < 0$，试举反例说明上述最大模估计一般不成立.

21. 假设 $u(x) \in C(\overline{\Omega}) \cap C^2(\Omega)$ 是定解问题

$$\begin{cases}-\Delta u = 1, x \in \Omega \\ u|_{\partial\Omega} = 0\end{cases}$$

的一个解，试证明，对于任意 $x_0 \in \Omega$，估计

$$\frac{1}{2n}\min_{x \in \partial\Omega} |x - x_0|^2 \leqslant u(x_0) \leqslant \frac{1}{2n}\max_{x \in \partial\Omega} |x - x_0|^2$$

成立，这里 n 是空间的维数.

22. 假设 $u(x) \in C^1(\overline{\Omega}) \cap C^2(\Omega)$ 是定解问题

$$\begin{cases}-\Delta u + c(x)u = f(x), & x \in \Omega \\ \left.\left[\dfrac{\partial u}{\partial \boldsymbol{n}} + \alpha(x)u\right]\right|_{\Gamma_1} = g_1, & u|_{\Gamma_2} = g_2\end{cases}$$

的一个解，其中 $\Gamma_1 \cup \Gamma_2 = \partial\Omega, \Gamma_1 \cap \Gamma_2 = \varnothing, \Gamma_2 \neq \varnothing$.

(1)如果 $c(x)\geqslant c_0\geqslant 0,\alpha(x)\geqslant \alpha_0>0$,则有估计

$$\max_{\overline{\Omega}}|u(x)|\leqslant\max\left\{\frac{1}{c_0}\sup_{\Omega}|f(x)|,\frac{1}{\alpha_0}\max_{\Gamma_1}|g_1|,\max_{\Gamma_2}|g_2|\right\}$$

(2)如果 $c(x)$ 非负且有界,$\alpha(x)\geqslant 0$,且 Γ_1 满足内球条件,则上述问题的解是唯一的,这里 Γ_1 满足内球条件是指对于任意 $x_0\in\Gamma_1$,存在一个球 B 使得 $B\subset\Omega$, $\Gamma_1\cap\partial B=\{x_0\}$.

23. 试用辅助函数

$$w(x)=\mathrm{e}^{-a|x|^2}-\mathrm{e}^{-aR^2}$$

证明 Hopf 引理,这里 $a>0$,R 是球 B_R 的半径.

24. 假设 $\Omega\subset\mathbb{R}^n$ 是一个有界开集, $u_i(x)\in C^2(\Omega)\cap C(\overline{\Omega})(i=1,2)$ 满足定解问题

$$\begin{cases}-\Delta u_i+c_i(x)u=0, & x\in\Omega\\ u=g_i, & x\in\partial\Omega\end{cases}$$

如果 $c_2(x)\geqslant c_1(x)\geqslant 0,g_1(x)\geqslant g_2(x)\geqslant 0$,则

$$u_1(x)\geqslant u_2(x)$$

25. 假设 $\Omega_0\subset\mathbb{R}^n$ 是一个有界区域, $\Omega=\mathbb{R}^n\setminus\overline{\Omega}_0$ 　如果 $u(x)\in C^2(\Omega)\cap C(\overline{\Omega})$ 是外部问题

$$\begin{cases}-\Delta u+c(x)u=0,\ x\in\Omega\\ u|_{\partial\Omega}=g(x)\\ \lim\limits_{|x|\to\infty}u(x)=l\end{cases}$$

的一个解,其中 $c(x)\geqslant 0$ 且在 $\overline{\Omega}$ 上局部有界,则

$$\sup_{\Omega}|u(x)|\leqslant\max\{|l|,\max_{\partial\Omega}|g(x)|\}$$

26. 假设 $\Omega\subset\mathbb{R}^n$ 是一个有界开集,如果 $u(x)\in C^2(\Omega)\cap C(\overline{\Omega})$ 是定解问题

$$\begin{cases}-\Delta u+|u|u=f,\ x\in\Omega\\ u|_{\partial\Omega}=g\end{cases}$$

的一个解,则

$$\max_{\overline{\Omega}}|u(x)|\leqslant\max\{\max_{\partial\Omega}|g(x)|,\sup_{\Omega}|f|^{\frac{1}{2}}\}$$

27. 假设 $\Omega\subset\mathbb{R}^n$ 是一个有界开集. $u(x)\in C^2(\Omega)\cap C(\overline{\Omega})$ 是定解问题

$$\begin{cases}-\Delta u+u^3-u=0,\ x\in\Omega\\ u|_{\partial\Omega}=g\end{cases}$$

的一个解. 证明:如果 $\max\limits_{\partial\Omega}|g(x)|\leqslant 1$,则 $\max\limits_{\overline{\Omega}}|u(x)|\leqslant 1$.

28. 假设 $\Omega\subset\mathbb{R}^n$ 是一个有界开集, $u_i(x)\in C^2(\Omega)\cap C(\overline{\Omega})(i=1,2)$ 满足定解问题

$$\begin{cases}-\Delta u_i+u_i^{\ 3}=f_i(x),\ x\in\Omega\\ u|_{\partial\Omega}=g_i(x)\end{cases}$$

如果 $f_1(x)\geqslant f_2(x),g_1(x)\geqslant g_2(x)$,则

$$u_1(x)\geqslant u_2(x)$$

29. 假设 $\Omega\subset\mathbb{R}^n$ 是一个有界开集, $u(x)\in C^2(\Omega)\cap C(\overline{\Omega})$ 满足定解问题

$$\begin{cases}-\Delta u+\mathbf{A}\cdot\mathrm{D}u=f(x),\ x\in\Omega\\ u|_{\partial\Omega}=g(x)\end{cases}$$

其中 $\boldsymbol{A}=\boldsymbol{A}(x):\Omega\to\mathbb{R}^n$ 是一个有界连续向量函数，如果 $f(x)\geqslant 0, g(x)\geqslant 0$，则

$$u(x)\geqslant 0, x\in\overline{\Omega}$$

30. 假设 $\Omega\subset\mathbb{R}^n$ 是一个有界开集，$u_i(x)\in C^2(\Omega)\cap C(\overline{\Omega})(i=1,2)$ 满足定解问题

$$\begin{cases}-\Delta u_i+|\mathrm{D}u_i|^2=f_i(x), x\in\Omega\\ u|_{\partial\Omega}=g_i(x)\end{cases}$$

如果 $f_1(x)\geqslant f_2(x), g_1(x)\geqslant g_2(x)$，则

$$u_1(x)\geqslant u_2(x)$$

31. 假设 $\Omega\subset\mathbb{R}^n$ 是一个有界开集，如果 $u(x)\in C^2(\Omega)\cap C(\overline{\Omega})$ 是定解问题

$$\begin{cases}-\Delta u+|u|^r u=f,\ x\in\Omega\\ \left[\dfrac{\partial u}{\partial\boldsymbol{n}}+\alpha(x)u\right]\Big|_{\partial\Omega}=g\end{cases}$$

的一个解，其中 $r>0$ 和 $\alpha(x)\geqslant\alpha_0>0$，则

$$\max_{\overline{\Omega}}|u(x)|\leqslant\max\left\{\frac{1}{\alpha_0}\max|g(x)|,\sup_{\Omega}|f|^{\frac{1}{1+r}}\right\}$$

32. 假设 $\Omega\subset\mathbb{R}^n$ 是一个有界开集，如果 $u(x), v(x)\in C^2(\Omega)\cap C(\overline{\Omega})$ 满足方程组

$$\begin{cases}-\Delta u+2u-v=f,\ x\in\Omega\\ -\Delta v+2v-u=g,\ x\in\Omega\end{cases}$$

和边界条件

$$u|_{\partial\Omega}=v|_{\partial\Omega}=0$$

证明：$\max\{\max\limits_{\Omega}|u(x)|,\max\limits_{\Omega}|v(x)|\}\leqslant\max\{\sup\limits_{\Omega}|f(x)|,\max\limits_{\Omega}|g(x)|\}$

33. 假设 $\Omega\subset\mathbb{R}^n$ 是一个有界开集，$x_0\in\partial\Omega$. 如果 $u(x)\in C^2(\Omega)\cap C(\overline{\Omega}\backslash\{x_0\})$ 满足

$$\begin{cases}-\Delta u=0,\ x\in\Omega\\ u|_{\partial\Omega\backslash\{x_0\}}=g\\ \lim\limits_{x\to x_0}|u(x)|\leqslant M_0\end{cases}$$

则

$$\sup_{\Omega}|u(x)|\leqslant\max\{M_0,\sup_{\partial\Omega\backslash\{x_0\}}|g(x)|\}$$

34. 记 $B^+=\{(x,y)\,|\,|x|^2+y^2<1, x\in\mathbb{R}^{n-1}, y>0\}$ 是 $\mathbb{R}^n$ 的上半球. 假设 $u(x,y)\in C^2(B^+)\cap C(\overline{B^+})$ 是定解问题

$$\begin{cases}-\Delta_x u-yu_{yy}+c(x,y)u=f(x,y),\ (x,y)\in\mathbb{R}^+\\ u|_{\partial B^+}=g\end{cases}$$

的一个解.

(1) 如果 $c(x,y)\geqslant c_0>0$，则有估计

$$\max_{\overline{B^+}}|u(x)|\leqslant\max\{c_0^{-1}\sup_{B^+}|f(x,y)|,\max_{\partial B^+}|g(x,y)|\}$$

(2) 如果 $c(x,y)\geqslant 0$，则

$$\max_{\overline{B^+}}|u(x,y)|\leqslant M[\sup_{B^+}|f(x,y)|+\max_{\partial B^+}|g(x,y)|]$$

其中 $M>0$ 是一常数.

35. 记 $\mathbb{R}_+^2 = \{(x,y) \mid x \in \mathbb{R}, y > 0\}$. 证明:定解问题

$$\begin{cases} -\Delta u = f(x,y),\ (x,y) \in \mathbb{R}_+^2 \\ u|_{y=0} = g(x) \end{cases}$$

属于 $C^2(\mathbb{R}_+^2) \cap C(\overline{\mathbb{R}_+^2})$ 的有界解是唯一的.

36. 假设 $\Omega \subset \mathbb{R}^n (n \geqslant 3)$ 是一个有界开集, $x_0 \in \partial\Omega$. 如果 $u(x) \in C^2(\Omega) \cap C(\overline{\Omega} \backslash \{x_0\})$ 是定解问题

$$\begin{cases} -\Delta u = f,\ x \in \Omega \\ u|_{\partial\Omega \backslash \{x_0\}} = g \end{cases}$$

的有界解,证明:这样的解是唯一的.

37. 假设 $\Omega \subset \mathbb{R}^n$ 是一个有界区域, $x_0 \in \partial\Omega$. 如果 $u(x) \in C^2(\Omega) \cap C(\overline{\Omega} \backslash \{x_0\})$ 是定解问题

$$\begin{cases} -\Delta u = f,\ x \in \Omega \\ u|_{\partial\Omega \backslash \{x_0\}} = g \end{cases}$$

的有界解. 证明:这样的解是唯一的

38. 假设 $\Omega \subset \mathbb{R}^n (n \geqslant 3)$ 是一个有界开集, $x_0 \in \Omega$ 又设 $u(x) \in C^2(\Omega) \cap C(\overline{\Omega})$ 是定解问题

$$\begin{cases} -\Delta u = f,\ x \in \Omega \\ u|_{\partial\Omega} = g \end{cases}$$

的解, $v(x) \in C^2(\Omega \backslash \{x_0\}) \cap C(\overline{\Omega})$ 是定解问题

$$\begin{cases} -\Delta v = f,\ x \in \Omega \backslash \{x_0\} \\ v|_{\partial\Omega} = g \end{cases}$$

的有界解. 证明: x_0 是 $v(x)$ 的可去奇点,即

$$u(x) \equiv v(x),\ x \in \overline{\Omega} \backslash \{x_0\}$$

39. 假设 $\Omega \subset \mathbb{R}^n (n \geqslant 3)$ 是一个有界开集. 考虑定解问题

$$\begin{cases} -\Delta u(x) + \boldsymbol{A}(x) \cdot \mathrm{D}u(x) + c(x)u(x) = f(x),\ x \in \Omega \\ u|_{\partial\Omega} = 0 \end{cases}$$

其中 n 维向量函数 $\boldsymbol{A}: \Omega \to \mathbb{R}^n$ 和函数 $c(x)$ 在 Ω 上连续有界. 如果条件 $c(x) - \frac{1}{4}|\boldsymbol{A}(x)|^2 > 0$ 成立,利用能量估计方法证明上述问题解的唯一性.

40. 假设 $\Omega \subset \mathbb{R}^n (n \geqslant 3)$ 是一个有界开集,且在 Ω 上 $c(x) \geqslant 0$,试利用能量估计方法证明 Neumann 边值问题

$$\begin{cases} -\Delta u(x) + c(x)u(x) = f(x),\ x \in \Omega \\ \left.\dfrac{\partial u}{\partial \boldsymbol{n}}\right|_{x \in \partial\Omega} = g(x) \end{cases}$$

在函数类 $C^2(\Omega) \cap C^1(\overline{\Omega})$ 中的解在相差一个常数的意义下唯一.

第4章 热传导方程

设 Ω 是 $\mathbb{R}^n(n \geqslant 2)$ 中开集，则 n 维齐次热传导方程为

$$u_t - a^2 \Delta u = 0,\ x \in \Omega, t \in \mathbb{R}_+$$

其中，$a > 0$ 是常数.

热传导方程是偏微分发展史上最早的方程之一，它是抛物型方程的典型代表，具有丰富的物理背景. 例如，设有一个由均匀且各向同性的介质组成的物体占有三维空间有界区域 Ω，并设体内无热源，令 $u(x,t)$ 为物体在点 x 于时刻 t 的温度，$J(x,t)$ 是在点 (x,t) 的热流速度，则在单位时间通过光滑曲面 Σ 流向曲面单位法向 $\boldsymbol{v}$ 一侧的热量为

$$\int_\Sigma J \cdot \boldsymbol{v} \mathrm{d}S$$

由此知，对 Ω 的任一具有光滑边界的有界子域 G，在单位时间内流出 G 的热量是

$$\int_{\partial G} J \cdot \boldsymbol{v} \mathrm{d}S$$

其中，$\boldsymbol{v}$ 是 ∂G 的单位外法向. 由热学定律知由温度高处流向温度低处的热流速度正比于温度函数的梯度，即 $J = -k\mathrm{D}u$，这里，$k > 0$ 是常数，称为介质的热传导系数. 所以上式变为

$$-\int_{\partial G} k\mathrm{D}u \cdot \boldsymbol{v} \mathrm{d}S$$

根据另一条热学定律，体积微元 $\mathrm{d}x$ 的温度升高正比于流入 $\mathrm{d}x$ 内的热量. 于是，在点 (x,t) 单位时间内流入微元 $\mathrm{d}x$ 的热量是 $cu_t\mathrm{d}x$，其中，$c > 0$ 是介质单位体积内的热容量，对均匀且各向同性的介质，c 是常数. 于是

$$-\int_G cu_t \mathrm{d}x = \text{单位时间内流出 } G \text{ 的热量}$$

由此可得

$$-\int_G cu_t \mathrm{d}x = -\int_{\partial G} k\mathrm{D}u \cdot \boldsymbol{v} \mathrm{d}S$$

将散度定理用于上式右端，得

$$\int_G (cu_t - k\Delta u)\mathrm{d}x = 0$$

由被积函数得连续性和 $G \subset \Omega$ 的任意性，便得三维热传导方程

$$u_t - a^2 \Delta u = 0,\ x \in \Omega, t \in \mathbb{R}_+$$

其中，$a^2 = k/c > 0$. 同样，若考虑一张侧面绝热的薄片中的热传导，可得到二维热传导方程. 若考虑一根均匀同性细杆中的热传导，设侧面绝热且温度的分布在同一垂直截面上处处相同，则温度函数仅与截面在细杆上的位置 x 和时间 t 有关，它满足一维热传导方程

$$u_t - a^2 u_{xx} = 0$$

另外，在研究扩散现象时，例如气体的扩散，液体的渗透和半导体材料中杂质的扩散等，也会得到类似的方程. 本章将讨论该方程的定解问题和解的性质. 不失一般性，下文将设热传导方程中系数 $a = 1$.

4.1 初值问题

对一维热传导方程的具有齐次边界条件的初值问题，或在某些规则区域上的二维甚至三维齐次热传导方程带有齐次边界条件的初值问题，可以用第 2 章介绍的分离变量法求解. 现在考虑高维热传导方程的初值问题：

$$\left.\begin{aligned} & u_t - \Delta u = 0, x \in \mathbb{R}^n, 0 < t \leqslant T \\ & u(x,0) = \varphi(x) \end{aligned}\right\} \tag{4.1.1}$$

这里及下文，$u = u(x,t) = u(x_1, x_2, x_3, \cdots x_n, t)$，$\Delta u = \sum_{i=1}^{n} \dfrac{\partial^2 u}{\partial x_i^2}$. 不难验证以 y 为参数的函数

$$E(x-y,t) = \frac{1}{t^{n/2}} \mathrm{e}^{-\frac{|x-y|^2}{4t}} \tag{4.1.2}$$

满足式(4.1.1)，称它为热传导方程的基本解. 在第 2 章中我们用分离变量法、行波法和积分变换法等方法对一维热传导方程的定解问题进行了一些讨论，但与三维和二维波动方程的解相比较，我们发现热传导方程的解对空间维数的依赖关系是很有规律的，故本章直接讨论高维热传导方程. 用一般 Fourier 变换方法求解初值问题，对 Fourier 变换的严格数学理论不再赘述，这里仅简单介绍它的概念、性质和在求解初值问题时的应用.

4.1.1 Fourier 变换及其性质

设函数 $f(x)$ 在 $x \in \mathbb{R}^n (n \geqslant 1)$ 上连续可微且绝对可积，则有它的 Fourier 变换

$$\tilde{f}(\xi) = \int_{\mathbb{R}^n} f(x) \mathrm{e}^{-\mathrm{i}x\cdot\xi} \mathrm{d}x$$

及 $f(\xi)$ 的 Fourier 逆变换

$$f(x) = \frac{1}{(2\pi)^n} \int_{\mathbb{R}^n} \tilde{f}(\xi) \mathrm{e}^{\mathrm{i}x\cdot\xi} \mathrm{d}\xi$$

其中，内积 $x \cdot \xi = x_1\xi_1 + x_2\xi_2 + \cdots + x_n\xi_n$. 在不强调函数的自变量的情况下，一个函数的 Fourier 变换与逆变换也可分别记作 $\mathscr{F}[f]$ 和 $\mathscr{F}^{-1}[f]$. 显然，Fourier 变换是线性变换. 另外，后文将用到它的以下三条基本性质.

(1)微分性质. 若 f 和 f'_{x_j} 的 Fourier 变换都存在，且当 $|x| \to +\infty$ 时，$f(x) \to 0$，则有

$$\mathscr{F}[f'_{x_j}] = \mathrm{i}\xi_j \mathscr{F}[f]$$

其中 i 是虚数单位.

一般地，有

$$\mathscr{F}[\mathrm{D}^\alpha f] = (\mathrm{i}\xi)^\alpha \mathscr{F}[f]$$

这里要求 f 适当光滑，式中出现的 f 的各阶微商都可进行 Fourier 变换，且当 $|x| \to +\infty$ 时，各阶微商都趋于零，利用分部积分公式不难证明此性质成立.

(2)幂乘性质. 若 $f(x)$ 和 $x_j f(x)$ 都可进行 Fourier 变换,则有

$$\mathscr{F}[-\mathrm{i}x_j f]=\frac{\partial}{\partial \xi_j}\mathscr{F}[f]$$

一般地,有

$$\mathscr{F}[(-\mathrm{i})^{|\alpha|}x^\alpha f]=\mathrm{D}^\alpha\mathscr{F}[f]$$

其中,要求 f 足够光滑且所涉及的变换都存在.

(3)卷积性质.

1)若函数 f,g 都可进行 Fourier 变换,则它们的卷积

$$f*g(x)\equiv\int_{\mathbb{R}^n}f(y)g(x-y)\mathrm{d}y$$

也可进行 Fourier 变换,且有

$$\mathscr{F}[f*g]=\mathscr{F}[f]\mathscr{F}[g]$$

2)若 f 和 g 的乘积 fg 可进行 Fourier 逆变换,则有

$$\mathscr{F}^{-1}[fg]=\mathscr{F}^{-1}[f]*\mathscr{F}^{-1}[g]$$

证明:仅证 1),2)类似可证. 由 f,g 在 $\mathbb{R}^1$ 上绝对可积,用 Fubini 定理,有

$$\begin{aligned}\mathscr{F}[f*g]&=\mathscr{F}\left[\int_{\mathbb{R}^n}f(y)g(x-y)\mathrm{d}y\right]\\&=\int_{\mathbb{R}^n}\mathrm{e}^{-\mathrm{i}x\cdot\xi}\mathrm{d}x\int_{\mathbb{R}^n}f(y)g(x-y)\mathrm{d}y\\&=\int_{\mathbb{R}^n}f(y)\mathrm{d}y\int_{\mathbb{R}^n}g(z)\mathrm{e}^{-\mathrm{i}(y+z)\cdot\xi}\mathrm{d}z\\&=\int_{\mathbb{R}^n}f(y)\mathrm{e}^{-\mathrm{i}y\cdot\xi}\mathrm{d}y\int_{\mathbb{R}^n}g(z)\mathrm{e}^{-\mathrm{i}z\cdot\xi}\mathrm{d}z\\&=\mathscr{F}[f]\mathscr{F}[g]\end{aligned}$$

例 4.1　求函数 $f(x)=\mathrm{e}^{-a|x|}$ 的 Fourier 变换,其中,$x\in\mathbb{R}^n$.

解

$$\begin{aligned}\tilde{f}(\xi)&=\int_{\mathbb{R}^1}\mathrm{e}^{-a|x|}\mathrm{e}^{-\mathrm{i}x\cdot\xi}\mathrm{d}x\\&=\int_{\mathbb{R}^1}\mathrm{e}^{-a|x|}\mathrm{e}^{-\mathrm{i}x\cdot\xi}(\cos x\xi-\mathrm{i}\sin x\xi)\mathrm{d}x\\&=2\int_0^{+\infty}\mathrm{e}^{-ax}\cos x\xi\mathrm{d}x\\&=\frac{2a}{\xi^2+a^2}\end{aligned}$$

例 4.2　求函数 $f(\xi)=\mathrm{e}^{-|\xi|^2t}$ 的 Fourier 逆变换,其中,$\xi\in\mathbb{R}^n$,$t\in\mathbb{R}_+$.

解

$$\mathscr{F}^{-1}[f]=\frac{1}{(2\pi)^n}\int_{\mathbb{R}^1}\mathrm{e}^{-|\xi|^2t}\mathrm{e}^{\mathrm{i}x\cdot\xi}\mathrm{d}\xi$$

$$= \left(\frac{1}{2\pi}\int_{-\infty}^{+\infty} e^{-t\xi_k^2+ix_k\xi_k}\,d\xi_k\right)^n$$
$$= \left(\frac{1}{\pi}\int_{0}^{+\infty} e^{-t\xi_k^2}\cos x_k\xi_k\,d\xi_k\right)^n$$

记

$$I(x^k) = \frac{1}{\pi}\int_0^{+\infty} e^{-t\xi_k^2}\cos x_k\xi_k\,d\xi_k$$

由 Euler 公式

$$\int_0^{+\infty} e^{-x^2}\,dx = \frac{\sqrt{\pi}}{2}$$

知

$$I(0) = \frac{1}{2}\sqrt{\frac{1}{\pi t}}$$

对 $I(x_k)$ 求导并进行一次分部积分,得

$$\frac{dI(x_k)}{dx_k} + \frac{x_k}{2t}I(x_k) = 0$$

解此方程并注意到 $I(0)$ 的值,得

$$I(x_k) = \frac{1}{2}\sqrt{\frac{1}{\pi t}}e^{-\frac{x_k^2}{4t}}$$

故

$$\mathscr{F}^{-1}[f] = \prod_{k=1}^{n} I(x_k) = (4\pi t)^{-n/2}e^{-\frac{|x|^2}{4t}}$$

4.1.2 解初值问题

设初值问题(4.1.1)的解 $u(x,t)$ 和初始数据 $\varphi(x)$ 都可关于变量 x 进行 Fourier 变换,并记

$$\tilde{u}(\xi,t) = \int_{\mathbb{R}^n} u(x,t)e^{-ix\cdot\xi}dx$$
$$\tilde{\varphi}(\xi) = \int_{\mathbb{R}^n} \varphi(x)e^{-ix\cdot\xi}dx$$

于是,对(4.1.1)中方程和初始数据进行 Fourier 变换,便得关于 $\tilde{u}(\xi,t)$ 的常微分方程初值问题

$$\left.\begin{aligned} &\frac{d\tilde{u}(\xi,t)}{dt} + |\xi|^2\tilde{u}(\xi,t) = 0 \\ &\tilde{u}(\xi,0) = \tilde{\varphi}(\xi). \end{aligned}\right\} \tag{4.1.3}$$

易得其解为 $\tilde{u}(\xi,t) = \tilde{\varphi}(\xi)e^{-|\xi|^2t}$, ,对它作 Fourier 逆变换,并利用例 4.2,得

$$\begin{aligned} u(x,t) &= \mathscr{F}^{-1}[\tilde{u}(\xi,t)] \\ &= \mathscr{F}^{-1}[\tilde{\varphi}(\xi)\mathrm{e}^{-|\xi|^2 t}] \\ &= \mathscr{F}^{-1}[\tilde{\varphi}(\xi)] * \mathscr{F}^{-1}[\mathrm{e}^{-|\xi|^2 t}] \\ &= (4\pi t)^{-\frac{n}{2}} \int_{\mathbb{R}^n} \varphi(y)\mathrm{e}^{-\frac{|x-y|^2}{4t}}\mathrm{d}y \\ &= (4\pi)^{-\frac{n}{2}} \int_{\mathbb{R}^n} E(x-y,t)\varphi(y)\mathrm{d}y \end{aligned}$$

其中，$E(x-y,t) = t^{-n/2}\mathrm{e}^{-\frac{|x-y|^2}{4t}}$ 叫做(4.1.1)中热传导方程的基本解，而称

$$\begin{aligned} K(x-y,t) &= (4\pi)^{-n/2}E(x-y,t) \\ &= (4\pi t)^{-n/2}\mathrm{e}^{-\frac{|x-y|^2}{4t}} \end{aligned} \tag{4.1.4}$$

是初值问题(4.1.1)的解核. 于是，式(4.1.1)的形式解可表为

$$u(x,t) = \int_{\mathbb{R}^n} \varphi(y)K(x-y,t)\mathrm{d}y \tag{4.1.5}$$

为了后文的应用，在此给出解核的以下几条性质：

(1) $K(x-y,t) > 0, K(x-y,t) \in C^\infty$，$\forall x \in \mathbb{R}^n, y \in \mathbb{R}^n, t \in \mathbb{R}_+$；

(2) $\left(\frac{\partial}{\partial t} - \Delta\right)K(x-y,t) = 0$，$\forall x \in \mathbb{R}^n, y \in \mathbb{R}^n, t \in \mathbb{R}_+$，这里，$\Delta = \Delta_x$ 或 Δ_y；

(3) $\int_{\mathbb{R}^n} K(x-y,t)\mathrm{d}y = 1$，$\forall x \in \mathbb{R}^n, t \in \mathbb{R}_+$；

(4)对任意正数 δ，下式成立：

$$\lim_{t\to 0^+} \int_{|y-x|>\delta} K(x-y,t)\mathrm{d}y = 0, \ \forall x \in \mathbb{R}^n$$

由 K 的表达式(4.1.4)易知性质(1)和(2)显然成立. 为证性质(3)，对积分作变量代换 $y = x + (4t)^{1/2}\eta$，则得

$$\int_{\mathbb{R}^n} K(x-y,t)\mathrm{d}y = \pi^{-n/2}\int_{\mathbb{R}^n} \mathrm{e}^{-|\eta|^2}\mathrm{d}\eta = 1$$

这里，用了 Euler 积分

$$\int_{\mathbb{R}^n} \mathrm{e}^{-|\eta|^2}\mathrm{d}\eta = \left(\int_{-\infty}^{+\infty} \mathrm{e}^{-s^2}\mathrm{d}s\right)^n = \pi^{n/2}$$

关于性质(4)，在积分式中仍然作上述变换，得

$$\lim_{t\to 0^+} \int_{|y-x|>\delta} K(x-y,t)\mathrm{d}y = \lim_{t\to 0^+}\pi^{-n/2} \int_{|\eta|>\delta/\sqrt{4t}} \mathrm{e}^{-|\eta|^2}\mathrm{d}\eta$$

由于 Euler 积分是收敛的，故上述极限等于零.

4.1.3　解的存在性

在上面推导式(4.1.1)的形式解(4.1.5)的过程中，假设了初始函数 $\varphi(x)$ 的 Fourier 变换存在，并用到还原公式 $\mathscr{F}^{-1}[\tilde{\varphi}] = \varphi$. 这通常要求 $\varphi(x)$ 绝对可积且有连续的一阶微商. 其实，

在对 $\varphi(x)$ 附加弱得多的条件下，就可证明由(4.1.5)所表示的函数 $u(x,t)$ 是问题(4.1.1)的古典解.

定理 4.1 (存在性) 若 $\varphi(x) \in C(\mathbb{R}^n)$，且存在常数 $M > 0$ 和 $A \geqslant 0$ 使

$$|\varphi(x)| \leqslant M\mathrm{e}^{A|x|^2}, \ \forall x \in \mathbb{R}^n$$

成立. 则由式(4.1.5)确定的函数 $u(x,t)$ 是问题(4.1.1)在区域 $\Omega = \{(x,t) \mid x \in \mathbb{R}^n, 0 < t \leqslant T\}$ 上的古典解，且在 Ω 上无穷次可微，其中，$T < \frac{1}{4A}$.

证明 (1)先证 $u(x,t)$ 连续. 任取常数 $a > 0, 0 < t_0 < T$，并记

$$L = \{(x,t) \mid |x| \leqslant a, t_0 \leqslant t \leqslant T\}$$

于是，若 $(x,t) \in L$，则由式(4.1.5)可知

$$\begin{aligned} u(x,t) &\leqslant M\int_{\mathbb{R}^n} K(x-y,t)\mathrm{e}^{A|y|^2}\mathrm{d}y \\ &\leqslant cM\int_{\mathbb{R}^n} \exp\left\{A|y|^2 - \frac{|x-y|^2}{4T}\right\}\mathrm{d}y \end{aligned} \tag{4.1.6}$$

其中，$c = (4\pi t_0)^{-n/2}$. 若记 $\bar{A} = -\frac{1}{4T}$，并对上述被积函数中的指数配方，得

$$A|y|^2 + \bar{A}|x-y|^2 = (A+\bar{A})\left|y - \frac{\bar{A}}{A+\bar{A}}x\right|^2 + \frac{A\bar{A}}{A+\bar{A}}|x|^2$$

此式代入式(4.1.6)，若 $A + \bar{A} < 0$，即 $A < \frac{1}{4T}$，则得估计

$$\begin{aligned} |u(x,t)| &\leqslant cM\mathrm{e}^{\frac{A\bar{A}}{A+\bar{A}}|x|^2}\int_{\mathbb{R}^n} \exp\left\{(A+\bar{A})\left|y - \frac{\bar{A}}{A+\bar{A}}x\right|^2\right\}\mathrm{d}y \\ &= cM\left(\frac{-\pi}{A+\bar{A}}\right)^{\frac{n}{2}}\mathrm{e}^{\frac{A\bar{A}}{A+\bar{A}}|x|^2} \end{aligned} \tag{4.1.7}$$

因此，式(4.1.5)中的积分在 L 上绝对且一致收敛，从而，此积分所确定的函数 $u(x,t)$ 在 L 上连续. 由正实数 a 和 t_0 的取法知 $u(x,t)$ 在区域 Ω 上连续.

(2)次证 $u(x,t) \in C^\infty(\mathbb{R}^n \times [0,T])$，且满足方程. 对任意多重指标 $\alpha = (\alpha_0, \alpha_1, \cdots \alpha_n)$，$K(x-y,t)$ 关于变量 (t,x) 求偏微商得

$$\mathrm{D}^\alpha K(x-y,t) = \psi\left(x_i - y_i, \frac{1}{\sqrt{t}}\right)\mathrm{e}^{-\frac{|x-y|^2}{4t}}$$

其中，$\psi\left(x_i - y_i, \frac{1}{\sqrt{t}}\right)$ 是 $x_i - y_i$ 和 $\frac{1}{\sqrt{t}}$ 的多项式. 如同在第(1)步证明中对式(4.1.5)中积分的估计，可对积分

$$\int_{\mathbb{R}^n} \varphi(y)\mathrm{D}^\alpha K(x-y,t)\mathrm{d}y$$

进行类似的估计，得到该积分也在 L 上绝对且一致收敛. 于是，在 L 上，进而在 Ω 上对式(4.1.5)中的函数 $u(x,t)$ 可在积分号内微分任意多次，即

$$D^{\alpha}u(x,t)=\int_{\mathbb{R}^n}\varphi(y)D^{\alpha}K(x-y,t)\mathrm{d}y$$

所以，$u(x,t)\in C^{\infty}(\Omega)$. 用解核的性质(2)可得

$$\left(\frac{\partial}{\partial t}-\Delta\right)u(x,t)=\int_{\mathbb{R}^n}\varphi(y)\left(\frac{\partial}{\partial t}-\Delta\right)K(x-y,t)\mathrm{d}y=0$$

(3)证明 $u(x,t)$ 满足初始条件，即证对任意 $x_0\in\mathbb{R}^n$，有

$$\lim_{x\to x_0,t\to 0^+}u(x,t)=\varphi(x_0)$$

不失一般性，设 $x_0=0$，并记 $v_0(x)=\varphi(x)-\varphi(0)$. 则 $\varphi(x)=\varphi(0)+v_0(x)$. 由式(4.1.5)及解核的性质(3)知

$$\begin{aligned}u(x,t)&=\int_{\mathbb{R}^n}\varphi(0)K(x-y,t)\mathrm{d}y+\int_{\mathbb{R}^n}v_0(y)K(x-y,t)\mathrm{d}y\\&=\varphi(0)+\int_{\mathbb{R}^n}v_0(y)K(x-y,t)\mathrm{d}y\end{aligned}$$

因 $v_0(x)$ 连续且 $v_0(0)=0$，故对任意取定的实数 $\varepsilon>0$，存在正数 $\delta(\varepsilon)$，使当 $|x|<\delta(\varepsilon)$ 时，$|v_0(x)|<\varepsilon$. 由定理所设知，$|v_0(x)|\leqslant 2Me^{A|x|^2}$，故存在正数 $B(\varepsilon)$ 足够大，使当 $|x|>\delta$ 时，有 $|v_0(x)|\leqslant\varepsilon e^{B(\varepsilon)|x|^2}$. 从而，对任意 $x\in\mathbb{R}^n$，有

$$\left|\int_{\mathbb{R}^n}v_0(y)K(x-y,t)\mathrm{d}y\right|\leqslant\frac{\varepsilon}{(4\pi t)^{n/2}}\int_{\mathbb{R}^n}e^{B(\varepsilon)|y|^2-\frac{|x-y|^2}{4t}}\mathrm{d}y$$

上式右端与式(4.1.6)中的积分相比较，并利用估计式(4.1.7)的结果，得

$$\left|\int_{\mathbb{R}^n}v_0(y)K(x-y,t)\mathrm{d}y\right|\leqslant\frac{\varepsilon}{(1-4Bt)^{n/2}}e^{\frac{B|x|^2}{1-4Bt}}$$

此即

$$|u(x,t)-\varphi(0)|\leqslant\frac{\varepsilon}{(1-4Bt)^{n/2}}e^{\frac{B|x|^2}{(1-4Bt)}}$$

其中，$t>0$ 足够小，使 $B(\varepsilon)-\dfrac{1}{4t}<0$. 在上式中，令 $t\to 0^+$，$x\to 0$，，得 $|u(x,t)-\varphi(0)|\leqslant\varepsilon$，由 ε 的任意性可得

$$\lim_{x\to 0,t\to 0^+}u(x,t)=\varphi(0)$$

注 4.1　由解核的性质(1)和(3)，从式(4.1.5)可得对有界的 $\varphi(x)$，有

$$u(x,t)\leqslant\int_{\mathbb{R}^n}K(x-y,t)\mathrm{d}y(\sup_{y\in\mathbb{R}^n}\varphi(y))=\sup_{y\in\mathbb{R}^n}\varphi(y)$$

更一般地，当 $x\in\mathbb{R}^n$，$t>0$ 时，得

$$\inf_{y\in\mathbb{R}^n}\varphi(y)\leqslant u(x,t)\leqslant\sup_{y\in\mathbb{R}^n}\varphi(y)$$

注 4.2　由定理可见，$A>0$ 越小，对 t 而言的解的存在范围越大. 当 $\varphi(x)$ 只是有界连续函数时，即 $A=0$，则式(4.1.5)所确定的函数 $u(x,t)$ 就是初值问题(4.1.1)在 $t\geqslant 0$ 上的解.

注 4.3　同样的推理可以证明：将 φ 改为可测函数而定理的其他条件不变，则式(4.1.5)所确定的函数 $u(x,t)$ 仍然是问题(4.1.1)的 C^{∞} 类解，且在 $\varphi(x)$ 的连续点 y，当 $x\to y$，$t\to 0$ 时，$u(x,t)\to\varphi(y)$. 这说明即使初始数据有间断点时，解仍然是无穷光滑的. 相比之下，波动

方程的解就没有如此好的性质.

注 4.4 由式(4.1.5)可以看出,当 $t>0$ 时,$u(x,t)$ 依赖于 $\varphi(y)$ 在所有点上的值,即 φ 在一点 y 附近的值片刻之后将影响所有 x 点上 $u(x,t)$ 的值,不管 x 点距原点多么远,虽然在远距离处的影响微小(注意到与波动方程的解的明显不同,见波动方程中对影响区域的论述).这说明初始数据对解的影响以无穷传播速度向外传播.因此,在物理现象中严格应用热传导方程有明显的局限性.

4.2 最大值原理及其应用

4.2.1 最大值原理

设有 $\mathbb{R}^{n+1}(n\geqslant 2)$ 中有界柱体

$$Q_T=\{(x,t)\mid x\in\Omega,0<t\leqslant T\}$$

其中,Ω 是 $\mathbb{R}^n$ 中有界开集,T 是取定的正常数.记由柱体的侧面和底面组成的边界部分为 Γ_T,称其为 Q_T 的抛物边界,即 $\Gamma_T=\overline{Q_T}-Q_T$(见图 4.2.1).

若函数 $u(x,t)$ 在 Q_T 上关于 x 所有二阶连续偏微商及关于 t 的一阶连续偏微商存在,则记为 $u\in C^{2,1}(Q_T)$.

若 $u\in C^{2,1}(Q_T)$ 且满足 $u_t-\Delta u\leqslant(\geqslant)0$,则称 u 是热传导方程 .$u_t-\Delta u=0$ 在 Q_T 上的下解(上解).则有

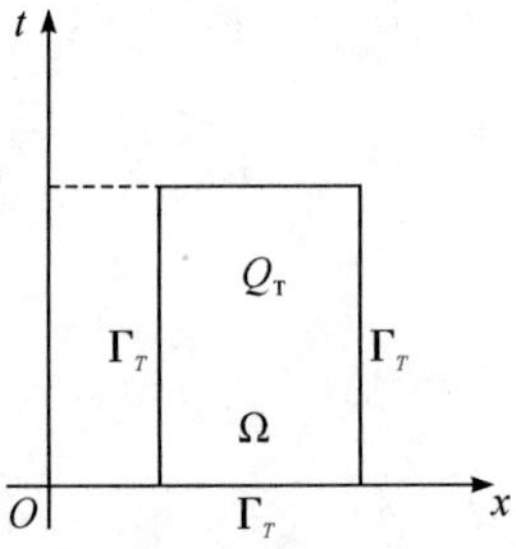

图 4.2.1

定理 4.2 (下解的最大值原理)设 $u(x,t)\in C^{2,1}(Q_T)$ 在 $\overline{Q}_T$ 上连续,且是热传导方程 $u_t-\Delta u=0$ 在 Q_T 上的下解.则它在 $\overline{Q}_T$ 上的最大值必在抛物边界上取到,即

$$\max_{\overline{Q}_T}u(x,t)=\max_{\Gamma_T}u(x,t)$$

证明 (1)先设 $u_t-\Delta u<0$.因 $u\in C(\overline{Q}_T)$,故存在点 $(x,t)\in\overline{Q}_T$,使得 $u(x,t)=\max\limits_{\overline{Q}_T}u$.若 $(x,t)\in Q_T$,则在该点有 $u_t\geqslant 0$,$\Delta u\leqslant 0$,于是 $u_t-\Delta u\geqslant 0$,这与所设矛盾.所以 $(x,t)\in\Gamma_T$,即

$$\max_{\overline{Q}_T}u=\max_{\Gamma_T}u$$

(2)在 Q_T 内 $u_t-\Delta u\leqslant 0$.对任意正数 k,令

$$v(x,t)=u(x,t)-kt$$

则 v 满足 $v_t - \Delta v = u_t - \Delta u - k < 0$，于是用第(1)步证明的结论得 $\max\limits_{\bar{Q}_T} v = \max\limits_{\Gamma_T} v$，注意到

$$\max_{\bar{Q}_T} u = \max_{\bar{Q}_T}(v + kt) \leqslant \max_{\bar{Q}_T} v + kT$$
$$= \max_{\Gamma_T} v + kT \leqslant \max_{\Gamma_T} u + kT$$

令 $k \to 0$，得

$$\max_{\bar{Q}_T} u \leqslant \max_{\Gamma_T} u$$

相反的，不等式 $\max\limits_{\bar{Q}_T} u \geqslant \max\limits_{\Gamma_T} u$ 显然成立，所以，$\max\limits_{\bar{Q}_T} u = \max\limits_{\Gamma_T} u$．

注 4.5　若 $u(x,t)$ 是热传导方程 $u_t - \Delta u = 0$ 在 Q_T 上的上解，则 $-u$ 必是下解，由定理立得关于上解的最小值原理

$$\min_{\bar{Q}_T} u(x,t) = \min_{\Gamma_T} u(x,t)$$

由定理 4.2 及上述注立得关于热传导方程解的最大值原理.

定理 4.3　(解的最大值原理)设 $u(x,t) \in C^{2,1}(Q_T)$ 在 $\bar{Q}_T$ 上连续，且是热传导方程 $u_t - \Delta u = 0$ 在 Q_T 上的解. 则 $|u|$ 在 $\bar{Q}_T$ 上的最大值必在抛物边界上取到，即

$$\max_{\bar{Q}_T} |u(x,t)| = \max_{\Gamma_T} |u(x,t)|$$

定理 4.4　(比较原理)设 $u^{(1)}$ 和 $u^{(2)}$ 都满足定理 4.3 的条件，若在 Γ_T 上有 $u^{(1)} \leqslant u^{(2)}$ $(u^{(1)} \geqslant u^{(2)})$，则在 $\bar{Q}_T$ 上也有 $u^{(1)} \leqslant u^{(2)}$ $(u^{(1)} \geqslant u^{(2)})$.

这就是热传导方程的解比较原理.

4.2.2　初边值问题解的唯一性与稳定性

本小节及下一小节介绍最大值原理在证明热传导方程定解问题解的唯一性与稳定性时的应用.

定理 4.5　(唯一性与稳定性)初边值问题

$$\left.\begin{aligned} & u_t - \Delta u = f(x,t),\ (x,t) \in Q_T \\ & u|_{\Gamma_T} = \varphi(x,t) \end{aligned}\right\} \tag{4.2.1}$$

的解唯一且关于初边值是稳定的.

证明　若问题(4.2.1)有两个解 u_1 和 u_2，则由叠加原理，它们的差 $u = u_1 - u_2$ 满足问题

$$\begin{cases} u_t - \Delta u = 0,\ (x,t) \in Q_T \\ u|_{\Gamma_T} = 0 \end{cases}$$

由解的最大值原理(定理 4.3)，得

$$\max_{\bar{Q}_T} |u| = \max_{\Gamma_T} |u| = 0$$

于是，在 $\bar{Q}_T$ 上 $u \equiv 0$，即 $u_1 = u_2$，故解唯一. 下证稳定性. 若 u^i $(i = 1,2)$ 满足问题

$$\begin{cases} u_t^{(i)} - \Delta u^{(i)} = f(x,t),\ (x,t) \in Q_T \\ u^{(i)}|_{\Gamma_T} = \varphi^{(i)}(x,t) \end{cases}$$

则 $u=u^{(1)}-u^{(2)}$ 满足

$$\begin{cases}u_t-\Delta u=0,\ (x,t)\in Q_T\\ u|_{\Gamma_T}=\varphi^{(1)}-\varphi^{(2)}\end{cases}$$

由解的最大值原理(定理 4.3),得

$$\max_{\bar{Q}_T}|u|=\max_{\Gamma_T}|\varphi^{(1)}-\varphi^{(2)}|$$

所以,对任意给定的正数 ε,若 $\max\limits_{\Gamma_T}|\varphi^{(1)}-\varphi^{(2)}|<\varepsilon$,可得

$$\max_{\bar{Q}_T}|u^{(1)}-u^{(2)}|<\varepsilon$$

即解关于初边值在连续函数空间范数下是稳定的.

4.2.3 初值问题解的唯一性与稳定性

由定理 4.1 知,只要 $\varphi(x)$ 在 $\mathbb{R}^n$ 上连续且满足增长阶条件 $|\varphi(x)|\leqslant Me^{A|x|^2}$,则由式(4.1.5)确定的函数

$$u(x,t)=\int_{\mathbb{R}^n}\varphi(y)K(x-y,t)\mathrm{d}y$$

就是问题(4.1.1)的当 $x\in\mathbb{R}^n$,$0\leqslant t\leqslant T(T<\frac{1}{4A})$ 时的解.由估计式(4.1.7)知,存在常数 $M_1>0$,$A_1\geqslant 0$,使当 $x\in\mathbb{R}^n$,$0\leqslant t\leqslant T$ 时,如下不等式成立:

$$|u(x,t)|\leqslant M_1e^{A_1|x|^2} \tag{4.2.2}$$

现在证明:如果解的增长阶具有形如式(4.2.2)的限制,则这类解必唯一.

定理 4.6 (唯一性)设问题(4.1.1)的解满足式(4.2.2),则这类解必唯一.

证明 (1)设 $u^{(1)}$,$u^{(2)}$ 同是问题(4.1.1)的解,且满足条件(4.2.2),则函数 $u=u^{(1)}-u^{(2)}$ 满足问题

$$\left.\begin{array}{l}u_t-\Delta u=0,x\in\mathbb{R}^n,\ t\in(0,T]\\ u|_{\Gamma_T}=0\end{array}\right\} \tag{4.2.3}$$

故只需证明问题(4.2.3)在区域 $\{x\in\mathbb{R}^n,0\leqslant t\leqslant T\}$ 上仅有平凡解 $u\equiv 0$.

(2)任意取定 $\mathbb{R}^n$ 中一闭球 $|x|\leqslant b$,选取 ε 使 $0<\varepsilon<M_1$,并设常数 $A'>A_1$.取常数 $a>0$ 充分大,使 $M_1e^{A_1a^2}<\varepsilon e^{A'a^2}$,不妨设 $a>b$.于是,由式(4.2.2)知

$$|u(x,t)|\leqslant\varepsilon e^{A'a^2} \tag{4.2.4}$$

当 $|x|=a$ 时.任取定实数 $\varepsilon>0$,在闭域 $D=\left\{(x,t)\ \middle|\ |x|\leqslant a,0\leqslant t\leqslant\frac{1}{8A'}\right\}$ 上作辅助函数

$$v(x,t)=\frac{\varepsilon}{(\sqrt{1-4A't})^n}e^{\frac{A'|x|^2}{1-4A't}}$$

容易验证它满足问题(4.2.3)中方程,且在闭域 D 的边界部分 $|x|=a$ 上有

$$v(x,t)=\frac{\varepsilon}{(\sqrt{1-4A't})^n}e^{\frac{A'a^2}{1-4A't}}\geqslant\varepsilon e^{A'a^2}$$

而在 D 的底面 $t=0$ 上有 $v(x,0)\geqslant\varepsilon>0$.用式(4.2.4)和初始条件 $u(x,0)=0$ 比较 u 和 v 知,在 D 的抛物边界上有 $|u(x,t)|\leqslant v(x,t)$,则由比较原理(定理 4.4),在 D 内也有此式成

立. 特别地, 当 $|x| \leqslant b, 0 \leqslant t \leqslant \dfrac{1}{8A'}$ 时, 有

$$|u(x,t)| \leqslant \varepsilon \left(\frac{1}{2}\right)^{-\frac{n}{2}} e^{2A'b^2}$$

令 $\varepsilon \to 0$, 便得在闭域 $\left\{|x| \leqslant b, 0 \leqslant t \leqslant \dfrac{1}{8A'}\right\}$ 中 $u(x,t) = 0$. 由 $b > 0$ 的任意性可知, 在区域 $\left\{x \in \mathbb{R}^n, 0 \leqslant t \leqslant \dfrac{1}{8A'}\right\}$ 内 $u = 0$.

(3) 在区域 $\left\{x \in \mathbb{R}^n, \dfrac{1}{8A'} \leqslant t \leqslant \dfrac{1}{4A'}\right\}$ 中重复在第(2)步中的论证, 可得在该域内 $u = 0$. 因 T 是有限数, 如此延拓证明有限次后便得所证, 唯一性证毕.

若 $u^i\,(i = 1,2)$ 是问题(4.1.1)的分别对应于初始数据 $\varphi^{(i)}\,(i = 1,2)$ 的解, 对任意给定的正数 δ, 设 $\max\limits_{\mathbb{R}^n} |\varphi^{(1)} - \varphi^{(2)}| < \delta$. 则由解的表达式(4.1.5)和解核 $K(x-y,t)$ 的性质(3)得

$$\max_{x \in \mathbb{R}^n, 0 \leqslant t \leqslant T} |u^{(1)} - u^{(2)}| \leqslant \max_{x \in \mathbb{R}^n} |\varphi^{(1)} - \varphi^{(2)}| \int_{\mathbb{R}^n} K(x-y,t)\,\mathrm{d}y < \delta \tag{4.2.5}$$

于是得证.

定理 4.7　(稳定性) 初值问题(4.1.1)的解在连续函数空间范数下对初始数据是稳定的.

以下给出几个在不同方面具有代表性的例题. 首先, 在讨论热传导方程初值问题解的唯一性时, 对解的增长阶有限制条件(4.2.2). 下面是 A. N. Tychonov 给出的例子, 说明这个限制条件是不可去的.

例 4.3　对一维热传导方程的初值问题

$$\begin{cases} u_t - u_{xx} = 0, \ x \in \mathbb{R}^1, t \in \mathbb{R}^1 \\ u(x,0) = 0 \end{cases}$$

除非解满足条件 $|u(x,t)| \leqslant M e^{A|x|^2}$, 否则解不唯一.

解　设 $g(t)$ 是 $\mathbb{R}^1$ 中的无穷次可微函数, 则方程 $u_t - u_{xx} = 0$ 的解可由级数

$$u(x,t) = \sum_{k=0}^{+\infty} \frac{\mathrm{d}^k g(t)}{\mathrm{d}t^k} \frac{x^{2k}}{(2k)!}, \ x \in \mathbb{R}^1, t \in \mathbb{R}^1 \tag{4.2.6}$$

给出. 事实上, 假设级数(4.2.6)的收敛性足够好, 则有

$$u_{xx} = \sum_{k=0}^{+\infty} \frac{\mathrm{d}^k g(t)}{\mathrm{d}t^k} \frac{x^{2k-2}}{(2k-2)!} = \sum_{k=0}^{+\infty} \frac{\mathrm{d}^{k+1} g(t)}{\mathrm{d}t^{k+1}} \frac{x^{2k}}{(2k)!}$$

$$u_t = \sum_{k=0}^{+\infty} \frac{\mathrm{d}^{k+1} g(t)}{\mathrm{d}t^{k+1}} \frac{x^{2k}}{(2k)!}$$

由此可知, 级数(4.2.6)满足方程 $u_t - u_{xx} = 0$. 现在, 取

$$g(t) = \begin{cases} e^{-t^{-\alpha}}, & \alpha > 1, t > 0 \\ 0, & t \leqslant 0 \end{cases}$$

它关于 t 无穷次可微, 但在点 $t = 0$ 不解析. 故相应的级数(4.2.6)的收敛性依赖于微商 $\dfrac{\mathrm{d}^k g(t)}{\mathrm{d}t^k}$ 的估计. 由解析函数微商的 Cauchy 公式得

$$\frac{\mathrm{d}^k g(t)}{\mathrm{d}t^k} = \frac{k!}{2\pi i} \int_{\Gamma} \frac{e^{-z^{-\alpha}}}{(z-t)^{k+1}} \mathrm{d}z$$

这里，$t>0$，Γ 是积分路径：$|z-t|=\theta t$，$0<\theta<1$，对 $\mathrm{Re}z>0$，定义 z^{α} 作为函数的主值. 对实数 λ，位于 Γ 上的点 z 可表示为

$$z=t+\theta t\mathrm{e}^{\mathrm{i}\lambda}=t(1+\theta\mathrm{e}^{\mathrm{i}\lambda})$$

$$\mathrm{Re}(-z^{-\alpha})=-t^{-\alpha}\mathrm{Re}\,(1+\theta\mathrm{e}^{\mathrm{i}\lambda})^{-\alpha}$$

显然，总可取 θ 充分小，使对所有实数 λ 有

$$\mathrm{Re}\,(1+\theta\mathrm{e}^{\mathrm{i}\lambda})^{-\alpha}>\frac{1}{2}$$

因此

$$\mathrm{Re}(-z^{-\alpha})<-\frac{1}{2}t^{-\alpha}$$

$$\left|\frac{\mathrm{d}^k g(t)}{\mathrm{d}t^k}\right|\leqslant\frac{k!}{(\theta t)^k}\mathrm{e}^{-\frac{1}{2t^{\alpha}}}$$

又因 $\dfrac{k!}{2k!}<\dfrac{1}{k!}$，故由式(4.2.6)可得估计

$$|u(x,t)|\leqslant\sum_{k=0}^{+\infty}\frac{|x|^{2k}}{k!(\theta t)^k}\mathrm{e}^{-\frac{1}{2t^{\alpha}}}=\exp\left\{\frac{1}{t}\left(\frac{|x|^2}{\theta}-\frac{1}{2}t^{1-\alpha}\right)\right\}$$

可见，在每一区间 $[x_0,x_1]$ 上，当 $t\to 0^+$ 时，一致地有 $u(x,t)\to 0$. 所以，由式(4.2.6)所确定函数 $u(x,t)$ 是初值问题

$$\begin{cases}u_t-\Delta u=0,\ x\in\mathbb{R}^n,t\in\mathbb{R}_+\\ u(x,0)=0\end{cases}$$

的解，称它为 Tychonov 解.

如果求得初值问题(4.1.1)的一个解，只要加上上述的 Tychonov 解，就得到问题的另一个解，从而，解的唯一性就不成立，故要保证解的唯一性，条件(4.2.2)是不可去的.

从物理方面看，热传导方程描写的是物理现象，如热的传导、分子的扩散等，也都是由高到低、由密到稀的单向变化，这种变化是不可逆的. 相应地，在数学上表现为以 $-t$ 替换 t 得到不同的方程 $u_t+\Delta u=0$. 与此相应的是对热传导方程在 $t<0$ 上的初值问题一般是不适定的. 下面是 E. Rothe 的著名例子.

例 4.4 (E. Rothe)考虑一维热传导方程 $u_t-u_{xx}=0$ 的初值问题 $u(x,0)=\varphi(x)$，$x\in\mathbb{R}$.

解 若 $\varphi(x)=0$，则 $u(x,t)=0$ 是一个解. 若

$$\varphi(x)=\lambda\sin\frac{x}{\lambda},\ \lambda>0$$

则

$$u(x,t)=\lambda\mathrm{e}^{-\frac{t}{\lambda^2}}\sin\frac{x}{\lambda}$$

是解. 可以看出，对充分小的 $\lambda>0$，初值 $\varphi(x)$ 可任意地接近于零，而这个解仅当 $t>0$ 时才随之接近于零，当 $t<0$ 时，解不趋于零，即解关于初值的稳定性不成立.

现在给出既可用延拓法又可用分离变量法求解一维热传导方程初边值问题的例子.

例 4.5 考虑有界杆的热传导问题

$$\left.\begin{aligned}&u_t-u_{xx}=0,\ x\in(0,l),t\in\mathbb{R}_+\\&u(0,t)=u(l,t)=0\\&u(x,0)=\varphi(x)\end{aligned}\right\}\tag{4.2.7}$$

其中，$\varphi \in C[0,l]$，$\varphi(0)=\varphi(l)=0$.

解法一　设 $u(x,t)$ 是问题的解. 因 $u(0,t)=0$，可关于变量 x 奇延拓 $u(x,t)$ 到 $[-l,l]$ 上，然后以 $2l$ 为周期继续延拓它到整个实轴上，从而转化成无界杆的初值问题

$$\begin{cases}u_t-u_{xx}=0,\ x\in \mathbb{R}^1,t\in \mathbb{R}_+\\ u(x,0)=\Phi(x)\end{cases}$$

其中，函数 $\Phi(x)$ 满足

$$\Phi(x)=\varphi(x),\ x\in[0,l]$$
$$\Phi(x)=-\varphi(-x),\ x\in[-l,0]$$
$$\Phi(x+2l)=\Phi(x),\ x\in \mathbb{R}^1$$

由于 $\varphi(x)$ 在 $[0,l]$ 上连续，故满足存在性定理(4.1.1)的条件，从而问题的解为

$$u(x,t)=\int_{-\infty}^{+\infty}\Phi(y)K(x-y,t)\mathrm{d}y \tag{4.2.8}$$

由于 $\Phi(x)$ 是奇函数，则有

$$u(0,t)=\int_{-\infty}^{+\infty}\Phi(y)K(y,t)\mathrm{d}y=0$$

同时，由于 $\Phi(l-x)$ 是 x 的奇函数，则有

$$\begin{aligned}u(l,t)&=\int_{-\infty}^{+\infty}\Phi(y)K(l-y,t)\mathrm{d}y\\&=\int_{-\infty}^{+\infty}\Phi(l-y)K(y,t)\mathrm{d}y\\&=0\end{aligned}$$

可见，由式(4.2.8)所确定的函数 $u(x,t)$ 当 $x\in[0,l]$，$t\in \mathbb{R}_+$ 时就是问题(4.2.7)的解. 它可以写为

$$\begin{aligned}u(x,t)&=\sum_{n=-\infty}^{+\infty}\int_{(2n-1)l}^{(2n+1)l}\Phi(y)K(x-y,t)\mathrm{d}y\\&=\sum_{n=-\infty}^{+\infty}\int_{-l}^{l}\Phi(y)K(x-y-2nl,t)\mathrm{d}y\\&=\sum_{n=-\infty}^{+\infty}\int_{0}^{l}\Phi(y)[K(x-y-2nl,t)-K(x+y-2nl,t)]\mathrm{d}y\\&=\int_0^l\varphi(y)G(x,y,t)\mathrm{d}y\end{aligned}$$

其中

$$G(x,y,t)=\frac{1}{2\sqrt{\pi t}}\sum_{n=-\infty}^{+\infty}\left(\mathrm{e}^{-\frac{(x-y-2nl)^2}{4t}}-\mathrm{e}^{-\frac{(x+y-2nl)^2}{4t}}\right)$$

解法二　设 $u(x,t)=X(x)T(t)$，代入方程后分离变量，得

$$\frac{T'}{T}=\frac{X''}{X}$$

令其公比常数为 $-\lambda$，则得两个方程

$$T'+\lambda T=0,\ X''+\lambda X=0 \tag{4.2.9}$$

结合 $X(x)$ 应该满足的边界条件 $X(0)=X(l)=0$，构成特征值问题

$$\begin{cases}X''(x)+\lambda X(x)=0,\ x\in(0,l)\\ X(0)=X(l)=0.\end{cases}$$

由第二章第二小节的讨论知该问题的特征值为

$$\lambda_n = \left(\frac{n\pi}{l}\right)^2, \quad n = 1,2\cdots$$

相应的特征函数为

$$X_n = \sin\frac{n\pi}{l}x\,,\ n = 1,2\cdots$$

对应于 $\lambda_n = \left(\frac{n\pi}{l}\right)^2$，由(4.2.9)第一式解得

$$T_n = a_n \mathrm{e}^{-\left(\frac{n\pi}{l}\right)^2 t}$$

于是，问题(4.2.7)的解为

$$u(x,t) = \sum_{n=1}^{+\infty} a_n \mathrm{e}^{-\left(\frac{n\pi}{l}\right)^2 t} \sin\frac{n\pi}{l}x \tag{4.2.10}$$

由初始条件知

$$\varphi(x) = \sum_{n=1}^{+\infty} a_n \sin\frac{n\pi}{l}x$$

于是

$$a_n = \frac{2}{l}\int_0^1 \varphi(x)\sin\frac{n\pi}{l}x\,\mathrm{d}x$$

因 $\varphi(x)$ 在 $[0,l]$ 上连续，故存在常数 $K>0$，使 $|a_n| \leqslant K$ 对所有 n 成立. 因此，对任意的 $t_1 > t_0 > 0$，在闭矩形区域

$$\Sigma = \{(x,t) \mid 0 \leqslant x \leqslant l, t_0 \leqslant t \leqslant t_1\}$$

上，有

$$\left| a_n \mathrm{e}^{-\frac{n^2\pi^2 t}{l^2}} \sin\frac{n\pi}{l}x \right| \leqslant K\mathrm{e}^{-\frac{n^2\pi^2 t_0}{l^2}}$$

所以级数(4.2.10)在上面所示的矩形域 Σ 上绝对且一致收敛，故其和函数 $u(x,t)$ 连续. 由 $t_0 > 0$ 的任意性知 $u(x,t)$ 在 $0 \leqslant x \leqslant l, t > 0$ 时连续. 于是，对任意 $t > 0$ 有 $u(0,t) = u(l,t) = 0$.

另外，对级数(4.2.10)关于 t 逐项微商一次及关于 x 逐项微商两次后分别得到的两个级数在 Σ 上仍然绝对且一致收敛，从而式(4.2.10)所确定的函数 $u(x,t)$ 满足问题(4.2.7)的方程. 所以 $u(x,t)$ 是问题的解.

下面给出一个技术意义较强的问题，尝试用前文讲过的方法求解.

例 4.6　设有一根可以看作无限长的热传导细杆 $\{x \in \mathbb{R}^1\}$，在 $-\infty < x < 0$ 和 $0 < x < +\infty$ 上分别由两种不同性质的物质组成. 在过渡点 $x = 0$，温度及沿两个方向的热流必须一致，左边的温度用 $u(x,t)$ 表示，右边的温度用 $U(x,t)$ 表示. 于是，描述该现象的定解问题为

$$\left.\begin{aligned}
&u_t - \gamma u_{xx} = 0, x < 0, t \in \mathbb{R}_+ \\
&U_t - \Gamma U_{xx} = 0, x > 0, t \in \mathbb{R}_+ \\
&u(x,0) = \varphi(x), x \leqslant 0 \\
&U(x,0) = \Phi(x), x \geqslant 0 \\
&u(0,t) = U(0,t), t \geqslant 0 \\
&\omega u_x(0,t) = \Omega U_x(0,t), t \geqslant 0
\end{aligned}\right\} \tag{4.2.11}$$

其中 $\varphi(0)=\Phi(0)$，ω 和 Ω 是热交换系数，γ 和 Γ 是热传导系数.

解　将问题延拓到整个实轴上. 首先，设问题(4.2.11)有解 $u(x,t)$，$U(x,t)$ 定义函数

$$v(x,t)=au(-x,t)+bU\left(\sqrt{\frac{\Gamma}{\gamma}}x,t\right),\ x\geqslant 0 \tag{4.2.12}$$

其中，a,b 是待定常数. 不难验证 $v(x,t)$ 在 $x>0,t>0$ 时满足方程 $u_t-\gamma u_{xx}=0$. 延拓函数 $u(x,t)$ 到整个实轴上：

$$u^*(x,t)=\begin{cases}u(x,t),x\leqslant 0\\ v(x,t),x\geqslant 0\end{cases}$$

显然，它在 $x\in\mathbb{R}^1\backslash\{0\},t\in\mathbb{R}_+$ 上满足方程 $u_t^*-\gamma u_{xx}^*=0$. 另外，$u^*(x,t)$ 及其微商 $u_x^*(x,t)$ 在 $x=0$ 应有衔接条件：

$$\begin{cases}u(0,t)=v(0,t)=au(0,t)+bU(0,t)\\ u_x(0,t)=v_x(0,t)=-au_x(0,t)+b\sqrt{\dfrac{\Gamma}{\gamma}}U_x(0,t)\end{cases}$$

用式(4.2.11)中最后两个条件，上式进一步化为

$$\begin{cases}u(0,t)=au(0,t)+bu(0,t)\\ \Omega u_x(0,t)=-a\Omega u_x(0,t)+b\omega\sqrt{\dfrac{\Gamma}{\gamma}}u_x(0,t)\end{cases}$$

由此得 $a+b=1,-a\Omega+b\omega\sqrt{\dfrac{\Gamma}{\gamma}}=\Omega$. 解出 a,b，将其代入式(4.2.12)，便可求出当 $x\geqslant 0$ 时 u^* 的初值

$$u^*(x,0)=a\varphi(-x)+b\Phi\left(\sqrt{\frac{\Gamma}{\gamma}}x\right),x>0$$

定义函数

$$\varphi^*(x)=\begin{cases}\varphi(x), & x<0\\ a\varphi(-x)+b\Phi\left(\sqrt{\dfrac{\Gamma}{\gamma}}x\right), & x\geqslant 0\end{cases}$$

于是得到延拓后的函数 $u^*(x,t)$ 的初值问题

$$\left.\begin{array}{l}u_t^*-\gamma u_{xx}^*=0,\ x\in\mathbb{R}^1,t\in\mathbb{R}_+\\ u^*(x,0)=\varphi^*(x)\end{array}\right\} \tag{4.2.13}$$

现在，去掉式(4.2.11)可解的假设，直接求解式(4.2.13). 先作自变量变换 $y=x/\sqrt{\gamma}$，把式(4.2.13)中方程化为(4.1.1)中形式，然后用(4.1.5)式，得

$$u^*(x,t)=\frac{1}{2\sqrt{\pi t}}\int_{-\infty}^{+\infty}u^*(\sqrt{\gamma}y,0)\mathrm{e}^{\frac{-\left(\frac{x}{\sqrt{\gamma}}-y\right)^2}{4t}}\mathrm{d}y,\ x\in\mathbb{R}^1$$

当限制 $x<0$ 时，上式就是问题(4.2.11)中的解 $u(x,t)$：当限制 $x>0$ 时，上式就是式(4.2.12)中的函数 $v(x,t)$，由此便得到(4.2.11)的解 $U(x,t)$.

例 4.7　不用定理 4.2，直接证明热传导方程 $u_t-\Delta u=0$ 的最大值原理，即定理 4.3.

证明　反证. 设 $u(x,t)$ 不在 Γ_T 上取到最大值，由于 $u(x,t)$ 在 $\overline{Q}_T$ 上连续，则必在某点 $(x^*,t^*)\in Q_T$ 取最大值，设 $u(x^*,t^*)=M$，在 Γ_T 上最大值为 m，则 $M>m$. 记 Ω 的直径为 d，作函数

$$v(x,t) = u(x,t) + \frac{M-m}{2nd^2}(x-x^*)^2$$

易知在 Γ_T 上，$v(x,t) < m + (M-m)/(2n) = \theta M, 0 < \theta < 1$，而 $v(x^*, t^*) = M$，所以 $v(x,t)$ 也不在 Γ_T 上取到最大值. 则 v 必在点 $(x_1, t_1) \in Q_T$ 取到最大值，在该点有 $\Delta v \leqslant 0, v_t \geqslant 0$，从而 $v_t - \Delta v \geqslant 0$. 但是，直接计算得 $v_t - \Delta v = -(M-m)/d^2 < 0$，矛盾. 所以，$u$ 必在 Γ_T 上取到最大值，以 $-u$ 代替 u 便知 u 也在 Γ_T 上取到最小值，即 $\max\limits_{\bar{Q}_T}|u| = \max\limits_{\Gamma_T}|u|$.

习　题

1. 已知方程 $u_t - u_{xx} + xu = 0, x \in \mathbb{R}^1, t > 0$. 设其解 $u(x,t)$ 的 Fourier 变换为 $\tilde{u}(\xi,t)$，证明它满足方程

$$\tilde{u}_t + \mathrm{i}\,\tilde{u}_\xi + \xi^2 \tilde{u} = 0$$

由此解出 $\tilde{u}(\xi,t) = F(\xi - \mathrm{i}t)\mathrm{e}^{\mathrm{i}\xi^3/3}$，其中，$F$ 是一个连续可微的任意函数. 若 $u(x,0) = \varphi(x)(x \in \mathbb{R}^1)$，验证给定方程的初值问题的解是

$$u(x,t) = \frac{1}{2\sqrt{\pi t}}\mathrm{e}^{t^3/3}\int_{\mathbb{R}^1}\varphi(y)\exp\left\{-ty - \frac{(t^2 - y + x)^2}{4t}\right\}\mathrm{d}y$$

2. 设实常数 $a > 0, b > 0$. 证明

$$\int_{\mathbb{R}^1} K(x-y,a)K(y,b)\mathrm{d}y = K(x,a+b)$$

定义算子

$$\mathrm{L}_x^t[\varphi] \equiv \int_{\mathbb{R}}\varphi(y)K(x-y,t)\mathrm{d}y, t > 0$$

则对任意的实数 $t_1 > 0, t_2 > 0$，有

$$\mathrm{L}_x^{t_1}[\mathrm{L}_x^{t_2}[\varphi]] = \mathrm{L}_x^{t_1+t_2}[\varphi]$$

3. 证明函数

$$v(x,y,t,\xi,\eta,\tau) = \frac{1}{4\pi(t-\tau)}\mathrm{e}^{-\frac{(x-\xi)^2+(y-\eta)^2}{4(t-\tau)}}$$

关于变量 (x,y,t) 满足方程 $v_t - (v_{xx} + v_{yy}) = 0$，关于变量 (ξ,η,τ) 满足方程

$$v_\tau + (v_{\xi\xi} + v_{\eta\eta}) = 0$$

4. 若 $u_1(x,t), u_2(y,t)$ 分别是问题

$$\begin{cases} u_{1,t} - u_{1,xx} = 0,\ x \in \mathbb{R}^1, t \in \mathbb{R}_+ \\ u_1(x,0) = \varphi_1(x) \end{cases}$$

和

$$\begin{cases} u_{2,t} - u_{2,yy} = 0,\ y \in \mathbb{R}^1, t \in \mathbb{R}_+ \\ u_2(y,0) = \varphi_2(y) \end{cases}$$

的解，试证明函数 $u(x,y,t) = u_1 u_2$ 是问题

$$\begin{cases} u_t - (u_{xx} + u_{yy}) = 0,\ (x,y) \in \mathbb{R}^2, t \in \mathbb{R}_+ \\ u(x,y,0) = \varphi_1(x)\varphi_2(y) \end{cases}$$

的解.

5. 导出热传导方程初值问题

$$\begin{cases} u_t - (u_{xx} + u_{yy}) = 0,\ (x,y) \in \mathbb{R}^2, t \in \mathbb{R}_+ \\ u(x,y,0) = \varphi(x,y) = \sum_{i=1}^{n} \alpha_i(x)\beta_i(y) \end{cases}$$

的解的表达式.

6. 已知在上半平面 $y>0$ 上静电场的电位函数 $u(x,y)$ 满足 $u_{xx} + u_{yy} = 0$ 及 $u(x,0) = \varphi(x)$，$\lim_{r\to+\infty} u = 0$，其中，$r = \sqrt{x^2+y^2}$．试用 Fourier 变换求解 $u(x,y)$．

7. 设半无限平面板 $y>0$，在边界 $y=0$ 上 $|x| \leqslant a$ 处保持常温 $u=1$，在 $|x|>a$ 处 $u=0$，证明平板的定常温度是

$$u(x,y) = \frac{1}{\pi}\left(\arctan\frac{a+x}{y} + \arctan\frac{a-x}{y}\right)$$

8. 解初边值问题

$$\begin{cases} u_t - a^2 u_{xx} = 0,\ x \in \mathbb{R}_+, t \in \mathbb{R}_+ \\ u(x,0) = \varphi(x),\ u_x(0,t) = 0,\ \varphi(0) = \varphi'(0) = 0 \end{cases}$$

9. 设 $v(x,t)$ 是问题

$$\begin{cases} v_t - a^2 v_{xx} = 0,\ x \in \mathbb{R}_+, t \in \mathbb{R}_+ \\ v(x,0) = 0,\ v(0,t) = 1 \end{cases}$$

的解，验证 Duhamel 积分

$$u(x,t) = \frac{\partial}{\partial t}\int_0^t v(x,t-\tau)\mu(\tau)\mathrm{d}\tau$$

满足初边界值问题

$$\begin{cases} u_t - a^2 u_{xx} = 0,\ x \in \mathbb{R}_+, t \in \mathbb{R}_+ \\ u(x,0) = 0,\ u(0,t) = \mu(t) \end{cases}$$

10. 求解一维热传导方程 $u_t - a^2 u_{xx} = 0$，$(x \in \mathbb{R}^1, t \in \mathbb{R}_+)$ 在下列初值条件下的初值问题：

(1) $u(x,0) = \sin x$；

(2) $u(x,0) = x^2 + 1$．

11. 用延拓法求解半有界直线上热传导方程初边值问题

$$\begin{cases} u_t - a^2 u_{xx} = 0,\ x \in \mathbb{R}_+, t \in \mathbb{R}_+ \\ u(0,t) = 0,\ u(x,0) = \varphi(x) \end{cases}$$

其中，$\varphi(x)$ 满足条件 $\varphi(0)=0$.

12. 求解半无界杆的热传导问题：

$$\begin{cases} u_t - u_{xx} = 0,\ x \in \mathbb{R}_+, t \in \mathbb{R}_+ \\ u_x(0,t) + du(0,t) = 0 \\ u(x,0) = \varphi(x) \end{cases}$$

13. 证明问题

$$\begin{cases}u_t-u_{xx}=0,\ x\in\mathbb{R}^1,t\in\mathbb{R}_+\\u(x,0)=1,x>0\\u(x,0)=-1,x<0\end{cases}$$

的解是

$$u(x,t)=\varphi\left(\frac{x}{2\sqrt{t}}\right)$$

其中，$\varphi(x)$ 是误差函数：

$$\varphi(x)=\frac{2}{\sqrt{\pi}}\int_0^x e^{-t^2}\,dt$$

14. 证明定理 4.3 与定理 4.4.

15. 设 G 是 $\mathbb{R}^2$ 中有界区域，试利用证明热传导方程最大值原理的方法证明：满足方程

$$u_{xx}+u_{yy}=0$$

的函数 $u(x,y)$ 在 $\bar{G}$ 上的最大值不会超过它在边界 ∂G 上的最大值.

16. 设 $u(x,t)\in C^{2,1}(Q_T)\cap C(\bar{Q})$ 是问题

$$\begin{cases}u_t-a^2u_{xx}=f(x,t),\ x\in(0,l),t\in(0,T]\\u(0,t)=g_1(t),\ u(l,t)=g_2(t)L\\u(x,0)=\varphi(x)\end{cases}$$

的解，试证明：

$$\max_{\bar{Q}_T}|u|\leqslant FT+B$$

其中，$Q_T=(0,l)$，$F=\sup\limits_{Q_T}|f|$，$B=\max\{\sup\limits_{[0,l]}|\varphi|,\sup\limits_{[0,T]}|g_1|,\sup\limits_{[0,T]}|g_2|\}$.

17. 证明上题中问题的解在 $C^{2,1}(Q_T)\cap C(\bar{Q}_T)$ 中是唯一的.

18. (最大值原理)考虑一般形式的热传导方程

$$Lu=u_t-a^2u_{xx}+b(x,t)u_x+c(x,t)u=f(x,t)$$

设 $c(x,t)\geqslant 0$，又设 $u(x,t)\in C^{2,1}(Q_T)\cap C(\bar{Q}_T)$ 且满足 $\mathrm{L}u\leqslant 0$，则 u 在 $\bar{Q}_T$ 上的非负最大值必在抛物边界上达到，即

$$\max_{\bar{Q}_T}u(x,t)\leqslant\max_{\Gamma_T}u^+(x,t)$$

其中，$u^+(x,t)=\max\{u(x,t),0\}$.

19. (最大值原理)考虑上题中的算子 $\mathrm{L}u$. 设 $c(x,t)\geqslant -c_0$，$c_0>0$ 是常数，又设 $u\in C^{2,1}(Q_T)\cap C(\bar{Q}_T)$，且满足 $\mathrm{L}u\leqslant 0$，则若 $\max\limits_{\Gamma_t}u(x,t)\leqslant 0$ 必有 $\max\limits_{\bar{Q}_t}u(x,t)\leqslant 0$.

20. (比较原理)仍考虑上题中的算子 $\mathrm{L}u$. 设 $c(x,t)\geqslant c_0$ ($c_0\geqslant 0$ 是常数)，又设 $u,v\in C^{2,1}(Q_T)\cap C(\bar{Q}_T)$ 且有 $\mathrm{L}u\leqslant \mathrm{L}v$，$u|_{\Gamma_T}\leqslant v|_{\Gamma_T}$ 则在 $\bar{Q}_T$ 上 $u(x,t)\leqslant v(x,t)$.

21. 设有界开集 $\Omega \subset \mathbb{R}^n$，$n \geqslant 2$，$Q = \Omega \times (0,\infty)$，$\Gamma = \partial\Omega \times [0,\infty)$. 给定问题

$$\begin{cases} u_t - \Delta u = 0,\ (x,t) \in Q \\ (\alpha \dfrac{\partial u}{\partial \boldsymbol{\nu}} + \sigma u) |_{\Gamma} = 0 \\ u(x,0) = \varphi(x) \end{cases}$$

其中，$\boldsymbol{\nu}$ 是 Γ 的单位外法向，α,σ 是不同时为零的非负常数. 记

$$E_t = \frac{1}{2}\int_{\Omega} u^2(x,t)\mathrm{d}x$$

试证明：

(1) $E_t \leqslant 0,\ \forall t \geqslant 0$；

(2) $|| u(\cdot,t) ||_{L_2(\Omega)} \leqslant || \varphi ||_{L_2(\Omega)},\ \forall t > 0$；

(3)证明本题初边值问题解的唯一性.

22. 证明热传导方程初值问题的最大值原理：设函数 $u(x,t)$ 在 $\mathbb{R}^n \times [0,T]$ 上连续，在 $\mathbb{R}^n \times (0,t]$ 上 $u_t, u_{x_i x_j}\ (i,j = 1,2,\cdots,n)$ 连续，且对常数 $M > 0, A \geqslant 0$ 满足不等式

$$u(x,t) \leqslant M e^{A|x|^2},\ \forall x \in \mathbb{R}^n, t \in [0,T]$$

及初值问题

$$\begin{cases} u_t - \Delta u = 0,\ x \in \mathbb{R}^n, t \in (0,T) \\ u(x,0) = g(x) \end{cases}$$

则

$$\sup_{\mathbb{R}^n \times [0,T]} u(x,t) = \sup_{\mathbb{R}^n} g(x)$$

23. 设 $\Phi: \mathbb{R}^1 \to \mathbb{R}^1$ 是光滑凸函数，$u(x,t)$ 是热传导方程 $u_t - \Delta u = 0$ 的解. 试证明：

(1) $v = \Phi(\mu)$ 是热传导方程的下解；

(2) $v = |\mathrm{D}u|^2 + u_t^2$ 是下解.

24. 已知非齐次热传导方程的初值问题

$$\begin{cases} u_t - \Delta u = f(x,t),\ x \in \mathbb{R}^n, t \in \mathbb{R}_+ \\ u(x,0) = 0 \end{cases}$$

试用 Duhamel 原理导出该问题的解的积分表达式.

第5章 波动方程

在本章介绍典型的双曲型方程——波动方程的 Cauchy 问题及混合问题. 在第 2 章中我们已对弦振动方程(即一维波动方程)应用一些经典的方法进行了讨论,然而对高维的情形,那些方法都不适用. 这里,仍然要利用基本解方法求解 Cauchy 问题. 在第 5.1 节首先引入集中在曲面的广义函数的概念及其 Fourier 变换,然后在 $n=3$ 时,通过比较对照求出波算子的基本解,并且由基本解导出 Cauchy 问题解的表达式. 在第 5.2 节用降维法导出 $n=2$ 时 Cauchy 问题的解的公式,从 $n=3,2$ 时的解的公式可以看出不同维数时解的性质的差别及其在波的传播过程中的效应,即在奇数(大于 1)维满足 Huygens 原理和在偶数维时不满足 Huygens 原理而具有弥散现象. 第 5.3 节中应用能量积分的方法讨论波动方程初边值问题及 Cauchy 问题解的唯一性和稳定性. 在第 5.4 节介绍特征理论及波的弱间断性传播问题,特征理论是偏微分方程的一般理论中的重要内容,特别是在方程的解的奇性传播中起非常重要的作用. 最后,在第 5.5 节中对三类方程解的性质及定解问题的提法进行了比较.

5.1 基本解及 Cauchy 问题

5.1.1 波动方程的基本解

我们讨论波动方程

$$\Box_{n+1} u \equiv \frac{\partial^2 u}{\partial t^2} - c^2 \Delta_x u = 0 \tag{5.1.1}$$

其中 Δ_x 为关于 n 维空间变量 $x=(x_1,\cdots,x_n)$ 的 Laplace 算子,$\Box_{n+1}$ 称为波算子. 首先求算子的基本解 $E(x,t)$,即求解方程

$$\Box_{n+1} E(x,t) = \delta(x)\delta(t) \tag{5.1.2}$$

其中 $\delta(x)$表示 δ-函数

$$\delta(x)=\begin{cases}0, x\neq 0\\ \infty, x=0\end{cases}$$

并且满足

$$\int_{-\infty}^{+\infty} \delta(x)\mathrm{d}x = 1$$

将 $E(x,t)$ 关于变量 x 作部分 Fourier 变换 $\widetilde{E}(\xi,t)$,则式(5.1.2)化为常微分方程

$$\frac{\mathrm{d}^2 \widetilde{E}(\xi,t)}{\mathrm{d}t^2} + c^2 \ |\xi|^2 \widetilde{E}(\xi,t) = \delta(t) \tag{5.1.3}$$

对应于式(5.1.3)的齐次方程的两个线性无关解为 $\widetilde{E}_1(\xi,t)=\sin|\xi|ct$，$\widetilde{E}_2(\xi,t)=\cos|\xi|ct$，则可用常数变易法求解式(5.1.3)，令其解

$$\widetilde{E}(\xi,t)=c_1(\xi,t)\sin(|\xi|ct)+c_2(\xi,t)\cos(|\xi|ct)$$

其中 $c_i(\xi,t)$ 为待求 $(i=1,2)$. 为求其特解，可附加条件

$$\frac{\partial c_1(\xi,t)}{\partial t}\sin(|\xi|ct)+\frac{\partial c_2(\xi,t)}{\partial t}\cos(|\xi|ct)=0$$

将上两式代入方程(5.1.3)得

$$\frac{\partial c_1}{\partial t}\Big(\sin(|\xi|ct)\Big)'_t+\frac{\partial c_2}{\partial t}\Big(\cos(|\xi|ct)\Big)'_t=\delta(t)$$

再联立上两式可解得 $c|\xi|\dfrac{\partial c_1}{\partial t}=\delta(t)\cos(|\xi|ct)=\delta(t)$，所以可求得 $c_1(\xi,t)=(|\xi|c)^{-1}H(t)$ 或 $-(|\xi|c)^{-1}H(-t)$ 及 $c_2(\xi,t)=0$，于是可得式(5.1.3)的两个最简形式解为

$$\widetilde{E}_+(\xi,t)=H(t)\,\frac{\sin(|\xi|ct)}{|\xi|c} \tag{5.1.4}$$

$$\widetilde{E}_-(\xi,t)=-H(-t)\,\frac{\sin(|\xi|ct)}{|\xi|c} \tag{5.1.5}$$

它们满足关系式

$$\widetilde{E}_-(\xi,t)=\widetilde{E}_+(\xi,-t) \tag{5.1.6}$$

它们所对应的基本解 $E_\pm(x,t)$ 分别称为其前(后)向基本解，且显然有 $\mathrm{supp}E_+\subset\{(x,t)\mid t\geqslant 0\}$ 及 $\mathrm{supp}E_-\subset\{(x,t)\mid t\leqslant 0\}$. 从 $\widetilde{E}_\pm$ 求 $E_\pm$ 并非容易之事. 下面仅对 $n=3$ 的情形，先定义一类广义函数，并求出其 Fourier 变换，使其等于 $\widetilde{E}_\pm$，从而确定 $E_\pm=(x,t)$.

对 Laplace 算子，能很容易求出其基本解，主要是应用了对称性，在极坐标下求解常微分方程；而对其他算子，如热算子及波算子，则不能如此处理. 我们曾经通过未知函数代换，使得二阶偏微分方程中的一阶项消除，那么，是否也有未知函数的代换，使得求导运算变得简单呢？这样的变换是有的. 事实上，若 $u(x)\in C_0^\infty(\mathbb{R})$，作变换 $u(\xi)=\int_{-\infty}^{+\infty}\mathrm{e}^{-\mathrm{i}x\cdot\xi}u(x)\mathrm{d}x$，则显然有

$$\int_{-\infty}^{+\infty}\mathrm{e}^{-\mathrm{i}x\cdot\xi}u'(x)\mathrm{d}x=-\int_{-\infty}^{+\infty}(\mathrm{e}^{-\mathrm{i}x\cdot\xi})'_x u(x)\mathrm{d}x=\mathrm{i}\xi\bar{u}(\xi)$$

这使得求导运算变为简单的乘运算. 这种变换就是 Fourier 变换的概念. 另一方面我们也看到这一变换不能把 $C_0^\infty(\mathbb{R}^n)$ 函数变为 $C_0^\infty(\mathbb{R}^n)$ 函数，我们应该选择一类足够好的函数空间，使得函数作 Fourier 变换后仍在原来的函数空间中，那就是下面引入的急减函数空间.

定义 5.1　急减函数空间 $\wp(\mathbb{R}^n)$ 定义为

$$\wp(\mathbb{R}^n)=\{u\in C^\infty(\mathbb{R}^n);\sup_{\mathbb{R}^n}|x^\alpha D^\beta u(x)|<+\infty,\ \forall\,\alpha,\beta\}$$

在急减函数类 $\wp(\mathbb{R}^n)$ 上引入 Fourier 变换如下：

定义 5.2　设 $f(x)\in\wp(\mathbb{R}^n)$，定义其 Fourier 变换 $\mathscr{F}[f(x)]=\widetilde{f}(\xi)$ 为

$$\widetilde{f}(\xi)=\int_{\mathbb{R}^n}\mathrm{e}^{-\mathrm{i}x\cdot\xi}f(x)\mathrm{d}x,\ (\xi\in\mathbb{R}^n)$$

这里 $x\cdot\xi=\sum\limits_{j=1}^n x_j\xi_j$.

显然，上述积分是收敛的，此外，如果对 $\mathscr{S}(\mathbb{R}^n)$ 赋以拓扑后，可以证明 $F:\mathscr{S}(\mathbb{R}^n)\to\mathscr{S}(\mathbb{R}^n)$ 是连续映射. 可以进一步证明，作为映射 $F:\mathscr{S}(\mathbb{R}^n)\to\mathscr{S}(\mathbb{R}^n)$ 还有线性性质、微分性质、卷积性质等. 还可考虑函数列在 $\mathscr{S}(\mathbb{R}^n)$ 上的弱收敛极限，它将确定了 $\mathscr{S}(\mathbb{R}^n)$ 上的一个线性形式. 当对 $\mathscr{S}(\mathbb{R}^n)$ 赋以拓扑，使得 $\mathscr{S}(\mathbb{R}^n)$ 为其线性拓扑子空间，则上述若极限确定了 $\mathscr{S}(\mathbb{R}^n)$ 上的一个连续线性泛函，这种泛函称为缓增广义函数. 所有缓增广义函数空间记为 $\mathscr{S}'(\mathbb{R}^n)$. 此处不再赘述，详细可参阅有关著作.

首先引入由任一曲面所定义的广义函数，设曲面 $S=\{p(x)=0\}$，$p\in C^\infty$，对应的缓增广义函数 $\delta(S)=\delta(p(x))$ 可定义如下：对任意 $\varphi\in\mathscr{S}(\mathbb{R}^n)$，有

$$\langle\delta(p(x)),\varphi\rangle=\int_S\varphi(x)\mathrm{d}S=\int_{p(x)=0}\varphi(x)\mathrm{d}S \tag{5.1.7}$$

例如，设 $S=\{x_1=0\}$，则 $\delta(x_1)$ 作为 $\mathscr{S}'(R^n)$ 的元定义为

$$\begin{aligned}\langle\delta(x_1),\varphi\rangle&=\int_{x_1=0}\varphi(x)\mathrm{d}S\\&=\int_{\mathbb{R}^{n-1}}\varphi(0,x_2,\cdots,x_n)\mathrm{d}x_2\cdots\mathrm{d}x_n,\ \forall\varphi\in\mathscr{S}(\mathbb{R}^n)\end{aligned}$$

由公式 $\langle f,\tilde{\varphi}\rangle=\langle\tilde{f},\varphi\rangle$，则可定义 $\delta(p(x))$ 的 Fourier 变换 $\mathscr{F}[\delta(p(x))](\xi)$，对任意 $\varphi\in\mathscr{S}(\mathbb{R}^n_\xi)$，

$$\begin{aligned}\langle\mathscr{F}[\delta(p(x))](\xi),\varphi(\xi)\rangle&=\langle\delta(p(x)),\tilde{\varphi}\rangle=\int_{p(x)=0}\tilde{\varphi}(x)\mathrm{d}S_x\\&=\int_{p(x)=0}\mathrm{d}S_x\int_{\mathbb{R}^n}\mathrm{e}^{-\mathrm{i}x\cdot\xi}\varphi(x)\mathrm{d}\xi=\int_{R^n}\varphi(x)\mathrm{d}\xi\int_{p(x)=0}\mathrm{e}^{-\mathrm{i}x\cdot\xi}\mathrm{d}S_x\\&=\langle\int_{p(x)=0}\mathrm{e}^{-\mathrm{i}x\cdot\xi}\mathrm{d}S_x,\varphi(\xi)\rangle\end{aligned}$$

形式上记

$$\mathscr{F}[\delta(p(x))](\xi)=\int_{p(x)=0}\mathrm{e}^{-\mathrm{i}x\cdot\xi}\mathrm{d}S_x \tag{5.1.8}$$

若 $\{p(x)=0\}$ 为紧集，则 $\mathscr{F}[\delta(p(x))](\xi)\in C^\infty(\mathbb{R}^n_\xi)$.

当 $\{p(x)=0\}$ 为紧集时，$\mathrm{supp}\delta(p(x))$ 为紧集. 另外，设 $f\in\mathscr{S}'(\mathbb{R}^n)\cap C(\mathbb{R}^n)$，则有 $f_j\in\mathscr{S}(\mathbb{R}^n)$ 使得 $f_j\to f$ 于 $\mathscr{S}(R^n)$ 上. 于是可定义 $\delta(p(x))$ 与 f_j 的卷积为

$$\delta(p(x))*f_j=\int_{p(y)=0}f_j(x-y)\mathrm{d}S_y$$

则进一步可证明

$$\delta(p(x))*f_j\to\delta(p(x))*f\overset{\mathrm{def}}{=\!=}\int_{p(y)=0}f(x-y)\mathrm{d}S_y \tag{5.1.9}$$

特别当 $n=3$ 时，设 $p(x)=a-|x|$，则 S 为中心在原点、半径为 $a(a>0)$ 的球面，利用球坐标，以向量 ξ 为轴，$x\in S$，x 与 ξ 的夹角为 $\theta(0\leqslant\theta\leqslant\pi)$，与 ξ 垂直的平面内圆上的周角为 $\varphi(0\leqslant\varphi\leqslant2\pi)$，则 $x\cdot\xi=|x||\xi|\cos\theta=a|\xi|\cos\theta$，$\mathrm{d}S_x=a^2\sin\theta\mathrm{d}\theta\mathrm{d}\varphi$，则

$$\mathscr{F}(\delta(a-|x|))(\xi)=\int_0^{2\pi}\mathrm{d}\varphi\int_0^{\pi}\mathrm{e}^{-\mathrm{i}a|\xi|\cos\theta}a^2\sin\theta\mathrm{d}\theta$$
$$=\frac{4\pi a}{|\xi|}\sin(a|\xi|)$$

对 $t>0$，令 $a=ct(c>0)$，上式与式(5.1.4)比较，有

$$\widetilde{E}_+(\xi,t)=\frac{H(t)}{4\pi c^2 t}\mathscr{F}(\delta(ct-|x|))(\xi)$$

可得

$$E_+(x,t)=\frac{H(t)}{4\pi c^2 t}\delta(ct-|x|) \tag{5.1.10}$$

同样可得

$$\begin{aligned}E_-(x,t)&=E_+(x,-t)\\&=-\frac{H(-t)}{4\pi c^2 t}\delta(ct+|x|)\end{aligned} \tag{5.1.11}$$

并且进一步有

$$\operatorname{supp}E_\pm=\{(x,t)\mid |x|=\pm ct\} \tag{5.1.12}$$

它们为两个对顶半圆锥面，称之为特征锥面，从物理学观点又称为前(后)向光锥(见图 5.1.1).

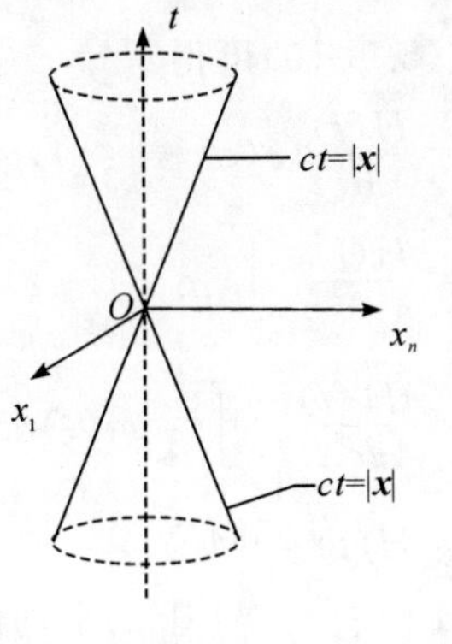

图 5.1.1

5.1.2　Cauchy 问题的解

考虑 Cauchy 问题

$$\left.\begin{aligned}&\Box_{n+1}u\equiv\frac{\partial^2 u}{\partial t^2}-c^2\Delta u=f(x,t),x\in\mathbb{R}^n,t\in\mathbb{R}_+\\&u(x,0)=g_0(x),u_t(x,0)=g_1(x)\end{aligned}\right\} \tag{5.1.13}$$

其中 $f\in C^2,g_0\in C^3,g_1\in C^2$ 为已知函数，在式(5.1.13)中对 x 作部分 Fourier 变换，则可化为常微分方程的 Cauchy 问题，

$$\left.\begin{aligned}&\left(\frac{\partial^2}{\partial t^2}+c^2|\xi|^2\right)\widetilde{u}(\xi,t)=\widetilde{f}(\xi,t)\\&\widetilde{u}(\xi,0)=\hat{g}_0(\xi),\widetilde{u}_t(\xi,0)=\hat{g}_1(\xi)\end{aligned}\right\} \tag{5.1.14}$$

这里 $\widetilde{f}(\xi,t)$ 为 $f(x,t)$ 的部分 Fourier 变换，$\hat{g}_0(\xi)$ 及 $\hat{g}_1(\xi)$ 分别为 g_0 及 g_1 的 Fourier 变换. 它们至少可作为$\mathscr{S}'$ 广义函数理解(当然，如果它们在$\mathbb{R}^n$ 上有较好的积分收敛性，则它们可用积

分表示之).

与对式(5.1.3)求解一样,可求得式(5.1.14)中微分方程的特解,有

$$\tilde{u}(\xi,t)=\int_0^t \tilde{f}(\xi,s)\frac{\operatorname{sin}c|\xi|(t-s)}{c|\xi|}\mathrm{d}s$$

于是,Cauchy 问题(5.1.14)的解为

$$\tilde{u}(\xi,t)=\hat{g}_0(\xi)\cos c|\xi|t+\frac{\hat{g}_1(\xi)}{c|\xi|}\sin c|\xi|t+\int_0^t \tilde{f}(\xi,s)\frac{\sin c|\xi|(t-s)}{c|\xi|}\mathrm{d}s$$

当 $t>0$ 时,由式(5.1.14)可得

$$\tilde{u}(\xi,t)=\hat{g}_1(\xi)\tilde{E}_+(\xi,t)+\hat{g}_0(\xi)\partial_t\tilde{E}_+(\xi,t)+\int_0^t \tilde{f}(\xi,s)\tilde{E}_+(\xi,t-s)\mathrm{d}s$$

于是,由 Fourier 变换的卷积性质知

$$\tilde{u}=\widetilde{g_1 * E_+}+\widetilde{g_0 * \partial_t E_+}+\int_0^t \widetilde{f(\cdot,s) * E_+(\cdot,t-s)}\mathrm{d}s$$

即有

$$\begin{aligned}u(x,t)&=g_1 \underset{(x)}{*} E_+ + g_0 \underset{(x)}{*} \partial_t E_+ + \int_0^t f(\cdot,s)\underset{(x)}{*} E_+(\cdot,t-s)\mathrm{d}s\\&=g_1 \underset{(x)}{*} E_+ + \partial_t(g_0 \underset{(x)}{*} E_+)+(H(t)f)\underset{(x,t)}{*} E_+\end{aligned}\tag{5.1.15}$$

当 $n=3$ 时,由式(5.1.9)及式(5.1.10)可得

$$\begin{aligned}g_1 \underset{(x)}{*} E_+&=\frac{H(t)}{4\pi c^2 t}\langle\delta(ct-|\xi|),g_1(x-\xi)\rangle\\&=\frac{H(t)}{4\pi c^2 t}\int_{|\xi|=ct} g_1(x-\xi)\mathrm{d}S_\xi\\&=\frac{tH(t)}{4\pi c^2 t^2}\int_{|x-\xi|=ct} g_1(\xi)\mathrm{d}S_\xi\\&=H(t)\cdot t\mathrm{M}\{g_1\}\end{aligned}$$

这里,$\mathrm{M}\{g_1\}$ 表示 g_1 在球面 $\{\xi \mid |x-\xi|=ct\}$ 上的平均值,同理

$$\begin{aligned}\partial_t(g_0 \underset{(x)}{*} E_+)&=\frac{\partial}{\partial t}(H(t)\cdot t\mathrm{M}\{g_0\})\\&=H(t)\frac{\partial}{\partial t}(t\mathrm{M}\{g_0\}),\quad t>0\end{aligned}$$

$$\begin{aligned}&(H(t)f)\underset{(x,t)}{*} E_+=\frac{H(t)}{4\pi c^2}\int_0^t \frac{H(t-s)}{t-s}\mathrm{d}s\\&\langle\delta(c(t-s)-|\xi|),f(x-\xi,s)\rangle\\&=\frac{H(t)}{4\pi c}\int_0^t \frac{1}{c(t-s)}\mathrm{d}s\int_{|\xi|=c(t-s)} f(x-\xi,s)\mathrm{d}S_\xi\\&=\frac{H(t)}{4\pi c^2}\int_0^{ct}\mathrm{d}\rho\int_{\rho=|\xi|}\frac{f(x-\xi,t-c^{-1}|\xi|)}{|\xi|}\mathrm{d}S_\xi\\&=\frac{H(t)}{4\pi c^2}\int_{|x-y|\leqslant ct}\frac{f(y,t-|x-y|/c)}{|x-y|}\mathrm{d}y\end{aligned}$$

于是可得式(5.1.13)的解为

$$u(x,t)=H(t)\cdot t\mathrm{M}\{g_1\}+H(t)\frac{\partial}{\partial t}(t\mathrm{M}\{g_0\})+$$
$$\frac{H(t)}{4\pi c^2}\int\limits_{|x-y|\leqslant ct}\frac{f(y,t-|x-y|/c)}{|x-y|}\mathrm{d}y \tag{5.1.16}$$

在上一公式中,事实上只要当 $g_0\in C^3$, $g_1\in C^2$, $f\in C^2$ 便可得 $u\in C^2$,因此,在 $n=3$ 时,式(5.1.16)表示的 $u(x,t)$ 为式(5.1.13)的古典解.

定理 5.1　设 $g_0\in C^3(\mathbb{R}^3)$, $g_1\in C^2(\mathbb{R}^3)$, $f\in C^2(\mathbb{R}_+\times\mathbb{R}^3)$,则(5.1.16)表示的 $u(x,t)$ 为 $n=3$ 时 Cauchy 问题(5.1.13)的古典解.

证明　因为 $u(x,t)$ 可表示为

$$u(x,t)=(\delta(t)g_1(x))\underset{(x,t)}{*}E_+(x,t)+\frac{\partial}{\partial t}[(\delta(t)g_0(x))\underset{(x,t)}{*}E_+(x,t)]+$$
$$(H(t)f(x,t))\underset{(x,t)}{*}E_+(x,t),$$

则在广义导数意义下,有

$$\begin{aligned}\square_4 u&=\delta(t)g_1*\square_4E_++\partial_t(\delta(t)g_0*\square_4E_+)+(H(t)f)*\square_4E_+\\&=\delta(t)g_1*\delta(x,t)+\partial_t(\delta(t)g_0*\delta(x,t))+(H(t)f(x,t))*\delta(x,t))\\&=\delta(t)g_1+\partial_t(\delta(t)g_0)+H(t)f(x,t)\\&=f(x,t),(t\in\mathbb{R}_+)\end{aligned}$$

又因 $g_0\in C^3,g_1\in C^2,f\in C^2$,则 $u\in C^2$,而广义导数当经典导数存在时是与经典导数一致的,则 u 在经典导数意义下满足方程 $\square_4u=f,(t>0)$.

现在证明 $u(x,t)$ 满足初始条件,容易验证 u_1 满足

$$u_1(x,0)=\partial_t u_1(x,0)=0$$

对 $u_2(x,t)$,有

$$\begin{aligned}u_2\big|_{t=0}&=t\mathrm{M}\{g_1\}\big|_{t=0}=0\\\frac{\partial u_2}{\partial t}\bigg|_{t=0}&=\left[\mathrm{M}\{g_1\}+t\frac{\partial}{\partial t}\mathrm{M}\{g_1\}\right]\bigg|_{t=0}\\&=\lim_{t\to0^+}\mathrm{M}\{g_1\}=g_1(x)\end{aligned}$$

记 $u_3(x,t)=\dfrac{\partial v(x,t)}{\partial t}$,则

$$\begin{aligned}u_3\big|_{t=0}&=\partial_t v(x,0)=\partial_t(t\mathrm{M}\{g_0\})\big|_{t=0}=g_0(x)\\\frac{\partial u_3}{\partial t}\bigg|_{t=0}&=\frac{\partial^2 v}{\partial t^2}\bigg|_{t=0}=c^2\Delta v\big|_{t=0}=c^2\Delta(t\mathrm{M}\{g_0\})\big|_{t=0}\\&=c^2t\mathrm{M}\{\Delta g_0\}\big|_{t=0}=0\end{aligned}$$

即得 u 满足式(5.1.13)的初始条件,定理证毕.

5.2　降维法、Huygens 现象

5.2.1　降维法

上述给出的是 $n=3$ 时,Cauchy 问题(5.1.13) 的解,当 $n=1$ 时,式(5.1.13) 的解由

D' Alembert 公式表示，现考虑 $n=2$ 的情形，为简单起见，设 $f\equiv 0$，此时 $u(x_1,x_2,t)$，仍可视为 $n=3$ 时 Cauchy 问题(5.1.13)的(其中 $g_i(x_1,x_2,x_3)=g_i(x_1,x_2)$，$i=0,1$) 解，则它与变元 x_3 无关，于是

$$tM\{g_1\}=t\frac{1}{4\pi c^2t^2}\int_{|x-\xi|=ct}g_1(\xi_1,\xi_2)\mathrm{d}S_\xi$$

这里，积分曲面 $\{\xi \mid |x-\xi|=ct\}$ 可分为上、下半球面，其方程为

$$\xi_3=x_3\pm\sqrt{c^2t^2-(x_1-\xi_1)^2-(x_2-\xi_2)^2}$$

它们在 $\xi_1\xi_2$ 平面上的投影区域为圆域(见图 5.2.1)：

$$D=\{(\xi_1,\xi_2)\mid(\xi_1-x_1)^2+(\xi_2-x_2)^2\leqslant c^2t^2\}$$

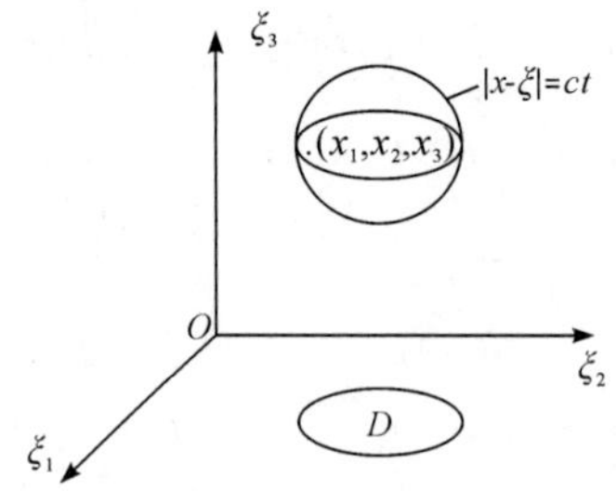

图 5.2.1

于是，可计算积分

$$\begin{aligned}tM\{g_1\}&=\frac{2t}{4\pi c^2t^2}\iint_D g_1(\xi_1,\xi_2)\sqrt{1+\left(\frac{\partial\xi_3}{\partial\xi_1}\right)^2+\left(\frac{\partial\xi_3}{\partial\xi_2}\right)^2}\mathrm{d}\xi_1\mathrm{d}\xi_2\\&=\frac{1}{2\pi c^2t}\iint_D\frac{ctg_1(\xi_1,\xi_2)}{\sqrt{c^2t^2-(x_1-\xi_1)^2-(x_2-\xi_2)^2}}\mathrm{d}\xi_1\mathrm{d}\xi_2\\&=\frac{1}{2\pi c}\iint_D\frac{g_1(\xi_1,\xi_2)}{\sqrt{c^2t^2-(x_1-\xi_1)^2-(x_2-\xi_2)^2}}\mathrm{d}\xi_1\mathrm{d}\xi_2\end{aligned}$$

它是与变元 x_3 无关的函数，则有

$$tM\{g_1\}=\frac{1}{2\pi c}\iint_{|x-\xi|\leqslant ct}\frac{g_1(\xi_1,\xi_2)}{\sqrt{c^2t^2-(x_1-\xi_1)^2-(x_2-\xi_2)^2}}\mathrm{d}\xi_1\mathrm{d}\xi_2 \tag{5.2.1}$$

同理可得

$$\frac{\partial}{\partial t}[tM\{g_0\}]=\frac{1}{2\pi c}\frac{\partial}{\partial t}\iint_{|x-\xi|\leqslant ct}\frac{g_0(\xi_1,\xi_2)}{\sqrt{c^2t^2-(x_1-\xi_1)^2-(x_2-\xi_2)^2}}\mathrm{d}\xi_1\mathrm{d}\xi_2 \tag{5.2.2}$$

于是可得 $n=2$ 时 Cauchy 问题(5.1.13)的解为上两式之和.

5.2.2 Huygens 现象

从式(5.1.14)、式(5.2.1)和式(5.2.2)可看出，在 $n=3$ 与 $n=2$ 时，$M\{g_1\}$ 分别表示 g_1 在球面上的平均及在圆盘上的平均，即公式中的积分区域分别是球面和圆域，而圆域为圆柱体的横截面，故 $n=3,2$ 时的解(当 $f\equiv 0$ 时)分别为球面波和柱面波. 这种波的传播情况是大不相同的.

设 $f\equiv 0$，初始扰动集中在区域 Ω_0 内，即 $\Omega_0=\mathrm{supp}u(x,0)\cup\mathrm{supp}\frac{\partial}{\partial t}u(x,0)$. 且 $\Omega_0\subset$

$\mathbb{R}^n(n=3,2)$ 为 n 维有界区域. 我们考查在时刻 $t_0>0$ 时在 Ω_0 外一固定点 x_0 处受到扰动的情形(见图 5.2.2),即解在 (x_0,t_0) 的值. 记 $d=\min\limits_{x\in\Omega_0}|x-x_0|$, $D=\sup\limits_{x\in\Omega_0}|x-x_0|$.

当 $0<t_0<\dfrac{1}{c}d$ 时, $\overline{B_{ct_0}(x_0)}\cap\Omega_0=\varnothing$,故无论在 $n=3$ 或 2 时, $u(x_0,t_0)=0$,即初始扰动还未传到 x_0 处;当 $\dfrac{d}{c}<t_0<\dfrac{1}{c}D$ 时, $\partial B_{ct_0}(x_0)\cap\Omega_0\neq\varnothing$, $B_{ct_0}(x_0)\cap\Omega_0\neq\varnothing$,故 $n=3$, 2 时, $u(x_0,t_0)$ 可以异于零,即 x_0 可以出现扰动;当 $t_0>\dfrac{1}{c}D$ 时, $\partial B_{ct_0}(x_0)\cap\Omega_0=\varnothing$,而 $B_{ct_0}(x_0)\cap\Omega_0\neq\varnothing$,则当 $n=3$ 时, $u(x_0,t_0)=0$,即在 x_0 处恢复静止状态. 这表明初始扰动已传过 x_0,扰动经过 x_0 的时间为 $\dfrac{D-d}{c}$,即 Ω_0 的扰动以速度 c 通过 x_0 的时间,故 c 称为波速,然而当 $n=2$ 时, $u(x_0,t_0)$ 仍可不为 0,即在 x_0 处的扰动继续存在,由于初始扰动是不变的,故在 x_0 处产生的扰动随 t_0 的增长而减小,但它却永不消失.

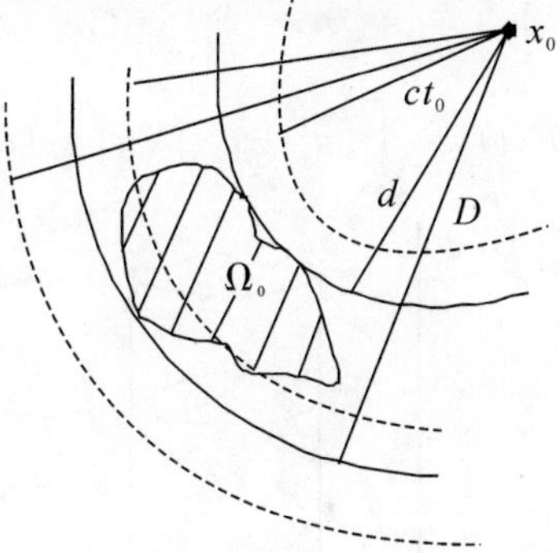

图 5.2.2

再从整个空间观察对初始扰动在 $t_0>0$ 时的整个扰动区域 Ω,当 $n=3$ 时,有

$$\Omega=\{x\mid\partial B_{ct_0}(x)\cap\Omega_0\neq\varnothing\}=\bigcup_{x\in\Omega_0}\partial B_{ct_0}(x)$$

而扰动区域 Ω 的边界 $\partial\Omega$ 是由球面簇 $\{\bigcup\limits_{x\in\Omega_0}\partial B_{ct_0}(x)\}$ 的包络组成. 记 d^* 为 Ω_0 的直径,当 $t_0>\dfrac{d^*}{c}$ 时, Ω 有清晰的外包络和内包络,分别称之为波前阵面和波后阵面;然而当 $n=2$ 时, t_0 时刻的扰动区域 Ω 为

$$\Omega=\bigcup_{x\in\Omega_0}\partial B_{ct_0}(x)=\Omega_0$$

的 ct_0 邻域,它只有波前阵面而无波后阵面.

综上所述,在三维空间中的初始局部扰动,对空间中每一点 x_0 引起有限时间内的扰动而无滞后效应,且波的传播有清晰的波前阵面和波后阵面,这种现象称为满足 Huygens 原理. 在二维空间却不然,初始局部扰动对平面中每一点 x_0 会引起持久永远的扰动,且波在传播过程中只有波前阵面而无波后阵面,此时 Huygens 原理不满足,这种现象称为波的弥散.

从 D' Alembert 公式可以得出,在一维情况下波的传播也不满足 Huygens 原理,并且对 $n>3$ 时,进一步可得,当 n 为奇数时,Huygens 原理都成立,而对 n 为偶数时,Huygens 原理均不成立.

5.3 能量积分及唯一性与稳定性

5.3.1 初边值问题的能量积分

设 Ω 是 $\mathbb{R}^n$ 中的有界区域，其边界为 $\partial\Omega$. 我们记柱形区域为

$$Q=\{(x,t);x\in\Omega,t\in\mathbb{R}_+\}$$

波动方程的初边值问题为

$$\left.\begin{array}{l}\Box_{n+1}u=\dfrac{\partial^2 u}{\partial t^2}-c^2\Delta_x u=f(x,t),\ x\in\mathbb{R}^n,t\in\mathbb{R}_+\\ u(x,t)=0,\ x\in\partial\Omega,\quad t>0\\ u(x,0)=g_0(x),\ \partial_t u(x,0)=g_1(x),\ x\in\Omega\end{array}\right\}\tag{5.3.1}$$

设 T 为某一正数，记 $Q(t)=\Omega\times(0,t),0<t\leqslant T$，$\Omega(t)$ 为 Q 与平面 $\{\tau=t\}$ 的截面(见图 5.3.1). 令

$$E(t)=\int\limits_{\Omega(t)}[u_t^2+c^2\ |\nabla u|^2]\mathrm{d}x\tag{5.3.2}$$

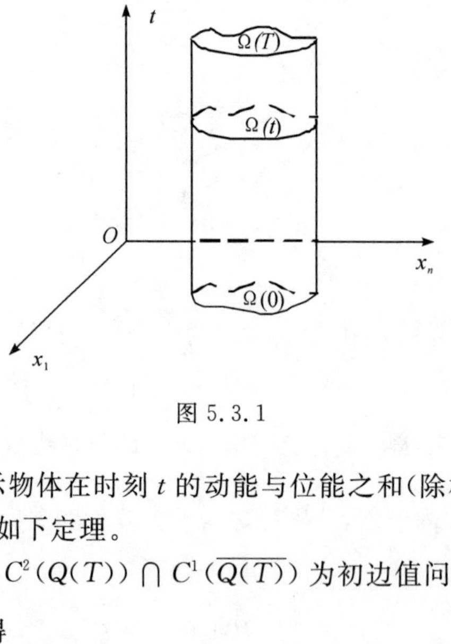

图 5.3.1

由于在物理上 $E(t)$ 表示物体在时刻 t 的动能与位能之和(除相差一个常数因子外)，所以一般 $E(t)$ 称为能量. 于是有如下定理。

定理 5.2　若 $u(x,t)\in C^2(Q(T))\cap C^1(\overline{Q(T)})$ 为初边值问题(5.3.1)的解，则存在仅依赖于 T 的常数 M 及 $\bar{M}$，使得

$$E(t)\leqslant M\Big(E(0)+\int\limits_{Q(t)}f^2\mathrm{d}x\mathrm{d}\tau\Big)\tag{5.3.3}$$

以及

$$\int\limits_{\Omega(t)}u^2(x,t)\mathrm{d}x\leqslant\bar{M}\Big(\int\limits_{\Omega(0)}[g_1^2+g_0^2+c^2\ |\nabla g_0|^2]\mathrm{d}x+\iint\limits_{Q(t)}f^2\mathrm{d}x\mathrm{d}\tau\Big)\tag{5.3.4}$$

如果 $f\equiv 0$，则式(5.3.3)中可取 $M=1$，且不等号由等号代替.

证明　将式(5.3.3)的方程式两边乘以 u_t，并在 $\Omega(t)$ 上积分，可得

$$\int\limits_{\Omega(t)}u_t(u_{tt}-c^2\Delta u)\mathrm{d}x=\int\limits_{\Omega(t)}u_t f\,\mathrm{d}x$$

而

$$\begin{aligned} u_t u_{tt} - c^2 u_t \nabla\cdot \nabla u &= u_t u_{tt} - c^2 \nabla(u_t \nabla u) + c^2 \nabla u_t \cdot \nabla u \\ &= \frac{1}{2}\frac{\mathrm{d}}{\mathrm{d}t}(u_t^2 + c^2 |\nabla u|^2) - c^2 \nabla(u_t \nabla u) \end{aligned}$$

代入上式，并注意到 $\Omega(t) = \Omega$，则积分号内的 $\frac{\mathrm{d}}{\mathrm{d}t}$ 可移到积分号外，于是有

$$\frac{1}{2}\frac{\mathrm{d}}{\mathrm{d}t}\int_{\Omega(t)} (u_t^2 + c^2 |\nabla u|^2)\mathrm{d}x = c^2 \int_{\partial\Omega(t)} u_t \nabla u \cdot \boldsymbol{v}\mathrm{d}S + \int_{\Omega(t)} u_t f \mathrm{d}x \tag{5.3.5}$$

其中 $\boldsymbol{v}$ 为 $\partial\Omega$ 处外法向单位矢量. 因此，当 $x \in \partial\Omega, 0 < t < T$ 时，若 $u_t \frac{\partial u}{\partial \boldsymbol{v}} = 0$，则有

$$\frac{\mathrm{d}}{\mathrm{d}t}E(t) = 2\int_{\Omega(t)} u_t f \mathrm{d}x$$

显然，由 $u = 0$（当 $x \in \partial\Omega$），可知 u_t 在 $x \in \partial\Omega$ 时亦为 0.

如果 $f \equiv 0$，则 $\frac{\mathrm{d}}{\mathrm{d}t}E(t) = 0$，从而 $E(t) = E(0)$，即式(5.3.3)中可取 $M = 1$，且等号成立.

如果 $f \not\equiv 0$，应用不等式 $2ab \leqslant a^2 + b^2$，可得

$$\frac{\mathrm{d}}{\mathrm{d}t}E(t) \leqslant \int_{\Omega(t)} u_t^2 \mathrm{d}x + \int_{\Omega(t)} f^2 \mathrm{d}x \leqslant E(t) + \int_{\Omega(t)} f^2 \mathrm{d}x$$

然后应用如下 Gronwall 不等式.

Gronwall 不等式　设 a 为常数，$x(\tau)$ 在 $[t_0, t]$ 上连续可微，$g(\tau)$ 在 $[t_0, t]$ 上连续. 如果

$$\frac{\mathrm{d}}{\mathrm{d}\tau}x(\tau) \leqslant ax(\tau) + g(\tau),\ \tau \in [t_0, t]$$

那么

$$x(t) \leqslant x(t_0)\mathrm{e}^{a(t-t_0)} + \int_{t_0}^{t} \mathrm{e}^{a(t-\tau)} g(\tau)\mathrm{d}\tau$$

只需在已知不等式两边乘上积分因子 $\mathrm{e}^{-a\tau}$，然后在 $[t_0, t]$ 上积分，便得结论不等式.

回到对 $E(t)$ 的估计，由 Gronwall 不等式可得

$$\begin{aligned} E(t) &\leqslant \mathrm{e}^{t}E(0) + \int_0^t \mathrm{e}^{t-\tau}\mathrm{d}\tau \int_{\Omega(\tau)} f^2(x,\tau)\mathrm{d}x \\ &\leqslant \mathrm{e}^{T}[E(0) + \iint_{Q(t)} f^2(x,\tau)\mathrm{d}x\mathrm{d}\tau] \end{aligned}$$

此即式(5.3.3)，其中 $M = \mathrm{e}^T$.

记

$$U(t) = \int_{\Omega(t)} u^2(x,t)\mathrm{d}x,\ 0 \leqslant t \leqslant T$$

由于

$$\begin{aligned} \frac{\mathrm{d}U(t)}{\mathrm{d}t} &= 2\int_{\Omega(t)} u \cdot u_t \mathrm{d}x \\ &\leqslant \int_{\Omega(t)} u^2 \mathrm{d}x + \int_{\Omega(t)} u_t^2 \mathrm{d}x = U(t) + \int_{\Omega(t)} u_t^2 \mathrm{d}x \end{aligned}$$

再次由 Gronwall 不等式得

$$
\begin{aligned}
U(t) &= \mathrm{e}^{t}U(0)+\int_{0}^{t}\mathrm{e}^{t-\tau}\mathrm{d}\tau\int_{\Omega(\tau)}u_t^2\mathrm{d}x \\
&\leqslant \mathrm{e}^{t}\left[U(0)+\int_{Q(t)}u_t^2\mathrm{d}x\mathrm{d}t\right]
\end{aligned}
$$

而由式(5.3.3)两边由 0 到 t 积分,可得

$$
\int_{Q(t)}u_t^2\mathrm{d}x\leqslant MT\left[E(0)+\int_{Q(t)}f^2\mathrm{d}x\right]
$$

将它代入上式,注意到 $U(0)=\int_{\Omega}g_0^2(x)\mathrm{d}x$,便可得到(5.3.4),其中 $\bar{M}=\mathrm{e}^{T}(1+MT)$,于是定理证毕.

注 5.1　对零 Numann 边值条件,定理结论仍然成立.

有了不等式(5.3.4),便可获得波动方程(第一、二边值条件)初边值问题解的唯一性及稳定性.

5.3.2　Cauchy 问题的能量不等式

我们再回到讨论 Cauchy 问题(5.1.13),建立其能量不等式. 记 $\mathbb{R}_{+}^{n+1}=\{(x,t)\mid x\in\mathbb{R}^{n},t>0\}$,设 $(x_0,t_0)\in\mathbb{R}_{+}^{n+1}$,以它为顶点的特征锥体为(见图 5.3.2)

$$
Q=\{(x,\tau)\in\mathbb{R}_{+}^{n+1}\mid |x-x_0|<c(t_0-\tau)\}
$$

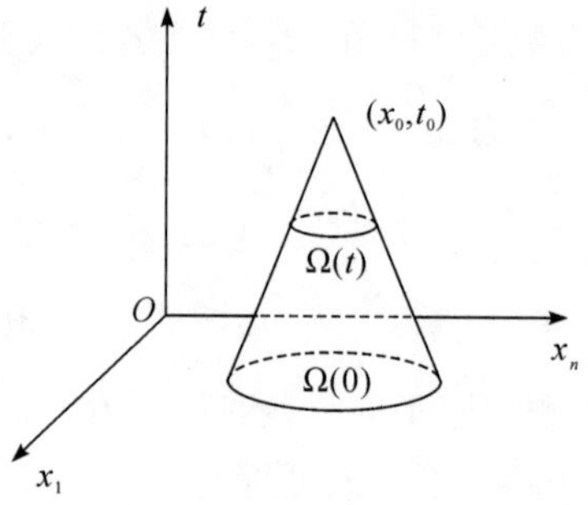

图 5.3.2

并对 $t\in[0,t_0)$,记

$$
\begin{aligned}
\Omega(t) &= \{x\in\mathbb{R}^{n}\mid (x,\tau)\in Q\cap\{\tau=t\}\} \\
&= \{x\in\mathbb{R}^{n}\mid |x-x_0|<c(t_0-t)\}
\end{aligned}
\tag{5.3.6}
$$

$$
Q(t)=Q\cap\{0<\tau<t\} \tag{5.3.7}
$$

同样以式(5.3.2)表示能量 $E(t)$,则有如下定理。

定理 5.3　设 $u(x,t)\in C^2(\mathbb{R}_{+}^{n+1})\cap C^1(\overline{\mathbb{R}}_{+}^{n+1})$ 是初值问题(5.1.13)的解,$(x_0,t_0)\in\mathbb{R}_{+}^{n+1}$,$t\leqslant t_0$,则有不等式(5.3.3)及式(5.3.4)成立,这里 $\Omega(t)$ 及 $Q(t)$ 由式(5.3.6)及式(5.3.7)所表示,且其中 $M=\mathrm{e}^{t_0}$,$\bar{M}=\mathrm{e}^{t_0}\{1,t_0\mathrm{e}^{2t_0}\}$.

证明　其方法和上一定理证明一样,方程两边乘以 u_t ,再在 $\Omega(t)$ 上积分,但由于 $\Omega(t)=B_{c(t_0-t)}(x_0)$ 与 t 有关,则积分号下的微分 $\dfrac{\mathrm{d}}{\mathrm{d}t}$ 不能直接移到积分号外,应还加一个边界项,即有

以下公式：

$$\frac{\mathrm{d}}{\mathrm{d}t}\int\limits_{\Omega(t)} v(x,t)\mathrm{d}x = \frac{\mathrm{d}}{\mathrm{d}t}\int_0^{c(t_0-t)}\mathrm{d}\rho\int\limits_{\partial B_\rho(x_0)}\gamma(x,t)\mathrm{d}S$$

$$= -c\int\limits_{\partial B_{c(t_0-t)}} v(x,t)\mathrm{d}S + \int\limits_{\Omega(t)} v_t(x,t)\mathrm{d}x$$

于是，式(5.3.5)可作以下修正：

$$\frac{1}{2}\int\limits_{\Omega(t)}\frac{\mathrm{d}}{\mathrm{d}t}(u_t^2 + c^2\,|\nabla u|^2)\mathrm{d}x = c^2\int\limits_{\partial\Omega(t)} u_t\,\nabla u\cdot\gamma\mathrm{d}S + \int\limits_{\Omega(t)} u_t f\mathrm{d}x$$

利用上面公式，得

$$\frac{1}{2}\frac{\mathrm{d}}{\mathrm{d}t}E(t) = -\frac{c}{2}\int\limits_{\partial\Omega(t)}[u_t^2 + c^2\,|\nabla u|^2]\mathrm{d}S +$$

$$c^2\int\limits_{\partial\Omega} u_t\cdot\sum_{j=1}^n\partial_{x_j}u\cdot\gamma_j\mathrm{d}S + \int\limits_{\Omega(t)} u_t f\mathrm{d}x$$

$$= -\frac{c}{2}\int\limits_{\partial\Omega}\sum_{j=1}^n[u_t\cdot\gamma_j - c\partial_{x_j}u]^2\mathrm{d}S + \int\limits_{\Omega(t)} u_t f\mathrm{d}x$$

$$\leqslant \frac{1}{2}\int\limits_{\Omega(t)} u_t^2\mathrm{d}x + \frac{1}{2}\int\limits_{\Omega(t)} f^2\mathrm{d}x$$

故

$$\frac{\mathrm{d}}{\mathrm{d}t}E(t) \leqslant \int\limits_{\Omega(t)} u_t^2\mathrm{d}x + \int\limits_{\Omega(t)} f^2\mathrm{d}x$$

$$\leqslant E(t) + \int\limits_{\Omega(t)} f^2\mathrm{d}x$$

于是由 Gronwall 不等式，立即得到式(5.3.3).

为证式(5.3.4)，同样记

$$U(t) = \int\limits_{\Omega(t)} u^2(x,t)\mathrm{d}x$$

此时有

$$\frac{\mathrm{d}U}{\mathrm{d}t} = 2\int\limits_{\Omega(t)} uu_t\mathrm{d}x - c\int\limits_{\partial\Omega(t)} u^2(x,t)\mathrm{d}S \leqslant 2\int\limits_{\Omega(t)} uu_t\mathrm{d}x$$

于是剩下的证明和上一定理中证明式(5.3.4)一样，不再赘述.

综合定理 5.2 和定理 5.3 的证明，我们发现，其证明思路是一样的，只是定义 $E(t)$ 时，其积分区域 $\Omega(t)$ 的不同，也就是区域 $Q(t)$ 的选取不同，对初边值问题是柱体，而对 Cauchy 问题是锥台. 所以我们可推断，当 Ω 为半无界区域时，对应初边值问题的能量积分，其区域 Q 应为柱面 $\partial\Omega\times\mathbb{R}_+$ 与特征锥面所围在 $\Omega\times\mathbb{R}_+$ 内部分，对应的 $\Omega(t)$ 即为上述区域 Q 与平面 $\{\tau = t\}$ 所截部分. 定理 5.2 仅适合边值条件为第一或第二边值条件(零边值条件)，那么，对第三边值条件将如何呢？我们可回到物理过程中，第三边值条件的获得是因为膜振动的能量包括了在膜的边界 $\partial\Omega$ 上的弹性位能. 所以，定义 $E(t)$ 时还应加上边界上的弹性位能(除乘一个与 Ω 内部能量所乘的相同的常数因子外). 作出了正确的 $E(t)$ 后，剩下的积分过程和定理 5.2 类似.

有了定理 5.3，便可获得 Cauchy 问题解的唯一性及稳定性，对齐次方程(即 $f(x,t) = 0$)，

对任意(x_0,t_0)，$\Omega(0)=\{x\mid |x-x_0|<ct_0\}$，$Q=\{(x,t)\mid |x-x_0|<c(t_0-t)\}$当$u$及$\frac{\partial u}{\partial t}$在$\Omega(0)$上为零，由能量不等式知$u$在$Q$内也为零.故称$Q$为$\Omega(0)$的决定区域，$\Omega(0)$称为$(x_0,t_0)$点的依赖区域(见图5.3.3).若记$\Omega_0=\operatorname{supp}u(x,0)\cup\operatorname{supp}\partial_t(x,0)$，则$\operatorname{supp}u\subset\{(x,t)\mid d(x,\Omega_0)\leqslant ct\}\triangleq\Omega$，即为顶点在$\Omega_0$内的所有前向光锥之并.事实上，若$(x_0,t_0)\notin\Omega$，则存在$\varepsilon>0$，使$(x_0,t_0)$的$c\varepsilon$邻域$U_{c\varepsilon}(x_0,t_0)$与$\Omega$交集为空集，则$(x_0,t_0+\varepsilon)\notin\Omega$.所以，$d(x_0,\Omega_0)>c(t_0+\varepsilon)$，即$B_0=\{x\mid d(x,x_0)\leqslant c(t_0+\varepsilon)\}$与$\Omega_0$交集为空集.则$u$与$\partial_t u$在$B_0$上为零.则在$(x_0,t_0)$也为0，所以$(x_0,t_0)\notin\operatorname{supp}u$.即有$\operatorname{supp}u\subset\Omega$.于是，对$\mathbb{R}_x^n$的任一集合$\Omega_0$，对应的集合$\Omega$称为$\Omega_0$的影响区域.

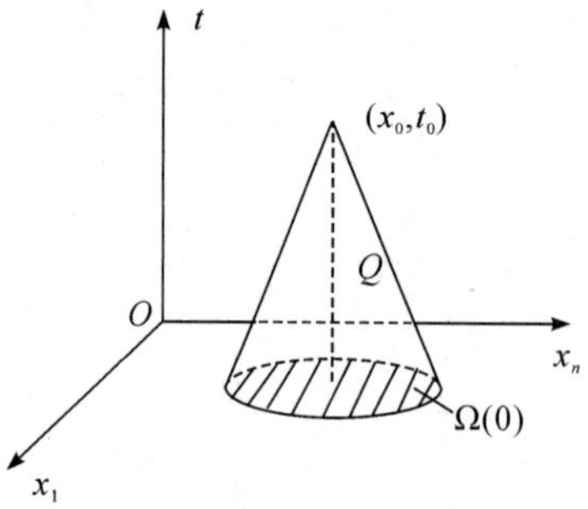

图 5.3.3

5.4 特征概念

对一维波动方程的Cauchy问题，当$f=0$，$\varphi=0$时，其解应为

$$u(x,t)=\frac{1}{2a}\int_{x-at}^{x+at}\psi(\xi)\mathrm{d}\xi$$

若$\psi(x)$的导数$\psi'(x)$仅在x_0处有第一类间断，那么可计算$u(x,t)$的导数，易得$u(x,t)$及其一阶偏导数都是连续的，而二阶偏导数均在直线$\{x\pm at=x_0\}$处发生第一类间断.对u的一阶导数，再按上述直线方向作方向导数后，其值在该直线处也是连续的，u的这一间断性称为弱间断性.一般地，弱间断的定义为

定义 5.3 设光滑超曲面

$$\Gamma=\{x|\varphi(x)=0,\varphi\in C^\infty,\nabla\varphi\neq 0\}\tag{5.4.1}$$

对连续函数f，若u是m阶线性偏微分方程$P(x,\partial)u=f$在$\Omega\backslash\Gamma$内的解，而在Γ上它仅对m阶斜截微商(即非Γ的切向微商)有第一类间断外，对其余$\partial_x^\alpha u(|\alpha|\leqslant m)$都是连续的，则称此解$u$在$\Gamma$具有弱间断，并称$\Gamma$为$u$的弱间断曲面.

定理 5.4 Γ为方程$Pu=f$的解u的弱间断曲面，则它满足

$$P_m(x,\nabla\varphi)=0\tag{5.4.2}$$

在Γ上成立，其中P_m为P的主象征.

证明 对任意$x_0\in\Gamma$，则在x_0附近可作光滑可逆变换：$x\mapsto y$，使得$y_1=\varphi(x)$，$y_j=\varphi_j(x)$，$j=2,\cdots,n$.在x_0附近满足$\nabla\varphi$与$\nabla\varphi_j$正交，即y_j方向与Γ相切.则$\frac{\partial}{\partial y_1}$关于$\Gamma$为法向微

商(是斜截的)，$\dfrac{\partial}{\partial y_j}(j>1)$ 关于 Γ 是切向微商. 记

$$[\partial_y^\alpha u]=\partial_y^\alpha u\big|_{y_1=0^+}-\partial_y^\alpha u\big|_{y_1=0^-}$$

由 Γ 为弱间断曲面，则

$$\left[\frac{\partial^n u}{\partial y_1^m}\right]\neq 0;\ [\partial_y^\alpha u]=0,\ |\alpha|\leqslant m,\ \alpha_1<m \tag{5.4.3}$$

因为

$$\frac{\partial u}{\partial x_j}=\sum_{l=1}^n\frac{\partial u}{\partial y_l}\frac{\partial y_l}{\partial x_j}$$

则有

$$\begin{aligned}\partial_x^\alpha u&=\partial_{x_n}^{\alpha_n}\cdots\partial_{x_1}^{\alpha_1}\\&=\partial_{x_n}^{\alpha_n}\cdots\partial_{x_2}^{\alpha_2}\left[\frac{\partial^{\alpha_1}u}{\partial y_1^{\alpha_1}}\left(\frac{\partial y_1}{\partial x_1}\right)^{\alpha_1}+\cdots\right]\\&=\frac{\partial^{|\alpha|}u}{\partial y_1^{|\alpha|}}(\partial_x y_1)^\alpha+\cdots\end{aligned}$$

其中“…”中各项对 y_1 的微商阶数低于 $|\alpha|$，因此，方程 $Pu=f$ 化为

$$\begin{aligned}f(x(y))&=\sum_{|\alpha|\leqslant m}a_\alpha(x)\partial_x^\alpha u\\&=\sum_{|\alpha|=m}a_\alpha(x(y))(\partial_x y_1)^\alpha\cdot\frac{\partial^m u}{\partial y_1^m}+\cdots\end{aligned}\tag{5.4.4}$$

式中“…”的项对 y_1 的微商阶数低于 m.

令 $y_1\to 0^\pm$，上式取极限再相减，得

$$0=\sum_{|\alpha|\leqslant m}a_\alpha(x)(\partial_x y_1)^\alpha\Big|_\Gamma\left[\frac{\partial^m u}{\partial y_1^m}\right]$$

由式(5.4.3)知

$$\sum_{|\alpha|=m}a_\alpha(x)\,(\nabla\varphi)^\alpha\Big|_\Gamma=0$$

此即是 $P_m(x,\nabla\varphi)\big|_\Gamma=0$. 由 x_0 任意性，故定理得证.

弱间断曲面实际上只与算子 P 的主象征有关，又称其为特征曲面. 方程(5.4.2)称为特征方程. 若在点 x_0 处方向 $\alpha=(\alpha_1,\cdots,\alpha_n)$ 满足

$$P_m(x_0,\alpha)=0$$

则称方向 α 为 x_0 处算子 P 的特征方向.

例 5.1　设 P 为热算子，$P=\dfrac{\partial}{\partial t}-c^2\Delta_x$，则特征方程为

$$c^2(\alpha_1^2+\cdots+\alpha_n^2)=0$$

$\alpha=(\alpha_0,\alpha_1,\cdots,\alpha_n)$，则 $(\pm 1,0,\cdots,0)$ 为特征方向，且 $\{t=C\}$ 为其特征曲面.

例 5.2　设 $P=\square_{n+1}=\dfrac{\partial^2}{\partial t^2}-c^2\Delta_x$，则其特征方向 $\alpha=(\alpha_0,\alpha_1,\cdots,\alpha_n)$，满足

$$\alpha_0^2=c^2(\alpha_1^2+\cdots+\alpha_n^2)$$

若 $|\alpha|=1$，则 $\alpha_0=\pm\dfrac{c}{\sqrt{1+c^2}}$，$\alpha_j=\dfrac{\gamma_j}{\sqrt{1+c^2}}$，其中，$(\gamma_1,\cdots,\gamma_n)\in S^{(n-1)}(0)$. 且可以验证，

$\{|x-x_0|^2=c^2(t-t_0)^2\}$ 为波算子的特征曲面. 它为以 (x_0,t_0) 为顶点的特征锥面.

若 P 为椭圆算子,特征方程无实解,即没有实特征方向及实特征曲面.

为什么方程的解会在特征曲面上出现弱间断呢?从式(5.4.4) 我们可看到,在特征曲面 Γ 上即使给定了除 m 阶斜截微商外的所有小于等于 m 阶的微商,而由方程本身仍不能决定在 Γ 上的 m 阶斜截微商,但若曲面 Γ 不是特征曲面,情况则不然. 事实上,只要给定了 u 的低于 m 阶法向微商在 Γ 的值 $\left.\dfrac{\partial^j u}{\partial \boldsymbol{v}^j}\right|_\Gamma=h_j|_\Gamma, j=0,\cdots,m-1$,其中 $\boldsymbol{v}$ 为 Γ 的单位法方向,h_j 为已知函数. 若令 $\boldsymbol{s}$ 为 Γ 的任一切矢量,则 $\left.\dfrac{\partial^{j+k} u}{\partial \gamma^j \partial \boldsymbol{s}^k}\right|_\Gamma=\dfrac{\partial^k h_j}{\partial \boldsymbol{s}^k}, j=0,\cdots,m-1$,于是由 Γ 的非特征性,即 $P_m(x,\nabla\varphi)\neq 0$,其中 $\Gamma=\{x\mid\varphi(x)=0,\nabla\varphi(x)\neq 0\}$,则代入(5.4.4) 便可唯一确定 $\left.\dfrac{\partial^m u}{\partial \boldsymbol{v}^m}\right|_\Gamma$ 之值,因此可提适定的定解问题. 例如,对波动方程,$\{t=0\}$ 是非特征的,则我们可提 Cauchy 问题,在 $\{t=0\}$ 上给定 u 及 $\dfrac{\partial u}{\partial t}$ 之值的波动方程的解是适定的. 但对热传导方程,$\{t=0\}$ 为特征曲面,此时若规定 u 及 $\dfrac{\partial u}{\partial t}$ 在 $\{t=0\}$ 上之值就没有解,故此时的 Cauchy 问题的初始条件只有 u 在 $t=0$ 时之值. 又如一维波动方程 $\dfrac{\partial^2 u}{\partial t^2}-a^2\dfrac{\partial^2 u}{\partial x^2}=f(x,t)$,其特征曲线为 $\{x=\pm at\}$,若只在 $\{x=at\}$ 上给出 u 的值还不能唯一确定解,还必须在 $\{x=-at\}$ 上给定 u 的值才能唯一确定一维波动方程的解,这就是 Goursat 问题. 对 m 阶偏微分方程,求在非特征曲面上给定所有低于 m 阶法向导数之值的定解问题称为广义 Cauchy 问题. 若初始曲面是特征曲面,这样的 Cauchy 问题为特征 Cauchy 问题,特征 Cauchy 问题一般是比较复杂的.

5.5 三类方程的比较

现在我们以上述各章对三类典型方程的研究为基础,就位势方程、热传导方程和波动方程这三种基本类型的方程的解的性质、定解问题的提法等问题做了分析与总结. 我们将看到,这三类方程之差别不仅在于其系数的代数性质上,而确实存在一些本质的差异.

5.5.1 线性方程和叠加原理

在上述讨论中,我们曾多次利用叠加原理,把一些复杂的定解问题化为若干简单的定解问题来求解. 这些叠加原理虽是十分明显的,但它却是线性方程许多重要解法的基础,例如,当我们用分离变量法解齐次方程时,就是利用方程和边界条件的齐次与线性的性质,把解表示为满足方程和边界条件的各种特解的叠加,并使它恰好符合初始条件. 又如,在用齐次化原理求非齐次方程的解时,也是把非齐次方程的解视为一系列在特定初始条件下的齐次方程的解的叠加而构造得到的. 在前面介绍的 Green 函数法和 Fourier 变换与基本解的方法,也利用了叠加原理这一基本性质.

同时我们指出,对非线性方程(或者是线性方程具有非线性定解条件)的情形,叠加原理不成立,此时,在线性问题中许多行之有效的方法就不能直接使用,而必须另外寻求新的方法,所以对于非线性方程的讨论往往比线性方程要困难得多.

5.5.2 解的性质比较

现在我们来指出三类方程的一些差异.它们之间数学性质的差异往往是相应的物理现象本质的差异在数学上的表现.下面我们对三类典型方程来叙述其差异,对于一般的变系数方程,情况要复杂些,但仍成立类似的结论.

(1)解的光滑性.在古典意义下,作为一个二阶偏微分方程的解,要求有方程中出现的那些二阶偏导数,并且要求它们连续.因而对古典解来说,它总是所考虑区域中相当光滑的函数.但是,对不同类型的方程来说,解的光滑程度很不相同.例如,对弦振动方程来说,从 D'Alembert 公式可见,如初始条件 $u(x,0)=\varphi(x)$,$u_t(x,0)=\psi(x)$ 中的 $\varphi(x)\in C^2$,$\psi(x)\in C^1$,且 $\varphi(x)$ 的三阶导数不存在,则解的三阶导数也不存在.对波动方程,利用 Poisson 公式可看到类似的事实.对于热传导方程来说,情况就不一样,从热传导方程解的表达式可以验证,只要初始条件 $\varphi(x)$ 是有界的,解 $u(x,t)$ 在 $t>0$ 时就是无穷可微的.当将 t 固定时,解还是空间变量的解析函数.对于 Laplace 方程,其解的光滑性更好,它的任何连续解在解的定义区域内都是解的解析函数.

可以从三类方程所代表的物理现象来解释这些事实.Laplace 方程描写平衡与稳定的状态,表达这些状态的解应该是非常光滑的;热传导现象具有能迅速地趋于均衡的特点,因而解也比较光滑.而双曲型方程所描写的波的传播现象,却并不如此.在波的传播中,可以将一定的间断性保留下来,因而解就可能不很光滑;在解的更广泛意义下,甚至还可以有带间断性的解.

附带指出,如方程有非齐次项或者是变系数的时候,解的光滑性质要受到系数与非齐次项的光滑性的影响,这时,解的光滑性就要另外考虑.

(2)解的极值性质.Laplace 方程与热传导方程都存在极值原理,但它们所采取的形式是有些区别的.对 Laplace 方程而言,它的解反映已处于稳定状态的物理量,因而当解不是常数时,在内部不能有极值;同时,其边界的各个部分没有什么本质上的区别,因而极值可能在边界上任一处达到.至于热传导方程,由于热量的传播速度很快,所以初始时如内部有极值,那么在 $t>0$ 时内部极值就迅速消失,因而区域内部的最大值不能超过区域各面边界上取到的最大值.波动方程就没有这个性质,这因为波的传播可以互相叠加,扰动的放大点往往会在叠加时出现.

(3)影响区域与依赖区域.从影响区域和依赖区域来看,三类方程也有很大的区别.对波动方程而言,一点的影响区域为以该点为顶点向上作出的特征锥内部(在三维时为锥的表面),决定特征锥斜度的 a 就是波传播的速度;一点的依赖区域就是以该点为顶点向下作出的特征锥与平面 $t=0$ 所交的圆(或球).热传导方程一点的影响区域是该点以上的整个上半平面,因为只要经过一瞬时,在极远处就会受到该点扰动的影响,扰动传播的速度似乎是无限的;而一点的依赖区间就是整个直线 $t=0$.

现在考察 Laplace 方程,它是定常型的,因而没有传播速度.但我们可以考察这样的问题:在边界曲面 Γ 的部分曲面 Γ_1 上给出不等于零的边界值,而在其余部分 $\Gamma-\Gamma_1$ 上假定边界条件为零,此时问题的解 $u(x,y,z)$ 是否只是在区域 Ω 的一部分区域 Ω_1 上取不等于零的值,而在其余部分 $\Omega-\Omega_1$ 上恒为零?如果这样,那么这部分区域 Ω_1 就称为曲面 Γ_1 的影响区域.回答是否定的,因为根据调和函数解析性定理,如果 u 在一很小区域上恒等于零,则它必在整个区域上恒等于零,从而在 Γ_1 上也只能取等于零的边界值.因此在曲面 Γ 上任意小的部分 Γ_1 给出边界值,它的影响区域必是全部区域 Ω. 附带指出,由于解析性定理对于很广泛的一类椭圆型方程成立,因而这事实也可以推广到较一般的方程.

上述讨论也可由这些方程所反映的物理现象说明. 波动方程所反映的波传播现象是有一定的速度的,因而初始条件的影响范围是一圆锥体,一点的依赖区域也是圆锥体. 由于热传导的现象是进行得十分迅速的,因而在方程中就近似地反映为传播速度是无穷的,并表现成热传导方程的影响区域为无限的. 至于 Laplace 方程,它表示定常状态,或平衡状态,这时不必考虑时间的因素,因而不产生影响的传播速度问题.

(4)关于时间的反演. 对时间的反演问题的物理意义,就是所考察的物理状态的变化过程是否是可逆的.

一个物理状态,其变化过程为可逆的是指:设在某些外界条件下按某种规律变化的一物理状态,在时刻 t_1 时处于状态 A,到时刻 t_2 时变为状态 B;如果在 t_2 时刻的状态 B 可以沿着相反的变化过程恢复到原来的状态 A 而使外界条件不发生其他的变化,那么我们就说这物理状态的变化过程是可逆的. 不然的话,我们就说这物理状态的变化过程是不可逆的.

一物理状态的变化过程是否可逆在数学上反映为所归结出来的方程关于时间变量 t 是否是对称的,即以 $-t$ 代替 t 后方程是否不变.

在 Laplace 方程中不出现时间变量,因而不会发生关于时间的反演问题.

波的传播是一个可逆过程. 事实上,设以 $u(x,t)$ 表示描写波传播状态的过程,它满足方程

$$u_{tt} = a^2 u_{xx}$$

在时刻 $t=0$,其物理状态为 $u(x,0)$;而在时刻 $t=t_0$ 时,其物理状态为 $u(x,t_0)$. 如果要考察从 t_0 时的状态 $u(x,t_0)$ 沿原来变化过程的逆向能否恢复到 $t=0$ 时的状态 $u(x,0)$,这只要在 $t \leqslant t_0$ 时求解下面的定解问题:

$$\begin{cases} \tilde{u}_{tt} - a^2 \tilde{u}_{xx} = 0 \\ \tilde{u}\big|_{t=t_0} = u(x,t_0),\ \tilde{u}_t\big|_{t=t_0} = u_t(x,t_0)) \end{cases}$$

并看它在 $0 \leqslant t \leqslant t_0$ 时的状态 $\tilde{u}(x,t)$ 是否与原来的状态 $u(x,t)$ 相符合就行了. 作变换 $t' = t_0 - t$,上述的问题就化为在 $t \geqslant 0$ 时,求解

$$\begin{cases} \tilde{u}_{t't'} - a^2 \tilde{u}_{xx} = 0 \\ \tilde{u}\big|_{t'=0} = u(x,t_0),\ \tilde{u}_{t'}\big|_{t'=0} = -u_t(x,t_0)) \end{cases}$$

容易看出,这个问题的解就是

$$\tilde{u}(x,t') = u(x,t_0 - t')$$

因此,波的传播状态从 $t'=0(t=t_0)$ 变化到 $t'=t_0(t=0)$ 的过程 $\tilde{u}(x,t')$ 相当于 $u(x,t)$ 从 $t=t_0$ 变化到 $t=0$ 的过程,即 $\tilde{u}(x,t')$ 是 $u(x,t)$ 的逆变化过程.

对于热传导方程,情况就不一样. 如以 $u(x,t)$ 表示描写热传导过程的函数,它满足热传导方程

$$u_t = a^2 u_{xx}$$

那么 $\tilde{u}(x,t') = u(x,t_0 - t')$ 所满足的方程为

$$\tilde{u}_t + a^2 \tilde{u}_{xx} = 0$$

它与原来的热传导方程不同. 与此相应的是对热传导方程在区域 $t<0$ 内求解 Cauchy 问题常是不适定的. 在物理学中这是明显的,因为热传导方程所描述的物理现象如传导、扩散等都是由高到低、由密到稀的单向变化,这种变化过程是不可逆的.

5.5.3　定解问题提法的比较

由于三类方程所反映的物理现象有很大的差别,所以它们可能遇到的定解问题也有很大的差别. 例如对椭圆型方程(以 Laplace 方程为代表)而言,它反映了一些属于稳定、平衡状态的物理量的分布状况,因此在其定解问题中,只有边界条件而没有初始条件,故一般不提 Cauchy 问题与混合问题. 对双曲型方程(以弦振动方程为代表)与抛物型方程(以热传导方程为代表),虽然都可以提 Cauchy 问题与混合问题,但它们所需要的初始条件个数也不相同,对抛物型方程的 Cauchy 问题和混合问题,其初始条件只需给一个,而对双曲型方程来说,却需要两个初始条件.

如果我们将弦振动方程、一个空间变量的热传导方程以及两个自变量的 Laplace 方程分别写成以下形式:

$$u_{xx} - u_{yy} = 0$$

$$u_{xx} - u_y = 0$$

$$u_{xx} + u_{yy} = 0$$

在 xOy 平面的 $0 \leqslant x \leqslant a, 0 \leqslant y \leqslant b$ 区域中考虑这些方程的定解问题,我们前面研究过的一些定解问题中定解条件给出的方式如图 5.5.1 所示.

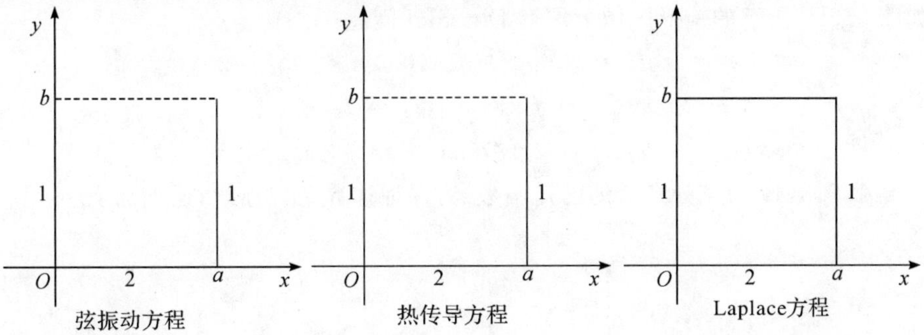

图 5.5.1

很自然会想到这样的问题,是否可以对 Laplace 方程提出 Cauchy 问题和混合问题,对弦振动方程与热传导方程提出 Dirichlet 问题呢? 我们希望根据数学理论的分析对这个问题给出回答. 但是要一般的说明对各种方程可以提出怎样的定解条件并不是容易的,它是一个专门研究的课题. 下面举例说明有些定解问题不满足适定性的要求,从而这些定解问题的提法是不完善的.

我们回忆一下第 1 章中提到的适定性概念,它包含有解的存在性、唯一性和稳定性三个内容. 存在性是指所讨论的定解问题至少有一个解;唯一性是指这个问题的解最多只有一个;而稳定性是指出现在定解条件中的函数变化很小时,问题的解也变化很小. 以下我们给出几个不适定问题例子.

Hadamand 例子　1917 年法国数学家 Hadamand 在瑞士的一个数学会议上就曾经举出了一个 Laplace 方程定解问题不适定的例子. 介绍如下：

考虑两个 Cauchy 问题

$$(\text{Ⅰ})\begin{cases} u_{xx}+u_{yy}=0 \\ u\big|_{y=0}=0,\ u_y\big|_{y=0}=0 \end{cases}$$

$$(\text{Ⅱ})\begin{cases} u_{xx}+u_{yy}=0 \\ u\big|_{y=0}=\dfrac{1}{n}\sin nx,\ u_y\big|_{y=0}=0 \end{cases}$$

其中 n 为奇数. 显然,问题(Ⅰ)的解为

$$u_1(x,y)\equiv 0$$

容易验证问题(Ⅱ)的解为

$$u_2(x,y)=\frac{1}{n}\sin nx\cdot\frac{e^{ny}+e^{-ny}}{2}$$

不难看出,当 n 充分大时,两个问题的对应初值是十分接近的. 但它们的解 u_1 和 u_2 ,当 $x=\dfrac{\pi}{2}$, $y>0$ 时却可以相差很大. 故对 Laplace 方程提 Cauchy 问题,其解是不稳定的,从而定解问题不适定.

波动方程的不适定例子　考虑弦振动方程

$$u_{xx}-u_{yy}=0 \tag{5.5.1}$$

的 Dirichlet 问题. 为此,先把方程(5.5.1)改写为

$$u_{\xi\eta}=0$$

然后在如图 5.5.2 所示的矩形区域上求解 Dirichlet 问题

$$\left.\begin{aligned} &u_{\xi\eta}=0,0<\xi<a,0<\eta<b \\ &u\big|_{\eta=0}=f_1(\xi),u\big|_{\xi=0}=f_2(\eta) \\ &u\big|_{\eta=b}=f_3(\xi),u\big|_{\xi=a}=f_4(\eta) \end{aligned}\right\} \tag{5.5.2}$$

其中 $f_i(i=1,2,3,4)$ 为充分光滑的已知函数. 为保证边界条件连续,还须加上 $f_1(0)=f_2(0)$ 等衔接条件.

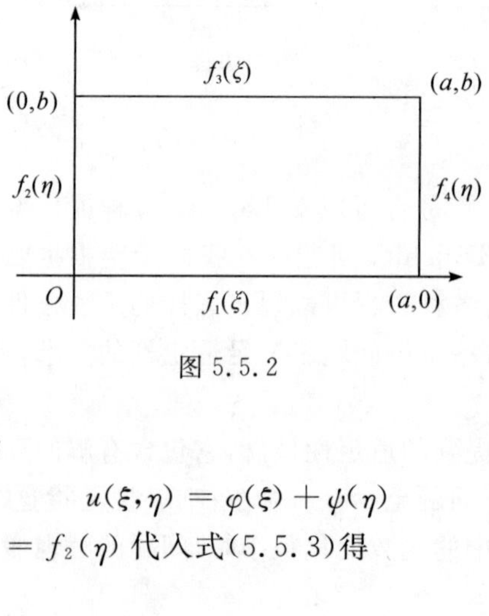

图 5.5.2

众所周知,方程的通解为

$$u(\xi,\eta)=\varphi(\xi)+\psi(\eta) \tag{5.5.3}$$

将条件 $u\big|_{\eta=0}=f_1(\xi)$, $u\big|_{\xi=0}=f_2(\eta)$ 代入式(5.5.3)得

$$u|_{\eta=0} = \varphi(\xi) + \psi(0) = f_1(\xi)$$
$$u|_{\xi=0} = \varphi(0) + \psi(\eta) = f_2(\eta)$$

两式相加，得

$$\varphi(\xi) + \psi(0) + \varphi(0) + \psi(\eta) = f_1(\xi) + f_2(\eta)$$

又因为

$$u|_{\xi=0,\eta=0} = \varphi(0) + \psi(0) = f_1(0)$$

故

$$u(\xi,\eta) = \varphi(\xi) + \psi(\eta) = f_1(\xi) + f_2(\eta) - f_1(0) \tag{5.5.4}$$

至此，只用了定解问题(5.5.2)的前两个条件，便得到所求的解. 由于 $f_3(\xi)$ 和 $f_4(\eta)$ 是任意给定的函数，故一般来说，式(5.5.4) 不能再满足问题(5.5.2) 中的后两个条件. 所以对弦振动方程提 Dirichlet 问题，它的解一般是不存在的.

板的加热问题　当板的边缘温度为零时，问什么样的初始温度分布，才能在预定时刻得到所期望的温度分布？这一问题的数学提法，就是所谓的抛物型方程的反问题：

$$\begin{cases} u_t = a^2(u_{xx} + u_{yy}), (x,y) \in \Omega, 0 < t < T \\ u|_{\partial\Omega} = 0 \\ u|_{t=T} = \varphi(x,y) \end{cases}$$

其中已知函数 $\varphi(x,y)$ 代表在预定时刻 T 所期望的温度分布，而所求的未知解则是初始温度分布 $u(x,y,0)$.

在水泥窑中，在单晶炉内，人们希望通过改变边界条件，使窑中或炉内的温度分布达到预期的状态，这在数学物理上，也同样可以提出上述的反问题.

磁约束问题　在受控热核反应中，要将等离子体约束在一个强磁场内，问什么样的电流分布，才能产生所期望的强磁场？这一问题的数学提法就是

$$\begin{cases} \Delta u = 0,\ x \in \Omega \\ u|_{\Gamma_0} = g,\ \left.\dfrac{\partial u}{\partial \boldsymbol{n}}\right|_{\Gamma_0} = g_1 \end{cases}$$

其中已知函数 g 和 g_1 代表在边界 Γ_0 上所期望的磁场分布，而所求的解则是在 Γ_1 上应加上的电流分布 $u(\Gamma_1)$，如图 5.5.3 所示. 以上两类问题，在 Hadamand 意义下，都是不适定的. 但许多有实际背景的不适定问题，往往都可由工程和物理现象本身去断定解的存在. 关于如何得到不适定问题的符合要求的近似解的问题，目前已有许多研究，其中以正则化方法和拟可逆性方法比较系统和有成效. 当然不管是从实际应用还是从理论研究的角度来看，都还存在许多有待探讨的课题.

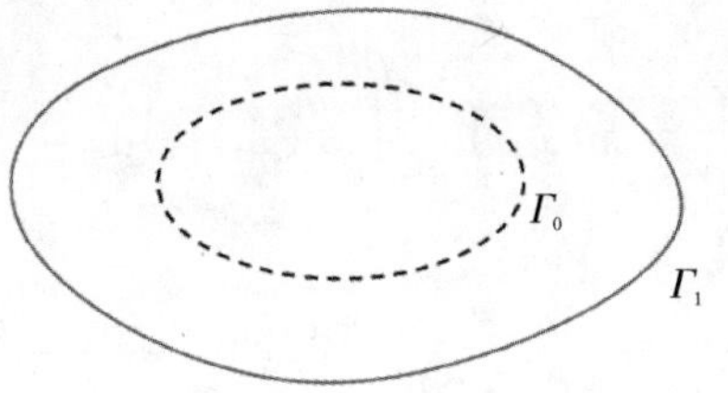

图 5.5.3

由上述讨论可知，三种不同类型方程定解问题提法，确实有显著的差异，故我们在前三章的讨论中，对这些方程提出不同的定解问题进行研究是有理由的. 这些问题的物理意义清楚，数学提法合理，从而也研究得最成熟. 然而，随着科学、工程技术以及数学理论的日益发展，所研究的数学物理方程及其定解问题的类型越来越多，范围越来越广，甚至包括一些看来不甚合理的定解问题也会在特定条件下进行研究. 但是，了解三种不同类型方程的主要定解问题在问题提法上的基本差别仍然是重要的.

习　　题

1. 求解初值问题：

$$\begin{cases} u_{tt} - u_{xx} = 0, \ x \in \mathbb{R}, t > ax \\ u\big|_{t=ax} = \varphi(x), \ u_t\big|_{t=ax} = \psi(x) \end{cases}$$

其中，$a \neq \pm 1$. 若初值只给定在 $a \leqslant x \leqslant b$ 上，试问，在什么区域上能确定解？

2. 证明初值问题

$$\begin{cases} u_{tt} - u_{xx} = 6(x+t), \ x \in \mathbb{R}, t > x \\ u\big|_{t=x} = 0, \ u_t\big|_{t=x} = \psi(x) \end{cases}$$

有解的充分必要条件是 $\psi(x) - 3x^2 =$ 常数，并且若有解，则解不唯一. 请解释：若把初值给定在直线 $t = ax$ 上，为什么当 $a = \pm 1$ 与 $a \neq \pm 1$ 时，关于解的存在唯一性的结论不一样？

3. 证明方程

$$\frac{\partial}{\partial x}\left(\left(1-\frac{x}{h}\right)^2 \frac{\partial u}{\partial x}\right) = \frac{1}{a^2}\left(1-\frac{x}{h}\right)^2 \frac{\partial^2 u}{\partial t^2}$$

的通解是

$$u(x,t) = \frac{1}{h-x}(F(x-at) + G(x+at))$$

其中，F, G 是任意二阶连续可微函数. 由此求解该方程的初值问题

$$u\big|_{t=0} = \varphi(x), \ u_t\big|_{t=0} = \psi(x)$$

4. 求方程 $u_{tt} = a^2(u_{xx} + u_{yy} + u_{zz})$ 的形如 $u = u(r,t)$ 的所谓径向解，其中，$r = \sqrt{x^2+y^2+z^2}$.

5. 若记 $w(x,t;\tau)$ 是定解问题

$$(\mathrm{A})\begin{cases} w_{tt} - a^2 w_{xx} = 0, \ x \in \mathbb{R}, t > \tau \\ w\big|_{t=\tau} = 0, \ w_t\big|_{t=\tau} = f(x,\tau) \end{cases}$$

的解，试证明函数

$$u(x,t) = \int_0^t w(x,t;\tau)\,\mathrm{d}\tau$$

是定解问题

$$(\mathrm{B})\begin{cases} u_{tt} - a^2 u_{xx} = f(x,t), \ x \in \mathbb{R}, t > 0 \\ u\big|_{t=0} = 0, \ u_t\big|_{t=0} = 0 \end{cases}$$

的解. 这个解非齐次方程初值问题的方法称为 Duhamel 原理，也叫齐次化原理.

6. 试推导问题 (B) 的解为

$$u(x,t)=\frac{1}{2a}\int_0^t\int_{x-a(t-\tau)}^{x+a(t-\tau)}f(y,\tau)\mathrm{d}y\mathrm{d}\tau$$

7. 利用叠加原理叙述问题

$$\begin{cases}u_{tt}-a^2u_{xx}=f(x,t),\ x\in\mathbb{R},t\in\mathbb{R}_+\\u(x,0)=\varphi(x),\ u_t(x,0)=\psi(x)\end{cases}$$

的求解过程,并写出解的表达式.

8. 解初边值问题:

$$\begin{cases}u_{tt}+a^2u_{xxxx}=0,\ x\in(0,l),t\in\mathbb{R}_+\\u(0,t)=u(l,t)=u_{xx}(0,t)=u_{xx}(l,t)=0\\u(x,0)=x(x-l),\ u_t(x,0)=0\end{cases}$$

9. 解初边值问题:

$$\begin{cases}u_t=a^2u_{xx}-b^2u,\ x\in(0,l),t\in\mathbb{R}_+\\u(x,0)=u_0,\ u(0,t)=0,\ u_t(l,t)+hu(l,t)=0\end{cases}$$

10. 解初边值问题:

$$\begin{cases}u_t=a^2(u_{xx}+u_{yy}),\ x\in(0,a),\ y\in(0,b),\ t\in\mathbb{R}_+\\u(x,y,0)=A\\u(0,y,t)=u_x(a,y,t)=0\\u_y(x,0,t)=u(x,b,t)=0\end{cases}$$

11. 利用能量积分函数

$$E(t)=\frac{1}{2}\int_0^l(ku_x^2+\rho u_t^2+qu^2)\mathrm{d}x$$

证明定解问题

$$\begin{cases}\rho(x)u_{tt}=(k(x)u_x)_x-q(x)u,\ x\in(0,l),t\in\mathbb{R}_+\\u(0,t)=u(l,t)=0\\u(x,0)=u_t(x,0)=0\end{cases}$$

的解 $u\equiv 0$. 其中, $k(x)\geqslant k_0>0, q(x)\geqslant 0, \rho(x)\geqslant\rho_0>0$ 而 k_0,ρ_0 是常数.

12. 假设 $\boldsymbol{E}=(E_1,E_2,E_3)$ 和 $\boldsymbol{B}=(B_1,B_2B_3)$ 是 Maxwell 方程组

$$\begin{cases}\boldsymbol{E}_t=\mathrm{curl}\boldsymbol{B}\\\boldsymbol{B}_t=-\mathrm{curl}\boldsymbol{E}\\\mathrm{div}\boldsymbol{B}=\mathrm{div}\boldsymbol{E}=0\end{cases}$$

的解. 证明: $u_{tt}-\Delta u=0$,其中, $u=E_i$ 或 $B_i(i=1,2,3)$.

13. 用 Kirchhoff 公式求解初值问题:

$$\begin{cases}u_{tt}=a^2(u_{xx}+u_{yy}+u_{zz}),\ (x,y,t)\in\mathbb{R}^3,t\in\mathbb{R}_+\\u|_{t=0}=x^3+y^2z,\ u_t|_{t=0}=0\end{cases}$$

14. 设 $u(x,t)\in C^m(\mathbb{R}^n\times[0,+\infty))$ 是 n 维波动方程初值问题

$$\begin{cases}u_{tt}-\Delta u=0,\ x\in\mathbb{R}^n,t\in\mathbb{R}_+\\u|_{t=0}=h(x),\ u_t|_{t=0}=g(x)\end{cases}$$

的解,对任意固定的 $x\in\mathbb{R}^n$,定义 u 的球面平均函数

$$U(x,r,t)=\frac{1}{n\omega_n r^{n-1}}\int\limits_{|y-x|=r}u(y,t)\mathrm{d}S_y$$

其中，$\omega_n, n\omega_n$ 分别是 n 维单位球的体积和表面积，类似定义 h,g 的球面平均函数 $H(x,r)$，$G(x,r)$. 试证明：$u(x,t)\in C^m(\overline{\mathbb{R}}_+\times[0,+\infty))$ 并且满足下述 Euler-poisson-Darboux 方程的初值问题

$$\begin{cases}U_{tt}-U_{rr}-\dfrac{n-1}{r}U_r=0,\ r\in\mathbb{R}_+,t\in\mathbb{R}_+\\ U|_{t=0}=H,\ U_t|_{t=0}=G,\end{cases}$$

15. 求解二维波动方程的初值问题：

$$\begin{cases}u_{tt}=a^2(u_{xx}+u_{yy}),\ (x,y)\in\mathbb{R}^2,t\in\mathbb{R}_+\\ u|_{t=0}=x^2(x+y),\ u_t|_{t=0}=0\end{cases}$$

16. 求解二维波动方程 $u_{tt}=a^2(u_{xx}+u_{yy})$ 的轴对称解 $u=u(r,t)$，其中，$r=\sqrt{x^2+y^2}$.

17. 求解二维波动方程的初值问题：

$$\begin{cases}u_{tt}=a^2(u_{xx}+u_{yy})+c^2u,\ (x,y)\in\mathbb{R}^2,t\in\mathbb{R}_+\\ u|_{t=0}=\varphi(x,y),\ u_t|_{t=0}=\psi(x,y)\end{cases}$$

18. 设 $u=u(x,y,t)$ 是初值问题

$$\begin{cases}u_{tt}-4(u_{xx}+u_{yy})=0,\ (x,y)\in\mathbb{R}^2,t\in\mathbb{R}_+\\ u|_{t=0}=\varphi(x,y),\ u_t|_{t=0}=\psi(x,y)\end{cases}$$

的解，其中

$$\varphi(x,y),\psi(x,y)=\begin{cases}0,\ (x,y)\in\Omega\\ 10,\ (x,y)\in\mathbb{R}^2\backslash\Omega\end{cases}$$

Ω 是正方形 $\{(x,y)\,|\,|x|\leqslant1,|y|\leqslant1\}$，试指出当 $t\in\mathbb{R}_+$ 时，$u(x,y,t)\equiv0$ 的区域.

19. 导出二维非齐次波动方程初值问题

$$\begin{cases}u_{tt}=a^2(u_{xx}+u_{yy})+f(x,y,t),\ (x,y)\in\mathbb{R}^2,t\in\mathbb{R}_+\\ u|_{t=0}=0,\ u_t|_{t=0}=0\end{cases}$$

的解的积分表达式.

20. 求解三维非齐次波动方程初值问题：

$$\begin{cases}u_{tt}=\Delta u+2(y-t),\ (x,y,z)\in\mathbb{R}^3,t\in\mathbb{R}_+\\ u|_{t=0}=0,\ u_t|_{t=0}=x^2+yz\end{cases}$$

21. 受摩擦力作用的固定的有界弦（$x\in(0,l)$）的振动满足方程：

$$u_{tt}=a^2u_{xx}-cu_t,c>0$$

证明其能量是减小的，并由此证明初边值问题

$$\begin{cases}u_{tt}=a^2u_{xx}-cu_t+f(x,t),\ x\in(0,l),t\in\mathbb{R}_+\\ u(0,t)=u(l,t)=0\\ u(x,0)=\varphi(x),\ u_t(x,0)=\psi(x)\end{cases}$$

解的唯一性以及分别关于初始条件和非齐次项 f 的稳定性.

22. 考虑在区域 $G=\{(x,t)\,|\,0<x<l,0<t<T\}$ 上的混合问题：

$$\begin{cases}u_{tt}=\dfrac{\partial}{\partial x}\left(k(x)\dfrac{\partial u}{\partial x}\right)-q(x)u+f(x,t),\ (x,t)\in G\\ u(0,t)=u(l,t)=0\\ u(x,0)=\varphi(x),\ u_t(x,0)=\psi(x)\end{cases}$$

其中，$k(x)>0$，$q(x)>0$ 和 $f(x,t)$ 都是 $\overline{G}$ 上充分光滑的函数. 试利用 11 题中的能量积分函数证明：若 $f(x,t)$ 在 $\overline{G}$ 上有微小扰动，则由此引起解在 $\overline{G}$ 上的扰动也很微小.

23. 设 $u(x,y,t)$ 是问题

$$\begin{cases}u_{tt}=a^2(u_{xx}+u_{yy}),\ a^2=\dfrac{T}{\rho},(x,y)\in\Omega,t\in\mathbb{R}_+\\ \left.\left(T\dfrac{\partial u}{\partial \boldsymbol{n}}+\sigma u\right)\right|_{\partial\Omega}=0\end{cases}$$

的解，并记

$$E(t)=\iint\limits_{\Omega}\left(\frac{\rho}{2}u_t^2+\frac{T}{2}(u_x^2+u_y^2)\right)\mathrm{d}x\mathrm{d}y+\int\limits_{\partial\Omega}\frac{\sigma}{2}u^2\mathrm{d}s$$

$$E_0(t)=\iint\limits_{\Omega}u^2(x,y,t)\mathrm{d}x\mathrm{d}y$$

试证能量不等式

$$E_0(t)\leqslant \mathrm{e}^tE_0(0)+\frac{2}{\rho}(\mathrm{e}^t-1)E(0)$$

成立.

24. 在 $Q=\{(x,t)\mid a<x<b,t>0\}$ 上考虑方程 $\dfrac{\partial^2 u}{\partial t^2}-\dfrac{\partial}{\partial x}\left[k(x)\dfrac{\partial u}{\partial x}\right]+q(x)u=f(x,t)$，其中 $k(x),q(x)>0$ 在 $[a,b]$ 上连续，且 $u\in C^2(Q)\cap C^1(\overline{Q})$，导出分别在下列边值条件下初值问题的能量不等式.

(1) $u(a,t)=u(b,t)=0$；

(2) $\begin{cases}\left.\left(-\dfrac{\partial u}{\partial x}+\alpha^2u\right)\right|_{x=a}=0\\ \left.\left(\dfrac{\partial u}{\partial x}+\beta^2u\right)\right|_{x=b}=0\end{cases}$.

25. 试用能量积分法证明一端固定的半无界弦振动初边值问题的解的唯一性及稳定性.

26. 证明 Gronwall 不等式.

27. 求下列方程的特征方程和特征方向.

(1) $\dfrac{\partial^2 u}{\partial x_1^2}+\dfrac{\partial^2 u}{\partial x_2^2}=\dfrac{\partial^2 u}{\partial x_3^2}+\dfrac{\partial^2 u}{\partial x_4^2}$；

(2) $\dfrac{\partial^2 u}{\partial x_1^2}+\dfrac{\partial^2 u}{\partial x_2^2}+\dfrac{\partial^2 u}{\partial x_3^2}=0$；

(3) $\dfrac{\partial u}{\partial t}=\dfrac{\partial^2 u}{\partial x^2}-\dfrac{\partial^2 u}{\partial y^2}$.

28. 求方程 $\dfrac{\partial^2 u}{\partial t^2}=t\dfrac{\partial^2 u}{\partial x^2}$ 的两个过原点的特征曲线.

29. 说明一维波动方程 $u_{tt}=a^2u_{xx}$ 在其特征曲线 $\Gamma=\{x-at=0\}$ 给定解条件，$u|_\Gamma=\varphi(x),u_t|_\Gamma=\psi(x)$ 的特征 Cauchy 问题的解或者不存在，或者不唯一.

第 6 章　有限差分法

有限差分法是求解偏微分方程的主要数值方法之一. 由于计算机解题的局限性,任何适合计算机使用的方法,都必须把连续问题(微分方程的边值问题,初值问题)离散化,并且转换成有限形式的线性方程租.

在不同类型的数学物理方程的有限差分法中,有一些基本概念是共同的,特别是双曲型方程和抛物型方程更是如此. 因此我们从简单的问题出发,利用典型的差分格式来引入这些基本概念并作扼要的阐述. 此外对各类微分方程问题的提法做了简短的回顾.

用差分法将连续问题离散化的主要步骤如下:

(1)对求解区域作网格剖分,用有限个网格节点代替连续区域;

(2)构造差分格式,即通过适当的方法将微分方程离散化,导出线性方程组;

(3)对得到的离散点上的近似值进行插值逼近,得到整个区域上的近似解.

差分法的基本问题如下:

(1)对求解区域作网格剖分;

(2)构造逼近微分方程定解问题的差分格式;

(3)差分解的存在唯一性、收敛性及稳定性的研究;

(4)差分方程的解法.

6.1　有限差分近似

6.1.1　网格剖分

用有限差分方法求解偏微分方程问题必须把连续问题进行离散化. 为此首先要对求解区域给出网格剖分,由于求解的问题各不相同,因此求解区域也不尽相同. 下面仅用具体例子来说明不同区域的剖分,并引入一些常用的术语.

例 6.1　双曲型方程和抛物型方程的初值问题,求解区域为

$$\Omega_1 = \{(x,t) \mid x \in \mathbb{R}, t \in \mathbb{R}_+\}$$

我们在 $x-t$ 的上半平面画出两族平行于坐标轴的直线,把上半平面分成矩形网格,这样的直线称作网格线,其交点称为网格点或节点. 一般来说,平行于 t 轴的直线可以是等距的. 可设距离为 $\Delta x > 0$,有时也记为 h,称其为空间步长. 而平行于 x 轴的直线则大多是不等距的,往往要按具体问题而定. 在此为简单起见也假定是等距的,设距离为 $\Delta t > 0$,有时也记为 τ,称其为时间步长. 这样两族网格线可以写作

$$x = x_j = j\Delta x = jh,\quad j = 0, \pm 1, \pm 2, \cdots$$
$$t = t_n = n\Delta t = n\tau,\quad n = 0,1,2,\cdots$$

网格节点 (x_j, t_n) 有时简记为 (j, n).

例 6.2　双曲型方程和抛物型方程的初边值问题,设其求解区域为

$$\Omega_2 = \{(x,t) \mid x \in (0,l), t \in \mathbb{R}_+\}$$

这个区域的网格由平行于 t 轴的直线族

$$x = x_j,\quad j = 0,1,\cdots,J$$

与平行于 x 轴的直线族

$$t = t_n,\quad n = 0,1,2,\cdots$$

所构成,其中 $x_j = j\Delta x = jh, \Delta x = h = \dfrac{l}{J}$; $t_n = n\Delta t = n\tau$.

例 6.3　椭圆型方程的边值问题.求解区域是 $x-y$ 平面上的一个有界区域 D,其边界 Γ 为分段光滑曲线.取沿 x 轴和 y 轴方向的步长 Δx 和 Δy ,作两族分别与 x 轴和 y 轴平行的直线

$$x = x_i = i\Delta x,\quad i = 0, \pm 1, \pm 2, \cdots$$
$$y = y_j = j\Delta y,\quad j = 0, \pm 1, \pm 2, \cdots$$

与例 6.1 同样,两族直线的交点称作网格点或节点,并记为 (x_i, y_j) 或简记为 (i,j). 我们只考虑属于 $D \cup \Gamma$ 的节点.如果两个节点沿 x 轴方向(或沿 y 轴方向)只相差一个步长时,称为两个相邻的节点.如果一个节点的所有 4 个相邻的节点都属于 $D \cup \Gamma$,那么称此节点为内部节点(内点).如果一个节点的 4 个相邻节点中至少有一个不属于 $D \cup \Gamma$ 时,则称此节点为边界节点(边界点).用 D_h 表示内点集合,Γ_h 表示边界点集合.

6.1.2　用 Taylor 级数展开方法建立差分格式

用有限差分近似求解偏微分方程问题有多种多样的方法,并且也可以用不同的构造方法来建立这些有限差分法.用 Taylor 级数展开方法是最常用的方法,下面在建立差分格式的同时引入一些基本概念及术语.

我们主要从对流方程的初值问题

$$\frac{\partial u}{\partial t} + a\frac{\partial u}{\partial x} = 0,\ x \in \mathbb{R}, t \in \mathbb{R}^+ \tag{6.1.1}$$

$$u(x,0) = g(x) \tag{6.1.2}$$

和扩散方程的初值问题

$$\frac{\partial u}{\partial t} - a\frac{\partial^2 u}{\partial x^2} = 0,\ x \in \mathbb{R}, t \in \mathbb{R}^+ \tag{6.1.3}$$

$$u(x,0) = g(x) \tag{6.1.4}$$

(其中 $a > 0$)来进行讨论.

假定偏微分方程初值问题的解 $u(x,t)$ 是充分光滑的.由 Taylor 级数展开式有

$$\left.\begin{aligned}
\frac{u(x_j,t_{n+1})-u(x_j,t_n)}{\tau}&=\left[\frac{\partial u}{\partial t}\right]_j^n+O(\tau)\\
\frac{u(x_j,t_{n+1})-u(x_j,t_{n-1})}{2\tau}&=\left[\frac{\partial u}{\partial t}\right]_j^n+O(\tau^2)\\
\frac{u(x_{j-1},t_n)-u(x_j,t_n)}{h}&=\left[\frac{\partial u}{\partial x}\right]_j^n+O(h)\\
\frac{u(x_j,t_n)-u(x_{j-1},t_n)}{h}&=\left[\frac{\partial u}{\partial x}\right]_j^n+O(h)\\
\frac{u(x_{j+1},t_n)-u(x_{j-1},t_n)}{2h}&=\left[\frac{\partial u}{\partial x}\right]_j^n+O(h^2)
\end{aligned}\right\}\tag{6.1.5}$$

$$\frac{u(x_{j+1},t_n)-2u(x_j,t_n)+u(x_{j-1},t_n)}{h^2}=\left[\frac{\partial^2 u}{\partial x^2}\right]_j^n+O(h^2)\tag{6.1.6}$$

其中 $[\cdot]_j^n$,或用 $(\cdot)_j^n$,表示括号内的函数在节点 (x_j,t_n) 处取的值. 利用表达式(6.1.5)中的第 1 式和第 3 式,有

$$\frac{u(x_j,t_{n+1})-u(x_j,t_n)}{\tau}+a\frac{u(x_{j+1},t_n)-u(x_j,t_n)}{h}=\left[\frac{\partial u}{\partial t}+a\frac{\partial u}{\partial x}\right]_j^n+O(\tau+h)$$

如果 $u(x,t)$ 是满足偏微分方程(6.1.1)的光滑解,则

$$\left[\frac{\partial u}{\partial t}+a\frac{\partial u}{\partial x}\right]_j^n=0$$

由此可以看出,偏微分方程(6.1.1)在 (x_j,t_n) 处可以近似地用下面的方程来代替

$$\frac{u_j^{n+1}-u_j^n}{\tau}+a\frac{u_{j+1}^n-u_j^n}{h}=0,\quad j=0,\pm1,\pm2,\cdots,n=0,1,2,\cdots\tag{6.1.7}$$

其中 u_j^n 为 $u(x_j,t_n)$ 的近似值. 式(6.1.7)称作逼近微分方程(6.1.1)的有限差分方程或简称差分方程. 可以把式(6.1.7)改写成便于计算的形式

$$u_j^{n+1}=u_j^n-a\lambda(u_{j+1}^n-u_j^n)$$

其中 $\lambda=\dfrac{\tau}{h}$,称为网格比.

差分方程(6.1.7)再加上初始条件(6.1.2)的离散形式

$$u_j^0=\varphi_j,\quad j=0,\pm1,\pm2,\cdots\tag{6.1.8}$$

就可以按时间层推进,算出各层的值. 这里使用术语"层"是表示在直线 $t=n\tau$ 上网格点的整体. 差分方程(6.1.7)和初始条件的离散形式(6.1.8)结合在一起构成了一个差分格式. 事实上,式(6.1.7)就给出了根据初始条件(6.1.8)来确定 $u_j^n(j=0,\pm1,\cdots)$ 的一个算法. 因此有时候就称差分方程(6.1.7)为一个差分格式. 以后我们不强调差分格式和差分方程之间的区别,但要作如下理解:说到差分格式就隐含了初始条件,边界条件的离散. 在这样的含义下,当构造出差分方程后,就认为已构造出一个差分格式.

由第 n 个时间层推进到第 $n+1$ 个时间层时,式(6.1.7)提供了逐点直接计算 u_j^{n+1} 的表达式,因此称式(6.1.7)为显式格式. 并且注意到在式(6.1.7)中,计算第 $n+1$ 层时只用到 n 层的数据. 前后仅联系到两个时间层次,故称式(6.1.7)为两层格式,更明确地,称其为两层显式格式.

利用式(6.1.5)中第一式和第四式,可以得到逼近微分方程(6.1.1)的另一差分方程为

$$\frac{u_j^{n+1}-u_j^n}{\tau}+a\frac{u_j^n-u_{j-1}^n}{h}=0\tag{6.1.9}$$

显然,此格式也是两层显式格式.

用式(6.1.5)中第一式及第五式,可以得到逼近微分方程(6.1.1)的另一差分方程(6.1.10),即

$$\frac{u_j^{n+1}-u_j^n}{\tau}+a\frac{u_{j+1}^n-u_{j-1}^n}{2h}=0 \tag{6.1.10}$$

可以将式(6.1.10)写成便于计算的形式,有

$$u_j^{n+1}=u_j^n-\frac{a\lambda}{2}(u_{j+1}^n-u_{j-1}^n)$$

其中 $\lambda=\frac{\tau}{h}$,称为网格比.容易看出,此格式也是两层格式,称式(6.1.10)为中心差分格式,相应地,差分格式(6.1.7)和式(6.1.9)称为偏心差分格式.

上面我们构造了对流方程式(6.1.1)的三种差分格式,用同样方法可以构造逼近扩散方程(6.1.3)的差分格式.利用式(6.1.5)的第一式及式(6.1.6)有

$$\frac{u(x_j,t_{n+1})-u(x_j,t_n)}{\tau}-a\frac{u(x_{j+1},t_n)-2u(x_j,t_n)+u(x_{j-1},t_n)}{h^2}=\left[\frac{\partial u}{\partial t}-a\frac{\partial^2 u}{\partial x^2}\right]_j^n+O(\tau+h^2)$$

如果 u 是式(6.1.3)的光滑解,即 u 满足

$$\frac{\partial u}{\partial t}=a\frac{\partial^2 u}{\partial x^2}$$

的光滑函数,那么,容易看出,扩散方程(6.1.3)可以用如下的差分方程来近似:

$$\frac{u_j^{n+1}-u_j^n}{\tau}-a\frac{u_{j+1}^n-2u_j^n+u_{j-1}^n}{h^2}=0,\quad j=0,\pm1,\pm2,\cdots,\ n=0,1,2,\cdots \tag{6.1.11}$$

可以将式(6.1.11)写成便于计算的形式

$$u_j^{n+1}=u_j^n+a\mu(u_{j+1}^n-2u_j^n+u_{j-1}^n)$$

其中 $\mu=\frac{\tau}{h^2}$,亦称网格比.注意到 μ 的表达式与对流方程的差分格式网格比 λ 的表达式是不同的.一般情况下,也用字母 λ 代替字母 μ .这是由于不同的表达式是属于不同类型的方程的差分格式,因此不会引起混淆.容易看出,式(6.1.11)也是二层显示格式.初始条件(6.1.4)的离散是显然的,

$$u_j^0=g_j,\quad j=0,\pm1,\pm2,\cdots \tag{6.1.12}$$

利用式(6.1.11)和式(6.1.12)可以依次计算出 $n=1,2,\cdots$ 各层上的值 u_j^n .

利用 Taylor 展开来建立差分格式,实际上也等价于用差商来近似微商得到相应的差分格式.

6.1.3　积分方法

考虑扩散方程(6.1.3),对该方程进行积分,首先要求选定积分区域.设在 $x-t$ 平面上积分区域为

$$\Omega=\left\{(x,t)\mid x_j-\frac{h}{2}\leqslant x\leqslant x_j+\frac{h}{2},t_n\leqslant t\leqslant t_{n+1}\right\}$$

积分有

$$\iint\limits_{\Omega} \frac{\partial u}{\partial t} \mathrm{d}x\mathrm{d}t = \iint\limits_{\Omega} a \frac{\partial^2 u}{\partial x^2} \mathrm{d}x\mathrm{d}t$$

直接求积可得

$$\int_{x_i-\frac{h}{2}}^{x_i+\frac{h}{2}} [u(x,t_n+\tau)-u(x,t_n)]\mathrm{d}x = a\int_{t_n}^{t_{n+1}} \left[\frac{\partial u}{\partial x}\left(x_j+\frac{h}{2},t\right)-\frac{\partial u}{\partial x}\left(x_j-\frac{h}{2},t\right)\right]\mathrm{d}t$$

应用数值积分可得

$$[u(x_j,t_n+\tau)-u(x_j,t_n)]h \approx a\left[\frac{\partial u}{\partial x}\left(x_j+\frac{h}{2},t_n\right)-\frac{\partial u}{\partial x}\left(x_j-\frac{h}{2},t_n\right)\right]\tau \quad (6.1.13)$$

注意到

$$\int_{x_j}^{x_{j+1}} \frac{\partial u}{\partial x}(x,t_n)\mathrm{d}x = u(x_{j+1},t_n)-u(x_j,t_n)$$

而

$$\int_{x_j}^{x_{j+1}} \frac{\partial u}{\partial x}(x,t_n)\mathrm{d}x \approx \frac{\partial u}{\partial x}\left(x_j+\frac{h}{2},t_n\right)h$$

由此可以得到

$$\frac{\partial u}{\partial x}\left(x_j+\frac{h}{2},t_n\right)h \approx u(x_{j+1},t_n)-u(x_j,t_n)$$

同理有

$$\frac{\partial u}{\partial x}\left(x_j-\frac{h}{2},t_n\right)h \approx u(x_j,t_n)-u(x_{j-1},t_n)$$

将上面两式代入式(6.1.13)，得

$$[u(x_j,t_n+\tau)-u(x_j,t_n)]h \approx a[u(x_{j+1},t_n)-2u(x_j,t_n)+u(x_{j-1},t_n)]\tau$$

由此可得

$$\frac{u_j^{n+1}-u_j^n}{\tau} = a\frac{u_{j+1}^n-2u_j^n+u_{j-1}^n}{h^2}$$

这就是式(6.1.11).

积分方法也称有限体积法.

6.1.4 隐式差分格式

前面构造的差分格式都是显式的，即在时间层 t_{n+1} 上的每个 u_j^{n+1} 可以独立地根据在时间层 t_n 上的值 u_j^n 得出，但并非都是如此. 如果采用

$$\frac{u(x_j,t_n)-u(x_j,t_{n-1})}{\tau} = \left[\frac{\partial u}{\partial t}\right]_j^n + O(\tau)$$

和式(6.1.6)，则可以得到扩散方程(6.1.3)的另一个差分格式

$$\frac{u_j^n-u_j^{n-1}}{\tau} - a\frac{u_{j+1}^n-2u_j^n+u_{j-1}^n}{h^2} = 0 \quad (6.1.14)$$

可以把式(6.1.14)写成下面等价形式

$$-a\lambda u_{j+1}^n + (1+2a\lambda)u_j^n - a\lambda u_{j-1}^n = u_j^{n-1}$$

其中 $\lambda = \frac{\tau}{h^2}$ 为网格比. 由式(6.1.14)可以看出，在新时间层 n 上包含了 3 个未知量 $u_{j+1}^n, u_j^n, u_{j-1}^n$，因此不能由 u_j^{n-1} 直接计算出 u_j^n 来. 有限差分格式(6.1.14)与前面引入的差分格式(6.1.11)有明

显不同.一般地,有限差分格式在新时间层(n 或 $n+1$)上包含有多于一个节点,这种有限差分格式称为隐式格式.据此,有限差分格式(6.1.14)称为隐式格式.大多数隐式格式适合于求解微分方程的初边值问题或满足周期条件的初值问题.

为简单起见,我们给出第一边界条件的扩散方程的初边值问题

$$\begin{cases} u_t = au_{xx},\ x \in (0,l), t \in \mathbb{R}_+ \\ u\big|_{x=0} = u\big|_{x=l} = 0 \\ u\big|_{t=0} = g(x) \end{cases}$$

其中 $a > 0$.

扩散方程用差分格式(6.1.14)来近似,初始条件用式(6.1.12)进行离散,而边界条件的离散则使用

$$\left.\begin{aligned} u_0^n = 0,\ n > 0 \\ u_J^n = 0,\ n > 0 \end{aligned}\right\} \tag{6.1.15}$$

其中 $J = \dfrac{l}{h}$.

令

$$\boldsymbol{U}^n = (u_1^n, u_2^n, \cdots, u_{J-1}^n)^{\mathrm{T}}$$

则可把式(6.1.14)和式(6.1.15)合写成

$$\boldsymbol{AU}^n = \boldsymbol{U}^{n-1} \tag{6.1.16}$$

其中

$$\boldsymbol{A} = \begin{pmatrix} 1+2a\lambda & -a\lambda & & & \\ -a\lambda & 1+2a\lambda & -a\lambda & & \\ \vdots & \vdots & \vdots & \vdots & \vdots \\ & & -a\lambda & 1+2a\lambda & -a\lambda \\ & & & -a\lambda & 1+2a\lambda \end{pmatrix}$$

注意到,$\boldsymbol{A}$ 是严格对角占优矩阵,因此线性代数方程组(6.1.16)有解.由于 $\boldsymbol{A}$ 为三对角矩阵,因此,可用追赶法求解式(6.1.16).

由以上叙述看出,采用显式格式求解既方便又省工作量.而隐式格式求解线性代数方程组,似乎无益处可言.但以后将会看到,隐式格式可采用大的时间步长 τ,因此有很大益处.

6.2　有限差分格式的相容性、收敛性及稳定性

6.2.1　有限差分格式的截断误差

为叙述方便,下面引入差分记号

向前差分

$$\Delta_{+t}v(x,t) = v(x,t+\Delta t) - v(x,t) \tag{6.2.1a}$$

$$\Delta_{+x}v(x,t) = v(x+\Delta x,t) - v(x,t) \tag{6.2.1b}$$

向后差分

$$\Delta_{-t}v(x,t) = v(x,t) - v(x,t-\Delta t) \tag{6.2.2a}$$

$$\Delta_{-x}v(x,t)=v(x,t)-v(x-\Delta x,t) \tag{6.2.2b}$$

中心差分

$$\delta_t v(x,t)=v(x,t+\frac{1}{2}\Delta t)-v(x,t-\frac{1}{2}\Delta t) \tag{6.2.3a}$$

$$\delta_x v(x,t)=v(x+\frac{1}{2}\Delta x,t)-v(x-\frac{1}{2}\Delta x,t) \tag{6.2.3b}$$

二次应用中心差分算子,可以得到很有用的二阶中心差分

$$\delta_x^2 v(x,t)=v(x+\Delta x,t)-2v(x,t)+v(x-\Delta x,t) \tag{6.2.4}$$

有时也应用两个区间上的中心差分

$$\Delta_{0x}v(x,t)=\frac{1}{2}(\Delta_{+x}+\Delta_{-x})v(x,t)=\frac{1}{2}[v(x+\Delta x,t)-v(x-\Delta x,t)]$$

对于扩散方程(6.1.3)的解,关于 t 的向前差分的 Taylor 级数展开有

$$\Delta_{+t}u(x,t)=u(x,t+\tau)-u(x,t)=\frac{\partial u(x,t)}{\partial t}\tau+\frac{1}{2}\frac{\partial u^2(x,t)}{\partial t^2}\tau^2+\frac{1}{6}\frac{\partial u^3(x,t)}{\partial t^3}\tau^3+\cdots \tag{6.2.5}$$

对变量 x 进行 Taylor 级数展开有

$$\delta_x^2 u(x,t)=\frac{\partial^2 u(x,t)}{\partial x^2}h^2+\frac{1}{12}\frac{\partial^4 u(x,t)}{\partial x^4}h^4+\cdots \tag{6.2.6}$$

考虑扩散方程(6.1.3)的显示格式(6.1.11),用微分方程的解 $u(x_j,t_n)$ 来替代式(6.1.11)中的全部近似解 u_j^n,这样得到的方程两边的差就是截断误差.事实上,对于不在边界上的任何一点 (x,t),可以定义截断误差 $T(x,t)$ 为

$$T(x,t)=\frac{1}{\tau}\Delta_{+t}u(x,t)-a\frac{1}{h^2}\delta_x^2 u(x,t) \tag{6.2.7}$$

其中 $u(x,t)$ 是扩散方程(6.1.3)的解.

假定 $u(x,t)$ 是充分光滑的,利用式(6.2.5)和式(6.2.6),有

$$T(x,t)=\left(\frac{\partial u}{\partial t}-a\frac{\partial^2 u}{\partial x^2}\right)+\frac{1}{2}\frac{\partial^2 u}{\partial t^2}h^2-\frac{a}{12}\frac{\partial^4 u}{\partial x^4}h^2+\cdots=\frac{1}{2}\frac{\partial^2 u}{\partial t^2}\tau^2-\frac{a}{12}\frac{\partial^4 u}{\partial x^4}h^2+\cdots$$

上面推导中利用了 u 满足微分方程这一事实.上式等号右边前两项称为截断误差的主部.

我们已经用 Taylor 级数展开把截断误差表示成一个无穷级数.为方便起见,可引入余项来表示,例如

$$u(x,t+\Delta t)=u(x,t)+\frac{\partial u}{\partial t}\tau+\frac{1}{2}\frac{\partial^2 u}{\partial t^2}\tau^2+\frac{1}{6}\frac{\partial^3 u}{\partial x^3}\tau^3+\cdots=u(x,t)+\frac{\partial u}{\partial t}\tau+\frac{1}{2}\frac{\partial^2 u(x,\eta)}{\partial t^2}\tau^2$$

其中 $\eta\in(t,t+\tau)$.如果对 x 的 Taylor 级数展开中也采用余项来表示,则截断误差可表示为

$$T(x,t)=\frac{1}{2}\frac{\partial^2 u(x,\eta)}{\partial t^2}\tau^2-\frac{a}{12}\frac{\partial^4 u(\xi,t)}{\partial t^4}h^2$$

其中 $\xi\in(x-h,x+h)$.

对于隐式格式,同样方法可以给出截断误差,考虑扩散方程(6.1.3)的隐式差分格式(6.1.14),

$$T(x,t)=\frac{1}{\tau}\Delta_{-t}u(x,t)-a\frac{1}{h^2}\delta_x^2 u(x,t)=-\frac{\tau}{2}\frac{\partial^2 u(x,\eta)}{\partial t^2}-\frac{ah^2}{12}\frac{\partial^4 u(\xi,t)}{\partial x^4}$$

其中 $\eta \in (t-\tau, t)$，$\xi \in (x-h, x+h)$.

由截断误差的定义以及上面给出的三个具体例子可以知道，只要网格剖分得很细，即 τ 和 h 很小，那么偏微分方程(6.1.3)的解近似地满足相应的差分方程(6.1.11). 其实，一个有限差分格式的截断误差表示了用 $u(x_j, t_n)$（偏微分方程之解）代替 u_j^n（差分方程之解）的差分方程与在点 (x_j, t_n) 上的偏微分方程之差.

由截断误差的定义可知，要求出一个差分格式的截断误差，只要把相应的微分方程问题的充分光滑的解代入这个差分格式，再进行 Taylor 级数展开就可以了. 前面已经得到了差分格式(6.1.11)的截断误差为 $O(\tau)+O(h^2)$；差分格式(6.1.10)，式(6.1.14) 的截断误差也是 $O(\tau)+O(h^2)$.

下面考虑差分格式(6.1.7)的截断误差，即

$$T(x,t)=\frac{1}{\tau}\Delta_{+t}u(x,t)+a\,\frac{1}{h}\Delta_{+x}u(x,t)=\frac{1}{2}\,\frac{\partial^2 u(x,\eta)}{\partial t^2}\tau+\frac{1}{2}a\,\frac{\partial^2 u(\xi,t)}{\partial x^2}h$$

因此，差分格式(6.1.7)的截断误差为 $O(\tau)+O(h)$.

对于扩散方程(6.1.3)，可以建立有限差分格式

$$\frac{u_j^{n+1}-u_j^{n-1}}{2\tau}-a\,\frac{u_{j+1}^n-2u_j^n+u_{j-1}^n}{h^2}=0 \tag{6.2.8}$$

差分格式(6.2.8)称作 Richardson 格式. 也可以把式(6.2.8)写成便于计算的形式

$$u_j^{n+1}=u_j^{n-1}+2a\lambda(u_{j+1}^n-2u_j^n+u_{j-1}^n)$$

其中 $\lambda=\dfrac{\tau}{h^2}$. 容易看出，这个格式的截断误差是 $O(\tau^2)+O(h^2)$.

从截断误差这一角度来考虑，差分格式(6.2.8)要比差分格式(6.1.11)好. 以后分析将看到，差分格式(6.2.8)无实用价值. 此外，由式(6.2.8)可以看到，计算第 $n+1$ 层的值 u_j^{n+1}，要用到第 n 层的值 $u_{j+1}^n, u_j^n, u_{j-1}^n$ 及第 $n-1$ 层的值 u_j^{n-1}. 这样前后联系到三个时间层，因此称其为三层格式. 在实际计算中，三层格式所需的存储多，并且从初始层推进到第一层还必须用其他二层格式来完成. 一般地，一个多于两层的差分格式称为多层差分格式.

如果一个差分格式的截断误差 $T=O(\tau^p)+O(h^q)$，则称差分格式对 τ 是 p 阶精度，对 h 是 q 阶精度，若 $p=q$，则称差分格式是 p 阶精度的. 按照这个定义，可以说差分格式(6.1.11)，式(6.1.14)以及式(6.1.10)都是对 τ 一阶精度，对 h 二阶精度，而差分格式(6.1.9)是一阶精度格式.

6.2.2　有限差分格式的相容性

从偏微分方程建立差分格式时，总是要求当 $\tau\to 0, h\to 0$ 时差分方程能与微分方程充分“接近”，这就导致了差分方程的一个基本特征，差分格式的相容性.

我们考虑更一般的问题，设 L 为微分算子，例如，$\mathrm{L}=\dfrac{\partial}{\partial t}-a\,\dfrac{\partial^2}{\partial x^2}$，$a>0$；$\mathrm{L}=\dfrac{\partial}{\partial t}+a\,\dfrac{\partial}{\partial x}$，$a$ 为常数，当然还可以包括更广的情形，初值问题可以叙述为

$$\left.\begin{aligned}\mathrm{L}u&=0\\ u(x,0)&=g(x)\end{aligned}\right\} \tag{6.2.9}$$

上述建立的差分格式可以写成统一的形式为

$$u_j^{n+1}=\mathrm{L}_h u_j^n \tag{6.2.10}$$

其中 L_h 是一个依赖于 τ 和 h 的线性算子，对于变系数或非线性偏微分方程，L_h 还依赖于 x_j，t^n，u_j^n，⋯. L_h 把定义在第 n 层上的函数 u_j^n 变换到定义在第 $n+1$ 层上的函数 u_j^{n+1}，算子 L_h 称为差分算子. 为便于说明，我们把差分格式(6.1.7)写成算子形式为

$$u_j^{n+1} = L_h u_j^n$$

其中 $L_h u_j^n = u_j^n - a\lambda(u_{j+1}^n - u_j^n)$. 上式也可以写成

$$u_j^{n+1} = L_h u_j^n = \sum_{k=-l}^{l} a_k T^k u_j^n$$

其中 a_k 是依赖于 τ，h 的系数，l 为正整数，T^k 为平移算子. 平移算子定义为

$$T u_j = u_{j+1}$$

T 的逆算子 T^{-1}，$T^{-1} u_j = u_{j-1}$. 由定义直接可以得出

$$T^k u_j = u_{j+k},\ T^{-k} u_j = u_{j-k}$$

应注意到，差分算子 L_h 的这种表达形式是线性问题中的很一般形式，其系数、项数等依赖于具体采用的差分格式.

设式(6.2.10)为式(6.2.9)的差分格式，则相应的截断误差应是

$$T(x_j, t_n) = \frac{1}{\tau}(L_h u(x_j, t_n) - u(x_j, t_n))$$

或写成

$$T(x_j, t_n) = \frac{1}{\tau}(L_h - I)(u(x_j, t_n))$$

其中 I 为恒等算子，即 $Iu = u$.

定义 6.1 设 $u(x,t)$ 是定解问题(6.2.9)的充分光滑解，式(6.2.10)为求解式(6.2.9)的差分格式，如果，当 $h, \tau \to 0$ 时，有

$$T(x_j, t_n) \to 0$$

则称差分格式(6.2.10)与定解问题(6.2.9)是相容的.

相容性概念是差分方法中一个非常基本的概念，一般说来，要用差分格式求解偏微分方程问题，相容性条件必须满足. 可以看到，差分格式(6.1.7)，式(6.1.11)等是相容差分格式.

6.2.3 有限差分格式的收敛性

上述构造了不少差分格式，它们是否都能在实际中使用？首先碰到的问题是当时间步长 τ 和空间步长 h 无限缩小时，差分格式的解是否逼近到微分方程问题的解. 这就是差分格式的收敛性问题. 这个问题是差分方法中一个非常重要的问题. 显然，在计算之前，最好能作出明确的回答，然而，有很多实际问题目前还无法给出这样的回答.

设 $u(x,t)$ 是偏微分方程的解，u_j^n 是逼近这个偏微分方程的差分格式的“真解”. 这里所指的“真解”是指在求解差分格式过程中，忽略了各种类型的误差，比如舍入误差等. 即是说求解差分格式的过程是严格精确的. 我们称差分格式是收敛的，如果当时间步长 τ 和空间步长 h 趋向于 0 时，有

$$e_j^n = u(x_j, t_n) - u_j^n \to 0$$

上述意思即是说，当时间步长和空间步长趋于 0 时，差分格式的解逼近于微分方程的解.

由于我们通过求解差分格式来获得偏微分方程问题的近似解，因此收敛性的重要性就很

清楚了. 显然,不收敛的差分格式是无实用价值的. 前面已经构造出不少差分格式,它们是否都具有收敛性？这个问题以后将给出回答. 现在考虑差分格式(6.1.7)的收敛性问题. 在此假定对流方程(6.1.1)中的常数 $a>0$. 首先把差分格式(6.1.7)表示为

$$u_j^{n+1}=(1+a\lambda-a\lambda \mathrm{T})u_j^n$$

其中 T 为平移算子, $\lambda=\dfrac{\tau}{h}$ 为网格比. 利用上式可得

$$u_j^n=[(1+a\lambda)-a\lambda \mathrm{T}]^n u_j^0$$

把初始条件代入并利用二项式展开,有

$$\begin{aligned}u_j^n=[(1+a\lambda)-a\lambda \mathrm{T}]^n g_j&=\sum_{m=0}^{n}\mathrm{C}_m^n(1+a\lambda)^m(-a\lambda \mathrm{T})^{n-m}g_j\\&=\sum_{m=0}^{n}\mathrm{C}_m^n(1+a\lambda)^m(-a\lambda)^{n-m}g_{j+n-m}\end{aligned}\tag{6.2.11}$$

由此看出,计算 u_j^n 时要用到初始条件在点集

$$x_j,x_{j+1},\cdots,x_{j+n}\tag{6.2.12}$$

上的值. 另一方面,对流方程(6.1.1)的解 u 在点 (x_j,t_n) 的依赖区域是 x 轴上的一个点 x_j-at_n. 因此改变初始条件 $g(x)$ 在 x_j-at_n 上的值,将必然改变微分方程(6.1.1)的解 u 在 (x_j,t_n) 上的值. 而对差分格式(6.1.7)来说,由于点 x_j-at_n 不属于点集(6.2.12),因此不会影响差分格式的计算,也不影响差分格式的解在 (x_j,t_n) 上的值. 由上述分析可以看出,差分格式(6.1.7)的解不能收敛到对流方程初值问题(6.1.1),(6.1.2)的解. 所以差分格式(6.1.7)不收敛. 从而可以得出,如果 $a>0$,则用差分格式(6.1.7)来求解对流方程初值问题是不现实的.

下面考虑求解扩散方程初值问题(6.1.3),(6.1.4)的显式差分格式(6.1.11)的收敛性问题. 设 $u(x,t)$ 是初值问题(6.1.3),(6.1.4)的解, u_j^n 是差分格式(6.1.11)的解. 令 $T(x_j,t_n)$ 为差分格式(6.1.11)在点 (x_j,t_n) 处的截断误差,则有

$$T(x_j,t_n)=\frac{u(x_j,t_{n+1})-u(x_j,t_n)}{\tau}-a\frac{u(x_{j+1},t_n)-2u(x_j,t_n)+u(x_{j-1},t_n)}{h^2}$$

此式可改写成

$$u(x_j,t_{n+1})=(1-2a\lambda)u(x_j,t_n)+a\lambda[u(x_{j+1},t_n)+u(x_{j-1},t_n)]+\tau T(x_j,t_n)$$

其中 $\lambda=\dfrac{\tau}{h^2}$. 差分格式(6.1.11)写成

$$u_j^{n+1}=(1-2a\lambda)u_j^n+a\lambda(u_{j+1}^n+u_{j-1}^n)$$

此式减去上式,并令

$$e_j^n=u_j^n-u(x_j,t_n)$$

可得

$$e_j^{n+1}=(1-2a\lambda)e_j^n+a\lambda(e_{j+1}^n+e_{j-1}^n)-\tau T(x_j,t_n)$$

如果令 $2a\lambda\leqslant 1$,则上式右边 e^n 的三项系数均为非负. 由此可得

$$|e_j^{n+1}|\leqslant(1-2a\lambda)|e_j^n|+a\lambda|e_{j+1}^n|+a\lambda|e_{j-1}^n|+\tau|T(x_j,t_n)|\tag{6.2.13}$$

假定 $u(x,t)$ 为初值问题(6.1.3),(6.1.4)的充分光滑的解,由截断误差计算可知

$$|T(x_j,t_n)|\leqslant M(\tau+h^2)$$

再令

$$E_n = \sup_j |e_j^n|$$

则由式(6.2.13)得

$$|e_j^{n+1}| \leqslant (1-2a\lambda)E_n + a\lambda E_n + a\lambda E_n + M\tau(\tau+h^2) \leqslant E_n + M\tau(\tau+h^2)$$

从而有

$$E_{n+1} \leqslant E_n + M\tau(\tau+h^2)$$

由此不等式递推得

$$E_n \leqslant E_0 + Mn\tau(\tau+h^2)$$

注意到,在初始时间层 t_0 上,有

$$u_j^0 = u(x_j, 0) = g(x_j) = g_j$$

所以有 $e_j^0 = 0$.因此 $E_0 = \sup_j |e_j^0| = 0$.由此得到

$$E_n \leqslant Mn\tau(\tau+h^2)$$

假定初值问题中 $t \leqslant T$,则 $n\tau \leqslant T$.这样

$$E_n \leqslant MT(\tau+h^2)$$

令 $\tau, h \to 0$ 时,有 $E_n \to 0$,即 $u_j^n \to u(x_j, t_n)$.上述证明中,假定了 $2a\tau \leqslant 1$ 这一条件,这个条件是不可省略的.

上述给出了不收敛和收敛的两个差分格式.应注意到,这两个差分格式都是相容的.由此可以看出,收敛性和相容性是两个完全不同的概念.对于一个相容的差分格式,这样来判别是否收敛,当然太麻烦了.从而要求我们去寻求一些判别差分格式的收敛准则.以后我们主要将通过间接的途径对几类问题给出明确的回答.

6.2.4 有限差分格式的稳定性

利用有限差分格式进行计算时是按时间层逐层推进的.如果考虑二层差分格式,那么计算第 $n+1$ 层上的值 u_j^{n+1} 时,要用到第 n 层上计算出来的结果值 $u_{j-l}^n, u_{j-l+1}^n, \cdots, u_{j+l}^n$.而计算 u_{j-l}^n, $u_{j-l+1}^n, \cdots, u_{j+l}^n$ 时的舍入误差(包括 $n=0$ 的情况,不过此时是由于初始数据不精确而引起的)必然会影响到 u_j^{n+1} 的值.从而就要分析这种误差传播的情况.希望误差的影响不至于越来越大,以致掩盖差分格式的解的面貌,这便是所谓稳定性问题.

我们首先考虑差分格式(6.1.7)的稳定性,即考虑差分格式

$$u_j^{n+1} = u_j^n - a\lambda(u_{j+1}^n - u_j^n)$$

的稳定性,其中 $\lambda = \dfrac{\tau}{h}$ 为网格比,假设 $a > 0$.差分格式从初始层开始逐层计算,当初始数据的选取存在着误差时,考察这个误差在以后计算中的传播情况.为分析方便起见,不考虑在逐层计算过程中存在的舍入误差.假定初始数据误差的绝对值为 ε,其符号交替地取正号和负号.利用式(6.2.11)可知,差分格式的解在 (x_j, t_n) 处的误差为

$$\sum_{m=0}^{n} C_m^n (1+a\lambda)^m (-a\lambda)^{n-m} (-1)^{n-m}\varepsilon = \varepsilon\sum_{m=0}^{n} C_m^n (1+a\lambda)^m (a\lambda)^{n-m} = (1+2a\lambda)^n\varepsilon$$

于是,对于固定的网格比 λ 及 $a > 0$ 的情况,差分格式的解的误差随时间步长的步数 n 的增加而增加.由此看出,初始数据的误差将必定掩盖了差分格式的解的面貌.所以我们认为差分格式(6.2.7)是不稳定的.

差分格式的稳定性在差分方法的研究中具有特别重要的意义,因此我们再稍作进一步的

叙述，这对以后建立稳定性的判别准则是有帮助的．下面主要考虑初值问题（包括可以进行周期扩张的初边值问题）的差分格式的稳定性．前面建立的差分格式可以写成如下形式：

$$u_j^{n+1} = \mathrm{L}_h u_j^n \tag{6.2.14}$$

其中 L_h 是一个依赖于 τ 和 h 的线性差分算子，对于变系数微分方程问题，L_h 还依赖于 x_j，t_n．为书写简单，仅考虑只依赖于 x_j 而不依赖 t_n 的情况．重复应用式（6.2.14），有

$$u_j^{n+1} = \mathrm{L}_h^n u_j^0 \tag{6.2.15}$$

为了度量误差及其他应用，引入范数

$$\| u^n \|_h = \left\{ \sum_{j=-\infty}^{+\infty} (u_j^n)^2 h \right\}^{\frac{1}{2}}$$

现在给出差分格式（6.2.14）的稳定性描述，设 u_j^0 有一个误差 ε_j^0，则 u_j^n 就有误差 ε_j^n．如果存在一个正的常数 K，使得当 $\tau \leqslant \tau_0$，$n\tau \leqslant T$ 时，一致地有

$$\| \varepsilon^n \| \leqslant K \| \varepsilon^0 \| \tag{6.2.16}$$

则称差分格式（6.2.14）是稳定的．

这个描述反映了前面所述的事实，即计算过程中引入的误差是被控制的．

以前碰到的差分格式都是线性的，如果限于线性差分格式，则由差分格式（6.2.14）可以推出

$$\varepsilon_j^{n+1} = \mathrm{L}_h \varepsilon_j^n$$

从而有

$$\varepsilon_j^{n+1} = \mathrm{L}_h^n \varepsilon_j^0$$

由此，也可以把线性问题的差分格式（6.2.15）的稳定性描述如下：如果对于一切 $\tau \leqslant \tau_0$，$n\tau \leqslant T$ 一致地有

$$\| \mathrm{L}_h^n \|_h \leqslant K \tag{6.2.17}$$

则称差分格式（6.2.15）是稳定的，其中

$$\| \mathrm{L}_h^n \| = \sup_{\|u\|_h = 1} \| \mathrm{L}_h^n u \|_h$$

利用式（6.2.17）及差分格式（6.2.15）可知，稳定性条件（6.2.17）也等价于对一切 $\tau \leqslant \tau_0$，$n\tau \leqslant T$ 一致地有

$$\| u^n \|_h \leqslant K \| u^0 \|_h \tag{6.2.18}$$

在线性问题中，采用稳定性条件式（6.2.18）和式（6.2.16）是等价的．但在非线性问题中只能用式（6.2.16）来定义稳定性．

6.2.5　Lax 等价定理

关于对流方程 $\dfrac{\partial u}{\partial t} + a\dfrac{\partial u}{\partial x} = 0, a > 0$ 的差分格式（6.1.7），我们讨论了其收敛性和稳定性，发现它既不收敛也不稳定．对于扩散方程 $\dfrac{\partial u}{\partial t} = a\dfrac{\partial^2 u}{\partial x^2}$ 的差分格式（6.1.11），我们证明了满足条件 $a\lambda \leqslant \dfrac{1}{2}$ 时是收敛的．前面还用差分格式（6.2.14）计算了对流方程初值问题，发现 $\lambda \leqslant 1$ 时，差分格式可以稳定计算并得到较好的结果．而当 $\lambda > 1$ 时，得不到初值问题的近似解．可以得出，此时用差分格式（6.2.14）来计算既不收敛也不稳定．因此，自然要问，差分格式的收敛性和

稳定性之间是否存在着一定的联系？Lax 在 1953 年给出了它们的关系.

定理 6.1 （Lax 等价定理）给定一个适定的线性初值问题以及与其相容的差分格式，则差分格式的稳定性是差分格式收敛性的充分必要条件.

这个定理无论在理论上还是在实际应用中都是十分重要的. 一般来说，要证明一个差分格式的收敛性是比较困难的. 而判别一个差分格式的稳定性，则有许多方法及准则可用，因此在某种程度上来说是比较容易的. 有了 Lax 等价定理，则收敛性和稳定性同时得到解决.

使用这个定理时必须注意其条件，我们再着重说明一下.

(1)考虑的问题是初值问题，并包括周期性边界条件的初边值问题.

(2)初值问题必须是适定的.

(3)初值问题是线性的，关于非线性问题可能无这样简洁的关系.

在应用中，差分格式的相容性是容易验证的，只要使其截断误差趋于 0 就可以了. 有了 Lax 等价定理，我们可以着重于差分格式的稳定性的讨论，一般不再讨论收敛性问题，差分格式一旦具有稳定性，就可以用差分格式计算出偏微分方程的近似解来.

6.3 研究有限差分格式稳定性的 Fourier 方法

在 6.2.4 节中已给出了差分格式稳定性的概念，如果要按稳定性的定义来直接验证某个差分格式的稳定性，往往比较复杂. 对于线性常系数偏微分方程初值问题可以用 Fourier 变换来进行求解和研究. 由这类偏微分方程初值问题构造出来的差分格式也是常系数差分格式. 我们将 Fourier 方法应用到这类差分格式上，可以得到若干便于应用的判别差分格式稳定性的准则. 但实际应用中，Fourier 方法的适用范围还要广泛.

6.3.1 Fourier 方法

我们以对流方程的初值问题

$$\begin{cases}\dfrac{\partial u}{\partial t}+a\dfrac{\partial u}{\partial x}=0,\ x\in\mathbb{R},t\in\mathbb{R}_+\\ u(x,0)=g(x)\end{cases}$$

的差分格式(6.1.9)为例进行讨论. 注意到式(6.1.9)可以写成

$$\begin{cases}u_j^{n+1}=u_j^n-a\lambda(u_j^n-u_{j-1}^n)\\ u_j^0=g_j=g(x_j)\end{cases}$$

其中的解 u_j^n 集初值 $g(x_j)$ 只是在网格点上有意义.

为了应用 Fourier 方法进行讨论，必须扩充这些函数的定义域，使得它们在整个实轴 $\mathbb{R}$ 上都有定义. 令

$$U(x,t_n)=u_j^n,\ x_j-\frac{h}{2}\leqslant x<x_j+\frac{h}{2}$$

$$\Phi(x)=g(x_j),\ x_j-\frac{h}{2}\leqslant x<x_j+\frac{h}{2}$$

这样，$U(x,t_n)$，$\Phi(x)$ 对任意 $x\in\mathbb{R}$ 都有定义了. 这里使用大写字母 U，Φ 仅为区别于微分方程初值问题中使用的小写字母 u，g. 由此，式(6.1.9)可以写为

$$U(x,t_{n+1}) = U(x,t_n) - a\lambda[U(x,t_n) - U(x-h,t_n)] \tag{6.3.1}$$

显然，上式对于 $(x,t)=(x_j,t_n)$ 有意义，而且对任意 $x\in\mathbb{R}$，上式也是有意义的. 对式(6.3.1)两边用 Fourier 积分来表示，可以得到

$$\begin{aligned}\frac{1}{\sqrt{2\pi}}\int_{-\infty}^{+\infty}\widetilde{U}(k,t_{n+1})\mathrm{e}^{\mathrm{i}kx}\mathrm{d}k &= \frac{1}{\sqrt{2\pi}}\int_{-\infty}^{+\infty}\widetilde{U}(k,t_n)\mathrm{e}^{\mathrm{i}kx}\mathrm{d}k - \\ &\quad a\lambda\left\{\frac{1}{\sqrt{2\pi}}\int_{-\infty}^{+\infty}\widetilde{U}(k,t_n)\mathrm{e}^{\mathrm{i}kx}\mathrm{d}k - \frac{1}{\sqrt{2\pi}}\int_{-\infty}^{+\infty}\widetilde{U}(k,t_n)\mathrm{e}^{\mathrm{i}k(x-h)}\mathrm{d}k\right\} \\ &= \frac{1}{\sqrt{2\pi}}\int_{-\infty}^{+\infty}\widetilde{U}(k,t_n)[1-a\lambda(1-\mathrm{e}^{-\mathrm{i}kh})]\mathrm{e}^{\mathrm{i}kx}\mathrm{d}k\end{aligned}$$

由此得出

$$\widetilde{U}(k,t_{n+1}) = [1-a\lambda(1-\mathrm{e}^{-\mathrm{i}kh})]\widetilde{U}(k,t_n) \tag{6.3.2}$$

上述推导方法可以推广到一般形式的差分格式(6.2.15)(限于常系数情形)，可得

$$\widetilde{U}(k,t_{n+1}) = G(\tau,k)\widetilde{U}(k,t_n) \tag{6.3.3}$$

上式中因子 $G(\tau,k)$ 称为增长因子. 显然，差分格式(6.1.9)的增长因子为

$$G(\tau,k) = 1-a\lambda(1-\mathrm{e}^{-\mathrm{i}kh})$$

上式等号右边中 h 可以通过 τ 和 λ 来表示.

由于增长因子 $G(\tau,k)$ 不依赖于时间层 n，因此由式(6.3.3)可以得出

$$\widetilde{U}(k,t_{n+1}) = [G(\tau,k)]^n\widetilde{U}(k,t_0)$$

如果增长因子 $G(\tau,k)$ 的任意次幂是一致有界的，并设其界为 K，则应用 Parseval 等式，有

$$\|U(t_n)\|^2 = \int_{-\infty}^{+\infty}|u(x,t_n)|^2\mathrm{d}x = \int_{-\infty}^{+\infty}|\widetilde{U}(k,t_n)|^2\mathrm{d}k \leqslant K^2\int_{-\infty}^{+\infty}|\widetilde{U}(k,t_0)|^2\mathrm{d}k = K^2\|\widetilde{U}(t_0)\|^2$$

再次应用 Parseval 等式，有

$$\|U(t_n)\|^2 \leqslant K^2\|U(t_0)\|^2$$

由 $U(x,t_n)$ 的定义可知

$$\|u^n\|_h \leqslant K\|u^0\|_h$$

由此得到，常系数的差分格式(6.2.14)是稳定的. 同样的应用 Parseval 等式，可以证明，如果差分格式(6.2.15)为常系数的，那么差分格式的稳定性可以推出其增长因子 $G(\tau,k)$ 的任意次幂是一致有界的. 这样就得到了下面的重要结论.

常系数差分格式(6.2.15)稳定的充分必要条件是存在常数 $\tau_0>0$，$K>0$ 使得当 $\tau\leqslant\tau_0$，$n\tau\leqslant T$，$k\in\mathbb{R}$ 时，有

$$|G(\tau,k)^n| \leqslant K \tag{6.3.4}$$

稳定性概念及相关的 Fourier 方法的推导都可以推广到线性常系数差分方程组. 考虑描述静止气体中小扰动(声音)传播现象的常系数线性偏微分方程组

$$\left.\begin{aligned}\frac{\partial u}{\partial t}+\frac{c_0^2}{\rho_0}\frac{\partial\rho}{\partial x}=0\\ \frac{\partial\rho}{\partial t}+\rho_0\frac{\partial u}{\partial x}=0\end{aligned}\right\} \tag{6.3.5}$$

其中 u 和 ρ 分别表示扰动后的质点速度和密度，ρ_0 和 c_0 为正常数，表示未受扰动时静止气体

的密度和音速,如果给定初值

$$u(x,0)=\nu(x),\ \rho(x,0)=\sigma(x) \tag{6.3.6}$$

则式(6.3.5)和式(6.3.6)就构成了一个初值问题.对式(6.3.5)可以建立差分方程组

$$\begin{cases}\dfrac{u_j^{n+1}-u_j^n}{\tau}+\dfrac{c_0^2}{\rho_0}\dfrac{\rho_{j+1}^n-\rho_{j-1}^n}{2h}=0\\[2ex]\dfrac{\rho_j^{n+1}-\rho_j^n}{\tau}+\rho_0\dfrac{u_{j+1}^n-u_{j-1}^n}{2h}=0\end{cases}$$

此式也可以改写为

$$\begin{cases}u_j^{n+1}=u_j^n-\dfrac{\tau}{2h}\dfrac{c_0^2}{\rho_0}(\rho_{j+1}^n-\rho_{j-1}^n)\\[2ex]\rho_j^{n+1}=\rho_j^n-\dfrac{\tau}{2h}\rho_0(u_{j+1}^n-u_{j-1}^n)\end{cases}$$

如果令 $\boldsymbol{u}_j^n=[u_j^n,\rho_j^n]^{\mathrm{T}}$,则上面方程组可以写为

$$\boldsymbol{u}_j^{n+1}=\begin{bmatrix}0 & \dfrac{\tau}{2h}\dfrac{c_0^2}{\rho_0}\\[2ex] \dfrac{\tau}{2h}\rho_0 & 0\end{bmatrix}\boldsymbol{u}_{j-1}^n+\boldsymbol{u}_j^n+\begin{bmatrix}0 & -\dfrac{\tau}{2h}\dfrac{c_0^2}{\rho_0}\\[2ex] -\dfrac{\tau}{2h}\rho_0 & 0\end{bmatrix}\boldsymbol{u}_{j+1}^n$$

采用平移算子 T,上式也可以写为

$$\boldsymbol{u}_j^{n+1}=\sum_{a=-1}^{1}\boldsymbol{A}_a\mathrm{T}^a\boldsymbol{u}_j^n$$

其中

$$\boldsymbol{A}_{-1}=\begin{bmatrix}0 & \dfrac{\tau}{2h}\dfrac{c_0^2}{\rho_0}\\[2ex] \dfrac{\tau}{2h}\rho_0 & 0\end{bmatrix},\ \boldsymbol{A}_0=\boldsymbol{I},\boldsymbol{A}_1=-\boldsymbol{A}_{-1}$$

对于一般的差分方程组可以写为

$$\boldsymbol{u}_j^{n+1}=\sum_{a=-l}^{l}\boldsymbol{A}_a(x_j,\tau)\mathrm{T}^a\boldsymbol{u}_j^n$$

其中 $\boldsymbol{u}_j^n\in\mathbb{R}^p$,$\boldsymbol{A}_a(x,\tau)\in\mathbb{R}^{p\times p}$.由于 $h=g(\tau)$,即 h 和 τ 满足一定关系,故在 $\boldsymbol{A}_a(x,\tau)$ 中仅标出 τ .令

$$C(x_j,\tau)=\sum_{a=-l}^{l}\boldsymbol{A}_a(x_j,\tau)\mathrm{T}^a \tag{6.3.7}$$

则有

$$\boldsymbol{u}_j^{n+1}=C(x_j,\tau)\boldsymbol{u}_j^n$$

其中 $C(x_j,\tau)$ 称为差分算子,上式称为一个差分格式(隐含了初值问题的初值离散).

由式(6.3.7)可得

$$\boldsymbol{u}_j^{n+1}=[C(x_j,\tau)]^n\boldsymbol{u}_j^0$$

如果 $C(x_j,\tau)$ 不依赖于 x_j,即为常系数差分方程组,则可利用 Fourier 积分可得

$$\widetilde{\boldsymbol{U}}(k,t_{n+1})=\boldsymbol{G}(\tau,k)\widetilde{\boldsymbol{U}}(k,t_n)$$

$$\widetilde{\boldsymbol{U}}(k,t_n)=[\boldsymbol{G}(\tau,k)]^n\widetilde{\boldsymbol{U}}(k,t_0)$$

其中 $\widetilde{\boldsymbol{U}}(k,t_n)\in\mathbb{R}^p$，$\boldsymbol{G}(\tau,k)\in\mathbb{R}^{p\times p}$，称 $\boldsymbol{G}(\tau,k)$ 为增长矩阵. 由于在具体应用中，增长矩阵和增长因子不会混淆，所以我们采用了相同的记号.

类似于一个差分方程的情况，我们有如下的结论：

差分格式(6.3.7)稳定的充分必要条件是存在常数 τ_0，K 使得当 $\tau\leqslant\tau_0$，$n\tau\leqslant T$ 及所有 $k\in\mathbb{R}$ 有

$$\|\boldsymbol{G}(\tau,k)\|^n\leqslant K \tag{6.3.8}$$

其中矩阵范数用 2-范数.

6.3.2　判别准则

首先给出 von Neumann 条件.

定理 6.2　差分格式(6.3.7)稳定的必要条件是当 $\tau\leqslant\tau_0$，$n\tau\leqslant T$，对所有 $k\in\mathbb{R}$ 有

$$|\lambda_j(\boldsymbol{G}(\tau,k))|\leqslant 1+M\tau,\quad j=1,2,\cdots,p \tag{6.3.9}$$

其中 $\lambda_j(\boldsymbol{G}(\tau,k))$ 表示 $\boldsymbol{G}(\tau,k)$ 的特征值，M 为常数.

证明　由差分格式稳定可以得出

$$\|\boldsymbol{G}(\tau,k)\|^n\leqslant K,\ \tau\leqslant\tau_0,\ n\tau\leqslant T,\ k\in\mathbb{R}$$

用 ρ 表示矩阵谱半径，利用谱半径与范数的关系

$$\rho(\boldsymbol{G}(\tau,k))^n=\rho(\boldsymbol{G}(\tau,k)^n)\leqslant\|\boldsymbol{G}(\tau,k)^n\|$$

从而得到

$$\rho(\boldsymbol{G}(\tau,k))^n\leqslant K$$

不妨设，$K\geqslant 1$，则有

$$\rho(\boldsymbol{G}(\tau,k))\leqslant K^{\frac{1}{n}},\ 0<n\leqslant\frac{T}{\tau}$$

特别地

$$\rho(\boldsymbol{G}(\tau,k))\leqslant K^{\frac{\tau}{T}},\ 0<\tau\leqslant\tau_0$$

对于 $0<\tau<\tau_0$ 中的 τ，表达式 $K^{\frac{\tau}{T}}$ 以形如 $1+k_1\tau$ 的一个线性表达式为界. 由谱半径的定义可得

$$|\lambda_j(\boldsymbol{G}(\tau,k))|\leqslant 1+M\tau$$

条件(6.3.9)称为 von Neumann 条件. von Neumann 是稳定性的必要条件，其重要性在于很多情况下，这个条件也是稳定性的充分条件.

先引入正规矩阵的概念，设 $\boldsymbol{A}\in C^{n\times n}$，$\boldsymbol{A}^*$ 为其共轭转置矩阵. 如果 $\boldsymbol{A}\boldsymbol{A}^*=\boldsymbol{A}^*\boldsymbol{A}$，则 $\boldsymbol{A}$ 称为正规矩阵. 对于正规矩阵 $\boldsymbol{A}$ 有 $\|\boldsymbol{A}\|_2=\rho(\boldsymbol{A})$，即 $\boldsymbol{A}$ 的 2-范数等于其谱半径. 由此得到下面的定理.

定理 6.3　如果差分格式的增长矩阵 $\boldsymbol{G}(\tau,k)$ 是正规矩阵，则 von Neumann 条件是差分格式稳定的充分必要条件.

证明　只证 von Neumann 条件是差分格式稳定的充分条件. Von Neumann 条件为

$$\rho(\boldsymbol{G}(\tau,k))\leqslant 1+M\tau$$

由此得

$$\|\boldsymbol{G}(\tau,k)^n\|\leqslant\|\boldsymbol{G}(\tau,k)\|^n=[\rho(\boldsymbol{G}(\tau,k))]^n\leqslant(1+M\tau)^n\leqslant(1+M\tau)^{\frac{T}{\tau}}\leqslant K<\infty$$

所以差分格式稳定.

推论 1 当 $\boldsymbol{G}(\tau,k)$ 为实对称矩阵、酉矩阵、Hermite 矩阵时,von Neumann 条件是差分格式稳定的充分必要条件.

推论 2 当 $p=1$ 时,即 $\boldsymbol{G}(\tau,k)$ 只有一个元素,则 von Neumann 条件是差分格式稳定的充分必要条件.

定理 6.4 如果存在常数 K,τ_0 使得

$$\|\boldsymbol{G}(\tau,k)\| \leqslant 1+K\tau, 0<\tau\leqslant\tau_0$$

则差分格式是稳定的.

定理 6.5 如果 $\boldsymbol{G}^*(\tau,k)\cdot\boldsymbol{G}(\tau,k)$ 的特征值 $\mu_1,\mu_2,\cdots,\mu_p$ 满足 $|\mu_j|\leqslant 1+M\tau, j=1,2,\cdots,p, 0<\tau\leqslant\tau_0$,则以 $\boldsymbol{G}(\tau,k)$ 为增长矩阵的差分格式是稳定的.

此定理的证明只要注意到 $\|\boldsymbol{G}(\tau,k)\|_2=\sqrt{\rho(\boldsymbol{G}^*(\tau,k)\cdot\boldsymbol{G}(\tau,k)}$ 就可以了.

定理 6.6 如果对于 $\tau\leqslant\tau_0$, $k\in\mathbb{R}$,存在非奇异矩阵 $\boldsymbol{S}(\tau,k)$ 使得

$$\boldsymbol{S}^{-1}(\tau,k)\boldsymbol{G}(\tau,k)\boldsymbol{S}(\tau,k)=\boldsymbol{\Lambda}(\tau,k)$$

其中 $\boldsymbol{\Lambda}(\tau,k)$ 是对角阵,并存在与 τ,k 无关的常数 C 满足

$$\|\boldsymbol{S}(\tau,k)\|_2\leqslant C,\ \|\boldsymbol{S}^{-1}(\tau,k)\|_2\leqslant C$$

则 von Neumann 条件是差分格式稳定的充分条件.

证明 利用定理条件,有

$$\boldsymbol{G}(\tau,k)=\boldsymbol{S}(\tau,k)\boldsymbol{\Lambda}(\tau,k)\boldsymbol{S}^{-1}(\tau,k)$$

重复使用上式,有

$$\boldsymbol{G}(\tau,K)^n=\boldsymbol{S}(\tau,K)\boldsymbol{\Lambda}(\tau,K)^n\boldsymbol{S}^{-1}(\tau,K)$$

由 von Neumann 条件知

$$|\lambda_l(\boldsymbol{G}(\tau,k))|\leqslant 1+M\tau,\ l=1,2,\cdots,p$$

利用 $\boldsymbol{\Lambda}(\tau,k)$ 为对角阵,立即得

$$\|\boldsymbol{\Lambda}(\tau,k)\|_2=\rho(\boldsymbol{\Lambda}(\tau,k))\leqslant 1+K\tau$$

因此有

$$\|\boldsymbol{G}(\tau,K)^n\|_2\leqslant C^2\ \|\boldsymbol{\Lambda}(\tau,K)^n\|_2\leqslant C^2(1+M\tau)^n\leqslant C^2\mathrm{e}^{MT},\ m\leqslant T$$

所以差分格式稳定.

现在给出两个判别稳定性的充分条件,它们在很多情况下使用比较方便.由于证明较为冗长,我们省略其证明.

定理 6.7 如果对于 $0<\tau<\tau_0$,一切 $k\in\mathbb{R}$,增长矩阵 $\boldsymbol{G}(\tau,k)$ 的元素有界,并且

$$|\lambda^{(1)}(\boldsymbol{G}(\tau,k))|\leqslant 1+M\tau$$

$$|\lambda^{(l)}(\boldsymbol{G}(\tau,k))|\leqslant r<1,\ l=2,3,\cdots,p$$

则差分格式是稳定的.

定理 6.8 如果 $\boldsymbol{G}(\tau,k)=\widetilde{\boldsymbol{G}}(\sigma)$,其中 $\sigma=kh, h=\dfrac{\tau}{\lambda}$ 或 $h=\sqrt{\dfrac{\tau}{\lambda}}$, λ 为网格比,并对于任意给定的 $\sigma\in\mathbb{R}$,下列条件之一成立:

(1) $\widetilde{\boldsymbol{G}}(\sigma)$ 有 p 个不同的特征值;

(2) $\widetilde{\boldsymbol{G}}^{(\mu)}(\sigma)=\gamma_\mu I, \mu=0,1,\cdots,s-1, \widetilde{\boldsymbol{G}}^{(s)}(\sigma)$ 有 p 个不同的特征值;

(3) $\rho(\widetilde{\boldsymbol{G}}(\sigma))<1$.

则 von Neumann 条件是差分格式稳定的充分必要条件.

应用增长矩阵的特征值估计来判别差分格式的稳定性是简单且应用很广的方法,为此我们列举一些具体例子进行讨论.

例 6.4　讨论逼近对流方程(6.1.1)

$$\frac{\partial u}{\partial t}+a\frac{\partial u}{\partial x}=0$$

的显式格式(6.1.10)

$$\frac{u_j^{n+1}-u_j^n}{\tau}+a\frac{u_{j+1}^n-u_{j-1}^n}{2h}=0$$

的稳定性.

解　首先将上面差分格式变形为

$$u_j^{n+1}=u_j^n-\frac{1}{2}a\lambda(u_{j+1}^n-u_{j-1}^n) \tag{6.3.10}$$

其中 $\lambda=\frac{\tau}{h}$ 为网格比. 再把定义在网格点上的函数的定义域按通常办法进行扩充,即当 $x\in\left(x_j-\frac{h}{2},x_j+\frac{h}{2}\right)$ 时, $u^n(x)=u_j^n$,则有

$$u^{n+1}(x)=u^n(x)-\frac{1}{2}a\lambda[u^n(x+h)-u^n(x-h)],\ x\in\mathbb{R}$$

对上式两边做 Fourier 变换,有

$$\widetilde{U}^{n+1}(k)=\widetilde{U}^n(k)-\frac{a\lambda}{2}[\mathrm{e}^{\mathrm{i}kh}-\mathrm{e}^{-\mathrm{i}kh}]\widetilde{U}^n(k)$$

可得增长因子

$$G(\tau,k)=1-\frac{a\lambda}{2}(\mathrm{e}^{\mathrm{i}kh}-\mathrm{e}^{-\mathrm{i}kh})=1-a\lambda\mathrm{i}\sin kh$$

由此可得

$$|G(\tau,k)|^2=1+a^2\lambda^2\sin^2 kh$$

当 $\sin kh\neq 0$ 时,不管怎样选取网格比 λ,总有 $|G(\tau,k)|>1$. 这样不满足差分格式稳定的必要条件 von Neumann 条件,所以差分格式(6.1.10)是不稳定的.

对于具体问题,增长因子(或增长矩阵)是容易计算的. 实际上只要取 $u_j^n=v^n\mathrm{e}^{\mathrm{i}kjh}$,代入相应的差分方程,再把公因子消去,就可以得到增长因子(或增长矩阵) $G(\tau,k)$. 我们以上面差分格式为例来求增长因子,令 $u_j^n=v^n\mathrm{e}^{\mathrm{i}kjh}$,把它代入差分格式(6.3.10),有

$$v^{n+1}\mathrm{e}^{\mathrm{i}kjh}=v^n\left[1-\frac{a\lambda}{2}(\mathrm{e}^{\mathrm{i}kh}-\mathrm{e}^{-\mathrm{i}kh})\right]\mathrm{e}^{\mathrm{i}kjh}$$

消去公因子 $\mathrm{e}^{\mathrm{i}kjh}$,可得

$$v^{n+1}=\left[1-\frac{a\lambda}{2}(\mathrm{e}^{\mathrm{i}kh}-\mathrm{e}^{-\mathrm{i}kh})\right]v^n$$

因此得到增长因子 $G(\tau,k)=1-\frac{a\lambda}{2}(\mathrm{e}^{\mathrm{i}kh}-\mathrm{e}^{-\mathrm{i}kh})$,显然这个方法比直接用Fourier变换求增长因子的方法容易.

例 6.5 考虑对流方程(6.1.1)的差分格式(6.1.9)

$$\frac{u_j^{n+1}-u_j^n}{\tau}+a\frac{u_j^n-u_{j-1}^n}{h}=0, a>0$$

的稳定性.

解 先把差分格式改写为

$$u_j^{n+1}=u_j^n-a\lambda(u_j^n-u_{j-1}^n)$$

令 $u_j^n=v^n\mathrm{e}^{\mathrm{i}kjh}$,并将它代入上式可得

$$v^{n+1}\mathrm{e}^{\mathrm{i}kjh}=v^n\mathrm{e}^{\mathrm{i}kjh}-a\lambda v^n(1-\mathrm{e}^{-\mathrm{i}kh})\mathrm{e}^{\mathrm{i}kjh}$$

消去公因子有

$$v^{n+1}=[1-a\lambda(1-\mathrm{e}^{-\mathrm{i}kh})]v^n$$

由此得增长因子

$$G(\tau,k)=1-a\lambda(1-\mathrm{e}^{-\mathrm{i}kh})=1-a\lambda(1-\cos kh)-a\lambda\mathrm{i}\sin kh$$

则有

$$\begin{aligned}|G(\tau,k)|^2&=[1-a\lambda(1-\cos kh)]^2+a^2\lambda^2\sin^2 kh\\&=\left(1-2a\lambda\sin^2\frac{kh}{2}\right)^2+4a^2\lambda^2\sin^2\frac{kh}{2}\left(1-\sin^2\frac{kh}{2}\right)\\&=1-4a\lambda(1-a\lambda)\sin^2\frac{kh}{2}\end{aligned}$$

如果 $a\lambda\leqslant 1$,则有 $|G(\tau,k)|\leqslant 1$,即 von Neumann 条件满足,利用定理 6.2 的推论 2 知,差分格式(6.1.9) 在条件 $a\lambda\leqslant 1$ 之下是稳定的.

例 6.6 考虑扩散方程(6.1.3),即

$$\frac{\partial u}{\partial t}-a\frac{\partial^2 u}{\partial x^2}=0,\ a>0$$

的隐式差分格式(6.1.14),即

$$\frac{u_j^{n+1}-u_j^n}{\tau}-a\frac{u_{j+1}^{n+1}-2u_j^{n+1}+u_{j-1}^{n+1}}{h^2}=0$$

的稳定性.

解 先把差分格式变形为

$$-a\lambda u_{j+1}^{n+1}+(1+2a\lambda)u_j^{n+1}-a\lambda u_{j+1}^{n+1}=u_j^n$$

其中 $\lambda=\frac{\tau}{h^2}$ 为网格比,令 $u_j^n=v^n\mathrm{e}^{\mathrm{i}kjh}$,并把它代入上面方程并消去公因子 $\mathrm{e}^{\mathrm{i}kjh}$,容易求出式(6.1.14)的增长因子为

$$G(\tau,k)=\frac{1}{1+4a\lambda\sin^2\frac{kh}{2}}$$

由于 $a>0$,所以对任何网格比 λ 都有 $|G(\tau,k)|\leqslant 1$.由定理 3.2 的推论 2 知,差分格式(6.1.14)是稳定的.

例 6.7 讨论逼近扩散方程(6.1.3)的 Richardson 差分格式

$$u_j^{n+1}=u_j^{n-1}+2a\lambda(u_{j+1}^n-2u_j^n+u_{j-1}^n)$$

的稳定性,其中 $\lambda=\frac{\tau}{h^2}$.

解　注意到,这是一个三层差分格式,讨论这种类型的差分格式的稳定性,一般先化成与其等价的二层差分方程组. Richardson 差分方程的等价的二层差分方程组为

$$\begin{cases} u_j^{n+1} = v_j^n + 2a\lambda(u_{j+1}^n - 2u_j^n + u_{j-1}^n) \\ v_j^{n+1} = u_j^n \end{cases}$$

如果令 $\boldsymbol{u}_j^n = [u_j^n, v_j^n]^{\mathrm{T}}$,则上面的方程组可以写成

$$\boldsymbol{u}_j^{n+1} = \begin{bmatrix} 2a\lambda & 0 \\ 0 & 0 \end{bmatrix} \boldsymbol{u}_{j+1}^n + \begin{bmatrix} -4a\lambda & 1 \\ 1 & 0 \end{bmatrix} \boldsymbol{u}_j^n + \begin{bmatrix} 2a\lambda & 0 \\ 0 & 0 \end{bmatrix} \boldsymbol{u}_{j-1}^n$$

设 $\boldsymbol{u}_j^n = \boldsymbol{v}^n \mathrm{e}^{\mathrm{i}kjh}$,将它代入上式并消去公因子 $\mathrm{e}^{\mathrm{i}kjh}$,可得

$$\boldsymbol{v}^{n+1} = \begin{bmatrix} -8a\lambda\sin^2\dfrac{kh}{2} & 1 \\ 1 & 0 \end{bmatrix} \boldsymbol{v}^n$$

因此增长矩阵为

$$\boldsymbol{G}(\tau, k) = \begin{bmatrix} -8a\lambda\sin^2\dfrac{kh}{2} & 1 \\ 1 & 0 \end{bmatrix}$$

其特征值为

$$\mu_{1,2} = -4a\lambda\sin^2\frac{kh}{2} \pm \left(1 + 16a^2\lambda^2\sin^4\frac{kh}{2}\right)^{\frac{1}{2}}$$

取

$$\mu_1 = -4a\lambda\sin^2\frac{kh}{2} - \left(1 + 16a^2\lambda^2\sin^4\frac{kh}{2}\right)^{\frac{1}{2}}$$

则有

$$|\mu_1| > 1 + 4a\lambda\sin^2\frac{kh}{2}$$

由此可知破坏了 von Neumann 条件,所以 Richardson 格式是不稳定的.

上述我们用 Fourier 方法考察了一些差分格式的稳定性,并用具体例子说明了此方法在方程组上的应用. 可以发现,有的差分格式,如例 6.2,在条件 $a\lambda \leqslant 1$ 之下才是稳定的. 有的格式,如例 6.3,对任何网格比都是稳定的. 而有的格式,如例 6.1 和例 6.4,对任何网格比都是不稳定的. 为了区别这几种情况,我们称第一种情况的差分格式是条件稳定的,称第二种差分格式是绝对稳定的或无条件稳定的,最后一种情况的差分格式称为绝对不稳定的,也称为无条件不稳定的. 上述一些例子也给我们一个启示,对差分格式进行分析是非常必要的,Richardson 格式虽然精度为二阶的格式,但无实用价值. 在实际应用中,首先要排除不稳定的差分格式(由于实际情况的复杂,只能比较近似地进行). 其次寻找稳定性限制较为弱的差分格式. 当然最好是无条件稳定的差分格式,但由于各种条件的限制未必是合算的. 重要的是对具体问题,选择怎样格式要作具体分析. 总之,对一个差分格式进行稳定性分析是很有必要的.

6.4　研究有限差分格式稳定性的其他方法

研究差分格式稳定性的方法很多,我们在本节中不一一进行讨论,而仅对 Hirt 启示性方法、直接方法(或称矩阵方法)以及能量方法稍作讨论,特别是能量方法仅用简单例子说明其

思想.

6.4.1 Hirt 启示性方法

Hirt 启示性方法是一种近似分析方法. 主要是把差分格式在某确定点上作 Taylor 级数近似展开,把高阶误差略去,只留下最低阶的误差项,如果差分格式是相容的,那么这样得到的新的微分方程(称之为第一微分近似或修正微分方程)与原来的微分方程相比只增加了一些含有小参数的较高阶导数的附加项. Hirt 方法就是利用第一微分近似的适定性来研究差分格式的稳定性. Hirt 方法的判别准则是这样的:如果第一微分近似是适定的,那么原来微分方程的差分格式是稳定的,否则是不稳定的. 其实所述的差分格式是原来微分方程问题的相容的差分格式,那么也可以看作第一微分近似问题的相容的差分格式,如果第一微分近似问题是不适定的,那么它的差分格式将不稳定.

考虑对流方程(6.1.1),即

$$\frac{\partial u}{\partial t}+a\frac{\partial u}{\partial x}=0,\ a>0$$

的差分格式(6.1.9),即

$$\frac{u_j^{n+1}-u_j^n}{\tau}+a\frac{u_j^n-u_{j-1}^n}{h}=0$$

在点 (x_j,t_n) 进行 Taylor 级数展开,有

$$\frac{u(x_j,t_n)-u(x_{j-1},t_n)}{h}=\left[\frac{\partial u}{\partial x}\right]_j^n-\frac{h}{2}\left[\frac{\partial^2 u}{\partial x^2}\right]_j^n+O(h^2)$$

$$\frac{u(x_j,t_{n+1})-u(x_j,t_n)}{\tau}=\left[\frac{\partial u}{\partial t}\right]_j^n+\frac{\tau}{2}\left[\frac{\partial^2 u}{\partial t^2}\right]_j^n+O(\tau^2)$$

利用对流方程(6.1.1),有

$$\frac{\partial^2 u}{\partial t^2}=\frac{\partial}{\partial t}\left(-a\frac{\partial u}{\partial x}\right)=a^2\frac{\partial^2 u}{\partial x^2}$$

因此,在点 (x_j,t_n) 上,由差分方程(6.1.9)可得

$$\frac{\partial u}{\partial t}+a\frac{\partial u}{\partial x}=\left(\frac{ah}{2}-\frac{a^2\tau}{2}\right)\frac{\partial^2 u}{\partial x^2}+O(\tau^2+h^2)$$

略去高阶误差项,得出第一微分近似,有

$$\frac{\partial u}{\partial t}+a\frac{\partial u}{\partial x}=\frac{a}{2}(h-a\tau)\frac{\partial^2 u}{\partial x^2}$$

要使上面的抛物型方程有意义,必须有

$$\frac{a}{2}(h-a\tau)>0$$

而上面的不等号改为等号,就化为原来的对流方程. 在这两种情况下,相应的问题是适定的,即第一微分近似适定的条件是

$$\frac{a}{2}(h-a\tau)\geqslant 0$$

由此得出差分格式(6.1.9)的稳定性条件是 $a\lambda\leqslant 1$,其中 $\lambda=\dfrac{\tau}{h}$. 此结论与 Fourier 方法分析得到的结论是一致的.

再来分析逼近对流方程(6.1.1)(仍设 $a>0$)的差分格式(6.1.7),即

$$\frac{u_j^{n+1}-u_j^n}{\tau}+a\frac{u_{j+1}^n-u_j^n}{h}=0$$

的稳定性.仿上面推导可以得到它的第一微分近似为

$$\frac{\partial u}{\partial t}+a\frac{\partial u}{\partial x}=-\frac{a}{2}(h+a\tau)\frac{\partial^2 u}{\partial x^2}$$

可以看出 $\frac{\partial^2 u}{\partial x^2}$ 的系数小于 0,因此第一微分近似是不适定的,从而推出差分格式(6.1.7)是不稳定的,此结论与第 3 节中分析的结论是一致的.

Hirt 启示性方法也适用于微分方程组的情况,我们就不做讨论了,或许 Hirt 启示性方法的最大好处是可以对非线性问题进行分析,从而得出近似的稳定性条件.

6.4.2　直接方法

关于抛物型方程初边值问题的差分格式的稳定性问题,可以用直接方法(或称矩阵方法)来研究.下面用具体例子来说明这个方法的基本思想及使用方法.

考虑常系数扩散方程的初边值问题

$$\frac{\partial u}{\partial t}=a\frac{\partial^2 u}{\partial x^2},\ a>0,\ x\in(0,l),\ t\in\mathbb{R}_+ \tag{6.4.1}$$

$$u(x,0)=u_0(x) \tag{6.4.2}$$

$$u(0,t)=u(l,t)=0 \tag{6.4.3}$$

采用显式差分格式来逼近,即

$$\frac{u_j^{n+1}-u_j^n}{\tau}=a\frac{u_{j+1}^n-2u_j^n+u_{j-1}^n}{h^2},\ n>0,j=1,2,\cdots,J-1 \tag{6.4.4}$$

$$u_j^0=u_0(x_j),\ j=1,2,\cdots,J-1 \tag{6.4.5}$$

$$u(0,t)=u(l,t)=0,\ n>0 \tag{6.4.6}$$

其中 $Jh=l$.先把差分方程(6.4.4)写成

$$u_j^{n+1}=a\lambda u_{j+1}^n+(1-2a\lambda)u_j^n+a\lambda u_{j-1}^n,\ j=1,2,\cdots,J-1 \tag{6.4.7}$$

其中 $\lambda=\frac{\tau}{h^2}$.可以把式(6.4.7)写成向量形式,即

$$\begin{pmatrix}u_1^{n+1}\\u_2^{n+1}\\\vdots\\u_{J-2}^{n+1}\\u_{J-1}^{n+1}\end{pmatrix}=\begin{pmatrix}1-2a\lambda & a\lambda & & & \\ a\lambda & 1-2a\lambda & a\lambda & & \\ & a\lambda & 1-2a\lambda & \ddots & \\ & & \ddots & \ddots & a\lambda\\ & & & a\lambda & 1-2a\lambda\end{pmatrix}\begin{pmatrix}u_1^n\\u_2^n\\\vdots\\u_{J-2}^n\\u_{J-1}^n\end{pmatrix}+a\lambda\begin{pmatrix}u_0^n\\0\\\vdots\\0\\u_{J-2}^n\end{pmatrix} \tag{6.4.8}$$

如果令

$$\boldsymbol{u}^n=(u_1^n,u_2^n,\cdots,u_{J-1}^n)^{\mathrm{T}}$$

并考虑到 $u_0^n=u_J^n=0$,则式(6.4.8)可以写成

$$\boldsymbol{u}^{n+1}=\boldsymbol{A}\boldsymbol{u}^n \tag{6.4.9}$$

其中

$$\boldsymbol{A}=\begin{pmatrix}1-2a\lambda & a\lambda & & & \\ a\lambda & 1-2a\lambda & a\lambda & & \\ & a\lambda & 1-2a\lambda & \ddots & \\ & & \ddots & \ddots & a\lambda \\ & & & a\lambda & 1-2a\lambda\end{pmatrix} \tag{6.4.10}$$

从显式格式出发，得到式(6.4.9).但对于式(6.4.9)，也可以理解为较为一般的形式，即对于逼近初边值问题(6.4.6)的其他二层格式也可以化为式(6.4.9)的形式.当然此时 $\boldsymbol{A}$ 不是式(6.4.10)所表示的形式，如果差分格式是二层隐式格式，则 $\boldsymbol{A}$ 为 $\boldsymbol{B}^{-1}\boldsymbol{C}$ 这种形式.因此式(6.4.9)这种形式可理解为既包含二层显示格式又包含二层隐式格式的较为一般形式.

引入误差向量 $\boldsymbol{z}^n=\boldsymbol{u}^n-\widetilde{\boldsymbol{u}}^n$，其中 $\boldsymbol{u}^n$ 是差分方程(6.4.9)的精确值(理论值)，$\widetilde{\boldsymbol{u}}^n$ 是差分方程(6.4.9)经数值求解得到的值(包括了舍入误差等).显然，$\boldsymbol{z}^n$ 满足

$$\boldsymbol{z}^{n+1}=\boldsymbol{A}\boldsymbol{z}^n \tag{6.4.11}$$

从而推出

$$\boldsymbol{z}^n=\boldsymbol{A}^n\boldsymbol{z}^0 \tag{6.4.12}$$

差分格式(6.4.9)的稳定性就要求

$$\|\boldsymbol{z}^n\|\leqslant K,\ n\geqslant 0 \tag{6.4.13}$$

其中 $\|\cdot\|$ 为向量的 2-范数，由于

$$\|\boldsymbol{z}^n\|\leqslant\|\boldsymbol{A}^n\|_2\cdot\|\boldsymbol{z}^0\|$$

因此式(6.4.13)成立的充分必要条件为

$$\|\boldsymbol{A}^n\|_2\leqslant M \tag{6.4.14}$$

上述采用 2-范数，当然也可以采用其他类型的范数.

对于稳定性条件(6.4.14)，可以仿 Fourier 方法中的推导，得到一些结论：

(1)谱半径条件

$$\rho(\boldsymbol{A})\leqslant 1+M\tau \tag{6.4.15}$$

是差分格式稳定的一个必要条件，其中 M 为常数.

(2)如果矩阵 $\boldsymbol{A}$ 是一个正规矩阵，则式(6.4.15)也是差分格式稳定的一个充分条件.

现在讨论差分格式(6.4.9)，(6.4.10)的稳定性.矩阵(6.4.10)是对称矩阵，所以只要使条件(6.4.15)成立即可.现在来计算 $\boldsymbol{A}$ 的特征值.

令 $(J-1)$ 阶方阵为

$$\boldsymbol{S}=\begin{pmatrix}0 & 1 & & & \\ 1 & 0 & 1 & & \\ & \ddots & \ddots & \ddots & \\ & & 1 & 0 & 1 \\ & & & 1 & 0\end{pmatrix}$$

则 $\boldsymbol{A}$ 可以表示为

$$\boldsymbol{A}=(1-2a\lambda)\boldsymbol{I}+a\lambda\boldsymbol{S}$$

其中 $\boldsymbol{I}$ 为 $(J-1)$ 阶单位矩阵.由此可知，关键是求出 $\boldsymbol{S}$ 的特征值.

设 γ 和 $\boldsymbol{w}=(\omega_1,\omega_2,\cdots,\omega_{J-1})^{\mathrm{T}}$ 分别为 $\boldsymbol{S}$ 的特征值和特征向量，

$$\boldsymbol{S}\boldsymbol{w}=\gamma\boldsymbol{w}$$

写成分量的形式有

$$\left.\begin{aligned}&\omega_j-\gamma\omega_{j+1}+\omega_{j+2}=0,\ j=0,1,\cdots,J-2\\&\omega_0=\omega_J=0\end{aligned}\right\}\tag{6.4.16}$$

先求出 ω_j，再定出 $\boldsymbol{S}$ 的特征值 γ. 由于 $\boldsymbol{S}$ 为对称矩阵,所以其特征值 γ 为实数. 由 Gerschgorin 定理知，

$$|\gamma-s_{kk}|\leqslant\sum_{\substack{j=1\\j\neq k}}^{J-1}|s_{kj}|$$

其中 s_{kj} 为矩阵 $\boldsymbol{S}$ 的元素. 由此得到 $|\gamma|\leqslant 2$. 式(6.4.16)的第一式为常系数线性差分方程,设其解具有如下形式：

$$\omega_j=\mu^j,\ \mu\neq 0$$

将它代入式(6.4.16)的第一式,便得到关于 μ 的一元二次方程为

$$\mu^2-\gamma\mu+1=0$$

此方程称为式(6.4.16)的第一式的特征方程. 由于 $|\gamma|\leqslant 2$，所以其解为

$$\mu=\frac{\gamma}{2}\pm\mathrm{i}\sqrt{1-\left(\frac{\gamma}{2}\right)^2}$$

其中 i 是虚数单位. 可见

$$|\mu|^2=\left(\frac{\gamma}{2}\right)^2+1-\left(\frac{\gamma}{2}\right)^2=1$$

取 $\cos\varphi=\dfrac{\gamma}{2}$，$\sin\varphi=\sqrt{1-\left(\dfrac{\gamma}{2}\right)^2}$，则 $\mu=\mathrm{e}^{\pm\mathrm{i}\varphi}$. 因此差分方程(6.4.16)的解可以表示为

$$\omega_j=a_1\mathrm{e}^{\mathrm{i}j\varphi}+a_2\mathrm{e}^{-\mathrm{i}j\varphi},\quad j=0,1,\cdots,J$$

由 $\omega_0=0$，得到 $a_1+a_2=0$. 再由 $\omega_J=0$，得到 $a_1\mathrm{e}^{\mathrm{i}J\varphi}+a_2\mathrm{e}^{-\mathrm{i}J\varphi}=0$，从而有

$$a_2(\mathrm{e}^{\mathrm{i}J\varphi}-\mathrm{e}^{-\mathrm{i}J\varphi})=0$$

由此推出 $a_2\sin J\varphi=0$，$a_2\neq 0$，有 $J\varphi=k\pi$，$k=1,2,\cdots,J-1$. 所以得到 $\varphi=\dfrac{k}{J}\pi$，可以得到 $\gamma_k=2\cos\dfrac{k}{J}\pi$. 注意到，$h=\dfrac{1}{J}$，则 $\boldsymbol{S}$ 的特征值为 $\gamma_k=2\cos kh\pi$. 从而得到 $\boldsymbol{A}$ 的特征值为

$$\begin{aligned}\zeta_k&=1-2a\lambda+2a\lambda\cos kh\pi\\&=1-4a\lambda\sin^2\frac{kh\pi}{2},\qquad k=1,2,\cdots,J-1\end{aligned}$$

当 $a\lambda\leqslant\dfrac{1}{2}$ 时，$\rho(\boldsymbol{A})\leqslant 1$. 因此显式格式的稳定性条件为 $a\lambda\leqslant\dfrac{1}{2}$.

现在讨论隐式格式

$$\begin{cases}\dfrac{u_j^{n+1}-u_j^n}{\tau}=a\dfrac{u_{j+1}^{n+1}-2u_j^{n+1}+u_{j-1}^{n+1}}{h^2}\\u_j^0=u_0(x_j)\\u_0^n=u_J^n=0\end{cases}$$

的稳定性.

可以把隐式格式写成向量形式：

$$\boldsymbol{u}^{n+1} = \boldsymbol{B}^{-1}\boldsymbol{u}^{n}$$

其中 $\boldsymbol{u}^n = (u_1^n, u_2^n, \cdots, u_{J-1}^n)^{\mathrm{T}}, \boldsymbol{B} = (1+2a\lambda)\boldsymbol{I} - a\lambda\boldsymbol{S}$. 利用前面已求得的 $\boldsymbol{S}$ 的特征值，可以得出 $\boldsymbol{B}$ 的特征值：

$$\begin{aligned}\mu_k(\boldsymbol{B}) &= 1 + 2a\lambda - a\lambda\mu_k(\boldsymbol{S}) \\ &= 1 + 2a\lambda - 2a\lambda\cos kh\pi \\ &= 1 + 2a\lambda(1 - \cos kh\pi), \qquad j = 1,2,\cdots,J-1\end{aligned}$$

由此可知，$\mu_k(\boldsymbol{B}) > 1$ ，从而有 $\mu_k(\boldsymbol{B}^{-1}) < 1$. 注意到 $\boldsymbol{B}$ 为对称矩阵，所以 $\boldsymbol{B}^{-1}$ 也为对称矩阵，利用直接方法结论(2)知，扩散方程隐式格式是无条件稳定的.

由上述可知，利用直接方法来分析抛物型方程的初边值问题的差分格式并不困难. 但在实际应用中却存在着一定的限制. 上面讨论稳定性的两个例子中是依据了特殊矩阵 $\boldsymbol{S}$ 才求出了 $(J-1)$ 阶矩阵 $\boldsymbol{A}, \boldsymbol{B}^{-1}$ 的特征值. 一般来说，计算高阶矩阵的特征值是相当困难的，因此应用直接方法也就很困难了.

6.4.3 能量不等式方法

在讨论线性常系数差分格式的稳定性问题时，建立了判别差分格式的稳定性准则，从而比较容易地判断一些差分格式的稳定性. 但对于变系数问题和非线性问题，一般不能采用 Fourier 方法和直接法来讨论差分格式的稳定性. 而对于上述这些问题，能量不等式方法是研究差分格式稳定性的有力工具，用能量不等式方法讨论差分格式稳定性是从稳定性的定义出发，通过一系列估计式来完成的，这个方法是偏微分方程中常用的能量方法的离散模拟，在此我们仅通过例子叙述其基本思路，不再进一步研究论述.

考虑变系数对流方程的初值问题

$$\left.\begin{aligned}&\frac{\partial u}{\partial t} + a(x,t)\frac{\partial u}{\partial x} = 0,\ x \in \mathbb{R}, t \in (0,T] \\ &u(x,0) = g(x)\end{aligned}\right\} \tag{6.4.17}$$

假定 $a(x,t) \geqslant 0$ ，建立差分格式

$$\left.\begin{aligned}&\frac{u_j^{n+1} - u_j^n}{\tau} + a_j^n\frac{u_j^n - u_{j-1}^n}{h} = 0 \\ &u_j^0 = g(x_j)\end{aligned}\right\} \tag{6.4.18}$$

其中 $a_j^n = a(x_j, t_n)$. 下面用能量不等式方法来讨论这个差分格式的稳定性，先把它变形为

$$u_j^{n+1} = u_j^n - a_j^n\lambda(u_j^n - u_{j-1}^n)$$

其中 $\lambda = \dfrac{\tau}{h}$ 为网格比，用 u_j^{n+1} 乘上式的两边，得

$$(u_j^{n+1})^2 = (1 - a_j^n\lambda)u_j^n u_j^{n+1} + a_j^n\lambda u_{j-1}^n u_j^{n+1}$$

如果 λ 满足条件

$$(\max_j a_j^n)\lambda \leqslant 1 \tag{6.4.19}$$

则有

$$(u_j^{n+1})^2 \leqslant \frac{1-a_j^n\lambda}{2}[(u_j^n)^2+(u_j^{n+1})^2]+\frac{a_j^n\lambda}{2}[(u_{j-1}^n)^2+(u_j^{n+1})^2]$$
$$=\frac{1}{2}(u_j^{n+1})^2+\frac{1-a_j^n\lambda}{2}(u_j^n)^2+\frac{a_j^n\lambda}{2}(u_{j-1}^n)^2$$

移项得

$$(u_j^{n+1})^2 \leqslant (u_j^n)^2 - a_j^n\lambda\,(u_j^n)^2 + a_j^n\lambda\,(u_{j-1}^n)^2$$

用 h 乘上面不等式的两边,并对 j 求和,令

$$\| \boldsymbol{u}^n \|_h^2 = \sum_{j=-\infty}^{+\infty} (u_j^n)^2 h$$

则有

$$\| \boldsymbol{u}^{n+1} \|_h^2 \leqslant \| \boldsymbol{u}^n \|_h^2 + \lambda \sum_{j=-\infty}^{+\infty} (a_{j+1}^n - a_j^n)\,(u_j^n)^2 h$$

如果

$$\sup_{x,t}\left|\frac{\partial a}{\partial x}\right| \leqslant c \tag{6.4.20}$$

则有

$$\| \boldsymbol{u}^{n+1} \|_h^2 \leqslant (1+c\tau)\,\| \boldsymbol{u}^n \|_h^2$$

由此可得

$$\| \boldsymbol{u}^n \|_h^2 \leqslant (1+c\tau)^n\,\| \boldsymbol{u}^0 \|_h^2 \leqslant \mathrm{e}^{cT}\,\| \boldsymbol{u}^0 \|_h^2, \qquad n\tau \leqslant T$$

由于问题是线性的,因此上述不等式就证明了差分格式(6.4.18)的稳定性. 由此看出,条件(6.4.20)是微分方程问题中给定的,而差分格式稳定性条件为式(6.4.19),如果 $a(x,t)=a$,即为常系数问题,那么式(6.4.20)满足,而条件(6.4.19)就化为 $a\lambda \leqslant 1$,这与以前用 Fourier 方法得到的结论是一致的.

习　题

1. 试调整逼近抛物型方程 $\frac{\partial u}{\partial t}=\frac{\partial^2 u}{\partial x^2}$ 的差分格式 $\frac{u_j^{n+1}-u_j^n}{\Delta t}=\frac{1}{\Delta x^2}[\theta\delta_x^2 u_j^{n+1}+(1-\theta)\delta_x^2 u_j^n]$ 中的 θ ,使其截断误差为 $O[(\Delta t)^2+(\Delta x)^4]$.

2. 试求出方程 $\frac{\partial u}{\partial t}=\frac{\partial^2 u}{\partial x^2}$ 的 Douglas 格式 $\left[1+(\frac{1}{12}-\frac{1}{2}\lambda)\delta_x^2\right]u_j^{n+1}=\left[1+(\frac{1}{12}+\frac{1}{2}\lambda)\delta_x^2\right]u_j^n$ 的截断误差,其中 $\lambda=\Delta t/\Delta x^2$.

3. 讨论求解 $\frac{\partial u}{\partial t}=a\frac{\partial^2 u}{\partial x^2}(a>0)$ 的差分格式

$$\frac{1}{12}\,\frac{u_{j+1}^{n+1}-u_{j+1}^n}{\tau}+\frac{5}{6}\,\frac{u_j^{n+1}-u_j^n}{\tau}+\frac{1}{12}\,\frac{u_{j-1}^{n+1}-u_{j-1}^n}{\tau}=\frac{a}{2h^2}[\delta_x^2 u_j^{n+1}+\delta_x^2 u_j^n]$$

的精度.

4. 直接证明求解 $\frac{\partial u}{\partial t}+a\frac{\partial u}{\partial x}=0$ 的 Lax - Wendroff 格式是二阶精度的格式.

5. 讨论对流方程 $\frac{\partial u}{\partial t}+a\frac{\partial u}{\partial x}=0,a>0$ 的差分格式 $\frac{u_j^{n+1}-u_j^n}{\tau}+a\frac{u_j^{n+1}-u_{j-1}^{n+1}}{h}=0$ 的截断误

差及稳定性.

6. 上题中差分格式改为 $\frac{u_j^{n+1}-u_j^n}{\tau}+a\frac{u_{j+1}^{n+1}-u_j^{n+1}}{h}=0$，讨论其截断误差及稳定性.

7. 讨论扩散方程 $\frac{\partial u}{\partial t}=a\frac{\partial^2 u}{\partial x^2}, a>0$ 的差分格式

$$\frac{3}{2}\frac{u_j^{n+1}-u_j^n}{\tau}-\frac{1}{2}\frac{u_j^n-u_j^{n-1}}{\tau}=a\frac{u_{j+1}^{n+1}-2u_j^{n+1}+u_{j-1}^{n+1}}{h^2}$$

的精度及稳定性.

8. 试求出逼近抛物型方程 $\frac{\partial u}{\partial t}=\frac{\partial^2 u}{\partial x^2}$ 的差分格式 $(1+\theta)\frac{u_j^{n+1}-u_j^n}{\tau}-\theta\frac{u_j^n-u_j^{n-1}}{\tau}=\frac{1}{h^2}\delta_x^2u_j^n$ 的精度，并调整 θ 使其精度为二阶的.

9. 试讨论求解 $\frac{\partial u}{\partial t}=\frac{\partial}{\partial x}\left(a(x)\frac{\partial u}{\partial x}\right), K\geqslant a(x)>0$ 的 Crank – Nicholson 格式的稳定性.

10. 构造逼近微分方程 $\frac{\partial u}{\partial t}=\frac{\partial}{\partial x}\left((0.1+\sin^2 x)\frac{\partial u}{\partial x}\right)$ 的二阶精度的稳定的差分格式.

11. 构造二维对流扩散方程的局部一维格式.

12. 讨论求解 $\frac{\partial u}{\partial t}+a\frac{\partial u}{\partial x}=0$ 的差分格式

$$\frac{u_j^{n+1}-u_j^n}{\tau}+\frac{u_{j+1}^{n+1}-u_{j+1}^n}{\tau}+a\frac{u_{j+1}^{n+1}-u_{j-1}^{n+1}}{2h}+a\frac{u_{j+1}^n-u_{j-1}^n}{2h}=0$$

的精度及稳定性.

13. 讨论求解 $\frac{\partial u}{\partial t}+a\frac{\partial u}{\partial x}=0$ 的 Wendroff 隐式格式

$$(1+a\lambda)u_{j+1}^{n+1}+(1-a\lambda)u_j^{n+1}-(1-a\lambda)u_{j+1}^n-(1+a\lambda)u_j^n=0$$

的精度及稳定性. 令 $a>0$，加边界条件后试写出计算步骤.

14. 构造求解方程组 $\frac{\partial u}{\partial t}+\boldsymbol{A}\frac{\partial u}{\partial x}=0$. 其中 $\boldsymbol{u}=(u,v)^{\mathrm{T}}, \boldsymbol{A}=\begin{pmatrix}0 & -1\\ -1 & 0\end{pmatrix}$ 的逆风格式.

15. 构造求解一维非定常等熵流方程组

$$\begin{cases}\frac{\partial u}{\partial t}+u\frac{\partial u}{\partial x}+\rho\frac{\partial u}{\partial x}=0\\ \frac{\partial u}{\partial t}+u\frac{\partial u}{\partial x}+\frac{c^2}{\rho}\frac{\partial \rho}{\partial x}=0\end{cases}$$

的逆风差分格式，其中 $c=c(\rho)$ 为局部声速.

16. 考虑非线性方程的初值问题：

$$\begin{cases}\frac{\partial^2 u}{\partial t^2}=a(u)\frac{\partial^2 u}{\partial x^2}, x\in\mathbb{R}, t\in\mathbb{R}_+\\ u(x,0)=1+x^2\\ u_t(x,0)=0\end{cases}$$

构造出一个显式差分格式并考虑其稳定性.

17. 考虑初值问题

$$\frac{\partial u}{\partial t}+\frac{\partial u}{\partial x}=0, u(x,0)=\begin{cases}1, & x\in[0,1];\\ 0, & x\in(-\infty,0)\cup(1,+\infty).\end{cases}$$

用逆风格式及 Lax - Friedrichs 格式计算 u_j^n , $n = 1,2,3,4$.

18. 五点差分格式求解 Poisson 方程第一边值问题：

$$\begin{cases}\Delta u = 16,\ (x,y) \in D \\ u(x,y) = 0,\ (x,y) \in \partial D\end{cases}$$

其中 $D = \{(x,y) \mid -1 < x < 1, -1 < y < 1\}$.

(1)用正方形网格给出差分方程；

(2)取定 $h = 1$, $h = \dfrac{1}{2}$ 分别求解.

19. 五点差分格式求解 Poisson 方程第三边值问题：

$$\begin{cases}\Delta u = 16, & (x,y) \in D; \\ u_x - u = 1 + y, & x = 0, 0 \leqslant y \leqslant 1 \\ u_x + u = 2 - y, & x = 1, 0 \leqslant y \leqslant 1 \\ u_y - u = -1 - x, & y = 0, 0 \leqslant x \leqslant 1 \\ u_y - u = -2 - x, & y = 1, 0 \leqslant x \leqslant 1\end{cases}$$

其中 $D = \{(x,y) \mid 0 < x < 1, 0 < y < 1\}$,用正方形网格 $h_x = h_y = \dfrac{1}{4}$.

20. 分析 Poisson 方程 $-\Delta u = f(x,y)$ 的差分格式：

$$-(u_{j+1,k+1} + u_{j+1,k-1} + u_{j-1,k+1} + u_{j-1,k-1} - 4u_{j,k}) = 2h^2 f_{j,k}$$

求截断误差.

21. 求解 Laplace 方程：

$$\begin{cases}\Delta u = 0, & (x,y) \in D \\ u(0,y) = 0, & 0 \leqslant y \leqslant 1 \\ u_y(x,0) = 0, & 0 \leqslant x \leqslant 1 \\ u(x,y) = 16x^5 - 20x^3 + 5x, x^2 + y^2 = 1\end{cases}$$

其中 $D = \{(x,y) \mid x > 0, y > 0, x^2 + y^2 < 1\}$,用正方形网格 $h_x = h_y = \dfrac{1}{4}$.

22. 利用古典显式格式计算初边值问题：

$$\begin{cases}\dfrac{\partial u}{\partial t} = \dfrac{\partial^2 u}{\partial x^2},\ x \in (0,1), t \in \mathbb{R}_+ \\ u(x,0) = \sin \pi x, \quad 0 < x < 1 \\ u(0,t) = 0, \quad t > 0 \\ u(1,t) = 0, \quad t > 0\end{cases}$$

取 $h = 0.1$,用 $\lambda = 0.1$ 和 0.5 分别计算,并在 $t = 0.01$ 时与准确解相比较 ($u(x,t) = e^{-\pi^2 t} \sin \pi x$) .

第7章 变分原理

人们常用微分方程来描述自然界的一些物理现象,例如以上各章讨论过的一些典型偏微分方程.差分方法的离散化就是直接基于这些微分方程的.但是在很多情况下,描述同一个物理过程或现象,也可以有不同的形式.例如从物理上的守恒定律出发可以导出变分原理.虽然变分问题与微分方程定解问题在某种意义下等价,但是分别由它们导出的计算方法有时是不等效的,由变分原理出发会更真实地反映物理的现实,具有更多的优点,有限元方法就是基于变分原理的一种离散计算方法.

本章主要介绍数学物理方程基本的变分原理以及近似计算的一般原则,也将是有限元计算方法的基础.

7.1 变分问题

7.1.1 古典变分问题

变分方法有比较悠久的历史,它的发展和力学、物理学等学科的发展有很密切的关系.下面介绍几个古典变分问题的例子.

例 7.1 (最速降线问题) 这是 Bernoulli 1696 年提出的问题.如图 7.1.1 所示,设点 $A(0,0)$和点 $B(x_1,y_1)$不同在一条与 y 轴平行的直线上.有一质点受重力作用从 A 到 B 沿曲线路径自由下滑,求质点下降最快的路径.问题中不考虑摩擦阻力.

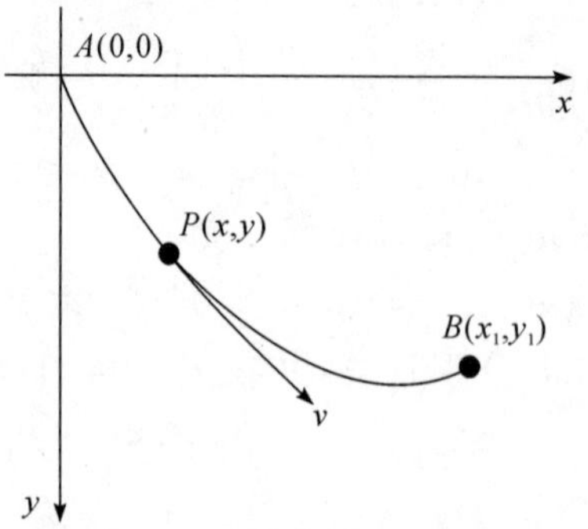

图 7.1.1

下降最快即所需时间最短,我们先写出从 A 到 B 沿任一光滑曲线 $l: y = y(x)(0 \leqslant x \leqslant x_1)$ 下滑所需时间.设从 A 点至曲线上任意一点 $P(x,y)$,达到了速度 $v = \frac{ds}{dt}$,质点质量为 m.

到达 P 点时失去的势能 mgy，得到的动能为 $\frac{1}{2}mv^2$，根据能量守恒定律，有

$$\frac{1}{2}m\left(\frac{\mathrm{d}s}{\mathrm{d}t}\right)^2 = mgy$$

这可写成

$$\sqrt{1+y'^2}\,\frac{\mathrm{d}x}{\mathrm{d}t} = \sqrt{2gy}$$

或者

$$\mathrm{d}t = \sqrt{\frac{1+y'^2}{2gy}}\,\mathrm{d}x$$

所以，从 A 沿 l 下滑至 B 所需时间为

$$T = \int_0^T \mathrm{d}t = \int_0^{x_1}\sqrt{\frac{1+y'^2}{2gy}}\,\mathrm{d}x \tag{7.1.1}$$

式中的 T 是一个包含函数 $y = y(x)$ 的积分式. 当 y 在某一个函数集合 K 中取定一个函数时，从式(7.1.1)就得到一个确定的实数值 T. 也就是式(7.1.1)确定了函数集合 K 到实数集 $\mathbb{R}$ 的一个映射，我们称 T 是 K 上的一个泛函，记为

$$T[y] = \int_0^{x_1}\sqrt{\frac{1+y'^2}{2gy}}\,\mathrm{d}x$$

问题中的函数集合 K 应该怎么样确定呢？显然，函数对应的曲线应该是光滑的，而且端点在 A 和 B 点. 所以 K 取为

$$K = \{y \mid y \in C^1[0,x_1], y(0) = 0, y(x_1) = y_1\}$$

这样，最速降线问题就表示为

$$\left.\begin{aligned}&\text{find } y_0 \in K, \text{s.t.}\\&T[y_0] \leqslant T[y],\ \forall\, y \in K\end{aligned}\right\} \tag{7.1.2}$$

或写成

$$\left.\begin{aligned}&\text{find}\quad y_0 \in K, \text{s.t.}\\&T[y_0] = \min_{y\in K} T(y)\end{aligned}\right\} \tag{7.1.3}$$

最速降线问题(7.1.2)(或(7.1.3))就是一个在函数集合 K 中求泛函极小值的问题.

例 7.2 （最小曲面问题）　如图 7.1.2 所示，设 xOy 平面上有开区域 Ω，其边界为 $\partial\Omega$，在 $\partial\Omega$ 上给定条件 $u|_{\partial\Omega} = \varphi(x,y)$，其中 $\varphi(x,y)$ 是 $\partial\Omega$ 上的已知函数. 这样就给出了三维空间中的一条封闭曲线 C，最小曲面问题就是求张紧在曲线 C 的曲面中，其面积最小的曲面.

记 $\overline{\Omega} = \Omega \cup \partial\Omega$，设曲面的方程为

$$u = u(x,y),\ (x,y) \in \overline{\Omega}$$

对应 u 的曲面面积为

$$S(u) = \iint_{\Omega}\sqrt{1+\left(\frac{\partial u}{\partial x}\right)^2+\left(\frac{\partial u}{\partial y}\right)^2}\,\mathrm{d}x\mathrm{d}y \tag{7.1.4}$$

u 所属的集合应取为

$$K = \{u \mid u \in C^1(\overline{\Omega}), u|_{\partial\Omega} = \varphi(x,y)\}$$

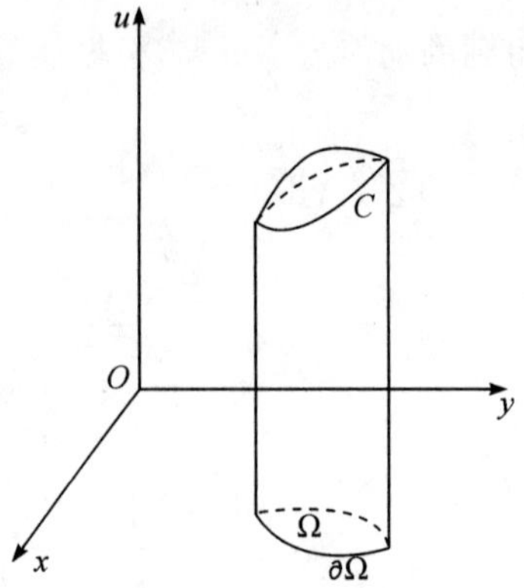

图 7.1.2

这样，S 就是 K 上确定的一个泛函. 最小曲面问题可以写成下面的求泛函极小值问题：

$$\left.\begin{array}{l}\text{find } u_0 \in K,\ \text{s.t.} \\ S(u_0) \leqslant S(u),\ \forall u \in K\end{array}\right\} \tag{7.1.5}$$

例 7.3 (等周问题)在长度为一定的所有平面光滑封闭曲线中，求所围面积为最大的曲线(见图 7.1.3).

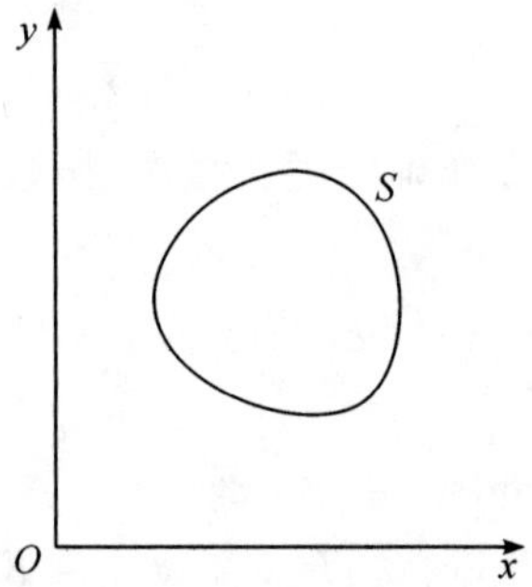

图 7.1.3

设曲线方程为

$$\begin{cases} x = x(s) \\ y = y(s) \end{cases},\quad s_1 \leqslant s \leqslant s_2$$

且满足 $x(s_1) = x(s_2), y(s_1) = y(s_2)$. 等周问题是在条件

$$\int_{s_1}^{s_2} \sqrt{\left(\frac{\mathrm{d}x}{\mathrm{d}s}\right)^2 + \left(\frac{\mathrm{d}y}{\mathrm{d}s}\right)^2}\,\mathrm{d}s = l$$

下，在函数集合

$$\{(x,y) \mid x, y \in C^1[s_1, s_2], x(s_1) = x(s_2), y(s_1) = y(s_2)\}$$

中求出使

$$s(x,y) = \frac{1}{2}\int_{x_1}^{x_2}\left(x\frac{\mathrm{d}y}{\mathrm{d}s} - y\frac{\mathrm{d}x}{\mathrm{d}s}\right)\mathrm{d}s$$

最大的函数 $x(s), y(s)$.

所谓变分问题，就是像以上例子那样在一个函数集合中求泛函的极小或极大的问题. 以上例子中，函数集合 K 可以是一个一元函数(例 7.1)或一个多元函数(例 7.2)的集合. 也可以是

多个一元或多元函数的集合(例 7.3).可以是一般的极值问题,也可以是条件极值的问题(例 7.3).函数集合 K 根据问题的提法取不同的函数集合.下面我们可以看到,这些变分问题和微分方程的定解问题以及特征问题联系起来.

7.1.2　变分问题解的必要条件

这里给出变分问题解的一个必要条件——Euler 方程.首先引入变分法的基本引理,记

$$C_0^1[a,b]=\{v \mid v\in C^1[a,b],v(a)=0,v(b)=0\}$$

引理 7.1　(变分基本引理) 设 $u\in C[a,b]$,且

$$\int_a^b u(x)v(x)\mathrm{d}x=0,\ \forall\, v\in C_0^1[a,b]$$

则有 $u(x)\equiv 0(a\leqslant x\leqslant b)$.

证明　用反证法,设有 $\xi\in(a,b)$,使 $u(\xi)\neq 0$,不妨设 $u(\xi)>0$.由 u 的连续性,存在 ξ 的一个邻域$(\xi_1,\xi_2)\subset(a,b)$,在$[\xi_1,\xi_2]$上有 $u(x)>0$,取函数

$$v(x)=\begin{cases}0, & a\leqslant x<\xi_1\\ (x-\xi_1)^2(x-\xi_2)^2, & \xi_1\leqslant x\leqslant\xi_2\\ 0, & \xi_2<x\leqslant b\end{cases}\tag{7.1.6}$$

显然, $v\in C_0^1[a,b]$,而且

$$\int_a^b u(x)v(x)\mathrm{d}x=\int_{\xi_1}^{\xi_2}u(x)(x-\xi_1)^2(x-\xi_2)^2\mathrm{d}x>0$$

这与假设条件矛盾,所以在 $[a,b]$有 $u(x)\equiv 0$.

引理中的条件 $v\in C_0^1[a,b]$ 若改为 $v\in C_0^n[a,b]$,结论仍然成立,其中

$$C_0^n[a,b]=\{v \mid v\in C^n[a,b],v^{(k)}(a)=v^{(k)}(b)=0,k=0,1,\cdots,n-1\}$$

它的证明只要将式(7.1.6)中 $v(x)$ 的表达式的幂指数 2 改为 $n+1$ 或 $n+2$ 即可.同时,引理还可以推广到二维或三维的情形,我们在后面要用到,请读者自行叙述和证明.

现在讨论最简单的变分问题,推导其解满足的必要条件.考虑函数集合

$$K=\{y \mid y\in C^1[a,b],y(a)=y_a,y(b)=y_b\}\tag{7.1.7}$$

这是一个对应两端固定的光滑曲线的函数集合,其中 y_a 和 y_b 是确定的数.考虑与 y 和 y' 有关的泛函:

$$J[y]=\int_a^b F(x,y,y')\mathrm{d}x\tag{7.1.8}$$

其中 F 为对各自变量的偏导数均连续的函数.讨论

变分问题(Ⅰ):求 $y\in K$,使得 $J[y]\leqslant J[w],\ \forall\, w\in K$. 显然,例 7.1 就属于此类问题.

设 y 是变分问题(Ⅰ)的解,则 $y\in K$,对一切 $\eta\in C_0^1[a,b]$,因 $\eta(a)=\eta(b)=0$,有 $y+\alpha\eta\in K$,其中任意实数 $\alpha\in\mathbb{R}$.因 y 是使 $J[y]$ 达到极小的函数,则有

$$J[y]\leqslant J[y+\alpha\eta],\ \forall\,\alpha\in\mathbb{R}\tag{7.1.9}$$

把 $J[y+\alpha\eta]$ 看成 α 的一元函数,记

$$\begin{aligned}\varphi(\alpha)&=J[y+\alpha\eta]\\&=\int_a^b F(x,y(x)+\alpha\eta(x),y'(x)+\alpha\eta'(x))\mathrm{d}x\end{aligned}$$

把函数 $\varphi(\alpha)$ 在 $\alpha=0$ 的一阶导数值称为泛函 J 的一阶变分,记为 δJ .如果再设 $y\in C^2(a,b)$,有

$$\delta J = \frac{\mathrm{d}\varphi}{\mathrm{d}\alpha}\bigg|_{\alpha=0} = \int_a^b \left(\frac{\partial F(x,y,y')}{\partial y}\eta + \frac{\partial F(x,y,y')}{\partial y'}\eta'\right)\mathrm{d}x$$

由式(7.1.9)可以推出 $\varphi(0) \leqslant \varphi(\alpha)$ ，$\forall \alpha \in \mathbb{R}$. 也就是说 $\varphi(\alpha)$ 在 $\alpha = 0$ 达到极小. 根据一元函数极值的必要条件,有

$$\int_a^b \left(\frac{\partial F}{\partial y}\eta + \frac{\partial F}{\partial y'}\eta'\right)\mathrm{d}x = 0,\ \forall \eta \in C_0^1[a,b]$$

积分式中第二项经过分部积分,并注意 $\eta(a) = \eta(b) = 0$,可得到

$$\int_a^b \left[\frac{\partial F}{\partial y} - \frac{\mathrm{d}}{\mathrm{d}x}\left(\frac{\partial F}{\partial y'}\right)\right]\eta\mathrm{d}x = 0,\ \forall \eta \in C_0^1[a,b] \tag{7.1.10}$$

根据变分法的基本引理,得到

$$\frac{\partial F}{\partial y} - \frac{\mathrm{d}}{\mathrm{d}x}\left(\frac{\partial F}{\partial y'}\right) = 0 \tag{7.1.11}$$

这就是函数 y 在集合 K 内使泛函 $J[y]$ 达到极小的必要条件,通常称为 Euler 方程. 至于一般泛函极值的充分条件,我们不在这里讨论.

例 7.4　设 K 仍如式(7.1.7),且

$$J[y] = \frac{1}{2}\int_a^b \left[p(x)\left(\frac{\mathrm{d}y}{\mathrm{d}x}\right)^2 + q(x)y^2 - 2f(x)y\right]\mathrm{d}x$$

求 $J[y]$ 在 K 的极值. 如果取到极值的函数 $y \in C^2[a,b]$,则 y 满足的 Euler 方程为

$$-\frac{\mathrm{d}}{\mathrm{d}x}\left[p(x)\frac{\mathrm{d}y}{\mathrm{d}x}\right] + q(x)y - f(x) = 0$$

在例 7.4 中, $F(x,y,y')$ 式中头两项是 y 及 y' 的平方项,我们称这种形式的泛函 $J[y]$ 为二次泛函. 从这个例子可以看到二次泛函对应的 Euler 方程是一个线性的微分方程,加上边界条件 $y(a) = y_a, y(b) = y_b$ 构成一个定解问题. 如果是例 7.1 那样的泛函,对应的 Euler 方程是一个比较复杂的非线性方程.

以上讨论变分问题中,函数集合 K 的函数是两端固定的情形. 如果我们把 K 换成

$$K_1 = \{y \mid y \in C^1[a,b], y(a) = y_a\} \tag{7.1.12}$$

也就是 y 只在左端点固定,而在右端点没有限制. 我们可以同样求泛函式(7.1.8)式的极值.

变分问题(Ⅱ):求 $y \in K_1$,使得 $J[y] \leqslant J[w]$, $\forall w \in K_1$.

在解的必要条件推导过程中,规定

$$\eta \in \{v \mid v \in C^1[a,b], v(a) = 0\} \tag{7.1.13}$$

类似地推导可得

$$\delta J = \frac{\mathrm{d}\varphi}{\mathrm{d}\alpha}\Big|_{\alpha=0} = \int_a^b \left[\frac{\partial F}{\partial y} - \frac{\mathrm{d}}{\mathrm{d}x}\left(\frac{\partial F}{\partial y'}\right)\right]\eta\mathrm{d}x + \left[\eta\frac{\partial F}{\partial y'}\right]_{x=b} = 0 \tag{7.1.14}$$

这个式子对一切满足式(7.1.13)的 η 成立. 当然,对一切 $\eta \in C_0^1[a,b]$ 也成立. 这样我们又得到式(7.1.10),同样导出 Euler 方程(7.1.11). 将它代回式(7.1.14),有

$$\left[\eta\frac{\partial F}{\partial y'}\right]_{x=b} = 0,\ \forall \eta \in \{v \mid v \in C^1[a,b], v(a) = 0\}$$

由于 $\eta(b)$ 的任意性,可得

$$\frac{\partial F}{\partial y'}\Big|_{x=b} = 0 \tag{7.1.15}$$

式(7.1.15)是在右端点 $x = b$ 上的边界条件,它不是像在左端点的 $y(a) = y_a$ 那样预先规定的

条件，而是 $J[y]$ 极值函数自然满足的边界条件，它和 Euler 方程都是变分问题（Ⅱ）解的必要条件，这种条件称为自然边界条件. 我们导出了变分问题（Ⅱ），解 y 满足定解问题

$$\begin{cases} -\dfrac{\mathrm{d}}{\mathrm{d}x}\left(\dfrac{\partial F}{\partial y'}\right)+\dfrac{\partial F}{\partial y}=0 \\ y(a)=y_a,\ \dfrac{\partial F}{\partial y'}\Big|_{x=b}=0 \end{cases}$$

如果变分问题（Ⅱ）应用到例 7.4 的二次泛函 $J[y]$，可得式（7.1.15）为

$$\left[p(x)\frac{\mathrm{d}y}{\mathrm{d}x}\right]_{x=b}=0$$

如果规定 $p(x)\geqslant p_0>0(a\leqslant x\leqslant b)$，在 $x=b$ 的自然边界条件就是 $\dfrac{\mathrm{d}y}{\mathrm{d}x}\Big|_{x=b}=0$，这是第二类的边界条件.

上述讨论了最简单的情形，其中 $J[y]$ 是用式（7.1.8）表示的泛函. 如果我们考虑依赖于多个函数的泛函

$$J[y_1,\cdots,y_n]=\int_a^b F(x,y_1,\cdots,y_n;y_1',\cdots,y_n')\mathrm{d}x$$

其中

$$(y_1,\cdots,y_n)\in\{(y_1,\cdots,y_n)\mid y_i\in C^1[a,b],y_i(a)=y_{ia},y_i(b)=y_{ib},i=1,\cdots,n\}$$

或者是依赖于高阶导数的泛函，例如

$$J[y]=\int_a^b F(x,y,y',y'')\mathrm{d}x$$

其中

$$y\in\{y\mid y\in C^2[a,b],y(a)=y_a,y(b)=y_b,y'(a)=y_a',y'(b)=y_b'\}$$

也可以考虑依赖于多元函数的泛函，例如

$$J[u]=\iint_a F(x,y,u,u_x,u_y)\mathrm{d}x\mathrm{d}y$$

其中函数

$$u=u(x,y)\in\{u\mid u\in C^1(\overline{\Omega}),u|_{\partial\Omega}=\varphi(x,y)\}$$

对应于这些情形，都可以分别讨论其极值必要条件，即 Euler 方程，留给读者练习.

7.1.3　$\mathbb{R}^n$ 中的变分问题

我们要回顾多元二次函数极值问题的一些性质，并且和线性方程组联系起来，作为讨论数学物理变分问题的一些准备.

设向量 $\boldsymbol{x}=(x_1,\cdots,x_n)^{\mathrm{T}}\in\mathbb{R}^n$，矩阵 $\boldsymbol{A}=(a_{ij})\in\mathbb{R}^{n\times n}$，并设 $\det\boldsymbol{A}\neq 0$，方程组 $\boldsymbol{Ax}=\boldsymbol{b}$ 有唯一解，其中已知的向量 $\boldsymbol{b}\in\mathbb{R}^n$. 我们考虑下述的几个命题.

命题 7.1　$\boldsymbol{x}\in\mathbb{R}^n$，满足 $\boldsymbol{Ax}-\boldsymbol{b}=\boldsymbol{0}$.

命题 7.2　$(\boldsymbol{Ax}-\boldsymbol{b},\boldsymbol{y})=0,\ \forall\boldsymbol{y}\in\mathbb{R}^n$

显然，如果命题 7.1 成立，则命题 7.2 成立，反之，若命题 7.2 成立，令 $\boldsymbol{y}=\boldsymbol{e}_i,i=1,\cdots,n$，则 y 取各坐标轴上的单位向量，则可推出 $\boldsymbol{Ax}-\boldsymbol{b}=\boldsymbol{0}$. 所以命题 7.1 和命题 7.2 是相互等价的命题.

考虑以 $\boldsymbol{x}$ 为自变量的二次函数

$$J[\boldsymbol{x}] = \frac{1}{2}\sum_{i,j=1}^{n} a_{ij}\boldsymbol{x}_i\boldsymbol{x}_j - \sum_{i=1}^{n}\boldsymbol{b}_i\boldsymbol{x}_i$$

写成矩阵形式为

$$J[\boldsymbol{x}] = \frac{1}{2}(\boldsymbol{Ax},\boldsymbol{x}) - (\boldsymbol{b},\boldsymbol{x})$$

现在设 $\boldsymbol{A}$ 对称,有 $(\boldsymbol{Ax},\boldsymbol{y}) = (\boldsymbol{Ay},\boldsymbol{x})$,对于 $\alpha \in \mathbb{R}$,有

$$J[\boldsymbol{x}+\alpha\boldsymbol{y}] = \frac{1}{2}(\boldsymbol{Ax}+\alpha\boldsymbol{Ay},\boldsymbol{x}+\alpha\boldsymbol{y}) - (\boldsymbol{b},\boldsymbol{x}+\alpha\boldsymbol{y})$$

$$= J[\boldsymbol{x}] + \alpha(\boldsymbol{Ax}-\boldsymbol{b},\boldsymbol{y}) + \frac{\alpha^2}{2}(\boldsymbol{Ay},\boldsymbol{y})$$

其中用到了 $\boldsymbol{A}$ 的对称性.我们考虑下面的变分问题

命题 7.3　$\boldsymbol{x} \in \mathbb{R}^n$ 使得 $J[\boldsymbol{x}] \leqslant J[\boldsymbol{y}]$, $\forall\, \boldsymbol{y} \in \mathbb{R}^n$.

显然,若命题 7.3 成立,即 $\boldsymbol{x}$ 使 $J[\boldsymbol{x}]$ 达到极小,则 α 的函数 $\varphi(\alpha) = J[\boldsymbol{x}+\alpha\boldsymbol{y}]$ 在 $\alpha = 0$ 取到极小值,此时有

$$\frac{\mathrm{d}}{\mathrm{d}\alpha}J[\boldsymbol{x}+\alpha\boldsymbol{y}]\big|_{\alpha=0} = 0$$

由此可得

$$(\boldsymbol{Ax}-\boldsymbol{b},\boldsymbol{y}) = 0,\ \forall\, \boldsymbol{y} \in \mathbb{R}^n$$

也就是命题 7.2 成立.

进一步,设 $\boldsymbol{A}$ 对称正定,即 $(\boldsymbol{Ax},\boldsymbol{x}) > 0$, $\forall\, \boldsymbol{x} \neq \boldsymbol{0}$,如果命题 7.2 成立,就有

$$J[\boldsymbol{x}+\alpha\boldsymbol{y}] = J[\boldsymbol{x}] + \frac{\alpha^2}{2}(\boldsymbol{Ay},\boldsymbol{y}),\ \forall\, \boldsymbol{y} \in \mathbb{R}^n, \alpha \in \mathbb{R}$$

如果令 $\alpha = 1, \boldsymbol{w} = \boldsymbol{x}+\boldsymbol{y}$,就有 $J[\boldsymbol{x}] \leqslant J[\boldsymbol{w}]$, $\forall\, \boldsymbol{w} \in \mathbb{R}^n$, 也就是命题 7.3 成立. 以上我们分析了若 $\boldsymbol{A}$ 对称,则命题 7.3 可推出命题 7.2,如果 $\boldsymbol{A}$ 对称正定,则命题 7.2 可推出命题 7.3. 但不论 $\boldsymbol{A}$ 是否对称,命题 7.1 和命题 7.2 总是等价的. 如果 $\boldsymbol{A}$ 对称正定,则 3 个命题都是等价的.

关于矩阵的特征值问题,即求数 λ 和非零向量 $\boldsymbol{x} \in \mathbb{R}^n$,满足

$$\boldsymbol{Ax} = \lambda\boldsymbol{x}$$

它也有对应的变分问题. 可以证明,如果 $\boldsymbol{A}$ 对称正定,则 $\boldsymbol{A}$ 的特征值是实的,满足

$$\lambda_1 \geqslant \lambda_2 \geqslant \cdots \geqslant \lambda_n > 0$$

$\boldsymbol{x}_k$ 是对应的 λ_k 的特征向量. 定义关于 $\boldsymbol{A}$ 的 Rayleigh 商为

$$R(\boldsymbol{x}) = \frac{(\boldsymbol{Ax},\boldsymbol{x})}{(\boldsymbol{x},\boldsymbol{x})},\ \boldsymbol{x} \in \mathbb{R}^n, \boldsymbol{x} \neq \boldsymbol{0}$$

$R(\boldsymbol{x})$ 的最大、最小值对应 $\boldsymbol{A}$ 的最大、最小特征值.

$$\lambda_1 = R(\boldsymbol{x}_1) = \max_{x\neq\boldsymbol{0}} R(\boldsymbol{x})$$

其他的特征值 $(k > 1)$:

$$\lambda_k = R(\boldsymbol{x}_k) = \max_{\substack{x\neq\boldsymbol{0}\\(x_1,x)=\cdots=(x_{k-1},x)=0}} R(\boldsymbol{x})$$

$$\lambda_n = R(\boldsymbol{x}_n) = \min_{x\neq 0} R(\boldsymbol{x})$$

由上述结论可以看到,最大特征值 λ_1 可以看成条件 $(\boldsymbol{x},\boldsymbol{x}) = 1$ 和 $(\boldsymbol{x}_1,\boldsymbol{x}) = 0$ 下求 $(\boldsymbol{Ax},\boldsymbol{x})$ 极值的条件极值问题的解.

7.2　一维数学物理问题的变分问题

本节我们讨论与常微分方程两点边值问题有关的变分问题.

在第 1 章我们提到一维波动方程，如果自由项 F 及边界条件都与时间无关，就得到定常的弦平衡方程，位移 $u(x)$ $(0 \leqslant x \leqslant l)$，满足

$$-T\frac{\mathrm{d}^2 u}{\mathrm{d}x^2} = f(x)$$

其中 T 是弦的张力，$f(x)$ 是在 x 处垂直方向的外力密度，即单位长度弦所受的外力.

在力学有所谓的"最小势能原理"，如果弦满足固定或自由的边界条件(例如，在 $x = l$ 处 $u = 0$ 或 $\frac{\mathrm{d}u}{\mathrm{d}x} = 0$)，弦的总势能为

$$J[u] = \frac{1}{2}\int_0^l \left[T\left(\frac{\mathrm{d}u}{\mathrm{d}x}\right)^2 - 2uf\right]\mathrm{d}x$$

如果是第三类边界条件，例如在 $x = l$ 处 $\frac{\mathrm{d}u}{\mathrm{d}x} + \alpha u = 0$，即边界有弹性支撑的情形，还要考虑支承对势能的贡献. 最小势能原理指出处于平衡位置的 $u(x)$ 一定使 $J[u]$ 达到最小. 显然这就是一个变分问题. 同时力学也有所谓的"虚功原理"，即平衡位置 $u(x)$ 对任意满足齐次边界约束条件的虚位移、惯性力和外力所做功之和为零，这是另外一种形式的变分问题. 下面我们要对更一般的自伴型二阶微分方程的边值问题讨论这两种变分问题和边值问题的关系.

7.2.1　两点边值问题的变分形式

在 $[a,b]$ 上考虑较一般的二阶自伴微分算子 L，其定义为

$$\mathrm{L}u = -\frac{\mathrm{d}}{\mathrm{d}x}\left(p(x)\frac{\mathrm{d}u}{\mathrm{d}x}\right) + q(x)u \tag{7.2.1}$$

其中 $p \in C^1[a,b]$，$p(x) \geqslant p_0 > 0$，$q \in C[a,b]$，$q(x) \geqslant 0$. 设 $f \in C[a,b]$，对于方程 $\mathrm{L}u = f$，再加上两端边界条件，就得微分方程的一个两点边值问题. 在这里我们先以左端点为第一类齐次边界条件，右端点为第二类齐次边界条件为例，提出下面的两点边值问题，记为问题 (P_1)，则

$$(\mathrm{P}_1)\qquad \begin{cases} -\dfrac{\mathrm{d}}{\mathrm{d}x}\left(p(x)\dfrac{\mathrm{d}u}{\mathrm{d}x}\right) + q(x)u = f(x),\ x \in (a,b) \\ u\big|_{x=a} = 0,\ \dfrac{\mathrm{d}u}{\mathrm{d}x}\bigg|_{x=b} = 0 \end{cases}$$

分几步讨论与(P_1)有关的变分问题.

(1)设 $u \in C^1[a,b] \cap C^2(a,b)$，$u$ 是问题 (P_1) 的解，(P_1) 中的微分方程写成

$$\mathrm{L}u - f = 0$$

方程两边乘函数 $v(x)$，再积分. 记函数的内积为

$$(u,v) = \int_a^b u(x)v(x)\mathrm{d}x$$

这样有

$$(\mathrm{L}u - f, v) = 0$$

即

$$-\int_a^b v\frac{\mathrm{d}}{\mathrm{d}x}\left(p\frac{\mathrm{d}u}{\mathrm{d}x}\right)\mathrm{d}x+\int_a^b quv\mathrm{d}x-\int_a^b fv\mathrm{d}x=0$$

如果 $v(x)$ 有连续的一阶导数,上式第一项经过分部积分,再利用边界条件 $\left.\frac{\mathrm{d}u}{\mathrm{d}x}\right|_{x=b}=0$,可得

$$\int_a^b p\frac{\mathrm{d}u}{\mathrm{d}x}\frac{\mathrm{d}v}{\mathrm{d}x}\mathrm{d}x+\left.\left(p\frac{\mathrm{d}u}{\mathrm{d}x}v\right)\right|_{x=a}+\int_a^b quv\mathrm{d}x-\int_a^b fv\mathrm{d}x=0$$

对函数 $v(x)$,如果规定 $v(a)=0$,上式第二项就不出现. 记函数集合

$$S_0^1=\{v\,|\,v\in C^1[a,b],v(a)=0\}\tag{7.2.2}$$

并且记

$$D(u,v)=\int_a^b\left(p\frac{\mathrm{d}u}{\mathrm{d}x}\frac{\mathrm{d}v}{\mathrm{d}x}+quv\right)\mathrm{d}x\tag{7.2.3}$$

$$F(v)=\int_a^b fv\mathrm{d}x\tag{7.2.4}$$

式中 $u,v\in S_0^1$,这样就推出 u 是以下问题 (P_2) 的解.

$$(\mathrm{P}_2)\qquad\begin{cases}\text{find } u\in S_0^1,\text{s. t.}\\ D(u,v)-F(v)=0,\ \forall\, v\in S_0^1\end{cases}$$

从式(7.2.4)看到, f 是给定的函数,当任取一个函数 $v\in S_0^1$ 时,就对应一个实数值 $F(v)$. 所以 S_0^1 到 $\mathbb{R}$ 的映射 F 是一个泛函,它满足

$$F[v_1+v_2]=F[v_1]+F[v_2]$$
$$F[cv]=cF[v],\ \forall\, c\in\mathbb{R}$$

我们称它是一个线性泛函. 同理, D 是 $S_0^1\times S_0^1$ 到 $\mathbb{R}$ 的映射,当 u 或 v 有一者固定时, $D[u,v]$ 是另一者的线性泛函. 我们称 D 是 $S_0^1\times S_0^1$ 上的双线性泛函,式(7.2.3)定义的 D 还满足

$$D[u,v]=D[v,u]$$

所以 D 是 $S_0^1\times S_0^1$ 上的一个对称双线性泛函. 同时, D 还满足

$$D[v,v]\geqslant 0,\ \forall\, v\in S_0^1$$

当且仅当 $v=0$ 时等式成立.

以上我们推导了:若 u 是问题 (P_1) 的解,则 u 是问题 (P_2) 的解,下面再反过来推导. 应该注意,问题 (P_1) 中, u 应该有二阶连续导数,而在 (P_2) 的提法中, u 只出现一阶导数.

(2)设 u 是 (P_2) 的解,且 $u\in C^1[a,b]\cap C^2(a,b)$,则有

$$\int_a^b p\frac{\mathrm{d}u}{\mathrm{d}x}\frac{\mathrm{d}v}{\mathrm{d}x}\mathrm{d}x+\int_a^b quv\mathrm{d}x-\int_a^b fv\mathrm{d}x=0,\quad\forall\, v\in S_0^1$$

此式又可化成

$$\begin{aligned}-\int_a^b v\frac{\mathrm{d}}{\mathrm{d}x}(p\frac{\mathrm{d}u}{\mathrm{d}x})\mathrm{d}x+\left.\left(p\frac{\mathrm{d}u}{\mathrm{d}x}v\right)\right|_{x=b}-\left.\left(p\frac{\mathrm{d}u}{\mathrm{d}x}v\right)\right|_{x=a}\\+\int_a^b quv\mathrm{d}x-\int_a^b fv\mathrm{d}x=0,\quad\forall\, v\in S_0^1\end{aligned}\tag{7.2.5}$$

如果选择 S_0^1 的一个子集 $V=\{v\,|\,v\in S_0^1,v(b)=0\}$,即 $V=C_0^1[a,b]$,式(7.2.5)对一切 $v\in V$ 当然也成立,这就得到

$$\int_a^b(\mathrm{L}u-f)v\mathrm{d}x=0\ ,\ \forall\, v\in C_0^1[a,b]$$

根据变分法基本引理,就得到 $\mathrm{L}u-f=0$,所以 u 满足问题 (P_1) 中的微分方程,因 $u\in S_0^1$,有 $u(a)=0$, u 满足 (P_1) 中的左端边界条件. 我们把方程 $\mathrm{L}u-f=0$ 代回式(7.2.5),并注意 $v(a)=0$,可得

$$\left(p\frac{\mathrm{d}u}{\mathrm{d}x}v\right)\bigg|_{x=b}=0\ ,\ \forall\, v\in S_0^1$$

由于 $p(b)\geqslant P_0>0$,而且 $v(b)$ 是任意的,则有

$$\frac{\mathrm{d}u}{\mathrm{d}x}\Big|_{x=b}=0$$

u 满足(P_1) 的右端边界条件,以上导出了 u 是问题(P_1) 的解.

应该注意,在(P_2) 的提法中,边界上只要求 $u(a)=0$. 若 u 是(P_2) 的解,且 $u\in C^1[a,b]\cap C^2(a,b)$,则 u 满足(P_1),其中的右端边界条件$\frac{\mathrm{d}u}{\mathrm{d}x}\Big|_{x=b}=0$ 是自然满足的自然边界条件. 这类边界条件(包括第二、三类条件)在力学问题中是关于力的边界条件,而第一类边界条件我们称为约束边界条件,或本质的边界条件,它是几何的条件.

(3)考虑

$$J[u]=\frac{1}{2}D[u,u]-F[u]=\frac{1}{2}\int_a^b\left[\left(p\frac{\mathrm{d}u}{\mathrm{d}x}\right)^2+qu^2-2fu\right]\mathrm{d}x \tag{7.2.6}$$

它代表一维问题在(P_1) 的边界条件下的总势能. 我们从最小势能原理出发,考虑下面的问题(P_3) :

$$(\mathrm{P}_3)\qquad\begin{cases}\text{find } u\in S_0^1,\ \text{s. t.}\\ J[u]\leqslant J[w],\ \forall\, w\in S_0^1\end{cases}$$

(P_3) 是一个上节讨论过的典型变分问题,也就是求二次泛函 J 在 S_0^1 上极小的问题,它和例7.4只是边界条件的不同.

设 u 是问题(P_3) 的解,则对任意的 $v\in S_0^1$ 和 $\alpha\in\mathbb{R}$,令 $w=u+\alpha v$,有 $w\in S_0^1$,所以

$$J[u]\leqslant J[u+\alpha v]$$

利用 J 的定义和 F 的线性性质及 D 的对称双线性性质,有

$$J[u+\alpha v]=\frac{1}{2}D[u+\alpha v,u+\alpha v]-F[u+\alpha v]=J[u]+\alpha(D[u,v]-F[v])+\frac{\alpha^2}{2}D[v,v] \tag{7.2.7}$$

$J[u+\alpha v]$ 可以看成 α 的一元函数 $\varphi(\alpha)$,因为 u 是(P_3) 的解,所以函数 $\varphi(\alpha)$ 在 $\alpha=0$ 达到极小,有

$$\frac{\mathrm{d}}{\mathrm{d}\alpha}J[u+\alpha v]\bigg|_{\alpha=0}=0$$

根据式(7.2.7),最后得到

$$D[u,v]-F[v]=0,\ \forall\, v\in S_0^1$$

结论:若 u 是(P_3) 的解,则 u 必是(P_2) 的解.

(4)反过来,设 u 是(P_2) 的解,则 $u\in S_0^1$. 因式(7.2.7) 对任意的 $v\in S_0^1$ 成立,所以有

$$J[u+\alpha v]=J[u]+\frac{\alpha^2}{2}D[v,v]$$

而对一切 $v\in S_0^1$,有 $D[v,v]\geqslant 0$,所以 $J[u]\leqslant J[u+\alpha v]$ 对一切 $\alpha\in\mathbb{R}$ 和 $v\in S_0^1$ 成立,所以写成

$$J[u]\leqslant J[w],\ \forall\, w\in S_0^1$$

这就导出了 u 是(P_3) 的解.

通过以上(1)～(4)的讨论,我们得到和上节 $\mathbb{R}^n$ 中二次函数极值问题相似的结论. 在这里,S_0^1 是由一类函数构成的线性空间,F 是其上的线性泛函,D 是 $S_0^1\times S_0^1$ 上的对称双线性泛

函,且 $D[v,v]\geqslant 0$,则有以下结论:

(1) (P_2) 和 (P_3) 是等价的.

(2)若 u 是 (P_1) 的解,则 u 是 (P_2) 的解.

(3)若 u 是 (P_2) 的解,且 $u\in C^1[a,b]\cap C^2(a,b)$,则 u 是 (P_1) 的解.

在其他的例子里,各有不同函数空间及 D 和 F ,但是讨论的方法是相似的.

(P_1) 是微分方程的两点边值问题,对应力学的平衡方程定解问题,(P_2) 称为对应 (P_1) 的 Galerkin 变分问题,它对应力学的虚功原理. (P_3) 称为 Ritz 变分问题,它对应最小势能原理,在我们的例子中,$D(u,v)$ 是对称的,(P_2) 与 (P_3) 是等价. 有时遇到非对称的情形,仍然有 (P_1) 和 (P_2) 的关系,所以对于一般情形来说,Galerkin 形式的变分问题更具有广泛性.

在讨论 (P_1) 时,我们要处理 u 的二阶导数,要求 $u\in C^2[a,b]\cap C^1(a,b)$,而讨论 (P_2) 时,只要处理 u 的一阶导数,要求 $u\in C^1[a,b]$,这是解变分问题的优点之一. 另一个优点是不必对 u 预先规定第二、三类边界条件(上例中 $\left.\dfrac{\mathrm{d}u}{\mathrm{d}x}\right|_{x=b}=0$),它们是自然边界条件.

其实,上例变分问题 (P_2) 的提法中,$v\in C^1[a,b]$ 的要求也可以降低,只要积分 $\int_a^b v^2\mathrm{d}x$ 和 $\int_a^b\left(\dfrac{\mathrm{d}u}{\mathrm{d}x}\right)^2\mathrm{d}x$ 存在,再加上约束边界条件即可,我们可将式(7.2.2) S_0^1 的定义改为

$$S_0^1=\left\{v\,\middle|\,\int_a^b\left[v^2+\left(\frac{\mathrm{d}u}{\mathrm{d}x}\right)^2\right]\mathrm{d}x\text{ 有意义},v(a)=0\right\} \tag{7.2.8}$$

这样 (P_2) 就有意义,且可证明其解是存在唯一的,这样的变分问题 (P_2) 称为边值问题 (P_1) 的弱形式,(P_2) 的解称为 (P_1) 的弱解,或称广义解.

在改换了 S_0^1 之后,同样可以写出问题 (P_3),而且可证明 (P_1)、(P_2) 和 (P_3) 之间关系仍为如上所述,有关这些问题的数学理论,涉及 Sobolev 空间及其在微分方程理论中的应用,这也和有限元方法的数学理论有关. 有兴趣的读者可以参阅相关专门著作.

7.2.2 非齐次约束边界条件的处理

考虑含有第一类非齐次边界条件的定解问题,讨论对应的变分问题,设定解问题为

$$\begin{cases}-\dfrac{\mathrm{d}}{\mathrm{d}x}\left(p(x)\dfrac{\mathrm{d}u}{\mathrm{d}x}\right)+q(x)u=f(x),\ x\in(a,b)\\ u\big|_{x=a}=u_0,\ \left.\dfrac{\mathrm{d}u}{\mathrm{d}x}\right|_{x=b}=0\end{cases}$$

为了导出它对应的变分问题,方法之一是先使边界条件齐次化,令 $\bar{u}=u-u_0$,则 $\bar{u}$ 满足

$$\begin{cases}-\dfrac{\mathrm{d}}{\mathrm{d}x}(p(x)\dfrac{\mathrm{d}\bar{u}}{\mathrm{d}x})+q(x)\bar{u}=f(x)-q(x)u_0,\ x\in(a,b)\\ \bar{u}\big|_{x=a}=0,\ \left.\dfrac{\mathrm{d}\bar{u}}{\mathrm{d}x}\right|_{x=b}=0\end{cases}$$

这就是上一节讨论过的问题,我们可以写出 $\bar{u}$ 满足的 Galerkin 和 Ritz 变分问题.

对于非齐次约束条件定解问题,也可以直接按上一小节的方法,推导出对应的变分问题,我们记集合

$$S=\{v\,|\,v\in C^1[a,b],v(a)=u_0\}$$

Galerkin 变分问题为

$$\begin{cases} \text{find } u \in S, \text{ s.t.} \\ D[u,v] - F[v] = 0, \ \forall v \in S_0^1 \end{cases}$$

而 Ritz 变分问题为

$$\begin{cases} \text{find } u \in S, \text{ s.t.} \\ J[u] \leqslant J[w], \ \forall w \in S \end{cases}$$

以上的 S_0^1,$D[u,v]$,$F[v]$ 和 $J[u]$ 的定义与上一小节相同.

7.2.3　第二、三类边界条件

考虑定解问题

$$\begin{cases} -\dfrac{d}{dx}\left(p(x)\dfrac{du}{dx}\right) + q(x)u = f(x), \ x \in (a,b) \\ u\big|_{x=a} = 0, \left(p(x)\dfrac{du}{dx} + \alpha u(x)\right)\bigg|_{x=b} = g \end{cases}$$

其中 $p(x) \geqslant P_0 > 0$,$q(x) \geqslant 0$,常数 $\alpha \geqslant 0$,在 $x = b$ 的边界条件包括了第二类和第三类边界条件. 用 7.2.1 小节的方法,完全可以推导出对应的变分问题,这留给读者作为练习. 演算时应注意:

$$D[u,u] = \int_a^b \left[p \frac{du}{dx}\frac{dv}{dx} + quv \right] dx + \alpha u(b) v(b)$$

$$F[v] = \int_a^b f v dx + g v(b)$$

同时注意 F 的线性,D 的双线性、对称和非负性质.

7.3　高维数学物理问题的变分问题

本节主要以 Poissson 方程定解问题为例,推导二维问题的变分形式,至于三维或更高维的情形,可以类似讨论.

7.3.1　第一类边值问题的变分问题

设 Ω 是一个平面有界区域,$\partial\Omega$ 是 Ω 的边界,$\overline{\Omega} = \Omega \cup \partial\Omega$. 考虑 Poissson 方程齐次边界条件的第一边值问题

$$(P_1) \qquad \begin{cases} -\Delta u = f, \quad (x,y) \in \Omega \\ u\big|_{\partial\Omega} = 0 \end{cases}$$

类似在一维的情形,我们讨论对应(P_1)的变分问题,推导过程用到的 Green 公式(或称散度定理)是

$$\iint\limits_{\Omega} \operatorname{div}\boldsymbol{F} dx dy = \int\limits_{\partial\Omega} \boldsymbol{F} \cdot \boldsymbol{n} ds \tag{7.3.1}$$

其中向量函数 $\boldsymbol{F} = (F_1, F_2)$,$\operatorname{div}\boldsymbol{F} = \nabla \cdot \boldsymbol{F} = \dfrac{\partial F_1}{\partial x} + \dfrac{\partial F_2}{\partial y}$,$\boldsymbol{n}$ 是边界 $\partial\Omega$ 上外法向单位向量,$\partial\Omega$ 上的积分是逆时针方向的曲线积分.

(1)设 $u \in C^1(\overline{\Omega}) \cap C^2(\Omega)$,$u$ 为(P_1)的解,记

$$C_0^1(\overline{\Omega}) = \{ v \,|\, v \in C^1(\overline{\Omega}), v|_{\partial\Omega} = 0 \} \tag{7.3.2}$$

取 $S_0^1 = C_0^1(\overline{\Omega})$,则有

$$-\iint_{\Omega}(\Delta u+f)v\mathrm{d}x\mathrm{d}y=0,\ \forall v\in S_0^1 \tag{7.3.3}$$

相当于一维情形的分部积分,我们注意到

$$-\frac{\partial^2 u}{\partial x^2}v=-\frac{\partial}{\partial x}\left(v\frac{\partial u}{\partial x}\right)+\frac{\partial u}{\partial x}\frac{\partial v}{\partial x}$$

$$-\frac{\partial^2 u}{\partial y^2}v=-\frac{\partial}{\partial y}\left(v\frac{\partial u}{\partial y}\right)+\frac{\partial u}{\partial y}\frac{\partial v}{\partial y}$$

由此可得

$$\begin{aligned}-\iint_{\Omega}(\Delta u+f)v\mathrm{d}x\mathrm{d}y&=\iint_{\Omega}\left(\frac{\partial u}{\partial x}\frac{\partial v}{\partial x}+\frac{\partial u}{\partial y}\frac{\partial v}{\partial y}-fv\right)\mathrm{d}x\mathrm{d}y\\&\quad-\iint_{\Omega}\left[\frac{\partial}{\partial x}\left(v\frac{\partial u}{\partial x}\right)+\frac{\partial}{\partial y}\left(v\frac{\partial u}{\partial y}\right)\right]\mathrm{d}x\mathrm{d}y\end{aligned}$$

上式右端第一项用 ∇ 的符号,第二项用 Green 公式表示,式(7.3.3)成为

$$\iint_{\Omega}(\nabla u\cdot\nabla v-fv)\mathrm{d}x\mathrm{d}y-\oint_{\partial\Omega}v\frac{\partial u}{\partial \boldsymbol{n}}\mathrm{d}s=0,\ \forall v\in S_0^1$$

因 $v\in S_0^1$,在 $\partial\Omega$ 上 $v(x,y)=0$,所以 $\partial\Omega$ 上积分项为零,我们记

$$D(u,v)=\iint_{\Omega}\nabla u\cdot\nabla v\mathrm{d}x\mathrm{d}y \tag{7.3.4}$$

$$F(v)=\iint_{\Omega}fv\mathrm{d}x\mathrm{d}y \tag{7.3.5}$$

这样,u 满足的 Galerkin 变分问题是

$$(\mathrm{P}_2)\qquad\begin{cases}\text{find } u\in S_0^1,\ \text{s. t.}\\ D[u,v]-F[v]=0,\ \forall v\in S_0^1\end{cases}$$

这里 D 是 $S_0^1\times S_0^1$ 上的对称双线性泛函,满足 $D[v,v]\geqslant 0$. F 是 S_0^1 上的线性泛函.

在问题 (P_2) 中,只要处理 v 的一阶导数,进一步可以将 S_0^1 定义中的条件 $C^1(\overline{\Omega})$ 降低,即将 S_0^1 的定义改为

$$S_0^1=\left\{v\left|\iint_{\Omega}\left[v^2+\left(\frac{\partial v}{\partial x}\right)^2+\left(\frac{\partial v}{\partial y}\right)^2\right]\mathrm{d}x\mathrm{d}y\text{ 有意义},v|_{\partial\Omega}=0\right.\right\} \tag{7.3.6}$$

这样,问题 (P_2) 就有意义.

(2)设 u 是(P_2) 的解,且 $u\in C^1(\overline{\Omega})\cap C^2(\Omega)$. 可以从 $D(u,v)-F(v)=0$ 出发,利用 Green 公式可得

$$-\iint_{\Omega}(\Delta u+f)v\mathrm{d}x\mathrm{d}y=0,\ \forall v\in C_0^1(\overline{\Omega})$$

再用变分法的基本引理,就推导出 u 满足方程

$$\Delta u+f=0$$

同时,因 u 是(P_2) 的解,有 $u\in S_0^1$,满足 $u|_{\partial\Omega}=0$,所以 u 一定是(P_1) 的解.

(3)问题 (P_1) 可以理解为固定边界的膜平衡方程的定解问题,对应膜的势能是泛函

$$\begin{aligned}J[u]&=\frac{1}{2}D[u,u]-F[u]\\&=\frac{1}{2}\iint_{\Omega}\left[\left(\frac{\partial u}{\partial x}\right)^2+\left(\frac{\partial u}{\partial y}\right)^2-2fu\right]\mathrm{d}x\mathrm{d}y\end{aligned} \tag{7.3.7}$$

把最小势能原理写成

$$(P_3)\quad \begin{cases} \text{find } u \in S_0^1,\ \text{s.t.} \\ J[u] \leqslant J[w],\ \forall w \in S_0^1 \end{cases}$$

问题 (P_3) 也可以写成

$$\begin{cases} \text{find } u \in S_0^1,\ \text{s.t.} \\ J[u] \leqslant J[u+\alpha v],\ \forall v \in S_0^1, \alpha \in \mathbb{R} \end{cases}$$

因为

$$\begin{aligned} J[u+\alpha v] &= \frac{1}{2}D[u+\alpha v, u+\alpha v] - F[u+\alpha v] \\ &= J[u] + \alpha(D[u,v] - F[v]) + \frac{\alpha^2}{2}D[v,v] \end{aligned} \tag{7.3.8}$$

若 u 是(P_3)的解，则有

$$\frac{\mathrm{d}}{\mathrm{d}\alpha}J[u+\alpha v]\big|_{\alpha=0} = 0$$

由此可得

$$D[u,v] - F[v] = 0,\ \forall v \in S_0^1$$

所以 u 必是(P_2)的解.

(4)若 u 是问题(P_2)的解，由式(7.3.8)，因为对一切 $v \in S_0^1$，有 $D[v,v] \geqslant 0$，所以有

$$J[u] \leqslant J[u+\alpha v],\ \forall v \in S_0^1, \alpha \in \mathbb{R}$$

即有

$$J[u] \leqslant J[w],\ \forall w \in S_0^1$$

这样我们推出 u 是(P_3)的解.

类似一维情形，以上我们得到 Galerkin 变分原理(P_2)与 Ritz 变分原理(P_3)的等价性. 在力学问题中它们就是虚功原理和最小势能原理，在这里两者等价的关系是由于 D 的对称性和 $D[v,v] \geqslant 0$，以上我们也得到了类似一维情形的(P_1)与(P_2)的关系.

7.3.2　其他边值问题

(1)非齐次边界条件的第一边值问题对于定解问题

$$(P_1)\quad \begin{cases} -\Delta u = f,\ (x,y) \in \Omega \\ u|_{\partial\Omega} = \varphi(x,y) \end{cases}$$

我们可以找一个定义在 $\overline{\Omega}$ 上的函数 $u_0(x,y)$，使得 $u_0|_{\partial\Omega} = \varphi(x,y)$，令 $\bar{u} = u - u_0$，则 $\bar{u}$ 满足齐次边界条件 $\bar{u}|_{\partial\Omega} = 0$ 和方程 $-\Delta\bar{u} = f + \Delta u_0$. 这样就可以对 $\bar{u}$ 的定解问题列出变分问题.

也可以直接按上一节的推导，设

$$S = \left\{ v \left| \iint_\Omega \left[v^2 + \left(\frac{\partial v}{\partial x}\right)^2 + \left(\frac{\partial v}{\partial y}\right)^2 \right] \mathrm{d}x\mathrm{d}y \text{ 有意义}, v|_{\partial\Omega} = \varphi(x,y) \right. \right\}$$

可以得到

$$(P_2)\quad \begin{cases} \text{find } u \in S,\ \text{s.t.} \\ D[u,v] - F[v] = 0,\ \forall v \in S_0^1 \end{cases}$$

$$(P_3)\quad \begin{cases} \text{find } u \in S,\ \text{s.t.} \\ J[u] \leqslant J[w],\ \forall w \in S \end{cases}$$

以上的 S_0^1，$D[u,v]$，$F[v]$ 和 $J[u]$ 的定义同上一小节.

(2)第三类边值问题. 设第三类边界条件的定解问题

$$(P_1)\qquad \begin{cases} -\Delta u = f,\ (x,y)\in\Omega \\ \left(\dfrac{\partial u}{\partial \boldsymbol{n}}+\alpha u\right)\Big|_{\partial\Omega} = g(x,y) \end{cases}$$

其中 $\alpha=\alpha(x,y)\geqslant 0$,$\boldsymbol{n}$ 是 $\partial\Omega$ 上的外法线方向.

可以推导对应的变分问题,只要注意

$$D[u,v]=\iint_{\Omega}\nabla u\cdot\nabla v\mathrm{d}x\mathrm{d}y+\int_{\partial\Omega}\alpha uv\mathrm{d}s$$

$$F[v]=\iint_{\Omega}fv\mathrm{d}x\mathrm{d}y+\int_{\partial\Omega}gv\mathrm{d}s$$

$$S=\left\{v\,\Big|\iint_{\Omega}\left[v^2+\left(\frac{\partial v}{\partial x}\right)^2+\left(\frac{\partial v}{\partial y}\right)^2\right]\mathrm{d}x\mathrm{d}y\text{ 有意义}\right\}$$

其中 S 是不含边界条件的函数集合.我们得到变分问题

$$(P_2)\qquad \begin{cases} \text{find } u\in S,\ \text{s.t.} \\ D[u,v]-F[v]=0,\ \forall\, v\in S \end{cases}$$

若 $\alpha=\alpha(x,y)\equiv 0$,定解问题是第二类边值问题,在对应的变分问题中,若 v 满足 $v(x)\equiv 1$,则有 $D[u,v]=0$,且 $F[v]=0$,可得

$$\iint_{\Omega}f\mathrm{d}x\mathrm{d}y+\int_{\partial\Omega}g\mathrm{d}s=0$$

这是第二类边值问题有解的必要条件.第二边值问题的解不是唯一的,若 u 是问题的解,则 $u+c$ 也是问题的解,其中 c 是任意的常数.反之,也可以证明问题任意两个解之差必为常数.为了得到解的唯一性,可以附加条件:$\iint_{\Omega}u\mathrm{d}x\mathrm{d}y$ 为指定的常数.

对于混合的边值问题,例如,$\partial\Omega$ 分为不相重叠的两部分 $\partial\Omega_1$ 和 $\partial\Omega_2$,其上分别加上第一、三类边界条件

$$u|_{\partial\Omega_1}=\varphi(x,y),\left(\frac{\partial u}{\partial \boldsymbol{n}}+\alpha u\right)\Big|_{\partial\Omega_2}=g(x,y)$$

也可以类似推出 Galerkin 和 Ritz 变分问题,这留给读者练习.

7.3.3 间断系数问题——有内边界的情形

很多物理问题可描述为含有间断系数的问题,例如由不同介质拼成的膜的平衡问题,或不同介质组成的物体的热传导问题等.如图 7.3.1 所示,设 Ω 分成不相重叠的 Ω_1 与 Ω_2 两部分,其分界线为 Γ,在 Γ 上规定一个法向 $\boldsymbol{n}$,$\partial\Omega$ 也对应分为 $\partial\Omega_1$ 和 $\partial\Omega_2$ 两部分.

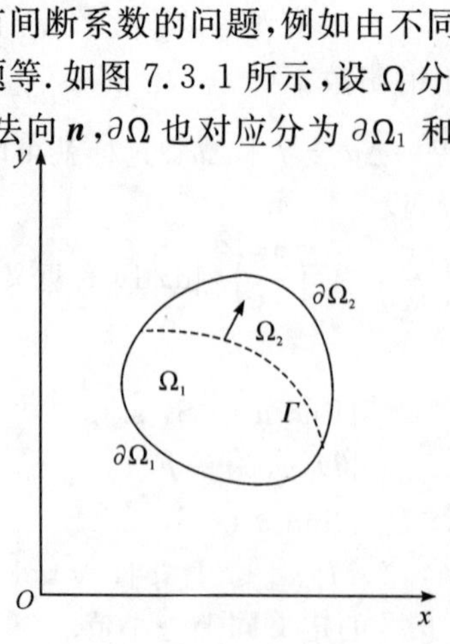

图 7.3.1

考虑定解问题

$$
(\mathrm{P}_1)\quad \begin{cases} -\left[\dfrac{\partial}{\partial x}(k\dfrac{\partial u}{\partial x})+\dfrac{\partial}{\partial y}(k\dfrac{\partial u}{\partial y})\right]=f,\ (x,y)\in\Omega \\ u|_{\partial\Omega}=0, \\ u^1=u^2,\left(k\dfrac{\partial u}{\partial \boldsymbol{n}}\right)^1\Big|_\Gamma=\left(k\dfrac{\partial u}{\partial \boldsymbol{n}}\right)^2\Big|_\Gamma \end{cases}
$$

问题中 $k=k(x,y)\geqslant k_0>0$,

$$
k(x,y)=\begin{cases} k_1(x,y), & (x,y)\in\Omega_1 \\ k_2(x,y), & (x,y)\in\Omega_2 \end{cases}
$$

Γ 是 $k(x,y)$ 的间断线. 在定解问题(P_1)中,条件 $u|_{\partial\Omega}=0$,是在边界 $\partial\Omega=\partial\Omega_1\cup\partial\Omega_2$ 上的边界条件,在 Γ 上的两个条件是连接条件,带上标的量$(\cdot)^i$ 表示该量从 Ω_i 趋于 Γ 的极限值 $(i=1,2)$. 连接条件说明 u 在 Γ 上是连续的,而其法向导数不一定连续,但 $k\dfrac{\partial u}{\partial \boldsymbol{n}}$ 是连续的. 在热传导问题中,这表示温度 u 和沿 Γ 的热流量是连续的.

仍取 $S_0^1=C_0^1(\overline{\Omega})$,若 u 是(P_1)的解,则对任意的 $v\in S_0^1$,

$$
\begin{aligned}
&-\iint_\Omega\left[\frac{\partial}{\partial x}\left(k\frac{\partial u}{\partial x}\right)+\frac{\partial}{\partial y}\left(k\frac{\partial u}{\partial y}\right)+f\right]v\mathrm{d}x\mathrm{d}y \\
=&-\iint_{\Omega_1\cup\Omega_2}\left[\frac{\partial}{\partial x}\left(k\frac{\partial u}{\partial x}v\right)+\frac{\partial}{\partial y}\left(k\frac{\partial u}{\partial y}v\right)\right]\mathrm{d}x\mathrm{d}y+ \\
&\iint_\Omega\left[k\frac{\partial u}{\partial x}\frac{\partial v}{\partial x}+k\frac{\partial u}{\partial y}\frac{\partial v}{\partial y}-fv\right]\mathrm{d}x\mathrm{d}y
\end{aligned}
$$

其中右端第一项可分为 Ω_1 和 Ω_2 上的两项积分

$$
\iint_{\Omega_1}\left[\frac{\partial}{\partial x}\left(k\frac{\partial u}{\partial x}v\right)+\frac{\partial}{\partial y}\left(k\frac{\partial u}{\partial y}v\right)\right]\mathrm{d}x\mathrm{d}y=\oint_{\Gamma\cup\partial\Omega_1}\left(k\frac{\partial u}{\partial \boldsymbol{n}}\right)v\mathrm{d}s=\int_\Gamma\left(k\frac{\partial u}{\partial \boldsymbol{n}}\right)^1v\mathrm{d}s
$$

$$
\iint_{\Omega_2}\left[\frac{\partial}{\partial x}\left(k\frac{\partial u}{\partial x}v\right)+\frac{\partial}{\partial y}\left(k\frac{\partial u}{\partial y}v\right)\right]\mathrm{d}x\mathrm{d}y=-\int_\Gamma\left(k\frac{\partial u}{\partial \boldsymbol{n}}\right)^2v\mathrm{d}s
$$

由于 u 满足 Γ 上的连接条件,所以这两项积分之和为零. 令

$$
D[u,v]=\iint_\Omega k\left(\frac{\partial u}{\partial x}\frac{\partial v}{\partial x}+\frac{\partial u}{\partial y}\frac{\partial v}{\partial y}\right)\mathrm{d}x\mathrm{d}y
$$

$$
F(v)=\iint_\Omega fv\mathrm{d}x\mathrm{d}y
$$

可得变分问题

$$
(\mathrm{P}_2)\quad \begin{cases} \text{find } u\in S_0^1,\ \text{s. t.} \\ D[u,v]-F[v]=0,\ \forall v\in S_0^1 \end{cases}
$$

同理也可以写出 Ritz 变分问题(P_3).

我们看到,对于间断系数问题,在微分方程定解问题(P_1)中,必须提内边界 Γ 上的连接条件,如果用差分方法离散定解问题,要对连接条件做离散化处理. 但是对变分问题而言,其形式与没有内边界条件的问题相比并没有什么特殊之处,不增加什么困难,所以根据变分问题求解计算,比用原来的定解问题(P_1)有更多的优点.

在本小节二维问题的讨论中，推导变分问题 (P_2) 和 (P_3)，所取函数集合 S，S_0^1 等，原先的条件 $v \in C^1(\overline{\Omega})$，可以改写为 v 满足

$$\iint_{\Omega}\left[v^2+\left(\frac{\partial v}{\partial x}\right)^2+\left(\frac{\partial v}{\partial y}\right)^2\right]\mathrm{d}x\mathrm{d}y \text{ 有意义}$$

这样问题 (P_2) 和 (P_3) 就有意义，我们称 (P_2) 的解为 (P_1) 的广义解或弱解，可以证明它的解是存在唯一的. 而且，如上改换了 S, S_0^1 等函数集合的定义之后，(P_1)，(P_2) 和 (P_3) 的关系仍如上所述，这些问题的证明要用到更多的数学理论和工具，所以我们不多加讨论，但是以下讨论的变分问题，我们均作这样的理解. 如要详细了解这方面的理论，可参考相关文献.

7.3.4 重调和方程边值问题的变分问题

这里讨论一个四阶方程的例子，为此先对 Green 公式做进一步处理，类似 7.3.1 小节的推导，利用式(7.3.1)有

$$-\iint_{\Omega} v\Delta u\mathrm{d}x\mathrm{d}y=\iint_{\Omega}\nabla u\cdot\nabla v\mathrm{d}x\mathrm{d}y-\oint_{\partial\Omega} v\frac{\partial u}{\partial \boldsymbol{n}}\mathrm{d}s$$

上式将 u 与 v 互换，得到的式子与上式相减，则有

$$\iint_{\Omega}(u\Delta v-v\Delta u)\mathrm{d}x\mathrm{d}y=\oint_{\partial\Omega}\left(u\frac{\partial v}{\partial \boldsymbol{n}}-v\frac{\partial u}{\partial \boldsymbol{n}}\right)\mathrm{d}s \tag{7.3.9}$$

式(7.3.9)成立的条件是 $u, v \in C^2(\overline{\Omega})$，如果 $u \in C^1(\overline{\Omega})$，$v \in C^2(\overline{\Omega})$，用 Δu 代替式(7.3.9)中的 u，有

$$\iint_{\Omega}\Delta u\Delta v\mathrm{d}x\mathrm{d}y=\iint_{\Omega} v\Delta^2 u\mathrm{d}x\mathrm{d}y-\oint_{\partial\Omega} v\frac{\partial \Delta u}{\partial \boldsymbol{n}}\mathrm{d}s+\oint_{\partial\Omega}\Delta u\frac{\partial v}{\partial \boldsymbol{n}}\mathrm{d}s \tag{7.3.10}$$

式(7.3.9)和式(7.3.10)也称为 Green 公式，其中 $\Delta^2 u = \Delta(\Delta u)$.

现在考虑变分问题

$$(P_2)\qquad \begin{cases}\text{find } u \in S_0^2,\ \text{s. t.}\\ D[u,v]-F[v]=0,\ \forall v \in S_0^2\end{cases}$$

其中

$$S_0^2=\left\{v\,\middle|\, v\in C^2(\overline{\Omega}), v\Big|_{\partial\Omega}=0, \frac{\partial u}{\partial \boldsymbol{n}}\Big|_{\partial\Omega}=0\right\}$$

$$D[u,v]=\iint_{\Omega}\Delta u\Delta v\mathrm{d}x\mathrm{d}y$$

$$F[v]=\iint_{\Omega} fv\mathrm{d}x\mathrm{d}y$$

如果 u 是 (P_2) 的解，且 $v \in C^1(\overline{\Omega})$，利用公式(7.3.10)和变分法基本引理，可知 u 满足定解问题

$$(P_1)\qquad \begin{cases}\Delta^2 u=f,\ (x,y)\in\Omega\\ u\Big|_{\partial\Omega}=0,\ \dfrac{\partial u}{\partial \boldsymbol{n}}\Big|_{\partial\Omega}=0\end{cases}$$

这是重调和方程的一个定解问题，这类问题常常在力学问题中出现.

在变分问题 (P_2) 的提法中，函数集合 S_0^2 中条件 $v \in C^2(\overline{\Omega})$，可以用"$v$ 及其一、二阶偏导数的平方积分都有意义"来代替，这样提法 (P_2) 便有意义，且可证明其解存在唯一，我们称这样

的(P_2)是问题(P_1)的弱形式,(P_2)的解称为(P_1)的弱解或广义解.

也可以在 S_0^2 上讨论泛函

$$J[w]=\frac{1}{2}\iint_{\Omega}(\Delta w)^2\mathrm{d}x\mathrm{d}y-\iint_{\Omega}fw\mathrm{d}x\mathrm{d}y$$

的极小问题,这就是 Ritz 变分问题 (P_3),留给读者作为练习.

如果上述问题中的 $D[u,v]$ 改为

$$D[u,v]=\iint_{\Omega}\left[\sigma\Delta u\Delta v+(1-\sigma)\left(\frac{\partial^2 u}{\partial x^2}\frac{\partial^2 v}{\partial x^2}+2\frac{\partial^2 u}{\partial x\partial y}\frac{\partial^2 v}{\partial x\partial y}+\frac{\partial^2 u}{\partial y^2}\frac{\partial^2 v}{\partial y^2}\right)\right]\mathrm{d}x\mathrm{d}y$$

其中 σ 满足 $0<\sigma<\frac{1}{2}$,对应的 (P_2) 是一个边界固定的平板位移的变分问题,它也对应重调和方程定解问题 (P_1),这些问题在弹性力学中有应用.

7.4　变分问题的近似计算

早在有限元方法出现之前,就存在用变分原理解数学物理问题的数值计算方法,包括 Ritz 方法和 Galerkin 方法等. 以上我们讨论过的变分问题中 S_0^1, S_0^2 等符合某些条件的函数集合都构成了一个线性空间. 现在我们一般地设 K 是一个无穷维的线性空间, $F(\cdot)$ 是其上的一个线性泛函, $D(\cdot,\cdot)$ 是 $K\times K$ 上的对称双线性泛函,而且 $D(u,u)$ 对一切非零的 u 都是大于零的,在这样一般的假设下,我们讨论用 Ritz 方法和 Galerkin 方法近似计算变分问题的一般原理.

7.4.1　Ritz 方法

考虑 Ritz 形式的变分问题

$$\begin{cases}\text{find } u\in K,\ \text{s.t.}\\ J[u]\leqslant J[w],\ \forall\, w\in K\end{cases}\tag{7.4.1}$$

其中

$$J[w]=\frac{1}{2}D[w,w]-F[w]\tag{7.4.2}$$

因为 K 是无穷维的函数空间,直接求解问题(7.4.1)有困难,我们来求问题(7.4.1)的近似解. 为此,假设在 K 中找到一个有限维的子空间 S_N,其维数为 N,设 S_N 上一组基函数为 $\{\varphi_1,\cdots,\varphi_N\}$,即

$$S_N=\mathrm{span}\{\varphi_1,\cdots,\varphi_N\}\subset K$$

则有

$$w_N=\sum_{i=1}^{N}c_i\varphi_i,\ \forall\, w_N\in S_N\tag{7.4.3}$$

其中系数 $c_1,\cdots,c_N$ 是实常数,我们称 S_N 为试探函数空间.

以 S_N 代替 K,在 S_N 上讨论极小问题,得到问题(7.4.1)的近似问题为

$$\begin{cases}\text{find } u_N\in S_N,\ \text{s.t.}\\ J[u_N]\leqslant J[w_N],\ \forall\, w_N\in S_N\end{cases}\tag{7.4.4}$$

根据 D 和 F 的性质,对一切 $w_N\in S_N$,有

$$
\begin{aligned}
J[w_N] &= \frac{1}{2}D[w_N, w_N] - F[w_N] \\
&= \frac{1}{2}D\Big[\sum_{i=1}^{N} c_i\varphi_i, \sum_{j=1}^{N} c_j\varphi_j\Big] - F\Big[\sum_{i=1}^{N} c_i\varphi_i\Big] \\
&= \frac{1}{2}\sum_{i,j=1}^{N} D[\varphi_i, \varphi_j]c_i c_j - \sum_{i=1}^{N} F[\varphi_i]c_i
\end{aligned} \tag{7.4.5}
$$

式(7.4.5)中，$\varphi_1, \cdots, \varphi_N$ 是已知的基函数，所以 $F[\varphi_j]$ 和 $D[\varphi_j, \varphi_j]$ 是已知的实数，这样，求 $J[w_N]$ 的极小问题就化为求以 $c_1, \cdots, c_N$ 为自变量的二次函数的极值问题. 这就是 7.3 节讨论过的 $\mathbb{R}^N$ 上的变分问题. 其系数矩阵为

$$
(a_{ij}) = (D[\varphi_i, \varphi_j]) \in \mathbb{R}^{N\times N}
$$

它是一个对称矩阵. 我们验证它的正定性，对任意的非零向量

$$
\boldsymbol{c} = [c_1, \cdots, c_N]^{\mathrm{T}} \in \mathbb{R}^N
$$

函数 $u_N = \sum\limits_{i=1}^{N} c_i\varphi_i$ 是非零的函数，由 D 的性质得

$$
\begin{aligned}
D[u_N, u_N] &= D\Big[\sum_{i=1}^{N} c_i\varphi_i, \sum_{j=1}^{N} c_j\varphi_j\Big] \\
&= \boldsymbol{c}^{\mathrm{T}}[D[\varphi_i, \varphi_j]]\boldsymbol{c} > 0
\end{aligned}
$$

故矩阵 $[D[\varphi_i, \varphi_j]]$ 是对称正定矩阵.

如果 $u_N = \sum\limits_{j=1}^{N} c_j^0\varphi_j$ 是近似变分问题(7.4.4)的解，则有

$$
\frac{\partial J[w_N]}{\partial c_i}\Big|_{(c_1^0, \cdots, c_N^0)} = 0, \quad i = 1, \cdots, N
$$

即

$$
\sum_{j=1}^{N} D[\varphi_i, \varphi_j]c_j^0 - F[\varphi_i] = 0, \quad i = 1, 2, \cdots, N \tag{7.4.6}
$$

方程组(7.4.6)有唯一的解 $c_1^0, \cdots, c_N^0$. 根据 7.1.3 小节的讨论，这个方程组和极小问题(7.4.4)是等价的，式(7.4.4)的解就是

$$
u_N = \sum_{j=1}^{N} c_j^0\varphi_j
$$

7.4.2 Galerkin 方法

考虑 Galerkin 变分问题

$$
\begin{cases}
\text{find } u \in K, \text{ s.t.} \\
D[u, v] - F[v] = 0, \ \forall v \in K
\end{cases} \tag{7.4.7}
$$

和上面一样，取 K 的有限维子空间 S_N ，以 S_N 代替 K 得近似变分问题

$$
\begin{cases}
\text{find } u_N \in S_N, \text{ s.t.} \\
D[u_N, v_N] - F[v_N] = 0, \ \forall v_N \in S_N
\end{cases} \tag{7.4.8}
$$

现在设 S_N 任意的元素为 $u_N = \sum\limits_{i=1}^{N} c_i\varphi_i$ ，变分问题(7.4.8)的解为 $u_N = \sum\limits_{j=1}^{N} c_j^0\varphi_j$ ，我们来确定 $c_1^0, \cdots, c_N^0$ ，将 u_N 和 v_N 的表示式代入式(7.4.8)，有

$$D[u_N,v_N]-F[v_N]=\sum_{i,j=1}^{N}D[\varphi_j,\varphi_i]c_j^0c_i-\sum_{i=1}^{N}c_iF[\varphi_i]=\sum_{i=1}^{N}\Big(\sum_{j=1}^{N}D[\varphi_j,\varphi_i]c_j^0-F[\varphi_i]\Big)c_i=0$$

此式对任意的 $v_N\in S_N$ 成立,即对任意的 N 维向量 $(c_1,\cdots,c_N)^{\mathrm{T}}\in\mathbb{R}^N$ 都成立,所以有

$$\sum_{j=1}^{N}D[\varphi_j,\varphi_i]c_j^0-F[\varphi_i]=0,\quad i=1,\cdots,N \tag{7.4.9}$$

由方程组(7.4.9)可解出 $c_1^0,\cdots,c_N^0$,其实这里的式(7.4.9)和式(7.4.8)就是7.1.3小节的命题1.1和命题1.2所描述的问题,它们是等价的,同时我们看到,在 $D[u,v]$ 是对称的情况下,方程组(7.4.9)和式(7.4.6)是同样的方程组,也就是Ritz方法和Galerkin方法得到的结果是一样的.如果 $D(u,v)$ 不对称,我们仍可求解Galerkin变分问题.

7.4.3　古典变分方法的数值例子

在变分问题中,上面讨论的函数集合 K 一般是具有若干阶导数,再满足齐次边界条件的函数空间.一般地,一个连续函数(或平方可积的函数)可以用多项式函数或三角多项式函数(Fourier级数的部分和)来逼近,所以在古典变分方法的计算中,K 的有限维子空间常常取为多项式函数空间或三角多项式函数空间,现在介绍一个简单的例子.

例7.5　两点边值问题

$$\begin{cases}-\dfrac{\mathrm{d}^2u}{\mathrm{d}x^2}=x^2,\ x\in(0,1)\\ u(0)=0,\ u(1)=0\end{cases}$$

在这个例子中,取 $K=C_0^1[0,1]$,有

$$D[u,v]=\int_0^1\frac{\mathrm{d}u}{\mathrm{d}x}\frac{\mathrm{d}v}{\mathrm{d}x}\mathrm{d}x$$

$$F[v]=\int_0^1x^2v\mathrm{d}x$$

考虑近似变分问题,我们取 K 的有限维子空间为多项式函数空间.例如,如果用二次函数或三次函数来近似 u,再考虑边界条件 $u(0)=0$,$u(1)=0$ 这样的二次和三次多项式可以分别选取为 $c_1x(1-x)$ 和 $x(1-x)(c_1+c_2x)$.如果考虑更高次的多项式,可考虑 $x(1-x)(c_1+c_2x+\cdots+c_Nx^{N-1})$,也就是说,子空间 S_N 的基函数是 $x^i(1-x),i=1,\cdots,N$.

先讨论 $N=1$ 的情形,设 $\varphi_1=x(1-x)$,则 $S_1=\mathrm{span}\{\varphi_1\}$,$S_1$ 中的函数均可写成 $v_1=c_1\varphi_1$.显然,S_1 是 K 的一个一维子空间.这样,由Galerkin方法(或Ritz方法)得到的代数方程组是

$$D[\varphi_1,\varphi_1]C_1^0-F[\varphi_1]=0$$

其中

$$D[\varphi_1,\varphi_1]=\int_0^1\left(\frac{\mathrm{d}\varphi_1}{\mathrm{d}x}\right)^2\mathrm{d}x=\int_0^1(1-2x)^2\mathrm{d}x=\frac{1}{3}$$

$$F[\varphi_1]=\int_0^1x^3(1-x)\mathrm{d}x=\frac{1}{20}$$

可得方程为

$$\frac{1}{3}c_1^0-\frac{1}{20}=0$$

解出 $c_1^0 = \dfrac{3}{20}$，最后得近似解为

$$u_1 = \frac{3}{20}x(1-x)$$

再来看 $N=2$ 的情形，设 $\varphi_1 = x(1-x)$，$\varphi_2 = x^2(1-x)$，则 $S_2 = \mathrm{span}\{\varphi_1, \varphi_2\}$，若 $v_2 \in S_2$，则 $v_2 = c_1\varphi_1 + c_2\varphi_2$. 显然 S_2 是 K 的一个二维的子空间，可得

$$D[\varphi_1, \varphi_1] = \int_0^1 \left(\frac{d\varphi_1}{dx}\right)^2 dx = \int_0^1 (1-2x)^2 dx = \frac{1}{3}$$

$$D[\varphi_1, \varphi_2] = D[\varphi_2, \varphi_1] = \int_0^1 \frac{d\varphi_1}{dx}\frac{d\varphi_2}{dx} dx$$

$$= \int_0^1 (1-2x)(2x-3x^2) dx = \frac{1}{6}$$

$$D[\varphi_2, \varphi_2] = \int_0^1 \left(\frac{d\varphi_2}{dx}\right)^2 dx = \int_0^1 (2x-3x^2)^2 dx = \frac{2}{15}$$

$$F[\varphi_1] = \int_0^1 x^3(1-x) dx = \frac{1}{20}$$

$$F[\varphi_2] = \int_0^1 x^4(1-x) dx = \frac{1}{30}$$

可得方程组为

$$\begin{bmatrix} \frac{1}{3} & \frac{1}{6} \\ \frac{1}{6} & \frac{2}{15} \end{bmatrix} \begin{bmatrix} c_1^0 \\ c_2^0 \end{bmatrix} = \begin{bmatrix} \frac{1}{20} \\ \frac{1}{30} \end{bmatrix}$$

解出 $c_1^0 = \dfrac{1}{15}$，$c_1^0 = \dfrac{1}{6}$. 最后得到近似解为

$$u_2 = \frac{1}{15}x(1-x) + \frac{1}{6}x^2(1-x)$$

$$= \frac{1}{30}x(1-x)(2+5x)$$

本例的精确解为 $u = \dfrac{x}{12}(1-x^3)$，表 7.4.1 列出它和 u_1，u_2 在几个点的值.

表 7.4.1　精确解和 u_1，u_2 在几个点的值

x	0	0.25	0.50	0.75	1
u_1	0	0.0281	0.0375	0.0281	0
u_2	0	0.0203	0.0375	0.0359	0
u	0	0.0205	0.0365	0.0361	0

从这个例子看到了古典变分方法的计算过程，表上看出 u_2 是比 u_1 更好的近似解，如果我们要提高近似解的精确度，一般来说，我们想到提高子空间 S_N 的维数，但是这有一个收敛性的问题，即当 $N \to \infty$ 时，$\| u - u_N \|$ 是否趋于零的问题，这是一个重要的数学问题，本书不准备涉及.

7.5　权余量方法及其他方法

上述几节讨论了变分原理及 Galerkin - Ritz 近似计算方法的原则. 还有一些其他的近似方法，如权余量方法等，在某些情况下有它们的应用. 为了介绍一般的原理，我们假设 Ω 是一维或高维空间上的有界区域，$\partial\Omega$ 为其边界，x 表示 $\Omega\cup\partial\Omega$ 上的点，积分号表示一维或高维的积分，考虑的微分方程边值问题为

$$\left.\begin{aligned}&\mathrm{L}u=f,\ x\in\Omega\\&B_0u=\cdots=B_{m-1}u=0,\ x\in\partial\Omega\end{aligned}\right\}\tag{7.5.1}$$

其中 L 是一个 $2m$ 阶的椭圆型微分算子，$B_0,\cdots,B_{m-1}$ 分别表示边界 $\partial\Omega$ 上的一个算子，这里我们给出的是齐次边界条件，本章已讨论过的 Poisson 方程和重调和方程的边界问题都是在这种形式问题的例子.

记内积 $(u,v)=\int_\Omega u(x)v(x)\mathrm{d}x$. 在式(7.5.1)的方程两边分别与函数 v 作内积，有

$$(\mathrm{L}u,v)=(f,v)\tag{7.5.2}$$

在边值问题中，u 满足方程，应提 $u\in C^{2m}(\overline{\Omega})$ 的条件，在积分式(7.5.2)中，条件可降低到 u 及其直至 $2m$ 阶导数都平方可积，我们记这样的函数集合为 $H^{2m}(\Omega)$ ，所以对应式(7.5.2)，应该要求 u 属于

$$U=\{u\,|\,u\in H^{2m}(\Omega),B_0u=\cdots=B_{m-1}u=0\}$$

而 v 只要求属于

$$V=\left\{v\,\middle|\,\int_\Omega v^2\mathrm{d}x\ 有意义\right\}$$

像在第 7.2 节和第 7.3 节那样，对于(7.5.2)式，我们用 Green 公式(一维情形是分部积分)可以将 u 的 $2m$ 阶导数转移一半到 v ，得到变分问题：

$$\begin{cases}\text{find } u\in V,\ \text{s.t.}\\D[u,v]=F[v],\ \forall v\in V\end{cases}\tag{7.5.3}$$

这里 V 是 $H^m(\Omega)$ 的一个子空间，$H^m(\Omega)$ 是函数本身及其直至 m 阶导数都平方可积的函数空间. 从变分问题式(7.5.3)出发，我们可以讨论求问题近似解的 Galerkin 方法.

和 Galerkin 方法不尽相同，一般的权余量方法可以看成是基于式(7.5.2)的一类方法，我们可以提出它的近似问题为

$$\begin{cases}\text{find } u_h\in U_h,\ \text{s.t.}\\(\mathrm{L}u_h-f,v_h)=0,\ \forall v_h\in V_h\end{cases}\tag{7.5.4}$$

其中的有限维子空间 $U_h\subset U,V_h\subset V$ ，而且

$$R(u_h)=\mathrm{L}u_h-f$$

是方程的剩余，或称余量，如果 u_h 刚好是方程的准确解，则对应的剩余为零.

权余量方法中，选择子空间 U_h 和 V_h 的维数相同，设 $\dim U_h=\dim V_h=N$ ，U_h 的一组基为 $\{\varphi_1,\cdots,\varphi_N\}$ ，V_h 的一维基为 $\{\psi_1,\cdots,\psi_N\}$ ，则有

$$u_h = \sum_{j=1}^{N} c_j \varphi_j, \ \forall u_h \in U_h \tag{7.5.5}$$

$$v_h = \sum_{i=1}^{N} b_i \psi_i, \ \forall v_h \in V_h \tag{7.5.6}$$

将式(7.5.5)和式(7.5.6)代入式(7.5.2)，由 v_h 的任意性得

$$\int_\Omega R(u_h)\psi_i \mathrm{d}x = 0, \quad i = 1,\cdots,N \tag{7.5.7}$$

也就是剩余的 N 个带权积分为零，这里的权函数是 $\psi_i, i = 1,\cdots,N$，进一步可列出 $c_1,\cdots,c_N$ 的 N 个方程的方程组，有

$$\sum_{j=1}^{N} M_{ji} c_j = F_i, \quad i = 1,\cdots,N$$

其中

$$M_{ji} = (\mathrm{L}\varphi_j, \psi_i), \ F_i = (f, \psi_i)$$

可以将权余量方法看成在 V 中找 N 个线性无关的函数 $\psi_1,\cdots,\psi_N$，使式(7.5.7)成立. 下面更具体地讨论.

最小二乘法的原理是剩余的平方在平均的意义下最小. 仍设 u_h 如式(7.5.5)所示，则剩余 $R(u_h) = \mathrm{L}u_h - f$ 是 x 和 $c_1,\cdots,c_N$ 的函数，我们要使 $\int_\Omega [R(u_h)]^2 \mathrm{d}x$ 对系数 $c_1,\cdots,c_N$ 为最小，这样得到 N 个代数方程

$$\frac{\partial}{\partial c_i}\int_\Omega R^2 \mathrm{d}x = \int_\Omega 2R \frac{\partial R}{\partial c_i} \mathrm{d}x = 0, \quad i = 1,\cdots,N$$

所以，最小二乘法就是取权为 $\psi_i = \dfrac{\partial R}{\partial c_i}$ 的权余量方法，而

$$\frac{\partial R}{\partial c_i} = \frac{\partial}{\partial c_i}(\mathrm{L}(\sum_{j=1}^{N} c_j \varphi_j) - f) = \mathrm{L}(\varphi_j), \quad i = 1,\cdots,N$$

所以最小二乘法相当于在问题(7.5.4)中取

$$V_h = \mathrm{span}\{\mathrm{L}(\varphi_1),\cdots,\mathrm{L}(\varphi_N)\}$$

其中 $\{\varphi_1,\cdots,\varphi_N\}$ 是 U_h 的基.

配置法预先规定好 Ω 内的 N 个配置点 $x_1,\cdots,x_N$，取权 ψ_i 为点 x_i 上的 Dirac－δ 函数 $\delta(x - x_i)$，这函数有这样的性质，在 $x \neq x_i$ 时其值为零，而对任意的函数 f，有

$$\int_\Omega f(x)\delta(x - x_i)\mathrm{d}x = f(x_i)$$

应用这样的权函数到权余量法，得到离散方程组

$$\mathrm{L}(u_h(x_i)) - f(x_i) = 0, \quad i = 1,\cdots,N$$

这其实就是剩余在指定的 N 个配置点上之值为零，这和差分方法有点类似，差分方法是在节点上满足方程，但是其中节点上的导数用差分近似.

子区域配置法是把 Ω 划分为 N 个子域，$\Omega = \bigcup\limits_{i=1}^{N} \Omega_i$，引入权函数

$$\psi_i(x)=\begin{cases}1, & x\in\Omega_i\\ 0, & \text{其他}\end{cases},\quad i=1,\cdots,N$$

用到权余量法,得到的离散方程组是

$$\int_{\Omega_i}(\mathrm{L}(u_h)-f)\mathrm{d}x=0,\quad i=1,\cdots,N$$

权余量法基于式(7.5.2)和问题(7.5.4),如果 L 是 $2m$ 阶微分算子,它要求 U_h 是 $H^{2m}(\Omega)$ 的一个子空间,所以这类方法至少在原则上的一个优点是解具有较大的光滑度.例如,对于例 7.5 的一维边值问题,U_h 可以选择为 $\operatorname{span}\{\varphi_1,\cdots,\varphi_N\}$,其中 $\psi_i(x)=x^i(1-x)$,或者是 $\psi_i(x)=\sin i\pi x$ 等,读者可以练习将例 7.5 用最小二乘、配置法和子区域配置法所得到的代数方程组.

权余量法的讨论基于式(7.5.2),在其中 u 和 v 分属不同的函数空间 U 和 V,但是上几节讨论的 Galerkin 近似方法则是基于问题(7.5.3)的,因为经过分部积分运算,u 和 v 都同属一个 $H^m(\Omega)$ 的子空间,也可认为 $U=V$,像例 4.1 那样的例子中,式(7.5.3)近似变分问题形式为

$$\begin{cases}\text{find } u_h\in U_h,\ \text{s. t.}\\ D[u_h,v_h]-F[v_h]=0,\ \forall v_h\in V_h\end{cases}$$

这就是 Galerkin 近似方法.但是,虽然在问题(7.5.3)那里有 $U=V$,如果逼近子空间 U_h 和 V_h 不同,它们分别都是 V 的 N 维子空间,分别有 $U_h=\operatorname{span}\{\varphi_1,\cdots,\varphi_N\}$,$V_h=\operatorname{span}\{\psi_1,\cdots,\psi_N\}$,近似变分问题是

$$\begin{cases}\text{find } u_h\in U_h,\ \text{s. t.}\\ D[u_h,v_h]-F[v_h]=0,\ \forall v_h\in V_h\end{cases}$$

由它可以推导出一个代数方程组

$$\boldsymbol{K}^{\mathrm{T}}\boldsymbol{c}=\boldsymbol{F}$$

其中矩阵 $\boldsymbol{K}$ 的元素 $k_{ij}=D[\varphi_i,\varphi_j]$,向量 $\boldsymbol{F}$ 的分量 $F_i=(f,\psi_i)$,这样的方法称为 Petrov - Galerkin 方法(当然,$U_h=V_h$ 时就是 Galerkin 方法).

在某些情况下,用 Petrov - Galerkin 方法给出的近似解会有某些优点.例如,对于对流扩散方程

$$a\frac{\partial u}{\partial x}-k\frac{\partial^2 u}{\partial x^2}=f$$

的定解问题,特别是对流占优的情形,Galerkin 方法给出的解会有非物理的摆动.而在 Petrov - Galerkin 方法中适当选择 U_h 和 V_h,将会克服上述困难.

习　题

1. 试推导下列泛函在集合 K 中达到极值的必要条件,列出对应的 Euler 方程或方程组.

(1) $J[y_1,\cdots,y_n]=\int_a^b F(x;y_1,\cdots,y_n;y_1',\cdots,y_n')\mathrm{d}x$,

$K = \{(y_1, \cdots, y_n) \mid y_i \in C^2[a,b], y_i(a) = y_{ia}, y_i(b) = y_{ib}, i = 1,2,\cdots,n\}$;

(2) $J[y] = \int_a^b F(x; y, y', y'')\mathrm{d}x$,

$K = \{y \mid y \in C^2[a,b], y(a) = y_a, y(b) = y_b, y'(a) = y'_a, y'(b) = y'_b\}$;

(3) $J[u(x,y)] = \iint\limits_{\Omega} F(x,y;u,u_x,u_y)\mathrm{d}x\mathrm{d}y$,

$K = \{u \mid u \in C^2(\overline{\Omega}), u|_{\partial\Omega} = \varphi(x,y)\}$.

2. 写出下列泛函的变分和 Euler 方程.

(1) $J[y(x)] = \int_0^l [y'^2 + 2y^2 - xy]\mathrm{d}x$;

(2) $J[y(x)] = \int_0^l [p(x)y'^2 + q(x)y^2 - 2f(x)y]\mathrm{d}x$;

(3) $J[u(t,x)] = \int_{t_1}^{t_2}\mathrm{d}t\int_0^l \left[\left(\frac{\partial u}{\partial t}\right)^2 + \left(\frac{\partial u}{\partial x}\right)^2 + 2xtu\right]\mathrm{d}x$;

(4) $J[u(x,y)] = \iint\limits_{\Omega}\left[a(x,y)\left(\frac{\partial u}{\partial x}\right)^2 + b(x,y)\left(\frac{\partial u}{\partial y}\right)^2 + c(x,y)u^2 - 2f(x,y)u\right]\mathrm{d}x\mathrm{d}y$;

(5) $J[u(x,y)] = \iint\limits_{\Omega}\left[a(x,y)\left(\frac{\partial u}{\partial x}\right)^2 + b(x,y)\left(\frac{\partial u}{\partial y}\right)^2 + c(x,y)u^2 - 2f(x,y)u\right]\mathrm{d}x\mathrm{d}y + \int\limits_{\partial\Omega}[g(x,y)u^2 + h(x,y)u]\mathrm{d}s$;

(6) $J[u(t,x,y,z)] = \int_{t_1}^{t_2}\mathrm{d}t\iiint\limits_{\Omega}\left[\left(\frac{\partial u}{\partial t}\right)^2 - \left(\frac{\partial u}{\partial x}\right)^2 - \left(\frac{\partial u}{\partial y}\right)^2 - \left(\frac{\partial u}{\partial z}\right)^2 + 2f(t,x,y,z)u\right]\mathrm{d}x\mathrm{d}y\mathrm{d}z$.

2. 试求出下列泛函的极小值.

(1) $J[y(x)] = \int_0^1 (12xy + yy' + y'^2)\mathrm{d}x, y(0) = 1, y(1) = 4, y(x) > 0$;

(2) $J[u(x,y)] = \iint\limits_{x^2+y^2\leqslant 1}\left[\left(\frac{\partial u}{\partial x}\right)^2 + \left(\frac{\partial u}{\partial y}\right)^2 - 2xyu\right]\mathrm{d}x\mathrm{d}y, u|_{x^2+y^2=1} = xy$.

3. 将下列微分方程边值问题转化为泛函极小值问题：

(1) $\begin{cases}\dfrac{\mathrm{d}^2 y}{\mathrm{d}x^2} - q(x)y = -f(x) \\ y(a) = \alpha, y'(b) = \beta\end{cases}$;

(2) $\begin{cases}\Delta_2 u(x,y) = -f(x,y), (x,y) \in \Omega \\ u|_{\partial\Omega} = \varphi\end{cases}$;

(3) $\begin{cases}\Delta_3 u(x,y,z) - c^2 u = -f(x,y,z), (x,y,z) \in \Omega \\ \left(\dfrac{\partial u}{\partial \boldsymbol{n}} + \sigma u\right)\Big|_{\partial\Omega} = \varphi|\end{cases}$.

4. 设

$$\begin{cases}\Delta_2 u = -xy(x-a)(y-b), (x,y) \in \Omega = \{0 < x < a, 0 < y < b\} \\ u|_{\partial\Omega} = 0\end{cases}$$

(1)把上述边值问题转化为泛函的极小值问题；

(2)用直接法求出泛函极小元的二级近似，并求出相应的泛函的近似极小值；

1)选取基函数为

$$\varphi_{ij}(x,y)=(x-a)(y-b)x^i y^j, i=1,2,\cdots, j=1,2,\cdots$$

2)选取基函数为

$$\varphi_{ij}(x,y)=\sin\frac{i\pi x}{a}\cdot\sin\frac{j\pi y}{b}, i=1,2,\cdots, j=1,2,\cdots$$

(3)求出泛函极小值问题(1)的极小值.

5. 写出下列泛函对应的 Euler 方程.

(1) $J[u(x,y,z)]=\iiint\limits_{\Omega}\left[\left(\frac{\partial^2 u}{\partial x^2}+\frac{\partial^2 u}{\partial y^2}+\frac{\partial^2 u}{\partial z^2}\right)^2+2fu\right]\mathrm{d}x\mathrm{d}y\mathrm{d}z$；

(2) $J[u(t,x)]=\int_{t_1}^{t_2}\mathrm{d}t\int_0^l[(\frac{\partial u}{\partial t})^2-(\frac{\partial^2 u}{\partial x^2})-2fu]\mathrm{d}x$.

第 8 章　特殊函数及其应用

将分离变量法推广到高维情况，在正交坐标系下对数学物理方程分离变量，会出现某些变系数线性常微分方程，这些方程的解在数学物理中有广泛的应用，是一些特殊函数. 作为例子，本章将讨论应用上特别重要的 Bessel 函数和 Legendre 多项式，并用以求解三类方程在球形、柱形域上的定解问题.

8.1　正交曲线坐标系下的分离变量

在求高维空间中发展方程的变量分离形式解时，通常先把时间变量分离出去，得到仅含空间变量的偏微分方程. 如对于三维波动方程 $u_{tt} = a^2(u_{xx} + u_{yy} + u_{zz})$ 或三维热传导方程 $u_t = a^2(u_{xx} + u_{yy} + u_{zz})$，均可令 $u(x, y, z, t) = T(t)U(x, y, z)$，代入方程，两边同除以 Tv，分别得

$$\frac{T''}{T} = a^2 \frac{U_{xx} + U_{yy} + U_{zz}}{U} \text{ 或 } \frac{T'}{T} = a^2 \frac{U_{xx} + U_{yy} + U_{zz}}{U}$$

分离得常微分方程为

$$T'' + a^2\beta^2 T = 0 \text{ 或 } T' + a^2\beta^2 T = 0$$

Helmholtz 方程为

$$U_{xx} + U_{yy} + U_{zz} + \beta^2 v = 0(\beta \text{ 为实数或纯虚数}) \tag{8.1.1}$$

三维 Laplace 方程为

$$U_{xx} + U_{yy} + U_{zz} = 0$$

可视作 Helmholtz 方程 $\beta = 0$ 的特殊情形. 进一步对 U 的分离变量则依赖于坐标系的选取.

(1) Helmholtz 方程在直角坐标系下的分离变量及高维 Fourier 展开. 在空间矩形域上求解时，应采用直角坐标系，此时 Laplace 算子有简单表示形式为

$$\Delta_3 = \frac{\partial^2}{\partial x^2} + \frac{\partial^2}{\partial y^2} + \frac{\partial^2}{\partial z^2} \tag{8.1.2}$$

设 $U(x, y, z) = X(x)Y(y)Z(z)$，代入 Helmholtz 方程(8.1.1)，得

$$\frac{X''}{X} + \frac{Y''}{Y} + \frac{Z''}{Z} + \beta^2 = 0$$

逐层分离，得常微分方程为

$$X'' + \lambda = 0$$
$$Y'' + \mu Y = 0$$
$$Z'' + \nu Z = 0$$

其中，参数关系式为

$$\lambda + \mu + \nu = \beta^2$$

它们配以相应的齐次边界条件，分别构成最简 SL 型方程的特征值问题. 求出相应的特征值、特征函数，可得高维 Fourier 展开形式的解.

例 8.1　求长方体内稳恒温度分布：

$$\begin{cases}\dfrac{\partial^2 u}{\partial x^2}+\dfrac{\partial^2 u}{\partial y^2}+\dfrac{\partial^2 u}{\partial z^2}=0,\ x\in(0,a),y\in(0,b),z\in(0,c)\\ u\big|_{x=0}=\dfrac{\partial u}{\partial x}\Big|_{x=a}=\dfrac{\partial u}{\partial y}\Big|_{y=0}=u\big|_{y=b}=0\\ u\big|_{z=0}=0,\ u\big|_{z=c}=\varphi(x,y)\end{cases}$$

解　设 $u=X(x)Y(y)Z(z)$，对方程和齐次边界条件分离变量，其中 $\lambda+\mu+\nu=0$. 注意到 x,y 方向的边界条件为齐次，再分离齐次边界条件，得特征值问题

$$\begin{cases}X''+\lambda X=0\\ X(0)=X'(a)=0\end{cases}$$

$$\begin{cases}Y''+\lambda Y=0\\ Y'(0)=Y(b)=0\end{cases}$$

以及常微分方程

$$Z''-(\lambda+\mu)Z=0$$

以上两个特征值问题的解为

$$\lambda_n=\left[\frac{(2n+1)\pi}{2a}\right]^2,X_n(x)=\sin\frac{(2n+1)\pi}{2a}x,\quad n=0,1,2,\cdots$$

$$\mu_m=\left[\frac{(2m+1)\pi}{2b}\right]^2,Y_m(y)=\cos\frac{(2m+1)\pi}{2b}x,\quad m=0,1,2,\cdots$$

相应地

$$Z_{nm}(z)=C_{nm}\cosh\omega_{nm}z+D_{nm}\sinh\omega_{nm}z,\omega_{nm}=\sqrt{\lambda_n+\mu_m}$$

由叠加原理知

$$u(x,y,z)=\sum_{n,m=0}^{+\infty}(C_{nm}\cosh\omega_{nm}z+D_{nm}\sinh\omega_{nm}z)\sin\frac{(2n+1)\pi}{2a}x\cos\frac{(2m+1)\pi}{2b}y$$

再代入非齐次边界条件，得

$$u\big|_{z=0}=\sum_{n,m=0}^{+\infty}C_{nm}\sin\frac{(2n+1)\pi}{2a}x\cos\frac{(2m+1)\pi}{2b}y=0$$

$$u\big|_{z=c}=\sum_{n,m=0}^{+\infty}(C_{nm}\cosh\omega_{nm}c+D_{nm}\sinh\omega_{nm}c)\sin\frac{(2n+1)\pi}{2a}x\cos\frac{(2m+1)\pi}{2b}y=\varphi(x,y)$$

这两式可视作 0 及 $\varphi(x,y)$ 关于二元正交系 $\left\{\sin\dfrac{(2n+1)\pi}{2a}x\cos\dfrac{(2m+1)\pi}{2b}y,n,m=0,1,\cdots\right\}$ 的 Fourier 展开式. 一般地，有下述定理.

定理 8.1　当 $\{X_n(x),n=1,2,\cdots\}$ 为区间 $[0,a]$ 上带权 $\rho(x)$ 的一元完备正交系，对每个固定的 n，$\{Y_{nm}(y),m=1,2,\cdots\}$ 是区间 $[0,b]$ 上带权 $\sigma(y)$ 的一元完备正交系，则二元函数系 $\{X_n(x)Y_{nm}(y),n,m=1,2,\cdots\}$ 是矩形 $[0,a]\times[0,b]$ 上加权 $\rho(x)\sigma(y)$ 的完备正交函数系，即

$$\forall f(x,y)\in L^2_{\rho\sigma}[[0,a]\times[0,b]]=\left\{f(x,y)\Big|\int_0^b\int_0^a|f(x,y)|^2\rho(x)\sigma(y)\mathrm{d}x\mathrm{d}y<+\infty\right\}$$

有

$$f(x,y)=\sum_{n,m=1}^{+\infty}C_{nm}X_n(x)Y_{nm}(y)$$

其中,系数

$$C_{nm}=\frac{\int_0^b\int_0^a f(x,y)X_n(x)Y_{nm}(y)\rho(x)\sigma(y)\mathrm{d}x\mathrm{d}y}{\|X_n(x)\|^2\ \|Y_{nm}(y)\|^2}$$

在本例中,可求得

$$C_{nm}=0$$

$$D_{nm}=\frac{4}{ab\sinh\omega_{nm}c}\int_0^a\int_0^b\varphi(x,y)\sin\frac{(2n+1)\pi}{2a}x\cos\frac{(2m+1)\pi}{2b}y\,\mathrm{d}y\mathrm{d}x$$

(2)Helmholtz 方程在柱坐标系下的分离变量及 Bessel 方程的导出.在圆柱坐标曲面所围的区域上求解时,应采用柱坐标系 (r,θ,z),此时

$$\Delta_3=\frac{1}{r}\frac{\partial}{\partial r}\left(r\frac{\partial}{\partial r}\right)+\frac{1}{r^2}\frac{\partial^2}{\partial\theta^2}+\frac{\partial^2}{\partial z^2}\tag{8.1.3}$$

设 $U(r,\theta,z)=R(r)\Theta(\theta)Z(z)$,代入 Helmholtz 方程(8.1.1),两边同除以 $R\Theta Z$,有

$$\frac{\frac{1}{r}(rR')'}{R}+\frac{1}{r^2}\frac{\Theta''}{\Theta}+\frac{Z''}{Z}+\beta^2=0$$

逐层分离变量,得常微分方程,有

$$Z''+\mu Z=0$$

$$\Theta''+\sigma\Theta=0$$

$$\frac{1}{r}(rR')'+\left(\beta^2-\mu-\frac{\sigma}{r^2}\right)R=0\tag{8.1.4}$$

如果改记 $\lambda=\beta^2-\mu,\sigma=\nu^2$,方程(8.1.4)可改写为 SL 型方程,有

$$(rR')'+\left(\lambda r-\frac{\nu^2}{r}\right)R=0\tag{8.1.5}$$

当 $\lambda>0$ 时,作自变量代换 $x=\sqrt{\lambda}r$,记 $y(x)=R\left(\frac{x}{\sqrt{\lambda}}\right)$,方程(8.1.5)变为

$$x^2y''+xy'+(x^2-\nu^2)y=0\tag{8.1.6}$$

称之为 ν 阶 Bessel 方程.这将是本章重点讨论的特殊函数方程之一.

(3)Helmholtz 方程在球坐标系下的分离变量及 Legendre 方程的导出.在球坐标曲面所围区域上讨论问题时,自然应采用球坐标 (r,θ,φ),此时 Laplace 算子为

$$\Delta_3=\frac{1}{r^2}\frac{\partial}{\partial r}\left(r^2\frac{\partial}{\partial r}\right)+\frac{1}{r^2\sin\theta}\frac{\partial}{\partial\theta}\left(\sin\theta\frac{\partial}{\partial\theta}\right)+\frac{1}{r^2\sin\theta}\frac{\partial^2}{\partial\varphi^2}\tag{8.1.7}$$

设 $U(r,\theta,\varphi)=R(r)\Theta(\theta)\Phi(\varphi)$,代入 Helmholtz 方程(8.1.1),两边同除以 $R\Theta\Phi$,有

$$\frac{\frac{1}{r^2}(r^2R')'}{R}+\frac{1}{r^2}\left[\frac{1}{\sin\theta}\frac{(\Theta'\sin\theta)'}{\Theta}+\frac{1}{\sin^2\theta}\frac{\Phi''}{\Phi}\right]+\beta^2=0$$

逐层分离变量,得常微分方程

$$\Phi''+\mu\Phi=0$$

$$\frac{1}{\sin\theta}(\Theta'\sin\theta)' + \left(\lambda - \frac{\mu}{\sin^2\theta}\right)\Theta = 0 \tag{8.1.8}$$

$$\frac{1}{r^2}(r^2R')' + \left(\beta^2 - \frac{\lambda}{r^2}\right)R = 0 \tag{8.1.9}$$

其中,方程(8.1.9)称为球 Bessel 方程.特别地,当 $\beta = 0$ (Laplace 方程)时,式(8.1.9)为 Euler 方程

$$r^2R'' + 2rR' - \lambda R = 0 \tag{8.1.10}$$

关于 $\Theta(\theta)$ 的方程(8.1.8),经变量代换 $x = \cos\theta$,并记 $y(x) = \Theta(\arccos x)$, $\mu = m^2$,可改写为 SL 方程

$$[(1-x^2)y']' + \left(\lambda - \frac{m^2}{1-x^2}\right)y = 0 \tag{8.1.11}$$

称为 m 阶伴随 Legendre 方程.特别地,当 $m = 0$ 时,方程

$$[(1-x^2)y']' + \lambda y = 0 \tag{8.1.12}$$

称为 Legendre 方程,是另一个我们将重点讨论的方程.

Bessel 方程和 Legendre 方程都是变系数二阶线性常微分方程,它们的解 Bessel 函数和 Legendre 多项式是重要的特殊函数,将在后续各节讨论.数学物理中还有其他重要的变系数二阶线性常微分方程和作为解的其他特殊函数,可参阅有关文献.

8.2　常微分方程的幂级数解

用分离变量法求解偏微分方程将导出常微分方程.当这些方程是常系数线性常微分方程或可通过变量代换化为常系数线性常微分方程时,通解可用初等函数表示.但是,很多情况下这些常微分方程是变系数线性方程,它们的解不能用初等函数表示,求它们的幂级数解是经常采用的有效方法.本节将介绍幂级数解法的理论根据,并用以求解 Legendre 方程和 Bessel 方程.

8.2.1　二阶线性常微分方程的解析理论

我们在复数域考虑问题.以复数 z 记自变量, $w = w(z)$ 记未知函数,二阶线性常微分方程的标准形式为

$$w''(z) + p(z)w'(z) + q(z)w(z) = 0 \tag{8.2.1}$$

其中, $p(z)$, $q(z)$ 是已知函数.利用复变函数方法研究,可得以下结论:

(1)若 z_0 是 $p(z)$, $q(z)$ 的解析点,则称 z_0 是方程(8.2.1)的常点.在常点附近,有下述定理.

定理 8.2　(Cauchy)设 $p(z)$, $q(z)$ 在 $|z - z_0| < R$ 内解析,则初值问题

$$\begin{cases} w''(z) + p(z)w'(z) + q(z)w(z) = 0 \\ w(z_0) = a_0,\ w'(z_0) = a_1 \end{cases}$$

在圆域 $|z - z_0| < R$ 内的解存在唯一且解析.

由定理可知,选取线性无关的两组初值 (a_0, a_1) , (b_0, b_1) ,在方程(8.2.1)的常点的邻域 $|z - z_0| < R$ 内,可用幂级数方法求出方程(8.2.1)的线性无关的两个解析解为

$$w_1(z)=\sum_{n=0}^{+\infty}a_n(z-z_0)^n,\ w_2(z)=\sum_{n=0}^{+\infty}b_n(z-z_0)^n \tag{8.2.2}$$

进而得到通解 $C_1w_1(z)+C_2w_2(z)$.

(2)若 z_0 是 $p(z)$ 的至多一级极点,是 $q(z)$ 的至多二级极点,则称 z_0 是方程(8.2.1)的正则奇点.在正则奇点附近,有下述定理.

定理 8.3 (Fuchs) 设 z_0 是方程(8.2.1)的正则奇点,即 $(z-z_0)p(z)$,$(z-z_0)^2q(z)$ 在 $|z-z_0|<R$ 内解析,则在去心邻域 $0<|z-z_0|<R$ 上,方程(8.2.1)有两个线性无关解为

$$w_1(z)=(z-z_0)^{\rho_1}\sum_{n=0}^{+\infty}a_n(z-z_0)^n$$

$$w_2(z)=\alpha w_1(z)\ln(z-z_0)+(z-z_0)^{\rho_2}\sum_{n=0}^{+\infty}b_n(z-z_0)^n \tag{8.2.3}$$

其中,系数 $a_0b_0\neq 0$,常数 α 可为0.常数 ρ_1 ,ρ_2 称为正则奇点 z_0 的指标.

通常把形如 $(z-z_0)^\rho\sum\limits_{n=0}^{+\infty}a_n(z-z_0)^n$ 的级数称为广义幂级数,式(8.2.3)给出的 $w_1(z)$,$w_2(z)$ 称为正则解.定理8.3提示在方程(8.2.1)的正则奇点的去心邻域里,可用广义幂级数方法求解.

(3)若 z_0 是 $p(z)$,$q(z)$ 的分别超过一级、二级的极点或本性奇点,则称 z_0 是方程(8.2.1)的非正则奇点.此时,如果 $p(z)$,$q(z)$ 在 $0<|z-z_0|<R$ 内解析,则方程(8.2.1)在此去心圆域内有两个线性无关解 $w_1(z)$ 与 $w_2(z)$,其形式同于式(8.2.3),但是求和指标的下限应改为 $n=-\infty$.

(2),(3)中所述的去心圆域,当 $\alpha\neq 0$ 或 ρ_1 ,ρ_2 中至少有一个非整数时,为保证函数的单值性,应理解为沿某支割线剪开后的去心圆域.后述文中类似情况将不再说明.

以上定理的证明,可通过将幂级数或广义幂级数形式的解代入方程,定出其中的待定常数,并证明其收敛性而完成.我们将通过以下具体例子说明.

8.2.2 Legendre 方程的幂级数解及 Legendre 函数

Legendre 微分方程的标准形式为

$$(1-x^2)\frac{\mathrm{d}^2y}{\mathrm{d}x^2}-2x\frac{\mathrm{d}y}{\mathrm{d}x}+\lambda y=0 \tag{8.2.4}$$

将 x,y 看作复变量,复平面上除 $x=\pm 1$ 为方程的正则奇点外均为常点.由定理8.1知,在常点 $x=0$ 的邻域 $|x|<1$ 内可求方程的解析解.

现在我们来寻找方程(8.2.4)在闭区间 $[-1,1]$ 上的有界非零解,或者满足自然边界条件($y(\pm 1)$ 有界)的非零解.为此令 $\lambda=n(n+1)$,$(n=0,1,2,\cdots)$.从下面的推导中,自然了解这样规定 λ 的取值,对于有界非零解是充分的.可以证明,它也是必要的.把式(8.2.4)改写为

$$(1-x^2)\frac{\mathrm{d}^2y}{\mathrm{d}x^2}-2x\frac{\mathrm{d}y}{\mathrm{d}x}+n(n+1)y=0 \tag{8.2.5}$$

并称之为 n 阶 Legendre 微分方程.如果再把它化为标准形式,立即看出 $x=0$ 是方程(8.2.5)的常点.因此,在 $x=0$ 的邻域内,方程的解可以表示为幂级数形式,即

$$y=\sum_{k=0}^{+\infty}c_kx^k \tag{8.2.6}$$

其中 c_k 为待定系数，对式(8.2.6)逐项求导，得

$$\frac{\mathrm{d}y}{\mathrm{d}x}=\sum_{k=1}^{+\infty}k\,c_kx^{k-1} \tag{8.2.7}$$

$$\frac{\mathrm{d}^2y}{\mathrm{d}x^2}=\sum_{k=2}^{+\infty}k(k-1)c_kx^{k-2} \tag{8.2.8}$$

把方程(8.2.6)～方程(8.2.8)代入方程(8.2.4)，得到

$$(1-x^2)\sum_{k=2}^{+\infty}k(k-1)c_kx^{k-2}-2x\sum_{k=1}^{+\infty}k\,c_kx^{k-1}+n(n-1)\sum_{k=0}^{+\infty}k\,c_kx^k=0$$

因上式对 x 是一个恒等式，故 x 的各次幂的系数均必须为零，遂得

$$\begin{aligned}&2\times 1c_2+n(n+1)c_0=0\\&3\times 2c_3+[n(n+1)-2]c_1=0\\&\cdots\cdots\\&(k+2)(k+1)c_{k+2}+[n(n+1)-k(k+1)]c_k=0\end{aligned}$$

从而得 c_k 的循环公式为

$$\begin{aligned}c_2&=-\frac{n(n+1)}{2\times 1}c_0\\c_3&=-\frac{n(n+1)-2}{3\times 2}c_1\\&\cdots\cdots\\c_{k+2}&=-\frac{n(n+1)-k(k+1)}{(k+2)(k+1)}c_k,\quad k=0,1,2,\cdots\end{aligned} \tag{8.2.9}$$

将式(8.2.9)代入式(8.2.6)，则得方程的含有两个任意常数 c_0 和 c_1 的通解为

$$\begin{aligned}y=&c_0\left[1-\frac{n(n+1)}{2!}x^2+\frac{(n-2)n(n+1)(n+3)}{4!}x^4-\cdots\right]+\\&c_1\left[x-\frac{(n-1)(n+2)}{3!}x^3+\frac{(n-3)(n-1)(n+2)(n+4)}{5!}x^5-\cdots\right]\\\stackrel{\text{def}}{=}&c_0y_0(x)+c_1y_1(x)\end{aligned} \tag{8.2.10}$$

利用循环公式(8.2.9)可得级数 $y_0(x)$ 和 $y_1(x)$ 的收敛半径为

$$R=\lim_{k\to+\infty}\left|\frac{c_k}{c_{k+2}}\right|=\lim_{k\to+\infty}\left|\frac{(k+2)(k+1)}{(k-n)(k+n+1)}\right|=\lim_{k\to+\infty}\left|\frac{(1+\frac{2}{k})(1+\frac{1}{k})}{(1-\frac{n}{k})(1+\frac{n+1}{k})}\right|=1$$

容易看出，当 n 为偶数时，$y_0(x)$ 是一个多项式，可以证明 $y_1(\pm 1)$ 发散. 此时，取 $c_1=0$，则得微分方程在闭区间 $[-1,1]$ 上有界非零解，或者满足自然边界条件的非零解. 同理，当 n 为奇数时，$y_1(x)$ 是一个多项式，可以证明 $y_0(\pm 1)$ 发散. 此时，取 $c_0=0$，亦得在 $[-1,1]$ 上的有界非零解，或者满足自然边界条件的非零解.

通常把这种多项式的最高次方幂 x^n 的系数规定为

$$c_n=\frac{(2n)!}{2^n(n!)^2}$$

然后称式(8.2.6)为 Legendre 多项式，并用 $P_n(x)$ 表示之. $P_n(x)$ 的表达式可以如下导出：由式(8.2.9)，令 $k=n-2$，得

$$\begin{aligned} c_{n-2} &= -\frac{(n-1)n}{n(n+1)-(n-2)(n-1)}c \\ &= -\frac{(n-1)n}{2(2n-1)}\frac{(2n)!}{2^n(n!)^2} \\ &= -\frac{(2n-2)!}{2^n(n-1)!(n-2)!} \end{aligned}$$

同样，得

$$\begin{aligned} c_{n-4} &= -\frac{(n-3)(n-2)}{n(n+1)-(n-4)(n-3)}c \\ &= (-1)^2\frac{(n-3)(n-2)}{4(2n-3)}\frac{(2n-2)!}{2^n(n-1)!(n-2)!} \\ &= (-1)^2\frac{(2n-4)!}{2^n2!(n-2)!(n-4)!} \\ c_{n-6} &= (-1)^3\frac{(2n-6)!}{2^n3!(n-3)!(n-6)!} \end{aligned}$$

借用数学归纳法，可证

$$c_{n-2m} = (-1)^m\frac{(2n-2m)!}{2^nm!(n-m)!(n-2m)!}, m=0,1,2,\cdots,\left[\frac{n}{2}\right]$$

其中 $\left[\frac{n}{2}\right]$ 表示不大于 $\frac{n}{2}$ 的最大的整数. 于是得

$$P_n(x)=\sum_{m=0}^{\left[\frac{n}{2}\right]}(-1)^m\frac{(2n-2m)!}{2^nm!(n-m)!(n-2m)!}x^{n-2m} \tag{8.2.11}$$

8.2.3 Bessel 方程的广义幂级数解及 Bessel 函数

ν 阶 Bessel 方程

$$x^2\frac{d^2y}{dx^2}+x\frac{dy}{dx}+(x^2-\nu^2)y=0 \tag{8.2.12}$$

其中 ν 为任意实数或复数. 在本书中 ν 只限于实数，且由于方程的系数中出现 ν^2 的项，所以在讨论时，不妨暂先假定 $\nu \geqslant 0$.

设方程(8.2.12)有一个级数解，其形式为

$$y = x^c(a_0+a_1x+\cdots+a_kx^k+\cdots)=\sum_{k=o}^{+\infty}a_kx^{c+k},\quad a_0\neq 0 \tag{8.2.13}$$

其中常数 c 和 $a_k(k=0,1,2,\cdots)$ 可以通过把 y 和它的导数 y'，y'' 代入式(8.2.12)来确定.

将式(8.2.13)及其导数代入式(8.2.12)后，得

$$\sum_{k=0}^{+\infty}\{[(c+k)(c+k-1)+(c+k)+(x^2-\nu^2)]a_kx^{c+k}\}=0$$

化简后写成

$$(c^2-\nu^2)a_0x^c+[(c+1)^2-\nu^2]a_1x^{c+1}+\sum_{k=2}^{+\infty}\{[(c+k)^2-\nu^2]a_k+a_{k-2}\}x^{c+k}=0$$

要上式成为恒等式，必须各个 x 幂的系数全为零，从而得下列各式：

$$(c^2-\nu^2)a_0=0 \tag{8.2.14}$$

$$[(c+1)^2-\nu^2]a_1=0 \tag{8.2.15}$$

$$((c+k)^2-\nu^2)a_k+a_{k-2}=0,\quad k=2,3,\cdots \tag{8.2.16}$$

由式(8.2.14)得 $c=\pm\nu$，代入式(8.2.15)得 $a_1=0$. 现暂取 $c=\nu$，代入式(8.2.16)得

$$a_k=\frac{-a_{k-2}}{k(2\nu+k)} \tag{8.2.17}$$

因为 $a_1=0$，由式(8.2.17)知 $a_1=a_3=a_5=a_7=\cdots=0$，而 $a_2,a_4,a_6,\cdots$ 都可以用 a_0 表示，即

$$a_2=\frac{-a_0}{2(2\nu+2)}$$

$$a_4=\frac{a_0}{2\times4(2\nu+2)(2\nu+4)}$$

$$a_6=\frac{-a_0}{2\times4\times6(2\nu+2)(2\nu+4)(2\nu+6)}$$

$$\begin{aligned}a_{2m}&=(-1)^m\frac{a_0}{2\times4\times6\cdots2m(2\nu+2)(2\nu+4)\cdots(2\nu+2m)}\\&=\frac{(-1)^m a_0}{2^{2m}m!(\nu+1)(\nu+2)\cdots(\nu+m)}\end{aligned}$$

由此知式(8.2.13)的一般项为

$$(-1)^m\frac{a_0x^{\nu+2m}}{2^{2m}m!(\nu+1)(\nu+2)\cdots(\nu+m)}$$

其中 a_0 是一个任意常数，让 a_0 取一个确定的值，就得(8.2.12)的一个特解. 我们把 a_0 取作

$$a_0=\frac{1}{2^n\Gamma(\nu+1)}$$

其中 $\Gamma(x)$ 的详细定义可参见**附录** 3. 这样选取 a_0 可使一般项系数中 2 的次数与 x 的次数相同，并可以运用下列恒等式

$$(\nu+m)(\nu+m-1)\cdots(\nu+1)\Gamma(\nu+1)=\Gamma(\nu+m+1)$$

使分母简化，从而使式(8.2.13)中一般项的系数变成

$$a_{2m}=(-1)^m\frac{1}{2^{n+2m}m!\Gamma(\nu+m+1)} \tag{8.2.18}$$

这就比较整齐、简单了.

以式(8.2.18)代入式(8.2.13)得到式(8.2.12)的一个特解为

$$y_1=\sum_{m=0}^{+\infty}(-1)^m\frac{x^{\nu+2m}}{2^{\nu+2m}m!\Gamma(\nu+m+1)},\qquad n\geqslant0$$

用级数的比率判别法(或称 D'Alembert 判别法)可以判定这个级数在整个数轴上收敛. 这个无穷级数所确定的函数，称为 ν 阶第一类 Bessel 函数，记作

$$J_\nu(x)=\sum_{m=0}^{+\infty}(-1)^m\frac{x^{\nu+2m}}{2^{\nu+2m}m!\Gamma(\nu+m+1)} \tag{8.2.19}$$

至此，我们就求出了 Bessel 方程的一个特解 $J_\nu(x)$.

当 $\nu=n$ 为正整数或零时，$\Gamma(n+m+1)=(n+m)!$，故有

$$J_n(x)=\sum_{m=0}^{+\infty}(-1)^m\frac{x^{n+2m}}{2^{n+2m}m!(n+m)!},\quad n=0,1,2,\cdots \tag{8.2.20}$$

取 $c=-\nu$ 时,用同样方法可得式(8.2.12)的另一个特解为

$$J_{-\nu}(x)=\sum_{m=0}^{+\infty}(-1)^m\frac{x^{-\nu+2m}}{2^{-\nu+2m}m!\Gamma(-\nu+m+1)} \tag{8.2.21}$$

比较式(8.2.19)与式(8.2.21)可见,只要在式(8.2.19)的右端把 ν 换成 $-\nu$,即可得到式(8.2.21).因此不论是正数还是负数,总可以用式(8.2.19)统一地表达第一类 Bessel 函数.

当 ν 不为整数时,这两个特解 $J_\nu(x)$ 与 $J_{-\nu}(x)$ 是线性无关的,由齐次线性常微分方程的通解的结构定理知道,式(8.2.12)的通解为

$$y=AJ_\nu(x)+BJ_{-\nu}(x) \tag{8.2.22}$$

其中 A,B 为两个任意常数.

当然,在 n 不为整数的情况下,方程(8.2.12)的通解除了可以写成式(8.2.7)以外,还可写成其他的形式,只要能够找到该方程另一个与 $J_\nu(x)$ 线性无关的特解,它与 $J_\nu(x)$ 就可构成式(8.2.12)的通解,这样的特解是容易找到的.例如,在(8.2.22)中取 $A=\cot\nu\pi,B=-\csc\nu\pi$,则得到式(8.2.12)的一个特解为

$$\begin{aligned}Y_\nu(x)&=\cot\nu\pi J_\nu(x)-\csc\nu\pi J_{-\nu}(x)\\&=\frac{\cos\nu\pi J_\nu(x)-J_{-\nu}(x)}{\sin\nu\pi}\quad(\nu\neq\text{整数})\end{aligned} \tag{8.2.23}$$

显然,$Y_\nu(x)$ 与 $J_\nu(x)$ 是线性无关的.因此,式(8.2.12)的通解可写成

$$y=AJ_\nu(x)+BY_\nu(x) \tag{8.2.24}$$

由式(8.2.23)所确定的函数 $Y_\nu(x)$ 称为第二类 Bessel 函数,或称 Neumann 函数.

但问题出在当 ν 为整数时,$J_\nu(x)$ 与 $J_{-\nu}(x)$ 是线性相关的.事实上,我们不妨设 ν 为正整数 N(这不失一般性,因 ν 为负整数时,会得到同样的结果),则在式(8.2.21)中,$\dfrac{1}{\Gamma(\nu+m+1)}$ 当 $m=0,1,2,\cdots,(N-1)$ 时均为零,这时级数从 $m=N$ 起才开始出现非零项.于是式(8.2.21)可以写成

$$\begin{aligned}J_{-N}(x)&=\sum_{m=N}^{+\infty}(-1)^m\frac{x^{-N+2m}}{2^{-N+2m}m!\Gamma(-N+m+1)}\\&=(-1)^N\left\{\frac{x^N}{2^NN!}-\frac{x^{N+2}}{2^{N+2}(N+1)!}+\frac{x^{N+4}}{2^{N+4}(N+2)!2!}+\cdots\right\}\\&=(-1)^NJ_N(x)\end{aligned}$$

即 $J_N(x)$ 与 $J_{-N}(x)$ 线性相关.这时 $J_N(x)$ 与 $J_{-N}(x)$ 已不能构成 Bessel 方程的通解了.为了求出 Bessel 方程的通解,还要求出一个与 $J_N(x)$ 线性无关的特解.

取哪一个特解?自然我们想到第二类 Bessel 函数.不过当 ν 为整数时,式(8.2.23)的右端没有意义,要想把整数阶 Bessel 方程的通解也写成式(8.2.24)的形式,必须先修改第二类 Bessel 函数的定义.在 $\nu=n$ 为整数的情况,我们定义第二类 Bessel 函数为

$$Y_n(x)=\lim_{\alpha\to n}\frac{J_\alpha(x)\cos\alpha\pi-J_{-\alpha}(x)}{\sin\alpha\pi}\quad(n\text{ 为整数}) \tag{8.2.25}$$

由于当 n 为整数时,$J_{-n}(x)=(-1)^nJ_n(x)=\cos n\pi J_n(x)$,所以上式右端的极限是“$\dfrac{0}{0}$”形式

的不定型的极限，应用 L'Hospital 法则并经过冗长的推导，最后得到

$$Y_0(x)=\frac{2}{\pi}J_0(x)\left(\ln\frac{x}{2}+c\right)-\frac{2}{\pi}\sum_{m=0}^{+\infty}\frac{(-1)^m\left(\frac{x}{2}\right)^{2m}}{(m!)^2}\sum_{k=0}^{m-1}\frac{1}{(k+1)}$$

$$Y_n(x)=\frac{2}{\pi}J_n(x)\left(\ln\frac{x}{2}+c\right)-\frac{1}{\pi}\sum_{k=0}^{m-1}\frac{(n-m-1)!}{m!}\left(\frac{x}{2}\right)^{-n+2m}-$$

$$\frac{1}{\pi}\sum_{m=0}^{+\infty}\frac{(-1)^m\left(\frac{x}{2}\right)^{2m}}{m!(m+n)!}\left(\sum_{k=0}^{n+m-1}\frac{1}{k+1}+\sum_{k=0}^{m-1}\frac{1}{k+1}\right),\quad n=1,2,3,\cdots$$

其中 $c=\lim\limits_{n\to\infty}(1+\frac{1}{2}+\frac{1}{3}+\cdots+\frac{1}{n}-\ln n)=0.5772\cdots$，称为 Euler 常数.

根据这个函数的定义，它确是 Bessel 方程的一个特解，而且与 $J_n(x)$ 是线性无关的（因为当 $x=0$ 时，$J_n(x)$ 为有限值，而 $Y_n(x)$ 为无穷大）.

综合上面所述，不论 ν 是否为整数，Bessel 方程(8.2.12)的通解都可表示为

$$y=AJ_\nu(x)+BY_\nu(x)$$

其中 A,B 为任意常数，ν 为任意实数.

一般情况下，$J_\nu(x)$ 与 $Y_\nu(x)$ 是非初等函数，但是由式(8.2.19)知

$$J_{\frac{1}{2}}(x)=\sum_{m=0}^{+\infty}\frac{(-1)^m}{m!\Gamma\left(m+\frac{1}{2}+1\right)}\left(\frac{x}{2}\right)^{2m+\frac{1}{2}}$$

$$=\left(\frac{x}{2}\right)^{-\frac{1}{2}}\sum_{m=0}^{+\infty}\frac{(-1)^m}{(2m)!!(2m+1)!!\Gamma\left(\frac{1}{2}\right)}x^{2m+1}$$

$$=\sqrt{\frac{2}{\pi x}}\sin x$$

由式(8.2.21)可得

$$J_{-\frac{1}{2}}(x)=\sqrt{\frac{2}{\pi x}}\cos x$$

从而

$$N_{\frac{1}{2}}(x)=-J_{-\frac{1}{2}}(x)=-\sqrt{\frac{2}{\pi x}}\cos x$$

$$N_{-\frac{1}{2}}(x)=J_{\frac{1}{2}}(x)=\sqrt{\frac{2}{\pi x}}\sin x$$

在物理学中，有时还用函数

$$H_\gamma^{(1)}(x)=J_\gamma(x)+\mathrm{i}N_\gamma(x)$$

$$H_\gamma^{(2)}(x)=J_\gamma(x)-\mathrm{i}N_\gamma(x)$$

作为 γ 阶 Bessel 方程的基础解系. 这两个函数分别称为第一、二类 Hankel 函数，也称为第三类 Bessel 函数.

8.3 Legendre 函数

作为重要常微分方程解的特殊函数，Legendre 多项式将在用分离变量法求解问题时扮演重要的角色.

8.3.1 Legendre 多项式的表示和性质

为了讨论问题和计算上的方便，我们介绍 Legendre 多项式的另一种表示法——微分表示，即所谓的 Rodrigues 公式

$$P_n(x)=\frac{1}{2^n n!}\frac{\mathrm{d}^n}{\mathrm{d}x^n}(x^2-1)^n$$

具体地来说，按二项展开式，有

$$(x^2-1)^n=\sum_{m=0}^{n}\frac{(-1)^m n!}{m!(n-m)!}x^{2n-2m}$$

则有

$$\begin{aligned}\frac{1}{2^n n!}\frac{\mathrm{d}^n}{\mathrm{d}x^n}(x^2-1)^n&=\frac{1}{2^n n!}\sum_{m=0}^{n}\frac{(-1)^m n!}{m!(n-m)!}\frac{\mathrm{d}^n}{\mathrm{d}x^n}x^{2n-2m}\\&=\frac{1}{2^n n!}\sum_{m=0}^{\left[\frac{n}{2}\right]}\frac{(-1)^m n!}{m!(n-m)!}(2n-2m)\cdot(2n-2m-1)\cdots(n-2m+1)x^{n-2m}\\&=\sum_{m=0}^{\left[\frac{n}{2}\right]}(-1)^m\frac{(2n-2m)!}{2^n m!(n-m)!(n-2m)!}x^{n-2m}\\&=P_n(x)\end{aligned}$$

同时，我们也可把 Legendre 多项式表示为积分形式，即 Schläfli 积分. 设 $f(z)=(z^2-1)^n$，由 Cauchy 积分公式，得

$$(z^2-1)^n=\frac{1}{2\pi\mathrm{i}}\int_C\frac{(\xi^2-1)^n}{\xi-z}\mathrm{d}\xi$$

因为

$$f^{(n)}(z)=\frac{n!}{2\pi\mathrm{i}}\int_C\frac{f(\xi)!}{(\xi-z)^{n+1}}\mathrm{d}\xi$$

故有

$$\frac{\mathrm{d}^n}{\mathrm{d}z^n}(z^2-1)^n=\frac{n!}{2\pi\mathrm{i}}\int_C\frac{(\xi^2-1)^n}{(\xi-z)^{n+1}}\mathrm{d}\xi$$

于是得 Legendre 多项式的 Schläfli 积分为

$$P_n(z)=\frac{1}{2\pi\mathrm{i}}\int_C\frac{(\xi^2-1)^n}{2^n(\xi-z)^{n+1}}\mathrm{d}\xi$$

Schläfli 积分还可以作如下的变形. 取 C 为圆周，圆心在 $z=x(\neq\pm1)$，半径为 $\sqrt{|x^2-1|}$. 可得 Schläfli 积分的实积分表示(Laplace 积分)为

$$P_n(x)=\frac{1}{\pi}\int_0^{\pi}\left[x+\sqrt{x^2-1}\cos\psi\right]^n\mathrm{d}\psi$$

从上式不难看出

$$|P_n(x)| \leqslant 1 \ (-1 < x < 1)$$

我们用另一种方法——母函数方法来获得 Legendre 多项式. 由于 Legendre 多项式从 Laplace 方程而来，因此，不妨从 Laplace 方程的基本解出发考虑问题，如图 8.3.1 所示.

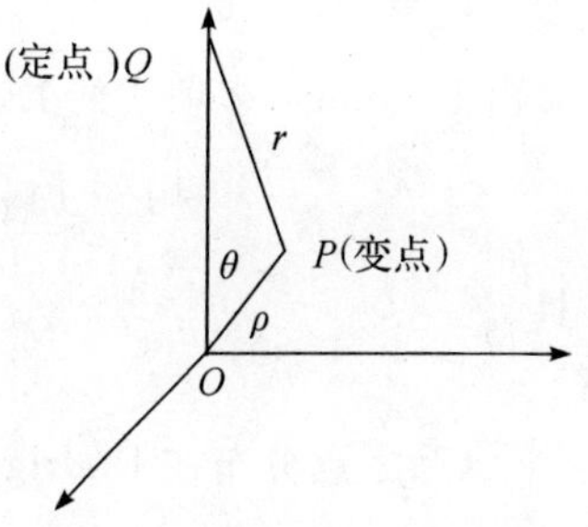

图 8.3.1

$$r^2 = 1 - 2\rho\cos\theta + \rho^2$$

令 $x = \cos\theta$，有

$$\frac{1}{r} = \frac{1}{\sqrt{1 - 2x\rho + \rho^2}}$$

现在讨论函数

$$G(x,z) = \frac{1}{\sqrt{1 - 2xz + z^2}}$$

其中 z 为复变数，而 x 为绝对值不大于 1 的参数. 因此，$G(x,z)$ 在单位圆 $|z| < 1$ 内是解析函数. 由复变函数讨论可知，当 $|z| < 1$ 时，有

$$G(x,z) = (1 - 2xz + z^2)^{-\frac{1}{2}} = \sum_{n=0}^{+\infty} c_n(x) z^n$$

其中

$$c_n(x) = \frac{1}{2\pi i}\int_C (1 - 2x\xi + \xi^2)^{-\frac{1}{2}} \xi^{-(n+1)} d\xi$$

C 是单位圆内包围原点 $z = 0$ 的曲线，由于 $\frac{1}{r}$ 是 Laplace 方程的解，而 $c_n(x)$ 又只与 x（或者说，只与 θ 有关），故 $c_n(x)$ 应为 Legendre 多项式. 事实上，可以严格推证如下：

作自变量代换 $(1 - 2xz + z^2)^{\frac{1}{2}} = 1 - zu$，它把复变数 z 变为复变数 u，则

$$z = \frac{2(u - x)}{u^2 - 1}, dz = 2\frac{2xu - 1 - u^2}{(u^2 - 1)^2}du, 1 - zu = \frac{2xu - 1 - u^2}{u^2 - 1}$$

显然，z 平面上的点 O 对应于 u 平面上的点 x，z 沿 C 走一圈时，对应地，u 围绕点 x 也沿某条封闭曲线 C' 走一圈，可得

$$\begin{aligned} c_n(x) &= \frac{1}{2\pi i}\xi\left(\frac{2x\xi' - 1 - \xi'^2}{\xi'^2 - 1}\right)^{-1} \cdot 2^{-(n+1)} \left(\frac{\xi' - x}{\xi'^2 - 1}\right)^{-(n+1)} 2\frac{2x\xi' - 1 - \xi'^2}{(\xi'^2 - 1)^2} d\xi' \\ &= \frac{1}{2\pi i}\frac{(\xi'^2 - 1)^n}{2^n(\xi' - x)^{n+1}} d\xi' \\ &= P_n(x) \end{aligned}$$

于是有

$$G(x,z) = \frac{1}{\sqrt{1 - 2xz + z^2}} = \sum_{n=0}^{+\infty} P_n(x) z^n \tag{8.3.1}$$

因此，人们把 $G(x,z)$（或者 $\frac{1}{r}$）称为勒让德多项式的母函数.

利用各种表示，可对 Legendre 多项式作进一步研究，得到有关性质：

(1)奇偶性：$P_n(-x) = (-1)^n P_n(x)$.

(2)特殊点的函数值. 由级数(8.2.11)易得

$$P_n(0)=\begin{cases}0, & n=2m+1\geqslant 1\\ \dfrac{(-1)^m(2m-1)!!}{(2m)!!}, & n=2m\\ 1, & n=0\end{cases}$$

又由 Legendre 多项式的 Laplace 积分表示知，当 $|x|\leqslant 1$ 时，有

$$|P_n(x)|\leqslant \frac{1}{\pi}\int_0^{\pi}\left|x+\sqrt{1-x^2}\,\mathrm{i}\cos\theta\right|^n\mathrm{d}\theta\leqslant \frac{1}{\pi}\int_0^{\pi}\mathrm{d}\theta=1$$

且

$$P_n(1)=1,P_n(-1)=(-1)^n$$

(3)零点分布在 Rodrigues 公式中，$x=\pm 1$ 是 $(x^2-1)^n$ 的 n 级零点. 利用 Rolle 定理，可逐步推知 $\dfrac{\mathrm{d}^n}{\mathrm{d}x^n}(x^2-1)^n$，进而 $P_n(x)$ 在 $(-1,1)$ 内有且仅有 n 个互不相同的零点.

利用这些性质，可作前 6 个 Legendre 多项式的图形，如图 8.3.2 所示. 前 6 个 Legendre 多项式的明显表达式为

$$P_0=1$$
$$P_1(x)=x$$
$$P_2(x)=\frac{3}{2}x^2-\frac{1}{2}$$
$$P_3(x)=\frac{5}{2}x^3-\frac{3}{2}x$$
$$P_4(x)=\frac{7}{4}\times\frac{5}{2}x^4-2\times\frac{5}{4}\times\frac{3}{2}x^2+\frac{3}{4}\times\frac{1}{2}$$
$$P_5(x)=\frac{9}{4}\times\frac{7}{2}x^5-2\times\frac{7}{4}\times\frac{5}{2}x^3+\frac{5}{4}\times\frac{3}{2}x$$

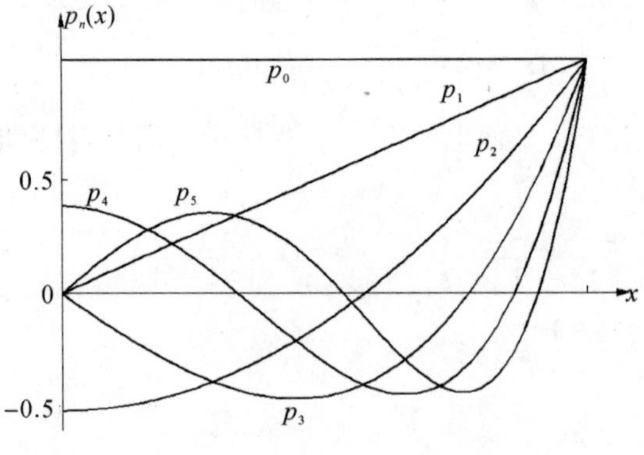

图 8.3.2

递推公式：利用展开式(8.3.1)，不难证明 Legendre 多项式满足以下的递推公式：

$$(2n+1)xP_n(x)-nP_{n-1}(x)=(n+1)P_{n+1}(x) \tag{8.3.2}$$

$$P'_{n-1}(x)=xP'_n(x)-nP_n(x) \tag{8.3.3}$$

$$nP_{n-1}(x)+xP'_{n+1}(x)=P'_n(x) \tag{8.3.4}$$

$$P'_{n+1}(x)-P'_{n-1}(x)=(2n+1)P_n(x) \tag{8.3.5}$$

在计算含 Legendre 多项式的积分时，常常用到这些递推公式.

例 8.2　设 $m \geqslant 1, n \geqslant 1$，试证

$$\int_0^1 x^m P_n(x)\mathrm{d}x = \frac{m}{m+n+1}\int_0^1 x^{m-1}P_{n-1}(x)\mathrm{d}x$$

证明　由递推公式(8.3.3)及 $P_n(x)$ 在特殊点的函数值，有

$$\begin{aligned}
& n\int_0^1 x^m P_n(x)\mathrm{d}x \\
&= \int_0^1 x^m [xP_n'(x) - P_{n-1}'(x)]\mathrm{d}x \\
&= [x^{m+1}P_n(x) + x^m P_{n-1}(x)]_0^1 - \int_0^1 (m+1)x^m P_n(x)\mathrm{d}x + \int_0^1 m x^{m-1}P_{n-1}(x)\mathrm{d}x \\
&= -(m+1)\int_0^1 x^m P_n(x)\mathrm{d}x + m\int_0^1 x^{m-1}P_{n-1}(x)\mathrm{d}x
\end{aligned}$$

移项，两边同除以 $m+n+1$ 即为所求证的等式.

例 8.3　设 $n \geqslant 2$，计算积分 $I = \int_0^1 P_n(x)\mathrm{d}x$

解　由递推公式(8.3.5)，可得

$$I = \int_0^1 P_n(x)dx = \frac{1}{2n+1}[P_{n+1}(x) - P_{n-1}(x)]_0^1$$

$$= \begin{cases} 0, & n = 2k \\ \dfrac{1}{4k+3}\left[\dfrac{(-1)^k(2k-1)!!}{(2k)!!} - \dfrac{(-1)^{k+1}(2k+1)!!}{(2k+2)!!}\right] = \dfrac{(-1)^{k+1}(2k-1)!!}{(2k+2)!!}, & n = 2k+1 \end{cases}$$

8.3.2　Legendre 方程的特征值问题及正则奇点情况下的 SL 定理

考察 Legendre 方程的特征值问题

$$\left.\begin{aligned} &[(1-x^2)y']' + \lambda y = 0,\ x \in (-1,1) \\ &|y(\pm 1)| < +\infty \end{aligned}\right\} \tag{8.3.6}$$

由上述讨论已知，当 $\lambda = l(l+1)$，l 不是非负整数时，Legendre 方程不存在满足有界性边界条件 $|y(\pm 1)| < +\infty$ 的解，只有当 l 为非负整数时，才有在 $[-1,1]$ 上有界的解，即 Legendre 多项式. 故该特征值问题的特征值 $\lambda_n = n(n+1), n = 0,1,2\cdots$，相应的特征函数 $P_n(x)$. 利用 Rodrigues 公式和分部积分公式可以直接验证 $\{P_n(x)\}$ 的正交性，即

$$\int_{-1}^1 P_n(x)P_m(x)\mathrm{d}x = 0,\ n \neq m$$

由 Weierstrass 的多项式逼近定理，$[-1,1]$ 上任意连续函数可用多项式序列一致逼近，可推出 $\{P_n(x)\}_{n=0,1,2,\cdots}$ 在 $C[-1,1]$，进而在 $L^2[-1,1]$ 中完备.

一般地，对于有限区间 $[a,b]$ 上的 SL 型方程

$$[k(x)X'(x)]' - q(x)X(x) + \lambda\rho(x)X(x) = 0,\ a < x < b \tag{8.3.7}$$

若一端(或两端)为方程的正则奇点，由 Fuchs 定理知，方程在正则奇点邻域的两个线性无关解中至少有一个无界. 根据问题的实际意义需在正则奇点端添加有界性条件，在常点端加三类齐次边界条件，此时算子 $\mathrm{L} = -\dfrac{1}{\rho(x)}\left[\dfrac{\mathrm{d}}{\mathrm{d}x}\left(k(x)\dfrac{\mathrm{d}}{\mathrm{d}x}\right) - q(x)\right]$ 仍是自共轭的，SL 定理仍然成立，表述为

定理 8.4　SL 方程的特征值问题

$$\begin{cases}[k(x)X'(x)]' - q(x)X(x) + \lambda\rho(x)X(x) = 0,\ x \in (a,b) \\ |z(a)| < +\infty,\ |z(b)| < +\infty\end{cases}$$

方程的系数满足以下条件：

(1) $k(x) \in C^1[a,b], \rho(x) \in C[a,b], q(x) \in C(a,b)$；

(2)在 (a,b) 上，$k(x) > 0, q(x) \geqslant 0, \rho(x) > 0$，$a,b$ 端是 $k(x)$ 的零点(至多一级)，$q(x)$ 的极点(至多一级).

则该正则奇点情况下的特征值问题的特征值、特征函数有与常点情况下相同的结论.(可参见附录 2)

回到 Legendre 多项式，$\{P_n(x)\}$ 的正交完备性保证了：$\forall f(x) \in L^2[-1,1]$，可关于 Legendre 多项式系 $\{P_n(x), n = 0,1,2,\cdots\}$ 作广义 Fourier 展开：

$$f(x) = \sum_{n=0}^{+\infty} C_n P_n(x)$$

其中,广义 Fourier 系数为

$$C_n = \frac{1}{\|P_n(x)\|^2}\int_{-1}^{1} f(x)P_n(x)\mathrm{d}x$$

模平方 $\|P_n(x)\|^2 = \int_{-1}^{1} |P_n(x)|^2 \mathrm{d}x$ 有多种计算方法,这里利用母函数. 由公式(8.3.1)得

$$(1 - 2xz + z^2)^{-1} = \sum_{n=0}^{+\infty}\sum_{m=0}^{+\infty} P_n(x)P_m(x)z^{n+m},\ |z| < 1$$

等式两边对 x 从 -1 到 1 积分,有

$$\int_{-1}^{1} \frac{1}{1 - 2xz + z^2}\mathrm{d}x = \sum_{n=0}^{+\infty}\sum_{m=0}^{+\infty}\left(\int_{-1}^{1} P_n(x)P_m(x)\mathrm{d}x\right)z^{n+m}$$

利用正交性,有

$$\sum_{n=0}^{+\infty} \|P_n(x)\|^2 z^{2n} = -\frac{1}{2z}\ln(1 - 2xz + z^2)\Big|_{-1}^{1} = \frac{1}{z}[\ln(1+z) - \ln(1-z)]$$

$$= \sum_{n=0}^{+\infty} \frac{2}{2n+1} z^{2n}$$

两边比较系数,可得

$$\|P_n(x)\|^2 = \frac{2}{2n+1}$$

8.3.3　伴随 Legendre 方程和伴随 Legendre 函数

在伴随 Legendre 方程(8.1.11)中,令 $\lambda = n(n+1), n = 0,1,2\cdots$,则得

$$(1 - x^2)\frac{\mathrm{d}^2 y}{\mathrm{d}x^2} - 2x\frac{\mathrm{d}y}{\mathrm{d}x} + \left[n(n+1) - \frac{m^2}{1 - x^2}\right]y = 0 \tag{8.3.8}$$

由于直接求它的幂级数解过程比较复杂,人们常对方程先作变换 $y(x) = (1 - x^2)^{\frac{m}{2}}v(x)$，一旦求出了 $v(x)$，则 $(1 - x^2)^{\frac{m}{2}}v(x)$ 就是方程(8.3.8)的解.

令 $y(x) = (1 - x^2)^{\frac{m}{2}}v(x)$，则

$$\frac{dy}{dx} = (1-x^2)^{\frac{m}{2}} v' - mx(1-x^2)^{\frac{m}{2}-1} v$$

$$\frac{d^2 y}{dx^2} = (1-x^2)^{\frac{m}{2}} v'' - 2mx(1-x^2)^{\frac{m}{2}-1} v' + (1-x^2)^{\frac{m}{2}-1}\left[\frac{m(m-2)x^2}{1-x^2} - m\right] v$$

代入方程(8.3.8)中，即得 $v(x)$ 应满足的微分方程为

$$(1-x^2)v'' - 2(m+1)xv' + [n(n+1) - m(m+1)]v = 0 \tag{8.3.9}$$

此时，运用幂级数解法所得系数的循环公式并不复杂，可是不难看出，这个方程恰好是对 Legendre 方程逐项求导 m 次的结果. 因此，我们不妨直接引用 Legendre 方程的解——Legendre 多项式.

现推证如下，对方程

$$(1-x^2)P_n'' - 2xP_n' + n(n+1)P_n = 0$$

求导，得

$$(1-x^2)P_n''' - 2\times 2xP_n'' + [n(n+1) - 2]P_n' = 0$$

再次求导，得

$$(1-x^2)P_n^{(2+2)} - 2\times(2+1)xP_n^{(2+1)} + [n(n+1) - 2\times(2+1)]P_n^{(2)} = 0$$

显然，连续求导 m 次，即可得到

$$(1-x^2)P_n^{(m+2)} - 2(m+1)xP_n^{(m+1)} + [n(n+1) - m(m+1)]P_n^{(m)} = 0 \tag{8.3.10}$$

事实上，对式(8.3.10)再求导，其结果刚好将式(8.3.10)中的 m 换成 $m+1$. 这就证明了 $P_n(x)$ 的 m 阶导函数 $P_n^m(x)$ 是方程(8.3.9)的一个解，而函数 $(1-x^2)^{\frac{m}{2}}P_n^{(m)}(x)$ 则是伴随 Legendre 方程(8.3.8)的一个解. 采用记号

$$P_n^m(x) = (1-x^2)^{\frac{m}{2}} P_n^{(m)}(x)$$

并称函数 $P_n^m(x)$ 为伴随 Legendre 多项式. 设 $m > n$，则 $P_n^m = 0$；若 $m = 0$，则 $P_n^0 = P_n$.

以下讨论伴随 Legendre 多项式的正交性和归一性.

容易证明当 $k \neq n$ 时，有

$$\int_{-1}^{1} P_k^m(x)P_n^m(x)dx = 0$$

假定 $m \leqslant n$，而求 $\int_{-1}^{1}[P_n^m(x)]^2 dx$ 之值. 显然

$$\begin{aligned}\int_{-1}^{1}[P_n^m(x)]^2 dx &= \int_{-1}^{1}(1-x^2)^m [P_n^m(x)]^2 dx \\ &= \int_{-1}^{1}(1-x^2)^m P_n^{(m)}(x)\frac{d}{dx}P_n^{(m-1)}(x)dx \\ &= -\int_{-1}^{1}P_n^{(m-1)}(x)\frac{d}{dx}[(1-x^2)^m P_n^{(m)}]dx\end{aligned} \tag{8.3.11}$$

在式(8.3.11)中，用 $m-1$ 代替 m，有

$$(1-x^2)P_n^{(m+1)} - 2mxP_n^{(m)} + [n(n+1) - (m-1)m]P_n^{(m-1)} = 0$$

以 $(1-x^2)^{m-1}$ 乘之，得

$$(1-x^2)^m P_n^{(m+1)} - 2mx(1-x^2)^{m-1}P_n^{(m)} + [n(n+1) - (m-1)m](1-x^2)^{m-1}P_n^{(m-1)} = 0$$

即

$$\frac{d}{dx}[(1-x^2)^m P_n^{(m)}] + (n+m)(n-m+1)(1-x^2)^{m-1}P_n^{(m-1)} = 0 \tag{8.3.12}$$

将式(8.3.12)代入式(8.3.11),得一循环公式

$$\int_{-1}^{1}[P_n^m]^2\mathrm{d}x=(n+m)(n-m+1)\int_{-1}^{1}(1-x^2)^{m-1}[P_n^{(m-1)}]^2\mathrm{d}x$$

$$=(n+m)(n-m+1)\int_{-1}^{1}[P_n^{m-1}]^2\mathrm{d}x$$

按此公式继续递推下去,即得

$$\int_{-1}^{1}[p_n^m]^2\mathrm{d}x=(n+m)(n-m+1)\cdots(n+1)(n-m+1)(n-m+2)\cdots n\int_{-1}^{1}[P_n^0]^2\mathrm{d}x$$

$$=\frac{(n+m)!}{(n-m)!}\int_{-1}^{1}[P_n]^2\mathrm{d}x$$

故

$$\int_{-1}^{1}[P_n^m(x)]^2\mathrm{d}x=\frac{(n+m)!}{(n-m)!}\frac{2}{2n+1}$$

8.4 Bessel 函数

Bessel 函数是另一个常用的特殊函数,本节将重点讨论 Bessel 函数的性质.

8.4.1 Bessel 函数的表示和性质

Bessel 函数

$$J_\nu(x)=\sum_{m=0}^{+\infty}(-1)^m\frac{x^{\nu+2m}}{2^{\nu+2m}m!\Gamma(\nu+m+1)} \tag{8.4.1}$$

在很多问题中将作为特征函数出现,构成函数空间的正交基.尽管在一般情况下,它是非初等函数,我们仍然可以通过它的各种表示来研究它的有关性质.而其他的 Bessel 函数 $N_\nu(x)$, $H_\nu^{(1)}(x)$ 和 $H_\nu^{(2)}(x)$ 的相应性质可由它们与 $J_\nu(x)$ 的关系推得.

(1)微分关系和递推公式。由级数表达式(8.4.1)不难直接得到 Bessel 函数的微分关系式

$$\frac{\mathrm{d}}{\mathrm{d}x}[x^\nu J_\nu(x)]=x^\nu J_{\nu-1}(x) \tag{8.4.2}$$

$$\frac{\mathrm{d}}{\mathrm{d}x}[x^{-\nu}J_\nu(x)]=-x^{-\nu}J_{\nu+1}(x) \tag{8.4.3}$$

特别地,有

$$J_0'=-J_1 \tag{8.4.4}$$

即 $\int J_1(x)\mathrm{d}x=-J_0(x)+c$.

将式(8.4.2)、式(8.4.3)中的导数求出并化简,可得关系式:

$$xJ_\nu'(x)+\nu J_\nu(x)=xJ_{\nu-1}(x) \tag{8.4.5}$$

$$xJ_\nu'(x)-\nu J_\nu(x)=-xJ_{\nu+1}(x) \tag{8.4.6}$$

两式相加或相减分别得递推关系:

$$2J_\nu'(x)=J_{\nu-1}(x)-J_{\nu+1}(x) \tag{8.4.7}$$

$$\frac{2}{x}\nu J_\nu(x) = J_{\nu-1}(x) + J_{\nu+1}(x) \tag{8.4.8}$$

由公式(8.4.8)，整数阶 Bessel 函数最终可由 $J_0(x)$、$J_1(x)$ 表出.

称满足递推关系式(8.4.7)、式(8.4.8)的函数为柱函数，$N_\nu(x)$，$H_\nu^{(1)}(x)$ 和 $H_\nu^{(2)}(x)$ 与 $J_\nu(x)$ 一样都是柱函数.

将式(8.4.2)与式(8.4.3)改写为算子形式，有

$$\left(\frac{1}{x}\frac{\mathrm{d}}{\mathrm{d}x}\right)(x^\nu J_\nu) = x^{\nu-1}J_{\nu-1}$$

$$\left(\frac{1}{x}\frac{\mathrm{d}}{\mathrm{d}x}\right)(x^{-\nu} J_\nu) = -x^{-(\nu+1)}J_{\nu+1}$$

便可得相隔 n 阶的两个 Bessel 函数间的递推关系

$$\left(\frac{1}{x}\frac{\mathrm{d}}{\mathrm{d}x}\right)^n(x^\nu J_\nu) = x^{\nu-n}J_{\nu-n} \tag{8.4.9}$$

$$\left(\frac{1}{x}\frac{\mathrm{d}}{\mathrm{d}x}\right)^n(x^{-\nu} J_\nu) = (-1)^n x^{-(\nu+n)}J_{\nu+n} \tag{8.4.10}$$

在 8.2.3 节中，已知

$$J_{\frac{1}{2}}(x) = \sqrt{\frac{2}{\pi x}}\sin x,\ J_{-\frac{1}{2}}(x) = \sqrt{\frac{2}{\pi x}}\cos x$$

利用递推公式(8.4.9)、式(8.4.10)，便可求得

$$J_{n+\frac{1}{2}}(x) = (-1)^n\sqrt{\frac{2}{\pi}}x^{n+\frac{1}{2}}\left(\frac{1}{x}\frac{\mathrm{d}}{\mathrm{d}x}\right)^n\left(\frac{\sin x}{x}\right) \tag{8.4.11}$$

$$J_{-(n+\frac{1}{2})}(x) = \sqrt{\frac{2}{\pi}}x^{n+\frac{1}{2}}\left(\frac{1}{x}\frac{\mathrm{d}}{\mathrm{d}x}\right)^n\left(\frac{\cos x}{x}\right) \tag{8.4.12}$$

可见，所有的半整数阶 Bessel 函数都是初等函数.

常常利用微分关系和递推公式计算含有 Bessel 函数的积分.

例 8.4　计算积分 $I_1 = \int x^3 J_0(x)\mathrm{d}x$，$I_2 = -\int x^2 J_2(x)\mathrm{d}x$.

解　$I_1 = \int x^2 \cdot xJ_0(x)\mathrm{d}x = \int x^2 \mathrm{d}(xJ_1(x)) = x^3 J_1(x) - 2\int x^2 J_1(x)\mathrm{d}x$

$$= x^3J_1(x) - 2x^2J_2(x) + C = x^3J_1(x) - 2x^2\left[\frac{2}{x}J_1(x) - J_0(x)\right] + C$$

$$= (x^3 - 4x)J_1(x) + 2x^2J_0(x) + C$$

$$I_2 = -\int x^2J_2(x)\mathrm{d}x = \int x^3(x^{-1}J_2(x))\mathrm{d}x = x^3(x^{-1}J_1(x)) - 3\int x^2(x^{-1}J_1(x))\mathrm{d}x$$

$$= x^2J_1(x) + 3\int xJ_0'(x)\mathrm{d}x = x^2J_1(x) + 3\left(xJ_0(x) - \int J_0(x)\mathrm{d}x\right)$$

整数阶 Bessel 函数的母函数和积分表示.

含实参数 x 的复函数 $\mathrm{e}^{\frac{x}{2}(\zeta-\zeta^{-1})}$ 在 ζ 平面上除 $\zeta = 0$ 外解析，因此在环域 $0 < |\zeta| < +\infty$ 可作 Laurent 展开.

$$\begin{aligned}\mathrm{e}^{\frac{x}{2}(\zeta-\zeta^{-1})} &= \mathrm{e}^{\frac{x}{2}\zeta}\mathrm{e}^{-\frac{x}{2}\zeta^{-1}} = \sum_{l=0}^{+\infty}\frac{1}{l!}\left(\frac{x}{2}\zeta\right)^l \cdot \sum_{k=0}^{+\infty}\frac{1}{k!}\left(-\frac{x}{2}\zeta^{-1}\right)^k \\ &= \sum_{n=-\infty}^{+\infty}\left[\sum_{k=0}^{+\infty}\frac{(-1)^k}{k!(k+n)!}\left(\frac{x}{2}\right)^{2k+n}\right]\zeta^n = \sum_{n=-\infty}^{+\infty}J_n(x)\zeta^n\end{aligned} \tag{8.4.13}$$

整数阶 Bessel 函数 $\{J_n(x), n=0,\pm1,\pm2,\cdots\}$ 恰好是复函数 $e^{\frac{x}{2}(\zeta-\zeta^{-1})}$ 关于 ζ 的 Laurent 展开系数，称 $e^{\frac{x}{2}(\zeta-\zeta^{-1})}$ 为整数阶 Bessel 函数的母函数．

另外，由 Laurent 展开系数的计算公式，取路径 $C:\zeta=e^{i\theta}$，$-\pi\leqslant\theta\leqslant\pi$，有整数阶 Bessel 函数的积分表达式为

$$J_n(x)=\frac{1}{2\pi i}\oint_C\frac{e^{\frac{x}{2}(\zeta-\zeta^{-1})}}{\zeta^{n+1}}d\zeta=\frac{1}{2\pi}\int_{-\pi}^{\pi}e^{i(x\sin\theta-n\theta)}d\theta=\frac{1}{\pi}\int_0^{\pi}\cos(x\sin\theta-n\theta)d\theta$$

(2)零点和衰减振荡性. 已知

$$\lim_{x\to0+}J_\nu(x)=\begin{cases}1, & \nu=0\\0, & \nu>0\end{cases}$$

$$\lim_{x\to0+}N_\nu(x)=-\infty,\ \nu\geqslant0$$

由公式(8.4.11)、式(8.4.12)可知，半奇数阶 Bessel 函数当 $x\to+\infty$ 时，是一个衰减振荡函数. 对于其他阶的 Bessel 函数，利用其积分表示式及一些专门的方法，可推出当 $x\to+\infty$ 时，它们有渐近表达式为

$$J_\nu(x)=\sqrt{\frac{2}{\pi x}}\cos\left(x-\frac{\nu\pi}{2}-\frac{\pi}{4}\right)+O(x^{-\frac{3}{2}})$$

$$N_\nu(x)=\sqrt{\frac{2}{\pi x}}\sin\left(x-\frac{\nu\pi}{2}-\frac{\pi}{4}\right)+O(x^{-\frac{3}{2}})$$

由此可见，$\lim\limits_{x\to+\infty}J_\nu(x)=\lim\limits_{x\to+\infty}N_\nu(x)=0$，且是相位相差 $\frac{\pi}{2}$ 的两个衰减振荡函数.

Bessel 函数的零点在特征值问题中有重要意义. 由渐近表达式可知 $J_\nu(x)$ 与 $N_\nu(x)$ 都有无穷多个实零点. 事实上，关于 $J_\nu(x)$ 的零点有以下主要结论：

(1) $J_\nu(x)$ 有无穷多个实零点，当 $\nu>-1$ 时所有零点在实轴，且这无穷多个零点在 x 轴上关于原点是对称分布着的，因而 $J_\nu(x)$ 必有无穷多个正的零点；

(2) $J_\nu(x)$，$\nu>-1$ 时的非零零点都是一级的，$\nu=\pm n$ 时 0 为 n 级零点，$\nu\notin\mathbb{Z}$ 时 0 为支点；

(3) $J_\nu(x)$ 的零点与 $J_{\nu+1}(x)$ 的零点是彼此相间分布的，即 $J_\nu(x)$ 的任意两个相邻零点之间必存在一个且仅有一个 $J_{\nu+1}(x)$ 的零点，且 $J_\nu(x)$ 的第一个正零点小于 $J_{\nu+1}(x)$ 的第一个正零点；

(4) $J'_\nu(x)$ 及 $J_\nu(x)+hxJ'_\nu(x)$ (h 为常数)在实轴上都有无穷多个零点.

$J_0(x)$ 与 $J_1(x)$ 的零点可在数学手册上查到.

8.4.2 Bessel 方程的特征值问题

在 8.1 节中，Helmholtz 方程在柱坐标下分离变量，得到关于 $R(r)$ 的 Bessel 方程(8.1.6). 如果在圆柱内求解问题，则需配以柱面上的边界条件，构成 Bessel 方程特征值问题

$$(rR')'+\left(\lambda r-\frac{\nu^2}{r}\right)R=0,\quad 0<r<a \tag{8.4.14}$$

$$|R(0)|<+\infty,\ \alpha R(a)+\beta R'(a)=0 \tag{8.4.15}$$

其中，有界性条件是由 $r=0$ 为方程的正则奇点而自然添加. 这是 SL 型方程特征值问题，特征值 $\lambda=\omega^2\geqslant0$. 令 $x=\omega r$，记 $y(x)=R\left(\frac{x}{\omega}\right)$，则式(8.4.14)即为标准的 Bessel 方程：

$$x^2 \frac{\mathrm{d}^2 y}{\mathrm{d}x^2} + x \frac{\mathrm{d}y}{\mathrm{d}x} + (x^2 - \nu^2) y = 0 \tag{8.4.16}$$

故方程(8.4.14)的通解为

$$R_\nu(r) = CJ_\nu(\omega r) + DN_\nu(\omega r)$$

因为 $N_\nu(x)$ 在 $x = 0$ 处无界，由 $|R(0)| < +\infty$ 推得 $D = 0$. 代入 a 端边界条件，有

$$\alpha J_\nu(\omega a) + \beta\omega J_\nu'(\omega a) = 0 \tag{8.4.17}$$

由 $J_\nu(x)$ 的零点性质，可得特征值和特征函数如下：

当 a 端为第一类边界条件 $(\beta = 0)$ 时，$\lambda_n = \omega_{1n}^2 (n = 1,2,\cdots)$，$\omega_{1n}$ 是方程 $J_\nu(\omega a) = 0$ 的第 n 个正根，特征函数 $R_n(r) = J_\nu(\omega_{1n} r)$.

当 a 端为第二类边界条件 $(\alpha = 0)$ 时，$\lambda_n = \omega_{2n}^2 (n = 1,2,\cdots)$，$\omega_{2n}$ 是方程 $J_\nu'(\omega a) = 0$ 的第 n 个正根，特征函数 $R_n(r) = J_\nu(\omega_{2n} r)$. 需注意的是，当 $\nu = 0$ 时，还要增加一个特征值 $\lambda_0 = 0$，对应的特征函数为 $R_0(r) = 1$.

当 a 端为第三类边界条件 $(\alpha\beta \neq 0)$ 时，$\lambda_n = \omega_{3n}^2 (n = 1,2,\cdots)$，$\omega_{3n}$ 是式(8.4.17)的第 n 个正根，特征函数 $R_n(r) = J_\nu(\omega_{3n} r)$.

由 SL 定理，特征函数系 $\{J_\nu(\omega_{1n} r)\}$，$\{J_\nu(\omega_{2n} r)\}$，$\{J_\nu(\omega_{3n} r)\}$ 分别是满足相应边界条件的函数空间里的加权 r 的完备正交函数系，故对 $L_r^2[0,a]$ 中的函数 $f(r)$ 有 Fourier－Bessel 展开式

$$f(r) = \sum_{n=0\text{或}1}^{+\infty} C_n J_\nu(\omega_{kn} r)$$

$$C_n = \frac{1}{N_{\nu kn}^2} \int_0^a r f(r) J_\nu(\omega_{kn} r) \mathrm{d}r, \quad k = 1,2,3$$

其中，模平方为

$$N_{\nu kn}^2 = \int_0^a r J_\nu^2(\omega_{kn} r) \mathrm{d}r$$

方程本身也是其解的一种表示，我们利用 Bessel 方程来求 Bessel 函数的模平方.

设 $R_n(r) = J_\nu(\omega_n r)$ 满足 ν 阶 Bessel 方程：

$$(rR_n')' + \left(\omega_n^2 r - \frac{\nu^2}{r}\right) R_n = 0$$

两边同乘以 rR_n'，对 r 从 0 到 a 积分得

$$\int_0^a (rR_n')' rR_n' \mathrm{d}r + \int_0^a \left(\omega_n^2 r - \frac{\nu^2}{r}\right) rR_n R_n' \mathrm{d}r = 0$$

有

$$\frac{1}{2} \left[(rR_n'(r))^2 + (\omega_n^2 r^2 - \nu^2) R_n^2(r) \right]_0^a - \omega_n^2 \int_0^a r R_n^2(r) \mathrm{d}r = 0$$

可得

$$\frac{a^2}{2} \omega_n^2 \left[J_\nu'(\omega_n a) \right]^2 + \frac{1}{2} (\omega_n^2 a^2 - \nu^2) J_\nu^2(\omega_n a) = \omega_n^2 N_\nu^2$$

相应于三类边界条件，分别有

$$N_{\nu 1n}^2 = \frac{a^2}{2}[J_\nu'(\omega_{1n}a)]^2 = \frac{a^2}{2}J_{\nu+1}^2(\omega_{1n}a)$$

$$N_{\nu 2n}^2 = \frac{1}{2}\left[a^2 - \frac{\nu^2}{\omega_{2n}^2}\right]J_\nu^2(\omega_{2n}a)$$

$$N_{\nu 3n}^2 = \frac{1}{2}\left[a^2 - \frac{\nu^2}{\omega_{3n}^2} + \frac{a^2\alpha^2}{\beta^2\omega_{3n}^2}\right]J_\nu^2(\omega_{3n}a)$$

例 8.5　设 $\omega_n(n=1,2,\cdots)$ 是 $J_0(x)=0$ 的全体正根，将 $f(x)=1-x^2$ 在 $0\leqslant x\leqslant 1$ 上按 $\{J_0(\omega_n x)\}$ 作广义 Fourier 展开.

解　设

$$1-x^2 = \sum_{n=1}^{+\infty} C_n J_0(\omega_n x)$$

$$\begin{aligned}
C_n &= \frac{1}{N_{01n}^2}\int_0^1 x(1-x^2)J_0(\omega_n x)\mathrm{d}x \\
&= \frac{1}{N_{01n}^2\omega_n^2}\int_0^1 (1-x^2)(\omega_n x)J_0(\omega_n x)\mathrm{d}(\omega_n x) \\
&= \frac{1}{N_{01n}^2\omega_n^2}\left[(1-x^2)(\omega_n x)J_1(\omega_n x)\Big|_0^1 + 2\int_0^1 x(\omega_n x)J_1(\omega_n x)\mathrm{d}x\right] \\
&= \frac{2}{N_{01n}^2\omega_n^4}(\omega_n x)^2 J_2(\omega_n x)\Big|_0^1 \\
&= \frac{2}{N_{01n}^2\omega_n^2}J_2(\omega_n) = \frac{4J_2(\omega_n)}{J_1^2(\omega_n)\omega_n^2} = \frac{8}{\omega_n^3 J_1(\omega_n)}
\end{aligned}$$

最后一步利用了递推公式(8.4.8)推得.

8.5　特殊函数应用举例

例 8.6　设有半径为 1 的薄均匀圆盘，边界上温度为零，初始时刻圆盘内温度分布为 $1-r^2$，其中 r 是圆盘内任一点的极半径，求圆内温度分布规律.

解　由于是在圆域内求解问题，故采用极坐标系较为方便，并考虑到定解条件与 θ 无关，所以温度 u 只能是 r,t 的函数，于是根据问题的要求，可归结为求解下列定解问题：

$$\frac{\partial u}{\partial t} = a^2\left(\frac{\partial^2 u}{\partial r^2} + \frac{1}{r}\frac{\partial u}{\partial r}\right),\ 0\leqslant r<1,\ t>0 \tag{8.5.1}$$

$$u|_{r=1} = 0 \tag{8.5.2}$$

$$u|_{t=0} = 1-r^2 \tag{8.5.3}$$

此外，由物理意义，还有条件 $|u|<\infty$，且 $\lim\limits_{t\to\infty}u=0$.

令

$$u(r,t) = F(r)T(t)$$

代入方程(8.5.1)，得

$$FT' = a^2\left(F'' + \frac{1}{r}F'\right)T$$

或

$$\frac{T'}{a^2T}=\frac{F''+\frac{1}{r}F'}{F}=-\lambda$$

由此得

$$r^2F''+rF'+\lambda r^2F=0 \tag{8.5.4}$$

$$T'+\lambda a^2T=0 \tag{8.5.5}$$

方程(8.5.5)的解为

$$T(t)=Ce^{-a^2\lambda t}$$

因为 $t\to+\infty$ 时，$u\to 0$，所以 λ 只能大于零，令 $\lambda=\beta^2$，则

$$T(t)=Ce^{-a^2\beta^2 t}$$

此时方程(8.5.4)的通解为

$$F(r)=C_1J_0(\beta r)+C_2Y_0(\beta r)$$

由 $u(r,t)$ 的有界性，可知 $C_2=0$，再由式(8.5.2)得 $J_0(\beta)=0$，即 β 是 $J_0(x)$ 的零点. 以 ω_n 表示 $J_0(x)$ 的正零点，则

$$\beta=\omega_n,\quad n=1,2,3,\cdots$$

综合以上结果可得

$$F_n(r)=J_0(\omega_n r)$$

$$T_n(t)=C_ne^{-a^2\omega_n^2t}$$

从而

$$u_n(r,t)=C_ne^{-a^2\omega_n^2t}J_0(\omega_n r)$$

利用叠加原理，可得原定解问题的解为

$$u(r,t)=\sum_{n=1}^{+\infty}C_ne^{-a^2\omega_n^2t}J_0(\omega_n r)$$

由条件(8.5.3)，得

$$1-r^2=\sum_{n=1}^{+\infty}C_nJ_0(\omega_n r)$$

从而

$$C_n=\frac{2}{[J_0'(\omega_n r)]^2}\int_0^1(1-r^2)rJ_0(\omega_n r)\mathrm{d}r$$

$$=\frac{2}{J_1^2(\omega_n)}\left[\int_0^1 rJ_0(\omega_n r)dr-\int_0^1 r^3J_0(\omega_n r)\mathrm{d}r\right]$$

因

$$\mathrm{d}[(\omega_n r)J_1(\omega_n r)]=(\omega_n r)[J_0(\omega_n r)\mathrm{d}(\omega_n r)]$$

即

$$\mathrm{d}\left[\frac{rJ_1(\omega_n r)}{\omega_n}\right]=rJ_0(\omega_n r)\mathrm{d}r$$

故得

$$\int_0^1 rJ_0(\omega_n r)\mathrm{d}r=\left.\frac{rJ_1(\omega_n r)}{\omega_n}\right|_0^1=\frac{J_1(\omega_n)}{\omega_n}$$

另外，

$$\int_0^1 r^3 J_0(\omega_n r)\mathrm{d}r = \int_0^1 r^2 \mathrm{d}\left[\frac{rJ_1(\omega_n r)}{\omega_n}\right]$$

$$= \left[\frac{r^3 J_1(\omega_n r)}{\omega_n}\right]_0^1 - \frac{2}{\omega_n}\int_0^1 r^2 J_1(\omega_n r)\mathrm{d}r$$

$$= \frac{J_1(\omega_n)}{\omega_n} - \frac{2}{\omega_n^2} r^2 J_2(\omega_n r)\Big|_0^1$$

$$= \frac{J_1(\omega_n)}{\omega_n} - \frac{2J_2(\omega_n)}{\omega_n^2}$$

从而

$$C_n = \frac{8}{\omega_n^3 J_1(\omega_n)}$$

故所求定解问题的解为

$$u(r,t) = \sum_{n=1}^{+\infty} \frac{8}{\omega_n^3 J_1(\omega_n)} J_0(\omega_n r)\mathrm{e}^{-a^2\omega_n^2 t}$$

例 8.7 求下列定解问题

$$\frac{\partial^2 u}{\partial t^2} = a^2\left(\frac{\partial^2 u}{\partial r^2} + \frac{1}{r}\frac{\partial u}{\partial r}\right), 0 < r < R, t > 0 \tag{8.5.6}$$

$$\frac{\partial u}{\partial r}\Big|_{r=R} = 0, |u|_{r=0}| < +\infty \tag{8.5.7}$$

$$u|_{t=0} = 0, \frac{\partial u}{\partial t}\Big|_{t=0} = 1 - \frac{r^2}{R^2} \tag{8.5.8}$$

的解.

解 用分离变量法来解,令 $u(r,t) = F(r)T(t)$,采用例 8.6 中类似的运算,可得

$$F(r) = C_1 J_0(\beta r) + C_2 Y_0(\beta r) \tag{8.5.9}$$

$$T(t) = C_3 \cos a\beta t + C_4 \sin a\beta t \tag{8.5.10}$$

由 $u(r,t)$ 在 $r=0$ 处的有界性,可知 $C_2 = 0$,即

$$F(r) = C_1 J_0(\beta r) \tag{8.5.11}$$

再根据边界条件(8.5.7),得

$$F'(R) = C_1 \beta J_0'(\beta R) = 0$$

因 $C_1\beta$ 不能为零,则有

$$J_0'(\beta R) = 0$$

利用 Bessel 函数的递推公式可得

$$J_1(\beta R) = 0$$

即 βR 是 $J_1(x)$ 的正零点. 以 $\omega_{11}, \omega_{12}, \omega_{13}, \cdots, \omega_{1n}, \cdots$ 表示 $J_1(x)$ 的所有正零点,则

$$\beta R = \omega_{1n}, \quad n = 1,2,3,\cdots$$

即

$$\beta = \frac{\omega_{1n}}{R} \tag{8.5.12}$$

将式(8.5.12)分别代入式(8.5.11)、式(8.5.10),得

$$F_n(r) = J_0\left(\frac{\omega_{1n}}{R}r\right)$$

$$T_n(t) = C_n \cos \frac{a\omega_{1n}}{R}t + D_n \sin \frac{a\omega_{1n}}{R}t$$

从而
$$u_n(r,t) = \left(C_n \cos \frac{a\omega_{1n}}{R}t + D_n \sin \frac{a\omega_{1n}}{R}t\right) J_0\left(\frac{\omega_{1n}}{R}r\right)$$

利用叠加原理可得原定解问题的解为

$$u(r,t) = \sum_{n=1}^{+\infty}\left(C_n \cos \frac{a\omega_{1n}}{R}t + C_n \sin \frac{a\omega_{1n}}{R}t\right) J_0\left(\frac{\omega_{1n}}{R}r\right)$$

代入条件(8.6.10),得

$$\sum_{n=1}^{+\infty} C_n J_0\left(\frac{\omega_{1n}}{R}r\right) = 0 \tag{8.5.13}$$

$$\sum_{n=1}^{+\infty} \frac{a}{R} D_n \omega_{1n} J_0\left(\frac{\omega_{1n}}{R}r\right) = 1 - \frac{r^2}{R^2} \tag{8.5.14}$$

由式(8.5.13)得
$$C_n = 0, \quad n = 1,2,3,\cdots$$

由式(8.5.14)并利用下面的结果(见习题第 14 题):如果 ω_{1n} 是 $J_1(x)$ 的正零点,则

$$\int_0^R r J_0^2\left(\frac{\omega_{1n}}{R}r\right) \mathrm{d}r = \frac{R^2}{2} J_0^2(\omega_{1n}) J_1'(\omega_{1n}) = \frac{R^2}{2} J_0^2(\omega_{1n})$$

可得

$$D_n = \frac{2}{a\omega_{1n} R J_0^2(\omega_{1n})} \int_0^R \left(1 - \frac{r^2}{R^2}\right) r J_0\left(\frac{\omega_{1n}}{R}r\right) \mathrm{d}r$$
$$= \frac{4RJ_2(\omega_{1n})}{a\omega_{1n}^3 J_0^2(\omega_{1n})} = \frac{4R}{a\omega_{1n}^3 J_0(\omega_{1n})}$$

所以最后得到定解问题的解为

$$u(r,t) = -\frac{4R}{a}\sum_{n=1}^{+\infty} \frac{1}{\omega_{1n}^3 J_0(\omega_{1n})} \sin \frac{a\omega_{1n}}{R}t J_0\left(\frac{\omega_{1n}}{R}r\right)$$

例 8.8　圆柱冷却问题. 无限长圆柱体,半径为 r_0 ,内部无热源,初始温度为 $\varphi(x,y)$,柱表面温度保持零度,求圆柱内温度变化规律.

解　这是热传导方程的柱内混合问题,应采用柱坐标. 又由柱无限长,定解条件与柱高无关,故柱内的温度 $u = u(t,r,\theta)$ 应满足混合问题:

$$\begin{cases} \dfrac{\partial u}{\partial t} = a^2 \Delta u = a^2\left[\dfrac{1}{r}\dfrac{\partial}{\partial r}\left(r\dfrac{\partial u}{\partial r}\right) + \dfrac{1}{r^2}\dfrac{\partial^2 u}{\partial \theta^2}\right], \quad r < r_0, t > 0 \\ u\big|_{r=r_0} = 0 \\ u\big|_{t=0} = \varphi(r\cos\theta, r\sin\theta) \overset{\mathrm{def}}{=} \Phi(r,\theta) \end{cases}$$

设 $u = T(t)R(r)\Theta(\theta)$,分离变量得特征值问题

$$\begin{cases} \Theta'' + \mu\Theta = 0 \\ \Theta(\theta) = \Theta(\theta + 2\pi) \end{cases}$$

$$\begin{cases} \dfrac{1}{r}(rR')' + \left(\lambda - \dfrac{\mu}{r^2}\right)R = 0, \ 0 < r < r_0 \\ |R(0)| < +\infty, \ R(r_0) = 0 \end{cases}$$

和常微分方程

$$T' + \lambda a^2 T = 0$$

由关于 $\Theta(\theta)$ 的特征值问题解，得

$$\mu_m = m^2 \ , m = 0,1,2,\cdots$$

$$\Theta_m(\theta) = \begin{Bmatrix} \cos m\theta \\ \sin m\theta \end{Bmatrix}$$

对每一个 $\mu_m = m^2$ ，从 $R(r)$ 的特征值问题可得

$$\lambda_{mn} = \omega_{mn}^2$$

$$R_{mn}(r) = J_m(\omega_{mn} r) \ , n = 1,2,\cdots$$

其中，ω_{mn} 是 $J_m(\omega_{mn} r) = 0$ 的第 n 个正根. 将特征值 λ_{mn} 代入 $T(t)$ 的方程，通解为

$$T_{mn}(t) = c\mathrm{e}^{-a^2\omega_{mn}^2 t}$$

进而得到满足热传导方程和柱面齐次边界条件的所有分离变量形状的解族

$$\begin{Bmatrix} \cos m\theta \\ \sin m\theta \end{Bmatrix} J_m(\omega_{mn} r)\mathrm{e}^{-a^2\omega_{mn}^2 t} \ , \begin{matrix} m = 0,1,2,\cdots \\ n = 1,2,3,\cdots \end{matrix}$$

将分离变量的解叠加，令

$$u(t,r,\theta) = \sum_{m=0}^{+\infty}\sum_{n=1}^{+\infty}(C_{mn}\cos m\theta + D_{mn}\sin m\theta) J_m(\omega_{mn} r)\mathrm{e}^{-a^2\omega_{mn}^2 t} \tag{8.5.15}$$

代入初始条件，得

$$u\big|_{t=0} = \sum_{m=0}^{+\infty}\sum_{n=1}^{+\infty}(C_{mn}\cos m\theta + D_{mn}\sin m\theta) J_m(\omega_{mn} r) = \Phi(r,\theta)$$

由于 $\{\cos m\theta, \sin m\theta, m = 0,1,2,\cdots\}$ 是 $[0,2\pi]$ 上的完备正交函数系，对每个固定的 m，$\{J_m(\omega_{mn} r), n = 1,2,\cdots\}$ 是 $[0,r_0]$ 上加权 r 的完备正交函数系，由定理 8.1 知，上式即为 $\Phi(r,\theta)$ 在矩形域 $[0,2\pi]\times[0,r_0]$ 上的广义 Fourier 展开，故

$$\begin{aligned} C_{mn} &= \frac{1}{\|\cos m\theta\|^2 \, \|J_m(\omega_{mn} r)\|^2}\int_0^{r_0}\int_0^{2\pi}\Phi(r,\theta)\cos m\theta J_m(\omega_{mn} r) r\mathrm{d}\theta\mathrm{d}r \\ &= \frac{\delta_m}{\pi r_0^2 J_{m+1}^2(\omega_{mn} r_0)}\int_0^{r_0}\int_0^{2\pi}\Phi(r,\theta)\cos m\theta J_m(\omega_{mn} r) r\mathrm{d}\theta\mathrm{d}r \end{aligned}$$

其中

$$\delta_m = \begin{cases} 1, \ m = 0 \\ 2, \ m > 0 \end{cases}$$

$$D_{mn} = \frac{2}{\pi r_0^2 J_{m+1}^2(\omega_{mn} r_0)}\int_0^{r_0}\int_0^{2\pi}\Phi(r,\theta)\sin m\theta J_m(\omega_{mn} r) r\mathrm{d}\theta\mathrm{d}r$$

代入式(8.5.15)，便可得解. 可见，为了确定柱形域上定解问题的解，我们需要计算含 Bessel 函数的积分.

例 8.9　有一个球心在原点，半径为 1 的球，球内无电荷，球面上电位分布已知为 $\cos^2\theta$，求球内的电位分布.

解　在球内由于没有电荷存在，电位 u 满足 Laplace 方程

$$\Delta u = 0$$

现在讨论的是球形区域，故采用球坐标系. 又由于边界条件与 φ 无关，即关于球坐标的极轴对称. 根据题意，归结为解下述定解问题：

$$\frac{\partial}{\partial r}\left(r^2\frac{\partial u}{\partial r}\right)+\frac{1}{\sin\theta}\frac{\partial}{\partial\theta}\left(\sin\theta\frac{\partial u}{\partial\theta}\right)=0,\ r\in(0,1),\ \theta\in(0,\pi) \tag{8.5.16}$$

$$u|_{r=1}=\cos^2\theta,\ |u|_{r=0}|<+\infty \tag{8.5.17}$$

$$|u|_{\theta=0}|<+\infty,\ |u|_{\theta=\pi}|<+\infty \tag{8.5.18}$$

设 $u(r,\theta)=R(r)\Theta(\theta)$，分离变量，得

$$\frac{\mathrm{d}}{\mathrm{d}r}\left(R^2\frac{\mathrm{d}R}{\mathrm{d}r}\right)-\lambda R=0 \tag{8.5.19}$$

$$\frac{\mathrm{d}}{\mathrm{d}\theta}\left(\sin\theta\frac{\mathrm{d}\Theta}{\mathrm{d}\theta}\right)+\lambda\sin\theta\Theta=0 \tag{8.5.20}$$

令 $x=\cos\theta$，并记 $y(x)=y(\cos\theta)=\Theta(\theta)$，则方程(8.5.20)化为

$$(1-x^2)y''-2xy'+\lambda y=0$$

这正是 Legendre 方程，由条件(8.5.18)知 $\Theta(\theta)$ 应在 $\theta=0$ 和 $\theta=\pi$ 处有界，即

$$|y(x)|_{x=\pm1}|<+\infty$$

由前面的讨论知，问题

$$\begin{cases}(1-x^2)y''-2xy'+\lambda y=0\\ |y(x)|_{x=\pm1}|<+\infty\end{cases}$$

的特征值与对应的特征函数为

$$\lambda_n=n(n+1),\quad n=0,1,2,\cdots$$

$$y_n(x)=P_n(x),\quad n=0,1,2,\cdots$$

即

$$\Theta_n(\theta)=P_n(\cos\theta),\quad n=0,1,2,\cdots$$

方程(8.5.19)为

$$r^2R''(r)+2rR'(r)-\lambda R(r)=0$$

这是一个 Euler 方程，将 $\lambda_n=n(n+1)$ 代入上述方程，解得通解为

$$R_n(r)=C_nr^n+D_nr^{-(n+1)},\quad n=0,1,2,\cdots$$

由自然边界条件 $|u|_{r=0}|<+\infty$，应有 $|R(0)|<+\infty$，也就必须

$$D_n=0$$

从而 $R_n(r)=C_nr^n$.

根据叠加原理，可得

$$u(r,\theta)=\sum_{n=0}^{+\infty}C_nr^nP_n(\cos\theta)$$

为满足条件 $u|_{r=1}=\cos^2\theta$，即

$$\cos^2\theta=\sum_{n=0}^{+\infty}C_nP_n(\cos\theta)$$

亦即

$$x^2=\sum_{n=0}^{+\infty}C_nP_n(x)$$

由 8.3 节知

$$P_2(x)=\frac{1}{2}(3x^2-1)\ ,\ P_0(x)=1$$

所以

$$x^2 = \frac{1}{3}[2P_2(x)+1] = \frac{2}{3}P_2(x) + \frac{1}{3}P_0(x)$$

待定系数，即得所求定解问题的解为

$$\begin{aligned} u(r,\theta) &= \frac{1}{3}P_0(\cos\theta) + \frac{2}{3}r^2 P_2(\cos\theta) \\ &= \frac{1}{3} + \frac{2}{3}r^2 \cdot \frac{1}{2}(3\cos^2\theta - 1) \\ &= \frac{1}{3} + r^2\left(\cos^2\theta - \frac{1}{3}\right) \end{aligned}$$

习　　题

1. 当 n 为正整数时，讨论 $J_n(x)$ 的收敛范围.

2. 写出 $J_0(x)$，$J_1(x)$，$J_n(x)$（n 是正整数）的级数表示式的前 5 项.

3. 证明 $J_{2n-1}(0) = 0$，其中 $n = 1,2,3\cdots$.

4. 求 $\frac{\mathrm{d}}{\mathrm{d}x}J_0(ax)$.

5. 求 $\frac{\mathrm{d}}{\mathrm{d}x}[xJ_1(ax)]$.

6. 证明 $y = J_n(ax)$ 为方程 $x^2y'' + xy' + (a^2x^2 - n^2)y = 0$ 的解.

7. 证明

$$J_{\frac{3}{2}}(x) = \sqrt{\frac{2}{\pi x}}\left[\frac{1}{x}\cos\left(x - \frac{\pi}{2}\right) + \sin\left(x - \frac{\pi}{2}\right)\right]$$

$$J_{\frac{5}{2}}(x) = \sqrt{\frac{2}{\pi x}}\left[\left(1 - \frac{3}{x^2}\right)\sin(x-\pi) + \frac{3}{x}\cos(x-\pi)\right]$$

8. 试证 $y = x^{\frac{1}{2}}J_{\frac{3}{2}}(x)$ 是方程 $x^2y'' + (x^2-2)y = 0$ 的一个解.

9. 试证 $y = xJ_n(x)$ 是方程 $x^2y'' - xy' + (1 + x^2 - n^2)y = 0$ 的一个解.

10. 设 $\omega_i(i = 1,2,3,\cdots)$ 是方程 $J_1(x) = 0$ 的正根，将函数 $f(x) = x(0 < x < 1)$ 展开成 Bessel 函数 $J_1(\omega_i x)$ 的级数.

11. 设 $\omega_i(i = 1,2,3,\cdots)$ 是方程 $J_0(x) = 0$ 的正根，将函数 $f(x) = x^2\ (0 < x < 1)$ 展开成 Bessel 函数 $J_0(\omega_i x)$ 的级数.

12. 设 $\omega_i(i = 1,2,3,\cdots)$ 是方程 $J_0(2x) = 0$ 的正根，将函数

$$f(x) = \begin{cases} 1, & 0 < x < 1 \\ \frac{1}{2}, & x = 1 \\ 0, & 1 < x < 2 \end{cases}$$

展开成 Bessel 函数 $J_0(\omega_i x)$ 的级数.

13. 把定义在 $[0,a]$ 上的函数展开成 Bessel 函数 $J_0\left(\frac{\omega_i x}{a}\right)$ 的级数，其中 ω_i 是 $J_0(x)$ 正

零点.

14. 若 $\omega_i(i=1,2,3,\cdots)$ 是 $J_1(x)$ 正零点,证明

$$\int_0^R xJ_0\left(\frac{\omega_i}{R}x\right)J_0\left(\frac{\omega_j}{R}x\right)\mathrm{d}x=\begin{cases}0, & i\neq j\\ \dfrac{R^2}{2}J_0^2(\omega_i), & i=j\end{cases}$$

15. 利用递推公式证明

(1) $J_2(x)=J_0''(x)-\dfrac{1}{x}J_0'(x)$;

(2) $J_2(x)+3J_0'(x)+4J_0''(x)=0$.

16. 试证 $\int x^nJ_0(x)\mathrm{d}x=x^nJ_1(x)+(n-1)x^{n-1}J_0(x)-(n-1)^2\int x^{n-2}J_0(x)\mathrm{d}x$.

17. 试解下列圆柱区域的边值问题:在圆柱内 $\Delta u=0$,在圆柱侧面 $u|_{\rho=a}=0$,在下底 $u|_{z=0}=0$,在上底 $u|_{z=h}=A$.

18. 解下列定解问题:

$$\begin{cases}\dfrac{\partial^2 u}{\partial t^2}=a^2\left(\dfrac{\partial^2 u}{\partial\rho^2}+\dfrac{1}{\rho}\dfrac{\partial u}{\partial\rho}\right),\rho\in(0,R),t\in\mathbb{R}_+\\ u|_{t=0}=1-\dfrac{\rho^2}{R^2},\left.\dfrac{\partial u}{\partial t}\right|_{t=0}=0\\ u|_{\rho=0}<\infty,u|_{\rho=R}=0\end{cases}$$

若上述方程换成非齐次的,即

$$\frac{\partial^2 u}{\partial\rho^2}+\frac{1}{\rho}\frac{\partial u}{\partial\rho}-\frac{1}{a^2}\frac{\partial^2 u}{\partial t^2}=-B\ (B\text{ 为常数})$$

而所有定解条件均为零,试求其解.

19. 在球坐标系中,将三维波动方程

$$\frac{\partial^2 u}{\partial t^2}=a^2\left(\frac{\partial^2 u}{\partial x^2}+\frac{\partial^2 u}{\partial y^2}+\frac{\partial^2 u}{\partial z^2}\right)$$

进行分离变量,写出各常微分方程.

20. 证明:

(1) $P_n(1)=1$, $P_n(-1)=(-1)^n$;

(2) $P_{2n-1}(0)=0$, $P_{2n}(0)=\dfrac{(-1)^n(2n)!}{2^{2n}(n!)^2}$.

21. 在 $x=0$ 点邻域内,求 Laguerre 方程 $xy''+(1-x)y'+\lambda y=0$ 的幂级数解. 当 λ 取什么值时,此级数解为多项式?

22. 计算积分:

(1) $\int_0^1 xP_5(x)\mathrm{d}x$;　　(2) $\int_{-1}^1[P_2(x)]^2\mathrm{d}x$;

(3) $\int_{-1}^1 P_2(x)P_4(x)\mathrm{d}x$;　　(4) $\int x^2J_0(x)\mathrm{d}x$;

(5) $\int x^4J_1(x)\mathrm{d}x$;　　(6) $\int J_3(x)\mathrm{d}x$;

(7) $\int xJ_1(x)\mathrm{d}x$.

23. 以 Legendre 多项式为基本函数，在区间 $(-1,1)$ 内把下列函数展开成 Fourier - Legendre级数：

(1) $f(x)=x^3$；

(2) $f(x)=x^4$.

24. 设 $f(x)=\begin{cases}0, & -1<x<0\\ x, & 0\leqslant x<1\end{cases}$，证明

$$f(x)=\frac{1}{4}P_0(x)+\frac{1}{2}P_1(x)+\frac{5}{16}P_2(x)-\frac{3}{32}P_4(x)+\cdots$$

25. 证明

$$P'_{n+1}(x)-P'_{n-1}(x)=(2n+1)P_n(x)$$

26. 设有一半径为 a 的金属球面，上、下半球面有微小间隙隔开，上半球面的电位是 u_0，下半球面的电位是零，求球内电位分布.

27. 设有半径为 a 的半球，球面上保持常温 u_0，而半球的底面上温度保持为 0℃，求稳恒状态下半球内部各点的温度.

28. 在半径为 a 的球内 $(r<a)$ 求解三维 Laplace 方程的 Dirichlet 问题：

$$\begin{cases}\Delta u=0, & r<a\\ u|_{r=a}=f(\theta,\varphi)\end{cases}$$

附　录

附录 1　积分变换表

附表 1　Fourier 变换表

No.	原函数 $f(t)$	像函数 $F(\omega)$
	$f(t)=\frac{1}{2\pi}\int_{-\infty}^{+\infty}F(\omega)e^{i\omega t}d\omega$	$F(\omega)=\int_{-\infty}^{+\infty}f(t)e^{-i\omega t}dt$
1	$f(t)=\begin{cases}E, \lvert t\rvert\leqslant\frac{\tau}{2}\\ 0,其他\end{cases}$	$2E\frac{\sin\frac{\omega\tau}{2}}{\omega}$
2	$f(t)=\begin{cases}0, & t<0\\ e^{-\beta t}, & t\geqslant 0\ (\beta>0)\end{cases}$	$\frac{1}{\beta+i\omega}$
3	$f(t)=\begin{cases}\frac{2A}{\tau}\left(\frac{\tau}{2}+t\right), & -\frac{\tau}{2}\leqslant t<0\\ \frac{2A}{\tau}\left(\frac{\tau}{2}-t\right), & 0\leqslant t<\frac{\tau}{2}\\ 0, & 其他\end{cases}$	$\frac{4A}{\tau\omega^2}\left(1-\cos\frac{\tau\omega}{2}\right)$
4	$f(t)=Ae^{-\beta t^2}\ (\beta>0)$	$\sqrt{\frac{\pi}{\beta}}Ae^{-\frac{\omega^2}{4\beta}}$
5	$f(t)=\frac{\sin\omega_0 t}{\pi t}$	$F(\omega)=\begin{cases}1, \lvert\omega\rvert\leqslant\omega_0\\ 0,其他\end{cases}$
6	$f(t)=\frac{1}{\sqrt{2\pi}\sigma}e^{-\frac{t^2}{2\sigma^2}}$	$e^{-\frac{\sigma^2\omega^2}{2}}$
7	$f(t)=\begin{cases}E\cos\omega_0 t, & \lvert t\rvert\leqslant\frac{\tau}{2}\\ 0, & 其他\end{cases}$	$\frac{E\tau}{2}\left[\frac{\sin(\omega-\omega_0)\frac{\tau}{2}}{(\omega-\omega_0)\frac{\tau}{2}}+\frac{\sin(\omega+\omega_0)\frac{\tau}{2}}{(\omega+\omega_0)\frac{\tau}{2}}\right]$
8	$f(t)=\delta(t)$	1
9	$f(t)=\sum_{n=-\infty}^{+\infty}\delta(t-nT)$ （T 为脉冲函数的周期）	$\frac{2\pi}{T}\sum_{n=-\infty}^{+\infty}\delta\left(\omega-\frac{2n\pi}{T}\right)$
10	$f(t)=\cos\omega_0 t$	$\pi[\delta(\omega+\omega_0)+\delta(\omega-\omega_0)]$

续表

No.	原函数 $f(t)$	像函数 $F(\omega)$
11	$f(t)=\sin\omega_0 t$	$\mathrm{i}\pi[\delta(\omega+\omega_0)-\delta(\omega-\omega_0)]$
12	$u(t)=\begin{cases}0, t<0\\1, t>0\end{cases}$	$\frac{1}{\mathrm{i}\omega}+\pi\delta(\omega)$
13	$u(t-c)$	$\frac{1}{\mathrm{i}\omega}\mathrm{e}^{-\mathrm{i}\omega c}+\pi\delta(\omega)$
14	$u(t)\cdot t$	$-\frac{1}{\omega^2}+\mathrm{i}\pi\delta'(\omega)$
15	$u(t)\cdot t^n$	$\frac{n!}{(\mathrm{i}\omega)^{n+1}}+\mathrm{i}^n\pi\delta^{(n)}(\omega)$
16	$u(t)\sin\alpha t$	$\frac{\alpha}{\alpha^2-\omega^2}+\frac{\pi}{2\mathrm{i}}[\delta(\omega-\alpha)-\delta(\omega+\alpha)]$
17	$u(t)\cos\alpha t$	$\frac{\mathrm{i}\alpha}{\alpha^2-\omega^2}+\frac{\pi}{2}[\delta(\omega-\alpha)+\delta(\omega+\alpha)]$
18	$u(t)\mathrm{e}^{\mathrm{i}\alpha t}$	$\frac{1}{\mathrm{i}(\omega-\alpha)}+\pi\delta(\omega-\alpha)$
19	$u(t-c)\mathrm{e}^{\mathrm{i}\alpha t}$	$\frac{1}{\mathrm{i}(\omega-\alpha)}\mathrm{e}^{-\mathrm{i}(\omega-\alpha)c}+\pi\delta(\omega-\alpha)$
20	$u(t)\mathrm{e}^{\mathrm{i}\alpha t}t^n$	$\frac{n!}{[\mathrm{i}(\omega-\alpha)]^{n+1}}\mathrm{e}^{-\mathrm{i}(\omega-\alpha)c}+\mathrm{i}^n\pi\delta^{(n)}(\omega-\alpha)$
21	$\mathrm{e}^{a\|t\|}, \mathrm{Re}(a)<0$	$\frac{-2a}{\omega^2+a^2}$
22	$\delta(t-c)$	$\mathrm{e}^{-\mathrm{i}\omega c}$
23	$\delta'(t)$	$\mathrm{i}\omega$
24	$\delta^{(n)}(t)$	$(\mathrm{i}\omega)^n$
25	$\delta^{(n)}(t-c)$	$(\mathrm{i}\omega)^n\mathrm{e}^{-\mathrm{i}\omega c}$
26	1	$2\pi\delta(\omega)$
27	t	$2\pi\mathrm{i}\delta'(\omega)$
28	t^n	$2\pi\mathrm{i}^n\delta^{(n)}(\omega)$
29	$\mathrm{e}^{\mathrm{i}\alpha t}$	$2\pi\delta(\omega-\alpha)$
30	$t^n\mathrm{e}^{\mathrm{i}\alpha t}$	$2\pi\mathrm{i}^n\delta^{(n)}(\omega-\alpha)$

续表

No.	原函数 $f(t)$	像函数 $F(\omega)$
31	$\frac{1}{a^2+t^2}, \mathrm{Re}(a)<0$	$-\frac{\pi}{a}e^{a\|\omega\|}$
32	$\frac{t}{(a^2+t^2)^2}, \mathrm{Re}(a)<0$	$\frac{i\omega\pi}{2a}e^{a\|\omega\|}$
33	$\frac{e^{ibt}}{a^2+t^2}, \mathrm{Re}(a)<0, b$ 为实数	$-\frac{\pi}{a}e^{a\|\omega-b\|}$
34	$\frac{\cos bt}{a^2+t^2}, \mathrm{Re}(a)<0, b$ 为实数	$-\frac{\pi}{2a}[e^{a\|\omega-b\|}+e^{a\|\omega+b\|}]$
35	$\frac{\sin bt}{a^2+t^2}, \mathrm{Re}(a)<0, b$ 为实数	$-\frac{\pi}{2ai}[e^{a\|\omega-b\|}-e^{a\|\omega+b\|}]$
36	$\frac{\sinh at}{\sinh \pi t}, -\pi<a<\pi$	$\frac{\sin a}{\cosh\omega+\cos a}$
37	$\frac{\sinh at}{\cosh \pi t}, -\pi<a<\pi$	$-2i\frac{\sin\frac{a}{2}\sinh\frac{\omega}{2}}{\cosh\omega+\cos a}$
38	$\frac{\cosh at}{\cosh \pi t}, -\pi<a<\pi$	$2\frac{\cos\frac{a}{2}\cos\frac{\omega}{2}}{\cosh\omega+\cos a}$
39	$\frac{1}{\cosh at}$	$\frac{\pi}{a}\frac{1}{\cosh\frac{\pi\omega}{2a}}$
40	$\sin at^2$	$\sqrt{\frac{\pi}{a}}\cos\left(\frac{\omega^2}{4a}+\frac{\pi}{4}\right)$
41	$\cos at^2$	$\sqrt{\frac{\pi}{a}}\cos\left(\frac{\omega^2}{4a}-\frac{\pi}{4}\right)$
42	$\frac{1}{t}\sin at$	$\begin{cases}\pi, & \|\omega\|\leqslant a \\ 0, & \|\omega\|>a\end{cases}$
43	$\frac{1}{t^2}\sin^2 at$	$\begin{cases}\pi\left(a-\frac{\|\omega\|}{2}\right), & \|\omega\|\leqslant 2a \\ 0, & \|\omega\|>2a\end{cases}$
44	$\frac{\sin at}{\sqrt{\|t\|}}$	$i\sqrt{\frac{\pi}{2}}\left(\frac{1}{\sqrt{\|\omega+a\|}}-\frac{1}{\sqrt{\|\omega-a\|}}\right)$
45	$\frac{\cos at}{\sqrt{\|t\|}}$	$\sqrt{\frac{\pi}{2}}\left(\frac{1}{\sqrt{\|\omega+a\|}}+\frac{1}{\sqrt{\|\omega-a\|}}\right)$

续表

No.	原函数 $f(t)$	像函数 $F(\omega)$
46	$\|t\|^{\alpha}, \alpha \neq 0, \pm 1, \pm 2, \cdots$	$-2\sin\frac{\alpha\pi}{2}\Gamma(\alpha+1)\|\omega\|^{-(\alpha+1)}$
47	$\mathrm{sgn}t$	$\frac{2}{\mathrm{i}\omega}$
48	$\mathrm{e}^{-at^2}, \mathrm{Re}(a)>0$	$\sqrt{\frac{\pi}{a}}\mathrm{e}^{-\frac{\omega^2}{4a}}$
49	$\|t\|^{2k+1}, k=0,1,2,\cdots$	$2(-1)^{k+1}(2k+1)!\omega^{-2(k+1)}$
50	$\ln(t^2+a^2), a>0$	$-\frac{2\pi}{\|\omega\|}\mathrm{e}^{-a\|\omega\|}$
51	$\arctan\frac{t}{a}, a>0$	$-\frac{\pi\mathrm{i}}{\omega}\mathrm{e}^{-a\|\omega\|}$
52	$\frac{\mathrm{e}^{\pi t}}{(1+\mathrm{e}^{\pi t})^2}$	$\frac{\pi^2\omega}{\sinh\omega}$

附表 2　Laplace 变换表

No.	原函数 $f(t)$	像函数 $F(\omega)$
1	1	$\frac{1}{p}$
2	e^{at}	$\frac{1}{p-a}$
3	$t^m(m>-1)$	$\frac{\Gamma(m+1)}{p^{m+1}}$
4	$t^m\mathrm{e}^{at}(m>-1)$	$\frac{\Gamma(m+1)}{(p-a)^{m+1}}$
5	$\sin at$	$\frac{a}{p^2+a^2}$
6	$\cos at$	$\frac{p}{p^2+a^2}$
7	$\sinh at$	$\frac{a}{p^2-a^2}$
8	$\cosh at$	$\frac{p}{p^2-a^2}$
9	$t\sin at$	$\frac{2ap}{(p^2+a^2)^2}$
10	$t\cos at$	$\frac{p^2-a^2}{(p^2+a^2)^2}$

续表

No.	原函数 $f(t)$	像函数 $F(\omega)$
11	$t\sinh at$	$\dfrac{2ap}{(p^2-a^2)^2}$
12	$t\cosh at$	$\dfrac{p^2+a^2}{(p^2-a^2)^2}$
13	$t^m\sin at(m>-1)$	$\dfrac{\Gamma(m+1)}{2\mathrm{i}(p^2+a^2)^{m+1}}[(p+\mathrm{i}a)^{m+1}-(p-\mathrm{i}a)^{m+1}]$
14	$t^m\cos at(m>-1)$	$\dfrac{\Gamma(m+1)}{2(p^2+a^2)^{m+1}}[(p+\mathrm{i}a)^{m+1}+(p-\mathrm{i}a)^{m+1}]$
15	$\mathrm{e}^{-bt}\sin at$	$\dfrac{a}{(p+b)^2+a^2}$
16	$\mathrm{e}^{-bt}\cos at$	$\dfrac{p+b}{(p+b)^2+a^2}$
17	$\mathrm{e}^{-bt}\sin(at+c)$	$\dfrac{(p+b)\sin c+a\cos c}{(p+b)^2+a^2}$
18	$\sin^2 t$	$\dfrac{1}{2}\left(\dfrac{1}{p}-\dfrac{p}{p^2+4}\right)$
19	$\cos^2 t$	$\dfrac{1}{2}\left(\dfrac{1}{p}+\dfrac{p}{p^2+4}\right)$
20	$\sin at\sin bt$	$\dfrac{2abp}{[p^2+(a+b)^2][p^2+(a-b)^2]}$
21	$\mathrm{e}^{at}-\mathrm{e}^{bt}$	$\dfrac{a-b}{(p-a)(p-b)}$
22	$a\mathrm{e}^{at}-b\mathrm{e}^{bt}$	$\dfrac{(a-b)p}{(p-a)(p-b)}$
23	$\dfrac{1}{a}\sin at-\dfrac{1}{b}\sin bt$	$\dfrac{b^2-a^2}{(p^2+a^2)(p^2+b^2)}$
24	$\cos at-\cos bt$	$\dfrac{(b^2-a^2)p}{(p^2+a^2)(p^2+b^2)}$
25	$\dfrac{1}{a^2}(1-\cos at)$	$\dfrac{1}{p(p^2+a^2)}$
26	$\dfrac{1}{a^3}(at-\sin at)$	$\dfrac{1}{p^2(p^2+a^2)}$
27	$\dfrac{1}{a^4}(\cos at-1)+\dfrac{1}{2a^2}t^2$	$\dfrac{1}{p^3(p^2+a^2)}$
28	$\dfrac{1}{a^4}(\cosh at-1)-\dfrac{1}{2a^2}t^2$	$\dfrac{1}{p^3(p^2-a^2)}$

续表

No.	原函数 $f(t)$	像函数 $F(\omega)$
29	$\frac{1}{2a^3}(\sin at - at\cos at)$	$\frac{1}{(p^2+a^2)^2}$
30	$\frac{1}{2a}(\sin at + at\cos at)$	$\frac{p^2}{(p^2+a^2)^2}$
31	$\frac{1}{a^4}(1-\cos at) - \frac{1}{2a^3}t\sin at$	$\frac{1}{p(p^2+a^2)^2}$
32	$(1-at)e^{-at}$	$\frac{p}{(p+a)^2}$
33	$t\left(1-\frac{a}{2}t\right)e^{-at}$	$\frac{p}{(p+a)^3}$
34	$\frac{1}{a}(1-e^{-at})$	$\frac{1}{p(p+a)}$
35①	$\frac{1}{ab} + \frac{1}{b-a}\left(\frac{e^{-bt}}{b} - \frac{e^{-at}}{a}\right)$	$\frac{1}{p(p+a)(p+b)}$
36②	$\frac{e^{-at}}{(b-a)(c-a)} + \frac{e^{-bt}}{(a-b)(c-b)} + \frac{e^{-ct}}{(a-c)(b-c)}$	$\frac{1}{(p+a)(p+b)(p+c)}$
37③	$\frac{ae^{-at}}{(c-a)(a-b)} + \frac{be^{-bt}}{(a-b)(b-c)} + \frac{ce^{-ct}}{(b-c)(c-a)}$	$\frac{p}{(p+a)(p+b)(p+c)}$
38④	$\frac{a^2e^{-at}}{(c-a)(b-a)} + \frac{b^2e^{-bt}}{(a-b)(c-b)} + \frac{c^2e^{-ct}}{(b-c)(a-c)}$	$\frac{p^2}{(p+a)(p+b)(p+c)}$
39	$\frac{e^{-at} - e^{-bt}[1-(a-b)t]}{(a-b)^2}$	$\frac{1}{(p+a)(p+b)^2}$
40	$\frac{[a-b(a-b)t]e^{-bt} - ae^{-at}}{(a-b)^2}$	$\frac{p}{(p+a)(p+b)^2}$
41	$e^{-at} - e^{\frac{at}{2}}\left(\cos\frac{\sqrt{3}at}{2} - \sqrt{3}\sin\frac{\sqrt{3}at}{2}\right)$	$\frac{3a^2}{p^3+a^3}$
42	$\sin at\cosh at - \cos at\sinh at$	$\frac{4a^3}{p^4+4a^4}$
43	$\frac{1}{2a^2}\sin at\sinh at$	$\frac{p}{p^4+4a^4}$

续表

No.	原函数 $f(t)$	像函数 $F(\omega)$
44	$\frac{1}{2a^3}(\sinh at-\sin at)$	$\frac{1}{p^4-a^4}$
45	$\frac{1}{2a^2}(\cosh at-\cos at)$	$\frac{p}{p^4-a^4}$
46	$\frac{1}{\sqrt{\pi t}}$	$\frac{1}{\sqrt{p}}$
47	$2\sqrt{\frac{t}{\pi}}$	$\frac{1}{p\sqrt{p}}$
48	$\frac{1}{\sqrt{\pi t}}e^{at}(1+2at)$	$\frac{p}{(p-a)\sqrt{p-a}}$
49	$\frac{1}{2\sqrt{\pi t^3}}(e^{bt}-e^{at})$	$\sqrt{p-a}-\sqrt{p-b}$
50	$\frac{1}{\sqrt{\pi t}}\cos 2\sqrt{at}$	$\frac{1}{\sqrt{p}}e^{-\frac{a}{p}}$
51	$\frac{1}{\sqrt{\pi t}}\cosh 2\sqrt{at}$	$\frac{1}{\sqrt{p}}e^{\frac{a}{p}}$
52	$\frac{1}{\sqrt{\pi t}}\sin 2\sqrt{at}$	$\frac{1}{p\sqrt{p}}e^{-\frac{a}{p}}$
53	$\frac{1}{\sqrt{\pi t}}\sinh 2\sqrt{at}$	$\frac{1}{p\sqrt{p}}e^{\frac{a}{p}}$
54	$\frac{1}{t}(e^{bt}-e^{at})$	$\ln\frac{p-a}{p-b}$
55	$\frac{2}{t}\sinh at$	$\ln\frac{p+a}{p-a}=2\operatorname{artanh}\frac{a}{p}$
56	$\frac{2}{t}(1-\cos at)$	$\ln\frac{p^2+a^2}{p^2}$
57	$\frac{2}{t}(1-\cosh at)$	$\ln\frac{p^2-a^2}{p^2}$
58	$\frac{1}{t}\sin at$	$\arctan\frac{a}{p}$

续表

No.	原函数 $f(t)$	像函数 $F(\omega)$
59	$\frac{1}{t}(\cosh at-\cos bt)$	$\ln\sqrt{\frac{p^2+a^2}{p^2-a^2}}$
60②	$\frac{1}{\pi t}\sin(2a\sqrt{t})$	$\mathrm{erf}\left(\frac{a}{\sqrt{p}}\right)$
61②	$\frac{1}{\sqrt{\pi t}}\mathrm{e}^{-2a\sqrt{t}}$	$\frac{1}{\sqrt{p}}\mathrm{e}^{\frac{a^2}{p}}\mathrm{erfc}\left(\frac{a}{\sqrt{p}}\right)$
62	$\mathrm{erfc}\left(\frac{a}{2\sqrt{t}}\right)$	$\frac{1}{p}\mathrm{e}^{-a\sqrt{p}}$
63	$\mathrm{erf}\left(\frac{t}{2a}\right)$	$\frac{1}{p}\mathrm{e}^{a^2p^2}\mathrm{erfc}(ap)$
64	$\frac{1}{\sqrt{\pi t}}\mathrm{e}^{-2\sqrt{at}}$	$\frac{1}{\sqrt{p}}\mathrm{e}^{\frac{a}{p}}\mathrm{erfc}\left(\sqrt{\frac{a}{p}}\right)$
65	$\frac{1}{\sqrt{\pi(t+a)}}$	$\frac{1}{\sqrt{p}}\mathrm{e}^{ap}\mathrm{erfc}(\sqrt{ap})$
66	$\frac{1}{\sqrt{a}}\mathrm{erf}(\sqrt{at})$	$\frac{1}{p\sqrt{p+a}}$
67	$\frac{1}{\sqrt{a}}\mathrm{e}^{at}\mathrm{erf}(\sqrt{at})$	$\frac{1}{\sqrt{p}(p-a)}$
68	$u(t)$	$\frac{1}{p}$
69	$tu(t)$	$\frac{1}{p^2}$
70	$t^m u(t)\ (m>-1)$	$\frac{1}{p^{m+1}}\Gamma(m+1)$
71	$\delta(t)$	1
72	$\delta^{(n)}(t)$	p^n
73	$\mathrm{sgn}(t)$	$\frac{1}{p}$
74③	$J_0(at)$	$\frac{1}{\sqrt{p^2+a^2}}$
75③	$I_0(at)$	$\frac{1}{\sqrt{p^2-a^2}}$

续表

No.	原函数 $f(t)$	像函数 $F(\omega)$
76	$J_0(2\sqrt{at})$	$\frac{1}{p}e^{-\frac{a}{p}}$
77	$e^{-bt}I_0(at)$	$\frac{1}{\sqrt{(p+b)^2-a^2}}$
78	$tJ_0(at)$	$\frac{p}{(p^2+a^2)^{3/2}}$
79	$tI_0(at)$	$\frac{p}{(p^2-a^2)^{3/2}}$
80	$J_0(a\sqrt{t(t+2b)})$	$\frac{1}{\sqrt{p^2+a^2}}e^{b(p-\sqrt{p^2+a^2})}$
81	$\frac{1}{at}J_1(at)$	$\frac{1}{p+\sqrt{p^2+a^2}}$
82	$J_1(at)$	$\frac{1}{a}\left(1-\frac{p}{\sqrt{p^2+a^2}}\right)$
83	$J_\nu(t)$	$\frac{1}{\sqrt{p^2+1}}(\sqrt{p^2+1}-p)^\nu$
84	$t^{\frac{\nu}{2}}J_\nu(2\sqrt{t})$	$\frac{1}{p^{\nu+1}}e^{-\frac{1}{p}}$
85	$\frac{1}{t}J_\nu(at)$	$\frac{1}{\nu a^\nu}(\sqrt{p^2+a^2}-p)^\nu$
86	$\int_t^\infty \frac{J_0(t)}{t}dt$	$\frac{1}{p}\ln(p+\sqrt{p^2+1})$
87④	$\mathrm{si}\, t$	$\frac{1}{p}\mathrm{arccot}\, p$
88⑤	$\mathrm{ci}\, t$	$\frac{1}{p}\ln\frac{1}{\sqrt{p^2+1}}$

注：① 式中 a,b,c 为不相等的常数.

②$\mathrm{erf}(x)=\frac{2}{\sqrt{\pi}}\int_0^x e^{-t^2}dt$，称为误差函数.

$\mathrm{erfc}(x)=1-\mathrm{erf}(x)=\frac{2}{\sqrt{\pi}}\int_x^{+\infty}e^{-t^2}dt$，称为余误差函数.

③ $J_\nu(x)=\sum_{k=0}^{+\infty}\frac{(-1)^k}{k!\Gamma(\nu+k+1)}\left(\frac{x}{2}\right)^{\nu+2k}$，$I_\nu(x)=i^{-\nu}J_\nu(ix)$，$J_\nu(x)$ 称为第一类 ν 阶 Bessel 函数. $I_\nu(x)$ 称为虚宗量的 Bessel 函数.

④ $\mathrm{si}\, t=\int_0^t\frac{\sin t}{t}dt$ 称为正弦积分.

⑤ $\mathrm{ci}\, t=\int_{-\infty}^t\frac{\cos t}{t}dt$ 称为余弦积分.

附录 2　特征值理论

分离变量法中对定解问题分离变量引出的常微分方程，往往附有边界条件，这些边界条件有的是明确提出来的，有的却是没有明确提出来的所谓自然边界条件，满足这些边界条件的非零解往往不存在，除非方程的参数取某些特定值. 这些特定值叫作特征值，相应的非零解叫作特征函数，求特征值和特征函数的问题叫作特征值问题. 常见的特征值问题都归结为 Sturm - Liouville 特征值问题，以下讨论 Sturm - Liouville 特征值问题的一般理论，从而为分离变量法奠定一个坚实的理论基础.

一、Sturm - Liouville 问题

现在我们讨论二阶常微分方程特征值问题的更一般形式：

$$A(x)\frac{\mathrm{d}^2y}{\mathrm{d}x^2}+B(x)\frac{\mathrm{d}y}{\mathrm{d}x}+C(x)y+\lambda y=0 \tag{1}$$

为了把这个方程化成便与讨论的形式，先选取函数 $\rho(x)$ ，使得

$$[\rho(x)A(x)]'=\rho(x)B(x)$$

即

$$\frac{\rho'(x)}{\rho(x)}=\frac{B(x)-A'(x)}{A(x)}$$

由此解得

$$\rho(x)=\frac{1}{A(x)}\mathrm{e}^{\int\frac{B(x)}{A(x)}\mathrm{d}x}$$

将式(1)两边乘以 $\rho(x)$ ，得

$$\rho(x)A(x)y''+[\rho(x)A(x)]y'+C(x)\rho(x)y+\lambda\rho(x)y=0$$

令 $p(x)=\rho(x)A(x)$ ，$-q(x)=\rho(x)B(x)$ ，$s(x)=\rho(x)$ 有

$$\frac{\mathrm{d}}{\mathrm{d}x}[p(x)\frac{\mathrm{d}y}{\mathrm{d}x}]+[-q(x)+\lambda s(x)]y=0 \tag{2}$$

方程(2)称为 Sturm - Liouville 方程，简称 SL 方程，引入算子

$$\frac{\mathrm{d}}{\mathrm{d}x}[p(x)\frac{\mathrm{d}}{\mathrm{d}x}]-q(x)=\mathrm{L}$$

式(2)化为

$$\mathrm{L}y-\lambda s(x)y=0$$

在 SL 方程中，λ 是一个与 x 无关的参数，且 $p(x)$，$q(x)$ 和 $s(x)$ 都是实函数. 为保证解的存在，方程中的系数在区间 $[a,b]$ 上需满足条件：

(Ⅰ) $p(x)$，$p'(x)$，$q(x)$，$s(x)$ 在 $[a,b]$ 上连续；

(Ⅱ) 在 $[a,b]$ 上，$p(x)>0$ ，$q(x)\geqslant 0$ ，$s(x)>0$.

满足上述条件的 SL 方程称为正则的 SL 方程. 若区间是半无限和无限区间，或者 $p(x)$，$s(x)$ 在区间 $[a,b]$ 的一端或两端为零，$q(x)$ 在端点可能有一阶极点，方程(2)称为奇异的 SL 方程. 一些常微分方程都是 SL 方程的特例：

1)当 $p(x)=1, q(x)=0, s(x)=1$, $x\in[0,l]$ 时,SL 方程为

$$X''(x)+\lambda X=0$$

2)当 $p(x)=x, q(x)=\frac{n^2}{x}; s(x)=x$, $x\in(0,a)$ 时,SL 方程为

$$\frac{\mathrm{d}}{\mathrm{d}x}(x\frac{\mathrm{d}y}{\mathrm{d}x})-\frac{n^2}{x}y+\lambda xy=0$$

或

$$x^2y''+xy'+(\lambda x^2-n^2)y=0$$

即为 n 阶 Bessel 方程.

3)当 $p(x)=1-x^2, q(x)=\frac{m^2}{1-x^2}, s(x)=1$, $x\in[-1,1]$ 时,SL 方程为

$$(1-x^2)y''-2xy'-\frac{m^2}{1-x^2}y+\lambda y=0$$

即为伴随 Legendre 方程. 若 $m=0$,即 $q(x)=0$ 就是普通的 Legendre 方程.

正则的 SL 方程(2)连同边界条件:

$$\left.\begin{aligned}a_1(x)y(a)+a_2y'(a)=0\\b_1(x)y(b)+b_2y'(b)=0\end{aligned}\right\}\tag{3}$$

其中 a_1, a_2, b_1 和 b_2 是实常数,且 $a_1^2+a_2^2\neq0, b_1^2+b_1^2\neq0$,一起构成所谓正则 Sturm - Liouville 问题,简称 SL 问题.

当 $p(a)=p(b)$ 时,允许给定周期边界条件:

$$y(a)=y(b), y'(a)=y'(b)\tag{4}$$

正则的 SL 方程连同周期边界条件组成的定解问题称为周期 Sturm - Liouville 问题.

二、**SL 问题的几个重要性质**

在讨论 SL 问题的一些性质之前,我们先给出一个恒等式,它是研究线性边值问题的基础.

引理 设函数 $u(x)$ 和 $v(x)$ 在区间 $[a,b]$ 上有连续的二阶导数,有

$$\int_a^b[vL[u]-uL[v]]\mathrm{d}x=p(x)[v(x)u'(x)-u(x)v'(x)]\Big|_a^b\tag{5}$$

式(5)称为 Lagrange 恒等式. 若函数 u 和 v 满足边界条件(3)或式(4),Lagrange 恒等式成为

$$\int_a^b[v\mathrm{L}[u]-u\mathrm{L}[v]]\mathrm{d}x=0\tag{6}$$

式(6)称为自共轭关系式,自共轭关系式成立的边值问题称为自共轭边值问题.

若 u 和 v 满足周期边界条件(4),也有同样的结论. 证明不再赘述.

Sturm - Liouville 问题的特征值和特征函数有以下几个重要性质,现在把它们叙述成定理的形式.

定理 1 设 $s(x)>0$,则 SL 问题(2)、(3) 的所有特征值都为实数.

证明 用反证法,若不然,设特征值 $\lambda=\mu+\mathrm{i}\nu(\nu\neq0)$,对应的特征函数为 $y(x)=U(x)+iV(x)$, $U(x), V(x)$ 中至少有一个不恒等于零. $y(x)$ 满足

$$\mathrm{L}y=-\lambda sy\tag{7}$$

或

$$(py')' - qy + \lambda sy = 0$$

两边取复共轭，有

$$(p\bar{y}')' - q\bar{y} + \bar{\lambda} s\bar{y} = 0$$

即

$$L\bar{y} = -\bar{\lambda} s\bar{y} \tag{8}$$

类似的对边界条件(3)两边取复共轭，可知 $\bar{y}$ 满足与 y 相同的边界条件，所以 $\bar{y}$ 是与 $\bar{\lambda}$ 对应的特征函数。令 $u = y, v = \bar{y}$，由式(6)得

$$\int_a^b s(x)y(x)\bar{y}(x)\mathrm{d}x = 0$$

将式(7)及式(8)代入，有

$$(\bar{\lambda} - \lambda)\int_a^b s(x)y(x)\bar{y}(x)\mathrm{d}x = 0$$

或

$$2\nu\int_a^b s(x)[U^2(x) + V^2(x)]\mathrm{d}x = 0$$

由假设 $s(x) > 0$，得 $\nu = 0$，与假设矛盾，定理得证.

定理 2 正则 SL 问题(2)及(3)中，当边界条件中的系数 $-\frac{a_1}{a_2}$ 和 $\frac{b_1}{b_2}$ 皆非负，则其所有的特征值是非负的.

证明 设特征值 λ 对应的特征函数是 $y(x)$，则有

$$-(py') + qy = \lambda sy$$

两边乘以 y，从 a 到 b 积分，得

$$\begin{aligned}\lambda\int_a^b s(x)y^2(x)\mathrm{d}x &= -\int_a^b y(py')\mathrm{d}x + \int_a^b qy^2\mathrm{d}x \\ &= ypy'\,|_a^b + \int_a^b p(y')^2\mathrm{d}x + \int_a^b qy^2\mathrm{d}x\end{aligned}$$

若边界条件(2)，(3)中的 $a_2 \neq 0, b_2 \neq 0$，则有

$$-ypy'\,|_a^b = y(a)p(a)y'(a) - y(b)p(b)y'(b) = -\frac{a_1}{a_2}p(a)y^2(a) + \frac{b_1}{b_2}p(b)y^2(b)$$

因此

$$\lambda\int_a^b sy^2\mathrm{d}x = \int_a^b (p(y')^2 + qy^2)\mathrm{d}x + \frac{b_1}{b_2}p(b)y^2(b) - \frac{a_1}{a_2}p(a)y^2(a)$$

由假设 $-\frac{a_1}{a_2} \geqslant 0$ 和 $\frac{b_1}{b_2} \geqslant 0$ 及在 $[a,b]$ 上 $p(x) > 0, q(x) \geqslant 0$，故有

$$\lambda\int_a^b sy^2\mathrm{d}x \geqslant 0$$

又因在 $[a,b]$ 上 $s(x) > 0$，从而有 $\lambda \geqslant 0$.

若 $a_2 = 0$ 或 $b_2 = 0$，则有 $y(a) = 0$ 或 $y(b) = 0$，相应地有

$$\lambda\int_a^b sy^2\mathrm{d}x=\int_a^b(p\,(y')^2+qy^2)\mathrm{d}x+\frac{b_1}{b_2}p(b)y^2(b)$$

或

$$\lambda\int_a^b sy^2\mathrm{d}x=\int_a^b(p\,(y')^2+qy^2)\mathrm{d}x-\frac{a_1}{a_2}p(a)y^2(a)$$

同样地可以导出 $\lambda\geqslant 0$.

定理 3　SL 问题不同的特征值所对应的特征函数在区间 $[a,b]$ 上带权函数 $s(x)$ 正交，即，y_i 和 y_j 是特征值 λ_i,λ_j 对应的特征函数，若 $\lambda_i\neq\lambda_j$ ，则

$$\int_a^b s(x)y_i(x)y_j(x)\mathrm{d}x=0 \tag{9}$$

证明　因为函数 $y_i(x)$ 和 $y_j(x)$ 分别是相应于特征值

$$\mathrm{L}[y_i]=-\lambda_i s y_i$$

$$\mathrm{L}[y_j]=-\lambda_j s y_j$$

利用关系式(6)，并令 $u=y_i$ ，$v=y_j$ ，得

$$(\lambda_i-\lambda_j)\int_a^b s(x)y_i(x)y_j(x)\mathrm{d}x=0$$

由假设 $\lambda_i\neq\lambda_j$ ，故式(9)成立.

上述定理的证明中都用到了关系式(6)。我们已经指出该式对于分离边界条件或周期边界条件都是成立的，所以上述定理对于准则 SL 问题和周期 SL 问题都是适用的.

定理 4　正则 SL 问题的特征值都是单重的，即在不计常数因子时，每一个特征值所对应的特征函数是唯一确定的.

证明　用反证法.假设正则 SL 问题某一个特征值 λ ，相应地有两个线性无关的特征函数 $\varphi_1(x)$ 和 $\varphi_2(x)$. 其 Wonski 行列式为

$$W(\varphi_1,\varphi_2)=\begin{vmatrix}\varphi_1(x) & \varphi_2(x)\\ \varphi_1{}'(x) & \varphi_2{}'(x)\end{vmatrix}=\varphi_1(x)\varphi_2{}'(x)-\varphi_2(x)\varphi_1{}'(x)$$

又由于 $\varphi_1(x)$ 和 $\varphi_2(x)$ 应满足边界条件 $a_1(x)y(a)+a_2y'(a)=0$ ，且假定 $a_2\neq 0$ ，则

$$\varphi_1(a)\varphi_2{}'(a)-\varphi_2(a)\varphi_1{}'(a)=-\frac{a_1}{a_2}\varphi_1(a)\varphi_2(a)+\frac{a_1}{a_2}\varphi_2(a)\varphi_1(a)=0$$

若 $a_2=0$ ，则有 $\varphi_1(a)=\varphi_2(a)=0$. 显然有 $\varphi_1(a)\varphi_2{}'(a)-\varphi_2(a)\varphi_1{}'(a)=0$ ，故总有在 $x=a$ 处，$W(\varphi_1,\varphi_2)=0$. 又因 $\varphi_1(x)$ 和 $\varphi_2(x)$ 都是方程(2)的解，由此导出函数 $\varphi_1(x)$ 和 $\varphi_2(x)$ 必线性相关，这与假设矛盾，定理得证.

定理 4 对于周期 SL 问题是不成立的.

定理 5　SL 问题有零特征值的充要条件是 $q(x)=0$ ，且在 SL 问题中区间 $[a,b]$ 两端都不取第一类、第三类边界条件，这时相应的特征函数为常数.

定理 6　SL 问题存在可数无穷多个非负特征值 $\lambda_1,\lambda_2,\cdots$ ，它们构成一个递增数列，即 $\lambda_1\leqslant\lambda_2\leqslant\cdots\leqslant\lambda_n\leqslant\cdots$ ，且 $\lim\limits_{n\to\infty}\lambda_n=\infty$.

定理 7　Sturm - Liouville 问题的特征函数系是完备的，即任意一个在区间 $[a,b]$ 上具有连续地一阶导数和分段连续的二阶导数的函数 $f(x)$ ，若满足 SL 问题中同样的边界条件，则

它可按特征函数系 $\{y_n(x)\}$ 展开为绝对且一致收敛的级数

$$f(x) = \sum_{n=1}^{+\infty} C_n y_n(x) \tag{10}$$

其中

$$C_n = \frac{\int_a^b s(x) f(x) y_n(x) \mathrm{d}x}{\int_a^b s(x) y_n^2(x) \mathrm{d}x}, \quad n = 1,2,\cdots$$

级数(10)称为广义的 Fourier 级数，C_n 称为广义的 Fourier 系数. 具体应用中 $f(x)$ 不一定都能满足定理中的条件，这时可用下列的展开定理.

定理 8　若函数 $f(x)$ 在区间 $[a,b]$ 上满足 Dirichlet 条件(只有有限个的一类间断点，只有有限个极值点)，则 $f(x)$ 在 x 的连续点，仍可展开为 $\{y_n(x)\}$ 的广义 Fourier 级数

$$f(x) = \sum_{n=1}^{+\infty} C_n y_n(x)$$

在 $f(x)$ 的间断点 x_0 处，有

$$\sum_{n=1}^{+\infty} C_n y_n(x) = \frac{1}{2}[f(x_0+0) + f(x_0-0)]$$

其中

$$C_n = \frac{\int_a^b s(x) f(x) y_n(x) \mathrm{d}x}{\int_a^b s(x) y_n^2(x) \mathrm{d}x}, \quad n = 1,2,\cdots$$

定理 5～定理 7 的证明要用到较多的数学知识，从略. 读者可以联系分离变量法的内容加深理解，便于将这里讨论的 SL 正则问题的一般理论应用到各个具体问题.

当所讨论的 Sturm - Liouville 方程的区间是半无限或无限时；或者在区间 $[a,b]$ 的一端或两端 $p(x)$ 或 $s(x)$ 为零；或者是 $q(x)$ 或 $s(x)$ 的极点，并满足条件：

(Ⅰ) $p(x)$、$p'(x)$ 在 $[a,b]$ 上连续，$q(x)$、$s(x)$ 在 (a,b) 内连续；

(Ⅱ) 在 (a,b) 内 $p(x) > 0$，$q(x) \geqslant 0$，$s(x) > 0$.

则 SL 方程称为是奇异的. 奇异的 SL 方程连同适当的边界条件，称为奇异 SL 问题. 必须指出：奇异 SL 问题一般理论的研究是相当困难的. 它们的特征值可能是连续分布的(连续谱)，相应的特征函数系不再是可数的. 因此，对于奇异的 SL 问题，常常是针对各个具体的方程来讨论其特征值和特征函数的性质. 我们对 Bessel 方程、Legendre 方程，伴随的 Legendre 方程构成的特征值问题，正是这样处理的.

SL 问题的研究提供了分离变量法的理论依据. 通过解特征值问题找出函数空间的正交基，再将未知函数表示成关于正交基的 Fourier 展开式. 所以，分离变量法实质就是 Fourier 展开法.

附录3 Γ函数

一般的高等数学教材都讲到实变量 x 的 Γ 函数

$$\Gamma(x)=\int_0^{+\infty} e^{-t}t^{x-1}\,dt\,,\quad x>0 \tag{1}$$

上式右边的积分收敛条件是 $x>0$,所以式(1)只定义了 $x>0$ 的 Γ 函数.根据式(1),有

$$\left.\begin{aligned}\Gamma(1)&=\int_0^{+\infty} e^{-t}\,dt=-e^{-t}\Big|_0^{+\infty}=1\\ \Gamma\left(\frac{1}{2}\right)&=\int_0^{+\infty} e^{-t}t^{-\frac{1}{2}}\,dt=\int_0^{+\infty} e^{-t}2d(\sqrt{t})\\ &=2\int_0^{+\infty} e^{-(\sqrt{t})^2}d(\sqrt{t})=\sqrt{\pi}\end{aligned}\right\} \tag{2}$$

对 $\Gamma(x+1)=\int_0^{+\infty} e^{-t}t^{x}\,dt$ 进行分部积分,可得递推公式

$$\Gamma(x+1)=x\Gamma(x)\,,\ 即\ \Gamma(x)=\frac{1}{x}\Gamma(x+1) \tag{3}$$

如 x 为正整数 n,则由式(3)得

$$\Gamma(n+1)=n\Gamma(n)=n(n-1)\Gamma(n-1)=\cdots=n!\,\Gamma(1)=n! \tag{4}$$

这样看来,Γ 函数是阶乘的推广.

递推公式本来是在 $x>0$ 的情况下推导出来的.通常又用它把 Γ 函数向 $x<0$ 的区域延拓.例如,对于区间 $(-1,0)$ 上的 x,定义

$$\Gamma(x)=\frac{1}{x}\Gamma(x+1)$$

$x+1$ 在区间 $(0,1)$ 上,上式右边的 $\Gamma(x+1)$ 按(1)式是有定义的.再如,对于区间 $(-2,-1)$ 上的 x,定义

$$\Gamma(x)=\frac{1}{x}\Gamma(x+1)=\frac{1}{x(x+1)}\Gamma(x+2)$$

$x+2$ 在区间 $(0,1)$ 上,上式右边的 $\Gamma(x+2)$ 按式(1)是有定义的.照此类推,对于区间 $(-n,-n+1)$ 上的 x,定义

$$\Gamma(x)=\frac{1}{x(x+1)\cdots(x+n-1)}\Gamma(x+n) \tag{5}$$

$x+n$ 在区间 $(0,1)$ 上,上式右边的 $\Gamma(x+n)$ 按(1)式是有定义的.值得注意的是,按照式(3),有

$$\Gamma(0)=\infty$$

由此递推,$\Gamma(-1)$,$\Gamma(-2)$,… 全都是 ∞.总之,凡 $x=0$ 或负整数,$\Gamma(x)$ 就是 ∞.

式(1)、式(3)和式(5)定义了实变量 x 的 Γ 函数,换句话说,在复数 z 平面的实轴上定义了 Γ 函数.这定义可以延拓到整个复数平面,则

$$\Gamma(z)=\int_0^{+\infty} e^{-t}t^{z-1}\,dt\qquad(\mathrm{Re}z>0) \tag{6}$$

$$\Gamma(z+1)=z\Gamma(z) \tag{7}$$

$$\Gamma(z)=\frac{1}{z(z+1)\cdots(z+n-1)}\Gamma(z+n)\quad(\mathrm{Re}(z+n)>0)$$

零和负整数是 $\Gamma(z)$ 的单极点.事实上,有

$$\Gamma(z)\big|_{z\to0}=\left[\frac{1}{z}\Gamma(z+1)\right]_{z\to0}\sim\frac{1}{z}=(-1)^0\frac{1}{0!}\frac{1}{z}$$

$$\Gamma(z)\big|_{z\to-1}=\left[\frac{1}{z(z+1)}\Gamma(z+2)\right]_{z\to-1}\sim\frac{1}{(-1)(z+1)}=(-1)^1\frac{1}{1!}\frac{1}{z+1}$$

$$\Gamma(z)\big|_{z\to-2}=\left[\frac{1}{z(z+1)(z+2)}\Gamma(z+3)\right]_{z\to-2}\sim\frac{1}{(-2)\times(-1)(z+2)}=(-1)^2\frac{1}{2!}\frac{1}{z+2}$$

……

$$\Gamma(z)\big|_{z\to-n}=\left[\frac{1}{z(z+1)\cdots(z+n)}\Gamma(z+n)\right]_{z\to-n}\sim\frac{1}{(-n)(-n+1)\cdots(-1)(z+n)}$$
$$=(-1)^n\frac{1}{n!}\frac{1}{z+n}$$

可见 $-n$($n=0$ 或正整数)确是 $\Gamma(z)$ 的单极点,而且留数为 $(-1)^n\frac{1}{n!}$,除去这些单极点之外,$\Gamma(z)$ 是处处解析的.

关于 Γ 函数的常用公式有

$$\Gamma(z)\Gamma(1-z)=\frac{\pi}{\sin\pi z}\tag{8}$$

$$\frac{\Gamma'(z)}{\Gamma(z)}=-C-\frac{1}{z}+\sum_{n=1}^{+\infty}\left(\frac{1}{n}-\frac{1}{n+z}\right)\tag{9}$$

$$\frac{1}{\Gamma(z)}=ze^{Cz}\prod_{n=1}^{+\infty}\left(1+\frac{z}{n}\right)e^{-\frac{z}{n}}\tag{10}$$

$$=\lim_{n\to+\infty}\frac{z(z+1)\cdots(z+n)}{1\times2\cdots n}n^{-z}\tag{11}$$

$$\sqrt{\pi}\Gamma(2z)=2^{2z-1}\Gamma(z)\Gamma\left(z+\frac{1}{2}\right)\tag{12}$$

其中 C 是 Euler 常数.下面是这些公式的推导.

在式(6)中,令 $t=u^2$,可把定义改写成

$$\Gamma(z)=2\int_0^{+\infty}e^{-u^2}u^{2z-1}du\tag{13}$$

暂且设 z 是实数且 $0<z<1$,则

$$\Gamma(z)\Gamma(1-z)=4\int_0^{+\infty}\int_0^{+\infty}e^{-(x^2+y^2)}x^{2z-1}y^{-(2z-1)}dxdy$$

把“直角坐标”x 和 y 换为“极坐标”ρ 和 φ,则有

$$\Gamma(z)\Gamma(1-z)=4\int_0^{+\infty}(\cot\varphi)^{2z-1}d\varphi\int_0^{+\infty}e^{-\rho^2}\frac{1}{2}d\rho^2$$
$$=2\int_0^{+\infty}(\cot\varphi)^{2z-1}d\varphi$$

在右边的积分中引用新的积分变量 $x=\cot^2\varphi$，则

$$\Gamma(z)\Gamma(1-z)=\int_0^{+\infty}\frac{x^{z-1}}{1+x}\mathrm{d}x=\frac{\pi}{\sin\pi z}$$

这就是式(8)，只不过它是在 $0<z<1$ 的条件下导出的. 由解析延拓的唯一性，可把公式(8)延拓到整个复数平面而取消 $0<z<1$ 的限制.

利用式(8)可以证明 Γ 函数在全平面上无零点，事实上，假如某个 z_0 是 $\Gamma(z)$ 的零点，则 $1-z_0$ 必是 $\Gamma(1-z)$ 的极点，即 $1-z_0$ 必是零或负整数，换句话说 z_0 必是正整数，但式(4)已指出，对于正整数 z_0，$\Gamma(z_0)=z_0!$，并不是零. 由此可见 $\Gamma(z)$ 没有零点.

$\Gamma(z)$ 只有零和负整数这样的单极点. 当 z 逼近单极点"$-n$"(n 是零或正整数)时，有

$$\Gamma(z)\big|_{z\to-n}\sim(-1)^n\frac{1}{n!}\frac{1}{z+n},$$

$$\Gamma'(z)\big|_{z\to-n}\sim(-1)^{n+1}\frac{1}{n!}\frac{1}{(z+n)^2}$$

$$\left[\frac{\Gamma'(z)}{\Gamma(z)}\right]_{z\to-n}\sim-\frac{1}{z+n}$$

可以设想

$$\frac{\Gamma'(z)}{\Gamma(z)}=\sum_{n=0}^{+\infty}\left(-\frac{1}{z+n}\right)+\text{常数} \tag{14}$$

式(14)的证明大致如下：取圆 C_k，使 $\Gamma(z)$ 的单极点 $z=0,-1,-2,\cdots,-k$ 在圆 C_k 的内部. 对圆 C_k 上的解析函数 $g_k(z)=\dfrac{\Gamma'(z)}{\Gamma(z)}-\sum\limits_{n=0}^{k}\left(-\dfrac{1}{z+n}\right)$ 应用 Cauchy 公式令 $k\to\infty$，用 Liouville定理证明 $\lim\limits_{k\to\infty}g_k(z)$ 是常数.

将 $z=1$ 代入式(14)以确定常数，结果得到

$$\frac{\Gamma'(z)}{\Gamma(z)}=\frac{\Gamma'(1)}{\Gamma(1)}+\sum_{n=1}^{+\infty}\frac{1}{n}+\sum_{n=0}^{+\infty}\left(-\frac{1}{z+n}\right)=-C-\frac{1}{z}+\sum_{n=1}^{+\infty}\left(\frac{1}{n}-\frac{1}{z+n}\right)$$

这就是式(9)，其中 Euler 常数 C 即 $-\dfrac{\Gamma'(1)}{\Gamma(1)}$.

把公式(9)从 1 到 z 积分(积分下限不取"零"而取 1，这是因为 $\Gamma(0)=\infty$)，得

$$\ln\Gamma(z)=-C(z-1)-\ln z+\sum_{n=1}^{+\infty}\left[\frac{z}{n}-\ln(z+n)\right]-\sum_{n=1}^{+\infty}\left[\frac{1}{n}-\ln(n+1)\right] \tag{15}$$

这式显得相当累赘，现在想个变通办法. 考虑函数 $\Gamma(z+1)$，$z=0$ 不是它的奇点，负整数是它的单极点. 于是，代替(14)的是

$$\frac{\Gamma'(z+1)}{\Gamma(z+1)}=\sum_{n=1}^{+\infty}\left(-\frac{1}{z+n}\right)+\text{常数}$$

将 $z=0$ 代入上式以确定常数，结果得到

$$\frac{\Gamma'(z+1)}{\Gamma(z+1)}=-C+\sum_{n=1}^{+\infty}\left(\frac{1}{n}-\frac{1}{z+n}\right)$$

将上式从 0 到 z 积分(这次积分下限可以取"零"了)，得

$$\ln\Gamma(z+1)=-Cz+\sum_{n=1}^{+\infty}\left(\frac{z}{n}-\ln(z+n)\right)+\sum_{n=1}^{+\infty}\ln n$$

从递推公式 $\Gamma(z)=\dfrac{\Gamma(z+1)}{z}$ 知 $\ln\Gamma(z)=\ln\Gamma(z+1)-\ln z$，因而

$$\ln\Gamma(z)=-Cz-\ln z+\sum_{n=1}^{+\infty}\left[\frac{z}{n}-\ln(z+n)\right]+\sum_{n=1}^{+\infty}\ln n \tag{16}$$

式(16)比式(15)简洁得多. 比较式(15)和式(16)还可得 Euler 常数 C 的值为

$$\begin{aligned}C&=\sum_{n=1}^{+\infty}\left[\frac{1}{n}-\ln(n+1)-\ln n\right]=\lim_{k\to\infty}\left[\sum_{n=1}^{k}\frac{1}{n}-\sum_{n=1}^{k}\ln\frac{n+1}{n}\right]\\&=\lim_{k\to\infty}\left[\sum_{n=1}^{k}\frac{1}{n}-\ln\prod_{n=1}^{k}\frac{n+1}{n}\right]=\lim_{k\to\infty}\left[\sum_{n=1}^{k}\frac{1}{n}-\ln(k+1)\right]\\&=\lim_{k\to\infty}\left(1+\frac{1}{2}+\frac{1}{3}+\cdots+\frac{1}{k}-\ln k\right)+\lim_{k\to\infty}\ln\frac{k}{k+1}\\&=\lim_{k\to\infty}\left(1+\frac{1}{2}+\frac{1}{3}+\cdots+\frac{1}{k}-\ln k\right)=0.577\,216\cdots\end{aligned}\tag{17}$$

式(16)可以改写为

$$\Gamma(z)=\frac{1}{z}e^{-Cz}\prod_{n=1}^{+\infty}\left(\frac{n}{n+z}\right)e^{\frac{z}{n}}$$

通常采用上式的倒数形式，即

$$\frac{1}{\Gamma(z)}=ze^{Cz}\prod_{n=1}^{+\infty}\left(1+\frac{z}{n}\right)e^{-\frac{z}{n}}$$

这就是式(10). 上面这个式子即

$$\frac{1}{\Gamma(z)}=\lim_{k\to\infty}ze^{Cz}\frac{z+1}{1}\cdot\frac{z+2}{2}\cdots\frac{z+k}{k}e^{-z\left(1+\frac{1}{2}+\frac{1}{3}+\cdots+\frac{1}{k}\right)}$$

把 C 的表示式(17)代入上式，得

$$\frac{1}{\Gamma(z)}=\lim_{k\to\infty}ze^{-z\ln k}\frac{z+1}{1}\cdot\frac{z+2}{2}\cdots\frac{z+k}{k}=\lim_{k\to\infty}\frac{z(z+1)(z+2)\cdots(z+k)}{1\cdot2\cdot3\cdots k}k^{-z}$$

这就是式(11). 现在用式(11)来证明式(12).

把 $\Gamma(z)$ 和 $\Gamma\left(z+\dfrac{1}{2}\right)$ 按式(11)写出，又把 $\Gamma(2z)$ 也按式(11)写出，但其中的 k 改为 $2k$，于是有

$$\begin{aligned}\frac{2^{2z-1}\Gamma(z)\Gamma\left(z+\frac{1}{2}\right)}{\Gamma(2z)}&=\lim_{k\to\infty}\frac{2^{2z-1}(k!)^2 2z(2z+1)\cdots(2z+2k)}{(2k)!z\left(z+\frac{1}{2}\right)(z+1)\left(z+\frac{3}{2}\right)\cdots(z+k)\left(z+k+\frac{1}{2}\right)}\cdot\frac{k^{2z+\frac{1}{2}}}{(2k)^{2z}}\\&=\lim_{k\to\infty}\frac{2^{k-1}(k!)^2}{(2k)!\sqrt{k}}\cdot\lim_{k\to\infty}\frac{k}{2z+2k+1}=\lim_{k\to\infty}\frac{2^{k-2}(k!)^2}{(2k)!\sqrt{k}}\end{aligned}$$

既然右边与 z 无关，可见得左边实际上也与 z 无关. 在左边置 $z=\dfrac{1}{2}$，得

$$\frac{2^{2z-1}\Gamma(z)\Gamma\left(z+\frac{1}{2}\right)}{\Gamma(2z)}=\Gamma\left(\frac{1}{2}\right)=\sqrt{k}$$

这就是式(12).

x 很大的 $\Gamma(x)$ 的渐近公式是

$$\Gamma(x) \sim x^{x-\frac{1}{2}} e^{-x} \sqrt{2\pi}$$

$$\ln\Gamma(x) \sim \left(x - \frac{1}{2}\right)\ln x - x + \frac{1}{2}\ln(2\pi)$$

称为 Stirling 公式. Stirling 公式的一个较粗略的近似是

$$\Gamma(x) \sim \left(\frac{x}{e}\right)^x, \ln\Gamma(x) \sim x(\ln x - 1)$$

最后介绍 β 函数,它的定义是

$$B(p,q) = \int_0^1 t^{p-1}(1-t)^{q-1}dt$$

用定义(13),

$$\Gamma(p)\Gamma(q) = 4\int_0^{+\infty}\int_0^{+\infty} e^{-(x^2+y^2)} x^{2p-1} y^{2q-1} dxdy$$

把"直角坐标"x 和 y 换为"极坐标" ρ 和 φ ,则有

$$\Gamma(p)\Gamma(q) = 4\int_0^{+\infty} e^{-\rho^2} \rho^{2p+2q-1} d\rho \int_0^{\frac{\pi}{2}} \sin^{2p-1}\varphi \cos^{2q-1}\varphi d\varphi$$

按照式(13),上式即

$$\Gamma(p)\Gamma(q) = 2\Gamma(p+q)\int_0^{\frac{\pi}{2}} \sin^{2p-1}\varphi \cos^{2q-1}\varphi d\varphi$$

在上式右边把积分变量改为 t, $t = \sin^2\varphi$,则

$$\Gamma(p)\Gamma(q) = \Gamma(p+q)\int_0^1 t^{p-1}(1-t)^{q-1}dt$$

即

$$B(p,q) = \frac{\Gamma(p)\Gamma(q)}{\Gamma(p+q)}$$

参考文献

[1] 吴方同. 数学物理方程[M]. 武汉:武汉大学出版社,2001.

[2] 周蜀林. 偏微分方程[M]. 北京:北京大学出版社,2005.

[3] 陈祖墀. 偏微分方程[M]. 合肥:中国科学技术大学出版社,2002.

[4] 乔宝明. 偏微分方程及数值解[M]. 西安:西北工业大学出版社,2009.

[5] 季孝达,薛兴恒,陆英,等. 数学物理方程[M]. 2 版. 北京:科学出版社,2009.

[6] 严镇军. 数学物理方程[M]. 合肥:中国科学技术大学出版社,1989.

[7] 潘祖梁,陈仲慈. 工程技术中的偏微分方程[M]. 杭州:浙江大学出版社,1995.

[8] 谷超豪,李大潜,陈恕行,等. 数学物理方程[M]. 北京:高等教育出版社,2002.

[9]余德浩,汤华中. 微分方程数值解法[M]. 北京:科学出版社,2003.

[10] 李荣华. 偏微分方程数值解法[M]. 北京:高等教育出版社,2010.

[11] 马逸尘,梅立泉,王阿霞. 偏微分方程现代数值方法[M]. 北京:科学出版社,2006.

[12] 梁昆淼. 数学物理方法[M]. 3 版. 北京:高等教育出版社,1995.